"十四五"职业教育国家规划教材

"双高"建设规划教材

炼钢设备维护

（第2版）

时彦林　黄伟青　赵秀娟　主编

扫一扫获取
全书数字资源

北　京
冶　金　工　业　出　版　社
2024

内容提要

本书主要内容包括：氧气转炉炼钢车间概况，转炉主体设备，吹氧和供料设备，烟气净化和回收设备，电弧炉炼钢设备，炉外精炼设备，连续铸钢概况及主要参数的确定，浇铸设备，结晶器和结晶器振动设备，铸坯导向、冷却及拉矫设备，铸坯切割设备，铸坯输出设备，连铸机的安装与维护。

本书可作为普通高等院校、高等职业技术学院、职工大学、函授学院、成人教育学院相关专业的教材，也可供相关领域工程技术人员的参考使用。

图书在版编目(CIP)数据

炼钢设备维护/时彦林等主编．—2版．—北京：冶金工业出版社，2020.1（2024.8重印）
"双高"建设规划教材
"十二五"职业教育国家规划教材
经全国职业教育教材审定委员会审定
ISBN 978-7-5024-8460-6

Ⅰ．①炼…　Ⅱ．①时…　Ⅲ．①炼钢设备—高等职业教育—教材　Ⅳ．①TF341

中国版本图书馆CIP数据核字（2020）第032197号

炼钢设备维护（第2版）

出版发行　冶金工业出版社　　电　　话　(010)64027926
地　　址　北京市东城区嵩祝院北巷39号　　邮　　编　100009
网　　址　www.mip1953.com　　电子信箱　service@mip1953.com

策划编辑　卢　敏　责任编辑　俞跃春　卢　敏　美术编辑　吕欣童
版式设计　孙跃红　责任校对　李　娜　责任印制　窦　唯
北京虎彩文化传播有限公司印刷
2013年5月第1版，2020年1月第2版，2024年8月第2次印刷
787mm×1092mm　1/16；17.75印张；428千字；269页
定价46.00元

投稿电话　(010)64027932　投稿信箱　tougao@cnmip.com.cn
营销中心电话　(010)64044283
冶金工业出版社天猫旗舰店　yjgycbs.tmall.com
（本书如有印装质量问题，本社营销中心负责退换）

第2版前言

本书是在第1版获得“十二五”职业教育国家规划教材基础上，增加了三项内容。增加内容如下。(1) 在第2章增加了氧气转炉炉型设计，第3章增加了氧枪设计。增加的项目设计紧密结合现场实践，体现以岗位技能为核心的特点。参照了CDIO工程教育模式，保证理论教学与实践的有机结合，促进了课程目标的有效实施。(2) 在第4章增加了“负能炼钢”内容简介。体现冶金行业绿色低耗发展新动态，推进生态优先、节约集约、绿色低碳发展精神。(3) 增加了“冶金故事汇”栏目，内容包括先驱人物、绿色发展、冶炼发展历程等，能激发学生的民族自豪感与自信心，增强学生使命感，使学生树立绿色发展、创新驱动发展的理念。

本书与钢铁企业联合开发，开发中遵循职业教育教学规律，全面促进学生职业能力形成和全面发展。内容安排上遵从炼钢厂工艺流程走向，注意前后衔接，充分考虑学生和学习者的认知特点。

本书以职业能力和技术创新能力培养为重点，充分体现职业性、实践性和创新性。

(1) 挖掘思政元素，突出育人功能：在专业内容讲授的同时，注意体现劳动光荣、技能宝贵、创造伟大的理念，注重培养学生的劳动精神、劳模精神和工匠精神；在专业知识、能力、技能培养的同时，落实德技兼修，融入思政元素，积极引导学生树立正确价值观、人生观。通过项目设计培养劳动精神、工匠精神，实现教材立德树人功能。

(2) 对接职业标准，设计教学内容：本教材依据专业教学标准和职业标准制定，教材内容与冶金机电设备点检1+X证书标准相对接，课程内容适应钢铁行业转型升级，并紧跟炼钢设备点检发展趋势，将新技术、新工艺、新规范纳入教学内容。实现了“岗课赛证”融通，将设备点检员岗位技能要求、国家职业技能等级证书内容有机融入教材。

(3) 融合理论实践，提升培养质量：重视技能、强化实训，教材中增加钢铁生产实际的设计内容。通过理论讲授，指导学生实训设计的高效开展和技能提高；通过学生技能实训，促进理论知识的运用和理解。教材中理论和实训紧紧围绕人才培养质量提高这一核心，使理论与实践形成一个有机的整体。

(4) 突出学生主体，培养创新能力：贯彻落实国家高职教育文件要求，突出学生主体性，满足学生职业发展和个性发展需求，将“故事会”内容进行有机融合，注重培养学生的批判性和创造性思维，增强学生使命感，创新驱动发展的理念。鼓励学生在实训设计中的创新设计，激发学生文化创新创造活力，增强实现中华民族伟大复兴的精神力量。

本书是新形态融媒体教材，能实现线上线下融合。教材立体化建设程度高，不仅有纸质教材，还增加了二维码链接，学生可以扫描教材二维码学习微课、现场视频、图片等颗粒化教学资源。本书还有与之配套的职教云、学习通等网络课程资源。本书配有电子教案和课件，可登录冶金工业出版社教学资源网查询。

本书由河北工业职业技术大学时彦林、黄伟青、赵秀娟担任主编，河北科技工程职业大学张海臣、济源职业技术学院秦凤婷、莱芜职业技术学院亓俊杰、山西工程职业学院郝赳赳担任副主编。参加编写的还有河北工业职业技术学院韩立浩、刘燕霞、关昕、李爽、齐素慈。

本书由北京科技大学刘建华担任主审。刘建华教授在百忙中审阅了全书，提出了许多宝贵的意见，在此谨致谢意。

本书在编写过程中，编者参考了相关的资料和文献，在此向相关作者表示感谢。

由于编者的水平所限，书中不妥之处，敬请广大读者批评指正。

编　者

2024年8月

第1版前言

本书按照国家示范院校重点建设冶金技术专业课程改革要求和教材建设计划，在行业专家、毕业生工作岗位调研基础上，参照冶金行业职业技能标准和职业技能鉴定规范，依据冶金企业的生产实际和岗位群的技能要求编写的。

本书力求紧密结合现场实践，注意学以致用，体现以岗位技能为目标的特点。在叙述和表达方式上力求深入浅出，直观易懂，使读者触类旁通。

本书主要讲述炼钢设备和连续铸钢设备的工作原理、结构特点、维护要点以及常见故障和处理方法。

本书由河北工业职业技术学院时彦林、齐素慈和北京科技大学包燕平担任主编，北京科技大学崔衡和河北工业职业技术学院赵宇辉、刘杰担任副主编，参加编写的人员还有河北敬业集团焦岳岗、吴文朝、李玉杰，石家庄钢铁公司李鹏飞，邯郸钢铁公司李太全，河北工业职业技术学院张士宪、黄伟青、李秀娜、何红华、郝宏伟、王丽芬。

本书由北京科技大学刘建华主审。刘建华教授在百忙中审阅了全书，提出了许多宝贵的意见，在此谨致谢意。

本书在编写过程中参考了相关书籍、资料，在此对其作者表示衷心的感谢。由于编者水平所限，书中不妥之处，敬请读者批评指正。

编　者

2013年1月

目　录

1 氧气转炉炼钢车间概况

炼钢在钢铁联合企业内是一个中间环节，它联系着前面的炼铁等原料供应和后面的轧钢等成品生产。炼钢生产对整个钢铁联合企业有重大的影响。

1.1 氧气转炉车间布置

由于氧气转炉吹氧时间短且炉容量大，氧气转炉炼钢可以达到很高的生产率。但是由于氧气转炉车间每昼夜出钢炉数多，兑铁、加料、倒渣、出钢、浇铸等操作频繁，原材料、钢水、炉渣、钢锭的吞吐量大，为了保证转炉正常地进行连续生产，各种原料的供应及钢水、炉渣的处理必须有足够的设备。这些设备的布置和车间内各种物料的运输流程必须合理。

转炉炼钢
工艺与设备

1.1.1 氧气转炉车间的组成

炼钢生产有冶炼和浇铸两个基本环节。为了保证冶炼和浇铸的正常进行，氧气转炉车间主要包括原料系统（铁水、废钢和散状料的存放和供应），加料系统、冶炼系统和浇铸系统。此外，还有炉渣处理设施、除尘设施（烟气净化、通风和含尘泥浆的处理）、动力设施（氧气、压缩空气、水、电等的供应）、拆修炉设施等。

一般大中型转炉炼钢车间由主厂房、辅助跨间和附属车间（包括制氧车间、动力车间、供水车间、炉衬材料准备车间等）组成。

1.1.2 主厂房各跨间的布置

主厂房是炼钢车间的主体。炼钢的主要工艺操作在主厂房内进行。一般按照从装料、冶炼、出钢，到浇铸的工艺流程，顺序排列加料跨、转炉跨和浇铸跨。

加料跨内主要进行兑铁水、加废钢和转炉炉前的工艺操作。一般在加料跨的两端分别布置铁水和废钢两个工段，并布置相应的铁路线。

转炉跨内主要布置转炉及其倾动机构，以及供氧系统、散状料加入系统、烟气净化系统、出渣出钢系统和拆修炉系统等系统的设施。转炉跨的作业方式有三吹二和二吹一等多种。三吹二是在转炉跨布置三座转炉，平时两座吹炼，一座维修。二吹一是转炉跨布置两座转炉，一座吹炼，另一座维修。由于三吹二的作业方式可有效地利用各种设备，因而得到广泛的应用。随着转炉炉龄和作业率的不断提高，特别是溅渣护炉技术的应用，转炉跨的作业方式已由三吹二逐渐变成三吹三了。在转炉跨有时还布置有钢水炉外精炼装置。

浇铸跨将钢水通过连铸机，浇铸成铸坯。

在转炉车间的周围设有废钢装料间、储存辅助原料的料仓、将辅助原料运送到转炉上方的传送带，还有铁水预处理设备，转炉烟气处理装置及转炉炉渣处理等多种辅助设备。

图 1-1 为某厂 300t 转炉车间平面布置图。它由加料跨、转炉跨和 4 个浇铸跨组成。转

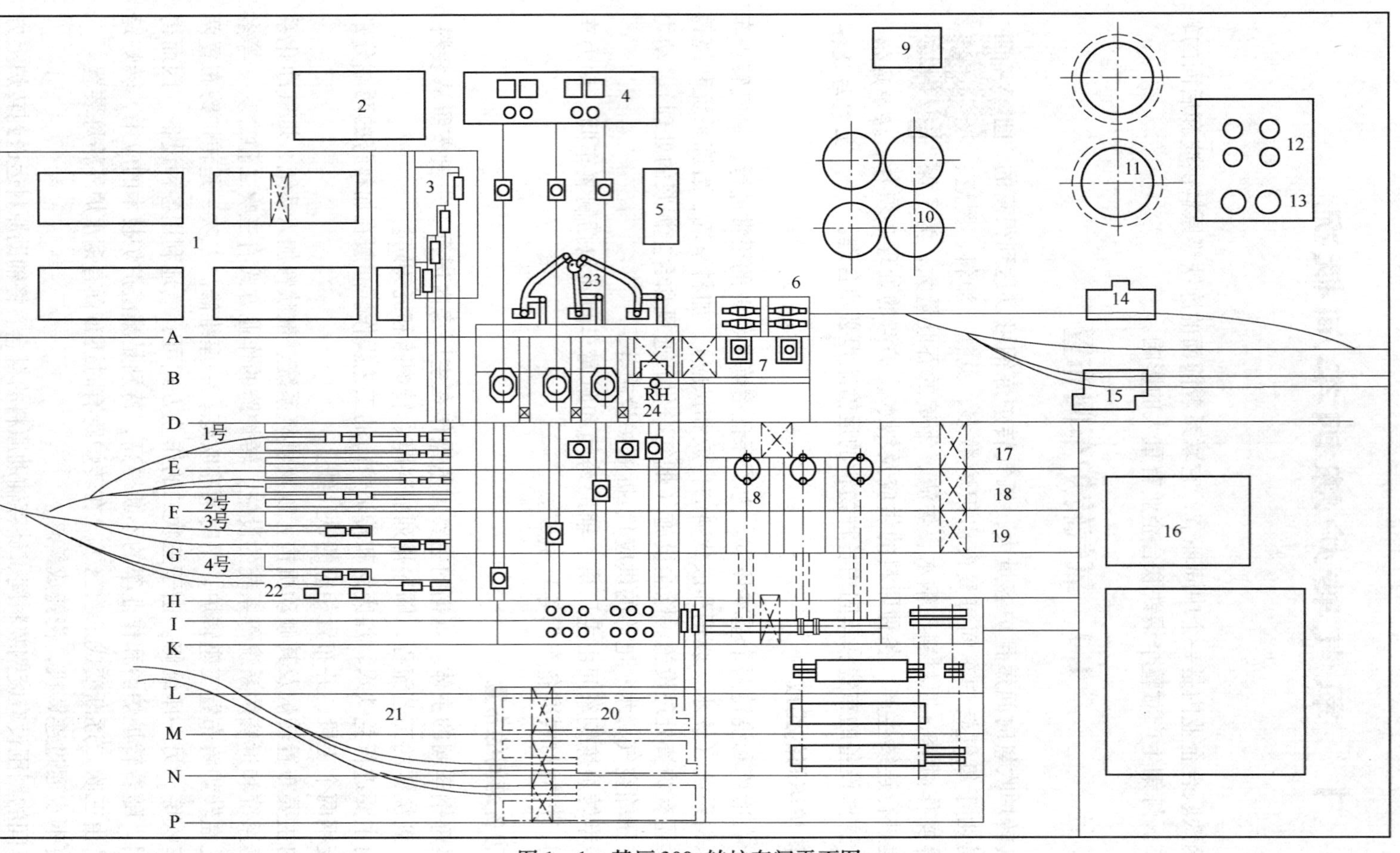

图 1-1 某厂300t转炉车间平面图

A-B—加料跨；B-D—转炉跨；D-E—1号浇铸跨；E-F—2号浇铸跨；F-G—3号浇铸跨；G-H—4号浇铸跨；H-K—钢罐修砌跨

1—废钢堆场；2—磁选间；3—废钢装料跨；4—渣场；5—电气室；6—混铁车；7—铁水罐修理场；8—连铸跨；9—泵房；10—除尘系统沉淀池；11—煤气柜；12—贮氧罐；13—贮氮罐；14—混铁车除渣场；15—混铁车脱硫场（铁水预处理）；16—萤石堆场；17—中间罐修理间；18—二次冷却夹辊修理间；19—结晶器辊道修理间；20—冷却场；21—堆料场；22—钢水罐干燥场；23—除尘烟囱；24—RH 真空处理

炉跨布置在加料跨和浇铸跨中间。在转炉跨转炉的左边和右边分别是铁水和废钢处理平台，正面是操作平台，平台下面敷设盛钢桶车和渣罐车的运行轨道。转炉上方的各层平台则布置着氧枪设备、散状原料供应设备和烟气处理设备。加料跨主要配置着向转炉供应铁水和废钢的设备。浇铸跨内设有浇铸设备。

1.2　氧气转炉炼钢车间主要设备

氧气顶吹转炉工艺流程如图1-2所示。根据氧气转炉炼钢生产工艺流程，氧气转炉炼钢车间的设备按用途可分为以下几类。

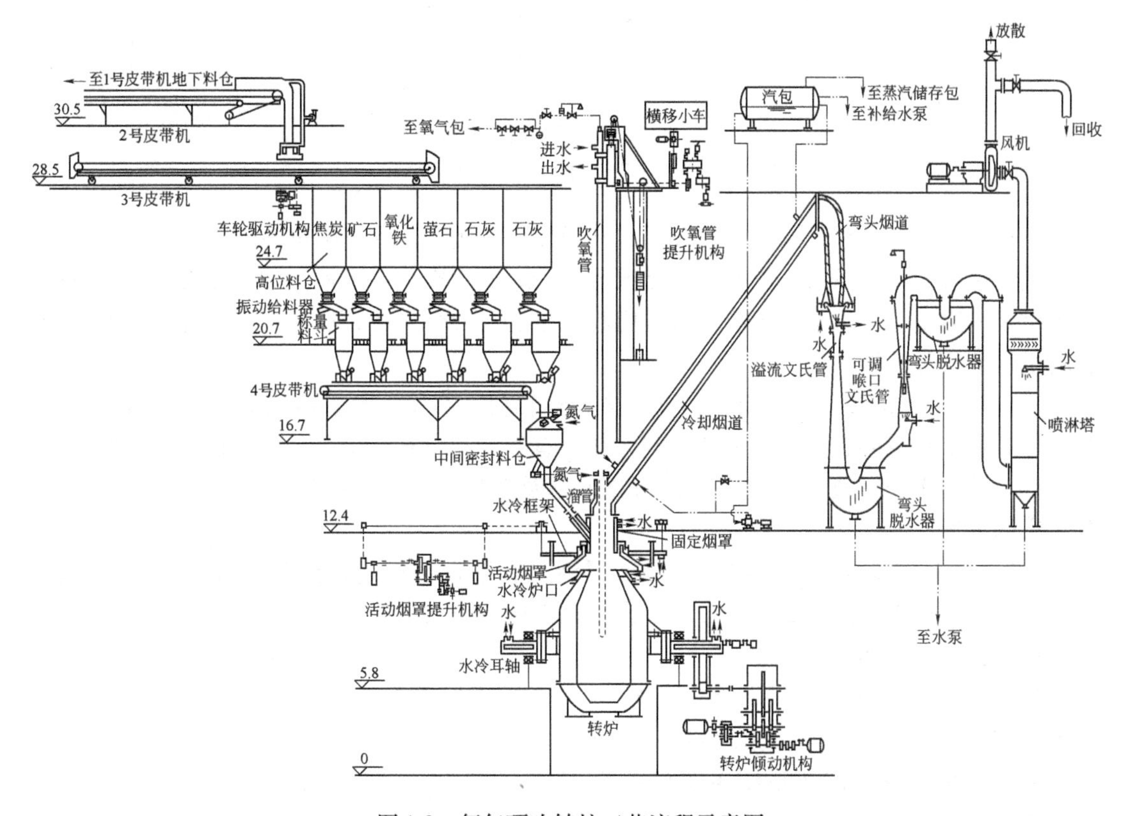

图1-2　氧气顶吹转炉工艺流程示意图

(1) 转炉主体设备。转炉主体设备是实现炼钢工艺操作的主要设备，它包括转炉炉体、炉体支撑装置和炉体倾动机构。国内某厂300t转炉总体结构，如图1-3所示。

(2) 供氧设备。氧气转炉炼钢时用氧量大，要求供氧及时、氧压稳定、安全可靠。供氧设备包括氧气输送设备和氧枪设备。氧气输送设备由制氧机、压缩机、储气罐、输氧管道、测量仪、控制阀门、信号连锁等组成。氧枪设备由氧枪本体、氧枪升降装置和换枪装置等组成。

(3) 原料供应设备。原料供应系统设备包括主原料供应设备、散状料供应设备及铁合金供应设备。

1) 主原料供应设备包括铁水供应设备和废钢供应设备。其中铁水供应设备由混铁炉

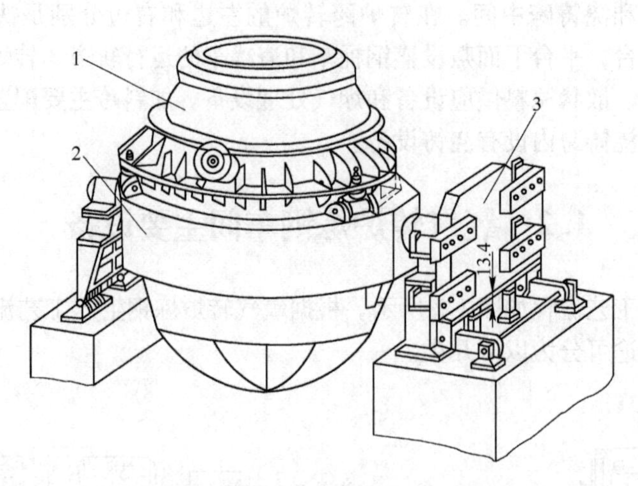

图 1-3　300t 氧气顶吹转炉总体结构
1—转炉炉体；2—支撑装置；3—倾动机构

或混铁车、铁水预处理设备、运输设备和称量设备等组成。为了确保转炉正常生产，必须做到铁水供应充足且及时，成分均匀且温度稳定，称量准确。废钢供应首先由电磁起重机将废钢装入废钢槽，再由机车或起重机将废钢槽运至转炉平台，然后由炉前起重机或废钢加料机将废钢加入转炉。

2）散状料供应设备包括低位料仓、皮带运输机、高位料仓、电磁振动给料机、称量漏斗等。散状料主要有造渣剂和冷却剂，通常有石灰、萤石、矿石、石灰石、氧化铁皮和焦炭等。转炉生产对散状料供应设备的要求是及时运料、快速加料、称量准确、运转可靠、维修方便。

3）铁合金供应设备设置在转炉侧面平台，有铁合金料仓、铁合金烘烤炉和称量设备。铁合金用于钢水的脱氧和合金化。出钢时把铁合金从料仓或烘烤炉中卸出，称量后运至炉后，通过溜槽加入钢包中。

（4）出渣、出钢和浇铸设备。在转炉炉下设有钢包、钢包车（见图 1-4）和渣罐、渣罐车的设备。浇铸系统主要设备为连铸机。

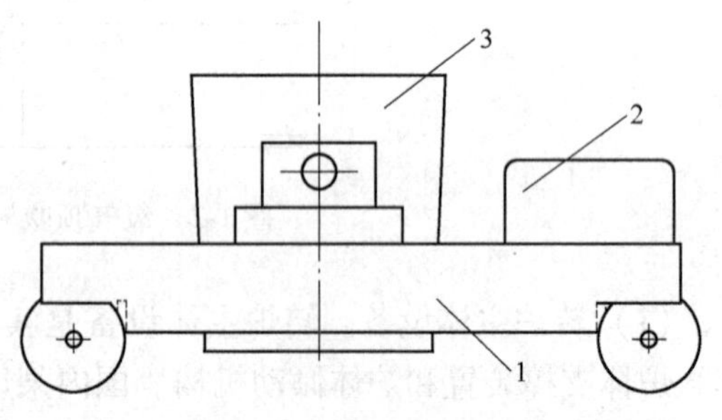

图 1-4　钢包车示意图
1—车体；2—电机及减速装置；3—钢包

（5）烟气净化和回收设备。由于氧气转炉在吹炼过程中产生大量棕红色高温烟气（烟气含有大量的 CO 和铁粉，是一种很好的燃料和化工原料），因此必须对烟气进行净化和回收。烟气净化和回收系统设备通常包括活动烟罩、直烟道、斜烟道、溢流文氏管、可调喉口文氏管、弯头脱水器和抽风机等。净化后含大量 CO 的烟气通过抽风机送至煤气柜加以储存利用。

（6）修炉设备。转炉炉衬在吹炼过程中，由于受到机械、化学和热力作用，逐渐被侵蚀变薄，故应进行补炉。当炉衬被侵蚀比较严重而无法修补时，就必须停止吹炼，进行拆炉和修炉。修炉设备包括补炉机（见图 1-5）、拆炉机（见图 1-6）和修炉机等。

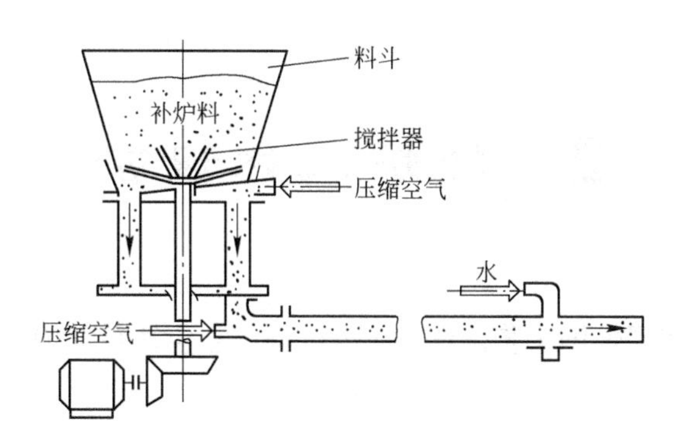

图 1-5 补炉机的工作原理图

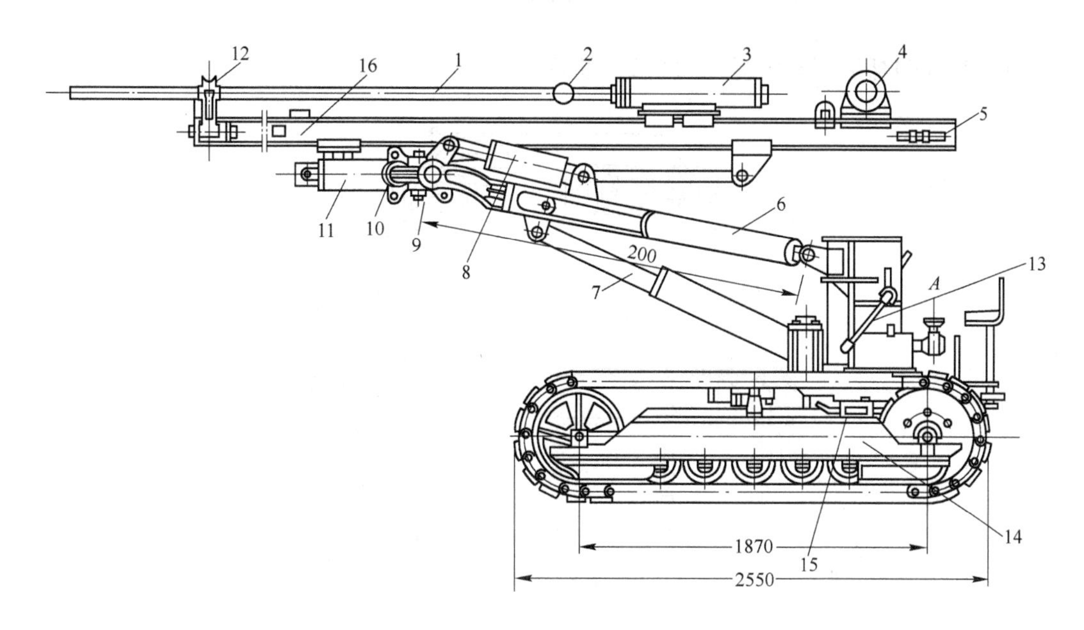

图 1-6 履带式拆炉机

1—钎杆；2—夹钎器；3—冲击器；4—推进马达；5—链条张紧装置；6—桁架水平摆动油缸；7—桁架俯仰油缸；8—滑架俯仰油缸；9—滑架水平摆动油缸；10—滑架推动油缸；11，16—滑架；12—钎杆导座；13—车架；14—行走装置；15—制动手柄

（7）辅助设备。近年来许多国家应用电子计算机对冶炼过程进行静态和动态相结合的控制，以及采用了副枪装置。

复习思考题

1-1 氧气转炉车间由哪些系统组成？

1-2 氧气转炉车间主厂房是怎样布置的？

1-3 氧气转炉车间有哪些主要设备？

转炉主体
设备 PPT

2　转炉主体设备

转炉主体设备是实现炼钢工艺操作的主要设备，它包括转炉炉体、炉体支撑装置和炉体倾动机构。

2.1　转炉炉体

转炉炉体包括炉壳和炉衬，如图 2-1 所示。

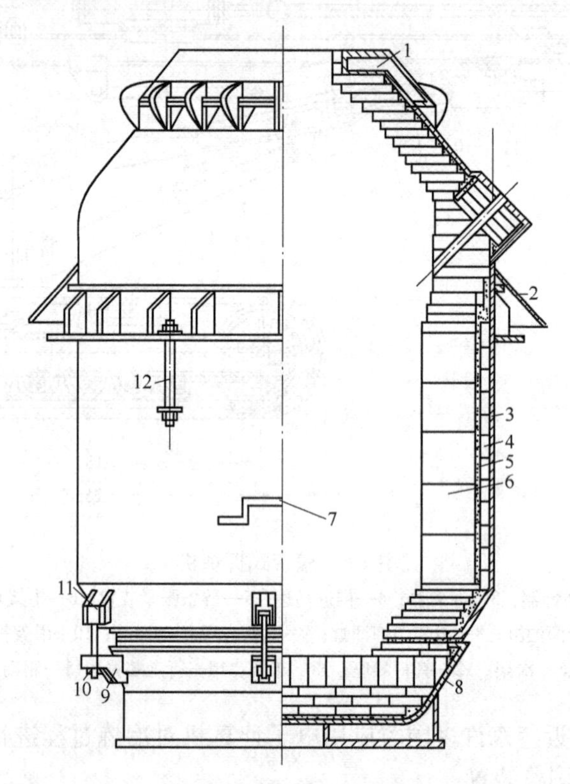

图 2-1　转炉炉壳与炉衬

1—炉口冷却水箱；2—挡渣板；3—炉壳；4—永久层；5—填料层；6—炉衬；
7—制动块；8—炉底；9—下吊架；10—楔块；11—上吊架；12—螺栓

2.1.1　炉壳

2.1.1.1　炉壳结构和厚度

A　炉壳结构

转炉炉壳的作用是承受炉衬、钢液、渣液的重量，保持炉子固有的形状，承受倾动扭转力矩和机械冲击力，承受炉壳轴向和径向的热应力及炉衬的膨胀力。

炉壳本身主要由三部分组成：锥形炉帽、圆柱形炉身和炉底。各部分用钢板加工成型后焊接和用销钉连接成一体。三部分连接的转折处必须以不同曲率的圆滑曲线来连接，以减少应力集中。

（1）炉帽。炉帽通常做成锥形，这样可以减少吹炼时的喷溅损失及热量的损失，并有利于引导炉气排出。炉帽顶部为圆形炉口，用来加料，插入吹氧管，排出炉气和倒渣。为了防止炉口在高温下工作时变形和便于清除黏渣，目前普遍采用通入循环水强制冷却的水冷炉口。水冷炉口有水箱式和埋管式两种结构。水箱式水冷炉口（见图 2-2）是用钢板焊成的，在水箱内焊有若干块隔板，使进入水箱的冷却水形成蛇形回路，隔板同时起筋板作用，增加水冷炉口的刚度。这种结构的冷却效果好，并且容易制造，但比铸铁埋管式更容易烧穿。埋管式水冷炉口（见图 2-3）是把通冷却水的蛇形钢管埋铸于铸铁内。这种结构冷却效果稍逊于水箱式，但安全性和寿命比水箱式炉口高，故采用十分广泛。

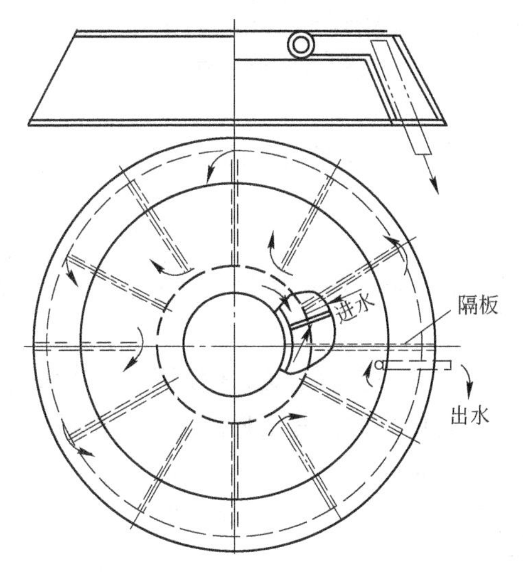

图 2-2 水箱式水冷炉口

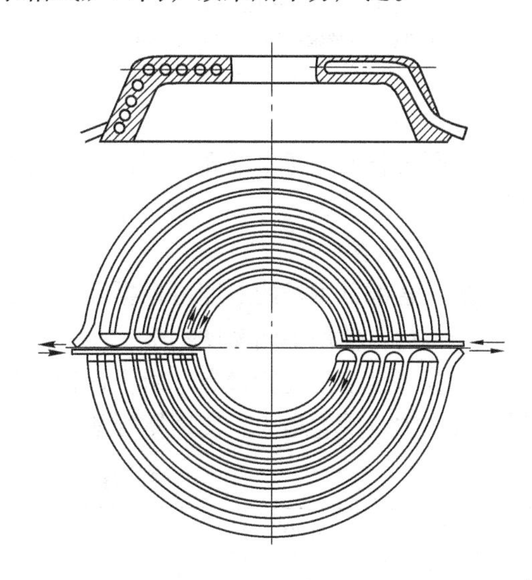
图 2-3 埋管式水冷炉口结构

炉帽通常还焊有环形伞状挡渣板（裙板），用于防止喷溅物烧损炉体及其支撑装置。

水冷炉口可用楔和销钉与螺帽连接，由于炉渣的黏结，更换炉口时往往需使用火焰切割，因此我国中、小型转炉多采用卡板焊接的方法，将炉口固定在炉帽上。

（2）炉身。炉身是整个炉子的承载部分，一般为圆柱形。在炉帽和炉身耐火砖交界处设有出钢口，设计时应考虑堵出钢口方便，设计成拆卸式，保证炉内钢水倒尽和出钢时钢流应对盛钢桶内的铁合金有一定的冲击搅拌能力，且便于维修和更换。

（3）炉底。炉底有截锥形和球形两种。截锥形炉底制造和砌砖都较为方便，但其强度比球形低，故在我国用于 50t 以下的中、小转炉。球形炉底虽然砌砖和制作较为复杂，但球形壳体受力情况较好，目前，多用于 120t 以上的炉子。

炉帽、炉身和炉底三部分的连接方式因修炉方式不同而异。有所谓“死炉帽，活炉底”“活炉帽，死炉底”等结构形式。小型转炉的炉帽和炉身为可拆卸式，用楔形销钉连接，如图 2-4 所示。这种结构采用上修形式。大中型转炉炉帽和炉身是焊死的，而炉底和炉身是采用可拆卸式的。炉底和炉身多采用吊架、T字形销钉和斜楔连接，如图2-5所示。这种结构适用于下修法。

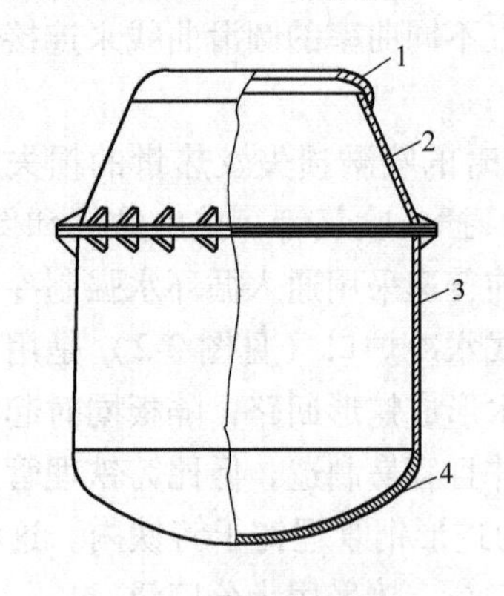

图2-4　活炉帽炉壳

1—炉口；2—炉帽；3—炉身；4—炉底

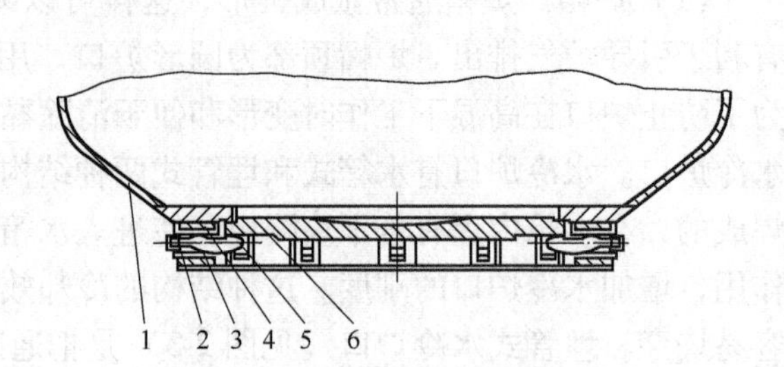

图2-5　某厂150t转炉活炉底结构

1—炉壳；2—固定斜楔；3—调节斜楔；4—耐磨垫板；5—支撑块；6—小炉底

炉壳的材质应考虑强度、焊接性和抗蠕变性，主要使用普通锅炉钢（20g）或低合金钢（16Mn）。

B　*炉壳厚度*

炉壳各部分钢板的厚度可根据经验选定，如表2-1所示。由于炉帽、炉身、炉底三部分受力不均，使用不同厚度钢板。

钢板厚度多按经验确定，由于炉帽、炉身和炉底三部分受力不同，使用不同厚度的钢板，其中炉身受力最大，使用钢板最厚。小炉子为了简化取材，使用相同厚度的钢板。

表2-1　转炉炉壳各部位钢板厚度　　(mm)

转炉容量/t	15(20)	30	50	100(120)	150	200	250	300
炉　帽	25	30	45	55	60	60	65	70
炉　身	30	35	55	70	70	75	80	85
炉　底	25	30	45	60	60	60	65	70

2.1.1.2　*炉壳的负荷特点*

转炉炉壳由于高温、重载和生产操作等因素影响，炉壳工作时不仅承受静、动机械负荷，而且还承受热负荷。转炉炉壳承受的负荷包括如下几方面：

（1）静负荷。静负荷包括炉壳、炉衬、钢液和炉渣重量等引起的负荷。

（2）动负荷。动负荷包括加料，特别是加废钢和清理炉口结渣时的冲击，以及炉壳在旋转时由于加速度和减速度所产生的动力，会在炉壳相应部位产生机械应力。

（3）炉壳温度分布不均引起的负荷。炉壳在较高温度下工作，不仅在高度方向上，而且在圆周方向和半径方向都存在温度梯度，使炉壳各部分产生不同程度的热膨胀，进而使炉壳产生热应力。

（4）炉壳受炉衬热膨胀影响产生的负荷。转炉炉衬材料的热膨胀系数和炉壳钢板的热膨胀系数相近，炉衬的温度远比炉壳高，所以炉衬的径向热膨胀远比炉壳的径向热膨胀大。在炉衬与炉壳间产生内压力，炉壳在这个内压力作用下产生热膨胀应力。

此外，还有由于炉壳断面改变、加固、焊接等原因而引起炉壳局部应力。

实践证明，作用在炉壳上的机械静应力、动应力和热应力中，热应力起主导地位。

为了提高炉壳的寿命，减少炉壳变形，采取的主要措施有：

（1）采用焊接性能和抗蠕变性能良好的材料，一般使用普通锅炉钢板（如20g）或低合金钢板（如16Mn等）。

（2）降低炉壳的温度。在炉帽上设置挡渣板和裙状防热板；用水冷却炉口、炉帽、托圈等；用冷空气喷吹，改善托圈与炉体之间的空气对流，降低炉体温度。

（3）对已椭圆变形的，在托圈内旋转90°继续使用。

2.1.1.3 炉壳维护和检修

A 炉壳常见故障

a 炉壳裂纹

炉壳裂纹是转炉炉壳的常见故障，其原因一般有三种：第一是因制造过程中存在的内应力没有消除，在使用中由于高温形成的热应力与原有内应力叠加，而造成钢板产生裂纹；第二是在使用中炉壳各部位温度变化不均，在局部温度梯度较大部位热应力急剧增加促使钢板产生裂纹；第三是在设计过程中所选用的钢板材质不适应转炉炉壳的需要，抗蠕变性能过小或易于碎裂等，在使用中造成钢板产生裂纹。

前两种原因造成的裂纹均表现为局部裂纹，这种裂纹应当尽快处理不能任其发展。如果一时不能处理，裂纹又不太长时也可暂时在裂纹两端钻孔将裂纹截止，但必须对其进行监护，定期观察防止裂纹进一步扩展。

第三种情况造成的裂纹，一般均表现为较大面积，多处裂纹，这种缺陷不易处理，应当更换整块钢板，否则修复后寿命也不会太长，生产和安全将无保障。

b 炉壳变形

炉壳由于在生产使用中承受热负荷是不均匀的，承载外部负荷也是不均匀的，所以炉壳产生不均匀变形是常见现象，只要不超过限定标准，继续使用是没有什么危险的。但一旦超过标准，必须尽快采取有效措施进行处理，以防止发生事故。

在炉壳锥部段，一般变形极限都是以能否砌砖为界限，变形达到无法砌砖时必须更换上锥段。

炉壳中部段的变形极限，一般以热变形后不受托圈阻碍并且炉壳与托圈之间有足够的间隙为准，以防止托圈受炉壳热传导和辐射。一般100t以上转炉最小间隙不得小于80mm；50t以下转炉最小间隙不得小于60mm。

炉壳下部段及炉底变形较小，一般不进行检修。个别转炉炉底变形不能砌砖时要更换整体炉底。

c 炉壳局部过热或烧穿

发生炉壳局部过热或烧穿的主要原因是炉衬侵蚀过量或掉砖。在处理炉壳局部烧损时，补焊用钢板的材质与性能要求均须与原来相同。修补后，炉壳的形状应符合图纸和砌砖要求。

炉壳局部检修办法，一般均采用部分更换钢板的办法。将损坏处用电弧气刨切割成型，按要求开好坡口。再将钢板割成梯形状，按要求焊好。在有条件情况下，应用热处理法或锤击法消除应力。

B　日常维护检查和检修

日常维护检查内容包括：

（1）平时加强检查，不得被烧红、烧穿，不得有严重变形，炉壳不得窜动。炉壳发现烧穿，应立即停炉组织抢修。

（2）平时加强对炉壳水冷装置的检查，检查水冷炉口。要求连接紧固；冷却水压力为0.5～0.6MPa，最低不低于0.5MPa，进水温度不得高于35℃，出水温度不得高于55℃；不得有泄漏现象。

转炉炉壳检修分炉役性检修和大修。炉役性检修主要是处理常见的缺陷和故障。大修主要是整体更换。炉役性检修周期是根据炉龄而定的，每个炉役即为一个周期，大修周期是根据转炉主要设备寿命而制定的，一般为5～8年。

2.1.2　炉衬

2.1.2.1　炉衬材质选择

转炉炉衬寿命是一个重要的技术指标，受许多因素的影响，特别是受冶炼操作工艺水平的影响比较大。但是，合理选用炉衬（特别是工作层）的材质，也是提高炉衬寿命的基础。

根据炉衬的工作特点，其材质选择应遵循以下原则：

（1）耐火度（即在高温条件下不熔化的性能）高。

（2）高温下机械强度高，耐急冷急热性能好。

（3）化学性能稳定。

（4）资源广泛，价格便宜。

近年来氧气转炉炉衬工作层普遍使用镁炭砖，炉衬寿命显著提高。但由于镁炭砖成本较高，因此一般只用于诸如耳轴区、渣线等炉衬易损部位。

2.1.2.2　炉衬组成及厚度确定

通常炉衬由永久层、填充层和工作层组成。有些转炉则在永久层与炉壳钢板之间夹有一层石棉板绝热层。

永久层紧贴炉壳（无绝热层时），修炉时一般不予拆除。其主要作用是保护炉壳。该层常用镁砖砌筑。

填充层介于永久层与工作层之间，一般用焦油镁砂捣打而成，厚度80～100mm。其主要功能是减轻炉衬受热膨胀时对炉壳产生挤压和便于拆除工作层。也有的转炉不设填充层。

工作层系指与金属、熔渣和炉气接触的内层炉衬，工作条件极其苛刻。目前该层多用镁炭砖和焦油白云石砖综合砌筑。

炉帽可用二步煅烧镁砖，也可根据具体条件选用其他材质。

转炉各部位的炉衬厚度设计参考值，如表2-2所示。

表 2-2 转炉炉衬厚度设计参考值

炉衬各部位名称		转炉容量/t		
		<100	100 ~ 200	>200
炉 帽	永久层厚度/mm	60 ~ 115	115 ~ 150	115 ~ 150
	工作层厚度/mm	400 ~ 600	500 ~ 600	550 ~ 650
炉身（加料侧）	永久层厚度/mm	115 ~ 150	115 ~ 200	115 ~ 200
	工作层厚度/mm	550 ~ 700	700 ~ 800	750 ~ 850
炉身（出钢侧）	永久层厚度/mm	115 ~ 150	115 ~ 200	115 ~ 200
	工作层厚度/mm	500 ~ 650	600 ~ 700	650 ~ 750
炉 底	永久层厚度/mm	300 ~ 450	350 ~ 450	350 ~ 450
	工作层厚度/mm	550 ~ 600	600 ~ 650	600 ~ 750

2.1.2.3 砖型选择

砌筑转炉炉衬选择砖型时应考虑以下原则：

（1）在可能条件下，尽量选用大砖，以减少砖缝，还可提高筑炉速度，减轻劳动强度。

（2）力争砌筑过程中不打或少打砖，以提高砖的利用率和保证砖的砌筑质量。

（3）出钢口用高压整体成型专用砖，更换方便、快捷；炉底用带弧形的异型砖。

（4）尽量减少砖型种类。

2.1.2.4 转炉炉衬修砌

转炉炉衬修砌可分为下修法和上修法两种。所谓下修法，即转炉做成活炉底，炉底可以拆卸，卸下的炉底由炉底车（见图 2-6）开出至其他位置修砌，炉身和炉底分别修砌完毕后再组合成一个整体。

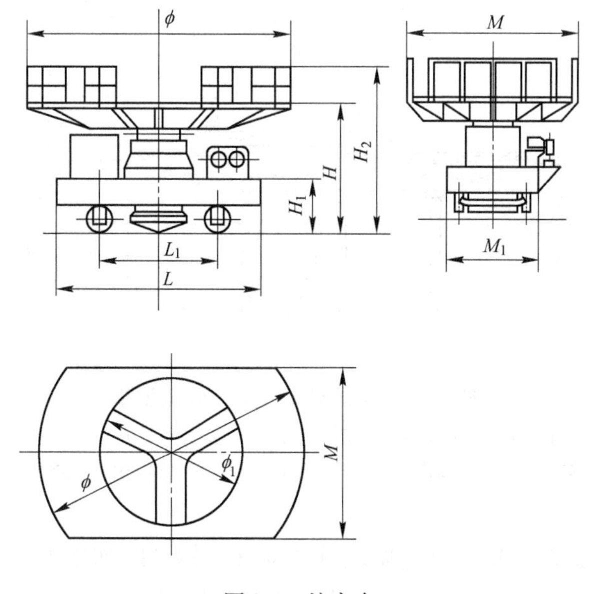

图 2-6 炉底车

图 2-7 为我国转炉下修法用套筒式升降修炉车。图 2-8 为国外下修法带砌砖衬车的修炉车，设计时留出备放炉底车和修炉车的位置。

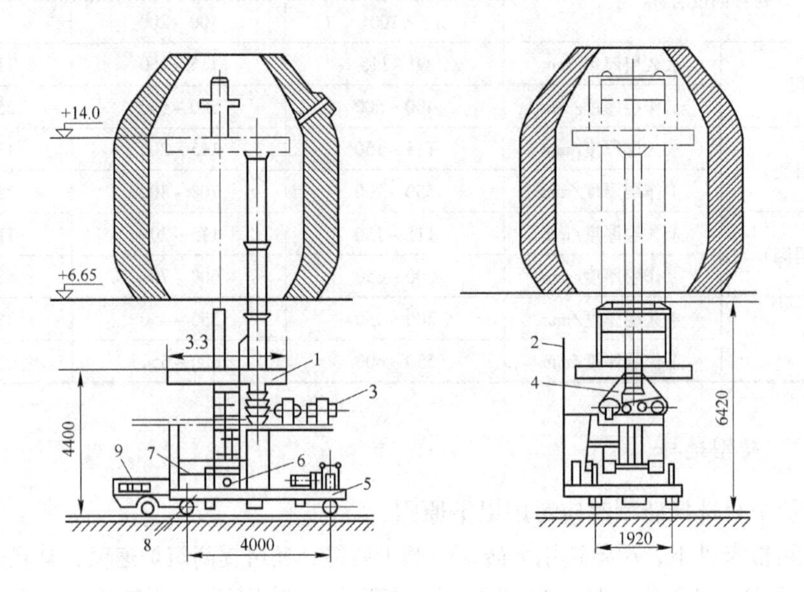

图 2-7　套筒式升降修炉车

1—工作平台；2—梯子；3—主驱动装置；4—液压缸；5—支座；
6—送砖台的传送装置；7—送砖台；8—小车；9—装卸机

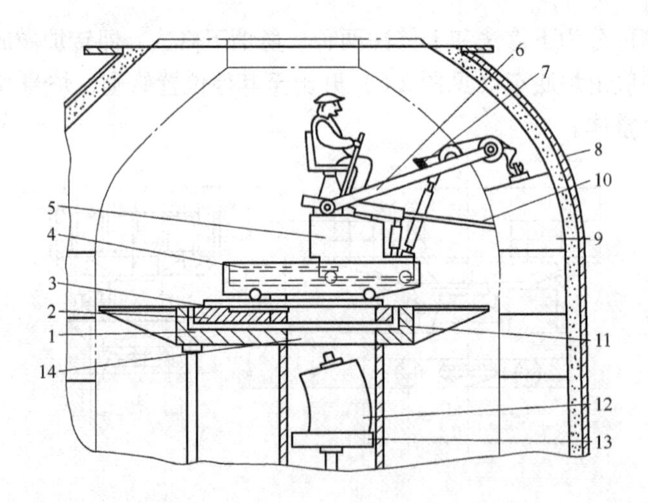

图 2-8　带砌砖衬车的修炉车示意图

1—工作平台；2—转盘；3—轨道；4—行走小车；5—砌炉衬车；6—液压吊车；7—吊钩卷扬；
8—炉壳；9—炉衬；10—砌砖推杆；11—滚珠；12—衬砖；13—衬砖托板；14—衬砖进口

若采用上修法，此时烟罩下部应做成可移动式，修炉时烟罩下部或侧向向炉后开出，并考虑修炉吊车及运送衬砖的布置。图 2-9 为上修法使用的塔架式修炉机。

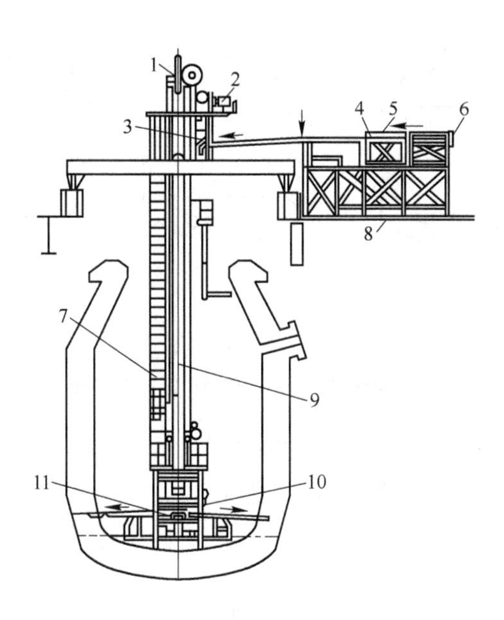

图 2-9 上修法塔架式修炉机

1—提升机传动装置；2—塔架升降装置；3—进砖装置；4—滚子台；5—提升台；6，11—推砖机；7—梯子及保护带；8—炉子跨辅助平台；9—斗式提升机；10—取砖装置

2.1.3 氧气转炉炉型设计

转炉炉型设计PPT

转炉炉型及其主要参数设计是否合理关系到冶炼工艺能否顺利进行，车间主厂房高度和与转炉配套的其他相关设备的选型，对转炉炼钢的生产率、金属收得率、炉龄等经济指标都有直接的影响。因此，设计一座炉型结构合理、满足工艺要求的转炉是保证车间正常生产的前提。并且炉型设计又是整个转炉车间设计的关键。

2.1.3.1 氧气顶吹转炉炉型及各部分尺寸

A 转炉炉型

转炉由炉帽、炉身、炉底三部分组成。转炉炉型是指由上述三部分炉衬内部空间组成的几何形状。按熔池形状通常将转炉炉型分为筒球型、锥球型和截锥型三种（见图 2-10）。炉型的选择往往与转炉的容量有关。

（1）筒球型。熔池由球缺体和圆柱体两部分组成。该炉型形状简单，砌砖方便，炉壳容易制造，被国内外大、中型转炉普遍采用。

（2）锥球型。熔池由球缺体和倒截锥体两部分组成。与相同容量的筒球型比较，锥球型转炉熔池较深，有利于保护炉底。在同样熔池深度的情况下，锥球型转炉的熔池直径可以比筒球型转炉的大，增加了熔池反应面积，有利于去磷、硫。这种炉型普遍应用于我国中小型转炉，也可用于大型炉。

（3）截锥型。熔池为一个倒截锥体。炉型构造较为简单，平的熔池底较球型底更容易砌筑。在装入量和熔池直径相同的情况下，其熔池最深，因此一般不适用于大容量炉，

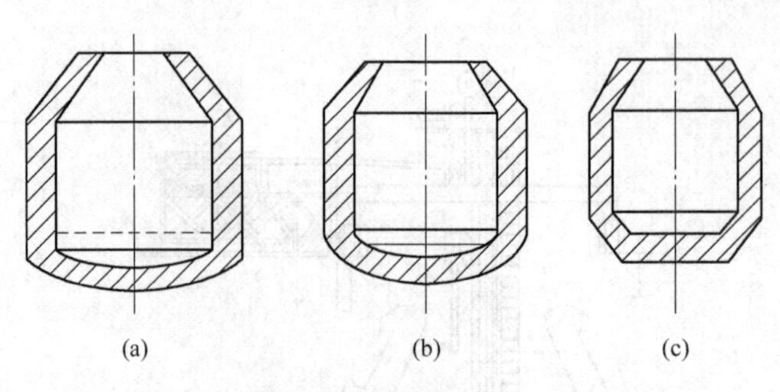

图 2-10　常见转炉炉型
(a) 筒球型；(b) 锥球型；(c) 截锥型

我国 30t 以下的转炉采用较多。不过，由于炉底是平的，便于安装底吹系统，往往被顶底复吹转炉所采用。

B　转炉炉型尺寸的确定

转炉的主要尺寸如图 2-11 所示。转炉炉型各部分尺寸，主要是通过总结现有转炉的实际情况，结合一些经验公式并通过模型试验来确定的。

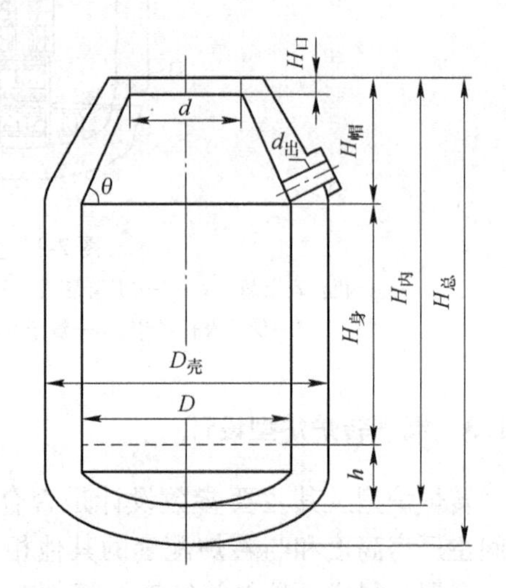

图 2-11　氧气顶吹转炉主要尺寸
D—熔池直径；$D_壳$—炉壳直径；d—炉口直径；$d_出$—出钢口直径；h—熔池深度；$H_身$—炉身高度；$H_帽$—炉帽高度；$H_内$—转炉有效高度；$H_总$—炉壳总高；$H_口$—炉口直线段高度；θ—炉帽倾角

a　熔池尺寸

(1) 熔池直径 D。熔池直径指转炉熔池在平静状态时，金属液面的直径。熔池直径主要与金属装入量 G 和吹氧时间 t 有关。我国设计部门推荐的计算熔池直径的经验公式为：

$$D = K\sqrt{\frac{G}{t}} \tag{2-1}$$

式中　D——熔池直径，m；
K——系数（见表 2-3）；
G——新炉金属装入量，可取公称容量，t；
t——平均每炉钢纯吹氧时间（见表 2-4），min。

表 2-3　系数的推荐值

转炉容量/t	<30	30 ~ 100	>100	备　注
K	1.85 ~ 2.10	1.75 ~ 1.85	1.50 ~ 1.75	大容量取下限，小容量取上限

表 2-4　平均每炉钢冶炼时间推荐值

转炉容量/t	<30	30 ~ 100	>100	备　注
冶炼时间/min	28 ~ 32 (12 ~ 16)	32 ~ 38 (14 ~ 18)	38 ~ 45 (16 ~ 20)	结合供氧强度、铁水成分和所炼钢种的具体条件确定

注：括号内数字系吹氧时间参考值。

（2）熔池深度 h。熔池深度是指转炉熔池在平静状态时，从金属液面到炉底的深度。对于一定容量的转炉，炉型和熔池直径确定之后，可利用几何公式计算熔池深度 h。

1）筒球型熔池：通常球缺底的半径 R 为熔池直径 D 的 1.1～1.25 倍。当 $R=1.1D$ 时，熔池体积 $V_{池}$ 和熔池直径 D 及熔池深度 h 有如下关系：

$$V_{池}=0.790hD^2-0.046D^3 \tag{2-2}$$

因而

$$h=\frac{V_{池}+0.046D^3}{0.079D^2} \tag{2-3}$$

2）锥球型熔池：倒锥度一般为 12°～30°，当球缺体半径 $R=1.1D$ 时，球缺体高较多设计为 $h_1=0.09D$。熔池体积 $V_{池}$ 和熔池直径 D 及熔池深度 h 有如下关系：

$$V_{池}=0.665hD^2-0.033D^3 \tag{2-4}$$

因而

$$h=\frac{V_{池}+0.033D^3}{0.665D^2} \tag{2-5}$$

3）截锥型熔池：通常倒截锥体顶面直径 $b=0.7D$。熔池体积 $V_{池}$ 和熔池直径 D 及熔池深度 h 有如下关系：

$$V_{池}=0.574hD^2 \tag{2-6}$$

因而

$$h=\frac{V_{池}}{0.574D^2} \tag{2-7}$$

为了防止炉底直接受氧气射流冲击，氧气射流穿透深度 $H_{传}$ 应小于熔池深度 h，一般使 $H_{传}<0.7h$。

b 炉身尺寸

转炉炉帽以下、熔池面以上的圆柱体部分称为炉身。其直径与熔池直径是一致的。故需确定的尺寸是炉身高度 $H_{身}$。

$$H_{身}=\frac{4V_{身}}{\pi D^2}=\frac{4(V_t-V_{帽}-V_{池})}{\pi D^2} \tag{2-8}$$

式中 $V_{帽}$，$V_{身}$，$V_{池}$——炉帽、炉身和熔池的容积，m^3；

V_t——转炉有效容积，为 $V_{帽}$、$V_{身}$、$V_{池}$ 三者之和，取决于容量和炉容比，m^3。

c 炉帽尺寸

顶吹转炉一般都是正口炉帽，其主要尺寸有炉帽倾角、炉口直径和炉帽高度。

（1）炉帽倾角 θ。倾角过小，炉帽内衬不稳定，容易倒塌；倾角过大则出钢时容易钢渣混出和从炉口大量流渣。倾角一般为 $\theta=60°\pm3°$，小炉子取上限，大炉子取下限。这是因为大炉子的炉口直径相对要小些。

（2）炉口直径 d。在满足顺利兑铁水和加废钢的前提下，应适当减小炉口直径，以减少热损失。一般炉口直径为熔池直径的 43%～53% 较为适宜。小炉子取上限，大炉子取下限。

（3）炉帽高度 $H_{帽}$。为了维护炉口的正常形状，防止因砖衬蚀损而使炉口迅速扩大，在炉口上部设有高度为 $H_{口}=300\sim400$mm 的直线段。因此炉帽高度 $H_{帽}$ 为：

$$H_{帽} = \frac{1}{2}(D - d)\tan\theta + H_{口} \tag{2-9}$$

炉帽总容积 $V_{帽}$ 为：

$$V_{帽} = \frac{\pi}{12}(H_{帽} - H_{口})(D^2 + Dd + d^2) + \frac{\pi}{4}d^2 H_{口} \tag{2-10}$$

d 出钢口尺寸

出钢口内口一般都设在炉帽与炉身交界处，以使转炉出钢时出钢口位置最低，便于钢水全部出净。出钢口的主要尺寸是中心线的水平倾角和直径。

（1）出钢口中心线水平倾角 θ_1。为了缩短出钢口长度，以利于维修和减少钢液二次氧化及热损失，大型转炉的 θ_1 趋于减小。国外不少转炉采用0°，一般为45°以下。

（2）出钢口直径 $d_{出}$。出钢口直径决定着出钢时间，因此其随炉子容量而异。出钢时间通常为2～8min。出钢时间过短（即出钢口过大），难以控制下渣，且钢包内钢液静压力增长过快，脱氧产物不易上浮。出钢时间过长（即出钢口过小），钢液容易二次氧化和吸气，散热也大。通常 $d_{出}$（cm）按下面的经验式确定：

$$d_{出} = \sqrt{63 + 1.75G} \tag{2-11}$$

式中 G——转炉公称容量，t。

e 炉容比（或容积比）

炉容比是转炉有效容积 V_t 与公称容量 G 之比值，即 V_t/G（m^3/t）。

转炉炉容比主要与供氧强度有关，与炉容量关系不大。当供氧强度提高时，随着炉内反应加剧，如果炉膛自由空间不足，必然会发生大量的渣钢喷溅或泡沫渣翻滚溢出，造成较多的金属损失。为了在较高金属收得率基础上增大供氧强度，缩短吹炼时间，必须有适当的炉容比。近20年投产的大型氧气转炉，其炉容比都在0.9～1.05。另外，炉容比也与原材料条件有关。当使用的铁水Si含量或P含量较高时，形成的炉渣量较多，易于喷溅渣，为此炉容比也需要相应增大。实践中冶炼高P、高Si铁水的转炉，其炉容比都较大。

但是，炉容比也不宜过大。炉容比过大，则炉体过重，基建和设备投资费用都会增加，且热损失也会增大。

对于大型转炉，由于采用多孔喷枪和顶底复吹，操作比较稳定，因此在其他条件相同的情况下，炉容比有所减小。

f 高径比（或高宽比）

高径比是指转炉炉壳总高 $H_{总}$ 与炉壳外径 $D_{壳}$ 之比值。高径比只是作为炉型设计的校核数据。因为当炉膛内高 $H_{内}$ 和内径 $D_{内}$（$D_{内} = D$）确定之后，再根据所设计的炉衬和炉壳厚度，高径比也就被确定下来了。

增大高径比对减少喷溅和溢渣，提高金属收得率有利。但是高径比过大，在炉膛体积一定时，反应面积反而小，氧气流股易冲刷炉壁，对炉衬寿命不利，而且导致厂房高，基建费用大，转炉倾动力矩大，耗电大。随着转炉大型化和顶底复吹技术的采用，转炉由细高型趋于矮胖型，即高宽比趋于减小。转炉高径比推荐值为1.35～1.65。大型转炉取下限，小型转炉取上限。

表2-5列出国内外几座转炉炉型主要尺寸。

表 2-5 国内外几座转炉炉型主要尺寸

序号	参数名称		单位	中国	新日铁	中国	中国	中国
1	公称容量	G	t	50	100	120	150	300
2	炉壳总高	$H_{总}$	mm	7470	8500	9250	9570	11500
3	炉壳直径	$D_{壳}$	mm	5110	5400	6670	7000	8670
4	有效高度	$H_{内}$	mm	6491	7672	8150	8480	10458
5	有效容积	V_t	m^3	52.72	80	121	129.1	315
6	炉口直径	d	mm	1850	2200	2200	2500	3600
7	熔池直径	D	mm	3500	4000	4860	5260	6740
8	熔池深度	h	mm	1085	—	1350	1447	1954
9	熔池面积	S	m^2	9.62	12.57	18.85	21.73	33.9
10	炉帽倾角	θ	(°)	—	—	63	60	—
11	出钢口直径	$d_{出}$	mm	—	—	170	180	200
12	出钢口倾角	θ_1	(°)	—	—	20	20	15
13	$H_{总}/D_{壳}$	—	—	1.46	1.57	1.46	1.32	1.33

2.1.3.2 转炉炉衬

转炉炉衬由永久层、填充层和工作层组成。有些转炉则在永久层与炉壳钢板之间夹有一层石棉板绝热层。

永久层紧贴炉壳（无绝热层时），修炉时一般不予拆除。其主要作用是保护炉壳。该层常用镁砖砌筑。

填充层介于永久层与工作层之间，一般用焦油镁砂捣打而成，厚度为 80 ~ 100mm。其主要功能是减轻炉衬受热膨胀时对炉壳产生挤压和便于拆除工作层，也有的转炉不设填充层。

工作层与金属、熔渣和炉气直接接触，工作条件极其苛刻。目前，该层多用镁碳砖和焦油白云石砖综合砌筑。

转炉各部位的炉衬厚度设计参考值见表 2-2。

2.1.3.3 转炉炉壳

A 转炉炉壳的组成

转炉炉壳通常由炉帽、炉身和炉底三部分组成。

炉帽制成截圆锥形，普遍采用水冷炉口。炉身制成圆柱形，受力最大，是整个炉子的承载部分。炉底有球冠型和截锥型两种。球冠型的制作和内衬砌筑均较截锥型复杂，但强度优于后者，多用于大型转炉。

炉身和炉底的连接分为固定式与可拆式两种。修炉时固定式采用上修法，可拆式采用下修法。

B 炉壳钢板材质与厚度的确定

转炉吹炼过程中，炉壳承受多种负荷，包括炉壳、炉衬自重和炉料重引起的静负荷，兑铁水、加废钢时的冲击以及炉体旋转时产生的动负荷，炉衬热膨胀和炉壳本身温度分布不均匀引起的热负荷。这些负荷必然使炉壳承受相应的应力，以致引起炉壳产生不同程度的变形。其中热应力起主导作用，所以设计时炉壳钢板力求选用抗蠕变强度高、焊接性能好的材料。大中型转炉多用耐高温、耐高压的锅炉钢板制作炉壳，也有用合金钢板的。国内用于制作炉壳的低合金高强度钢有16Mn、14MnNb、20g 等。

由于应力计算相当复杂，所以炉壳钢板的厚度常按表2-6中的经验式确定。表2-7列出几种炉子容量的实际炉壳尺寸。

表2-6　炉壳钢板厚度的确定

炉子容量/t	δ_1/mm	δ_2/mm	δ_3/mm	备注
≤30	$(0.8\sim1.0)\delta_2$	$(0.0065\sim0.008)D_{壳}$	$0.8\delta_2$	δ_1：炉帽钢板厚度 δ_2：炉身钢板厚度 δ_3：炉底钢板厚度 $D_{壳}$：炉壳直径
>30	$(0.8\sim0.9)\delta_2$	$(0.008\sim0.011)D_{壳}$	$(0.8\sim1.0)\delta_2$	

表2-7　实际炉壳钢板厚度尺寸

炉子容量/t	30	50	120	150	300
炉帽钢板厚度/mm	30	55	50	58	75
炉身钢板厚度/mm	40	55	70	80	85
炉底钢板厚度/mm	30	45	70	62	80
炉壳直径/mm	4220	5110	6670	7000	8670

当转炉炉型各部分尺寸、炉衬厚度和炉壳钢板厚度确定后，就可以设计出转炉炉型。图2-12是公称容量为160t的转炉，借助计算机，根据表2-8主要尺寸，按三种不同炉型设计出来的转炉炉型图。

表2-8　160t转炉主要尺寸和性能

序号	名称	单位	数值	序号	名称	单位	数值	序号	名称	单位	数值
1	转炉公称容量	t	160.000	7	转炉熔池深度	mm	1673.000	13	转炉水平位容积	m^3	31.137
2	转炉炉体全高	mm	10332.000	8	H/D		1.650	14	转炉出钢口直径	mm	162.000
3	转炉炉体外径	mm	7456.000	9	h/d		1.439	15	转炉出钢口水平角	(°)	15.000
4	转炉炉罩全高	mm	9042.000	10	d_1/d		0.509	16	转炉熔池面积	m^2	28.804
5	转炉炉罩内径	mm	5480.000	11	转炉炉罩容积	m^3	180.094	17	A/Y		0.131
6	转炉炉口内径	mm	2790.000	12	转炉炉壳内容积	m^3	358.411	18	V/Y		1.001

续表 2-8

序号	名称	单位	数值	序号	名称	单位	数值	序号	名称	单位	数值
19	转炉直筒段炉衬厚	mm	910.000	23	转炉炉壳及炉衬重	t	713.032	27	转炉最小力矩值	N	2239965.800
20	转炉炉底段炉衬厚	mm	1000.000	24	转炉炉体重心高	mm	4949.000	28	转炉最小力矩角	(°)	95.000
21	转炉炉衬重量	t	534.952	25	转炉最大力矩值	N	2253100.800	29	转炉冻钢力矩值	N	8924516.000
22	转炉炉壳重量	t	145.115	26	转炉最大力矩角	(°)	55.000	30	转炉耳轴高度	mm	4897.200

2.2 炉体支撑装置

转炉炉体支撑系统包括托圈与耳轴、炉体和托圈的连接装置、耳轴轴承和轴承座等。转炉炉体的全部重量通过支撑系统传递到基础上。

2.2.1 托圈与耳轴

托圈和耳轴是用来支撑炉体并使之倾动的构件。托圈是转炉的重要承载和传动部件。它支撑着炉体全部重量，并传递倾动力矩到炉体。工作中还要承受由于频繁启动、制动所产生的动负荷和操作过程所引起的冲击负荷，以及来自炉体、钢包等辐射作用而引起托圈在径向、圆周和轴向存在温度梯度而产生的热负荷。因此，托圈必须保证有足够的强度和刚度。

2.2.1.1 托圈结构

对于较小容量转炉的托圈，例如30t以下的转炉，由于托圈尺寸小，不便用自动电渣焊，可采用铸造托圈。其断面形状可用封闭的箱形，也可用开式的“[”形断面。

对于中等容量以上的转炉托圈都采用重量较轻的焊接托圈。焊接托圈做成箱形断面，它的抗扭刚度比开口断面大好几倍，并便于通水冷却，加工制造也较方便。在制造与运输条件允许的情况下，托圈应尽量做成整体的。这样结构简单、加工方便，耳轴对中容易保证。

对于大型托圈，由于重量与外形尺寸较大（50t转炉托圈重达100t，外形尺寸为6800mm×9990mm），做成剖分的，在现场进行装配，如图2-13所示。一般剖分成两段或四段较好，剖分位置应避开最大应力和最大切应力所在截面。剖分托圈的连接最好采用焊接方法，这样结构简单，但焊接时应保证两耳轴同心度和平行度。焊接后进行局部退火消除内应力。若这种方法受到现场设备条件的限制，为了安装方便，剖分面常用法兰热装螺栓固定。我国120t和150t转炉采用剖分托圈，为了克服托圈内侧在法兰上的配钻困难，托圈内侧采用工字形键热配合连接。其他三边仍采用法兰螺栓连接。

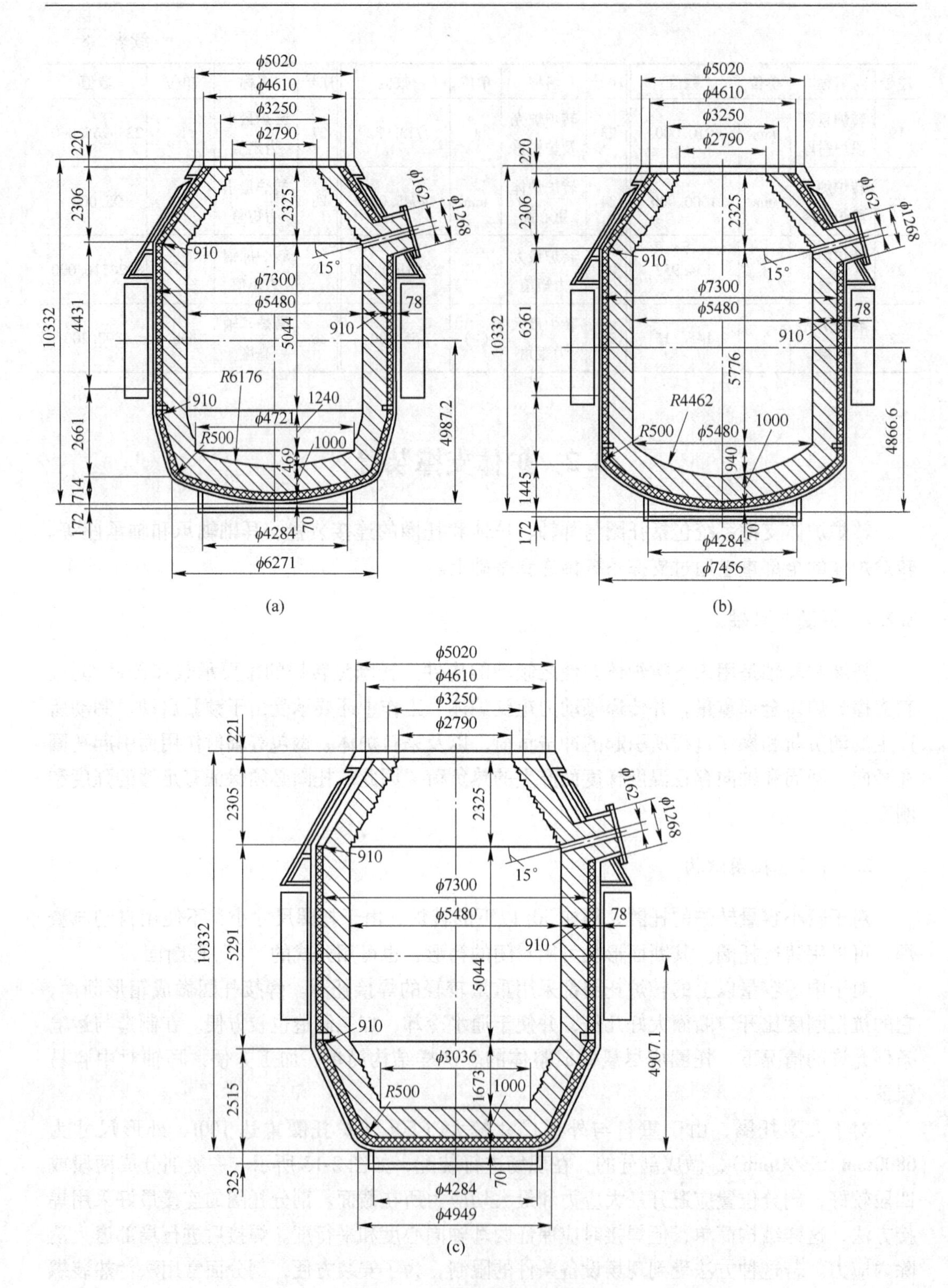

图 2-12　三种转炉炉型例图

（a）锥球型；（b）桶球型；（c）截锥型

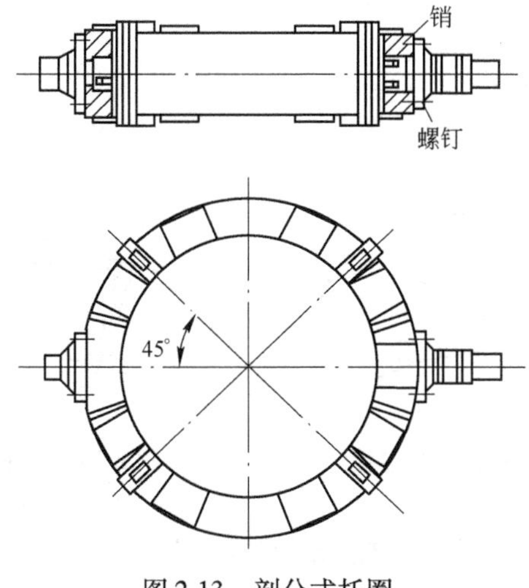

图 2-13 剖分式托圈

2.2.1.2 耳轴与托圈的连接

A 法兰螺栓连接

耳轴以过渡配合（n6 或 m6）装入托圈的铸造耳轴座中，再用螺栓和圆销连接，以防止耳轴与孔发生转动和轴向移动。这种结构的连接件较多，而且耳轴需带一个法兰，增加了耳轴制造困难。但这种连接形式工作安全可靠。

B 静配合连接

如图 2-14 所示，耳轴具有过盈尺寸，装配时可将耳轴用液氮冷缩或将轴孔加热膨胀，耳轴在常温下装入耳轴孔（见表 2-9）。为了防止耳轴与耳轴座孔产生转动或轴向移动，在静配合的传动侧耳轴处拧入精制螺钉。由于游动侧传递力矩很小，故可采用带小台肩的耳轴限制轴向移动。这种连接结构比前一种简单，安装和制造较方便，但这种结构仍需在托圈上焊耳轴座，故托圈重量仍较重。而且装配时，耳轴座加热或耳轴冷却也较费事。

表 2-9 不同容量转炉的耳轴直径

转炉容量/t	30	50	130	200	300
耳轴直径/mm	630 ~ 650	800 ~ 820	850 ~ 900	1000 ~ 1050	1100 ~ 1200

C 耳轴与托圈直接焊接

如图 2-15 所示，这种结构省去较重的耳轴座和连接件，采用耳轴与托圈直接焊接，因此，重量小、结构简单、机械加工量小，在大型转炉上用得较多。为防止结构由于焊接的变形，制造时要特别注意保证两耳轴的平行度和同心度。

2.2.1.3 托圈的常见故障

托圈的常见故障有：托圈变形和托圈断裂。

（1）托圈变形。托圈变形，主要是由于在生产过程中温度变化大，托圈四周温度相差悬殊，因而形成温度差，造成热应力分布不均迫使托圈产生变形。微量的变形并不影响托圈的使用，但托圈内圆局部变形致使炉壳与托圈间隙消除时，则会使托圈热应力急剧增

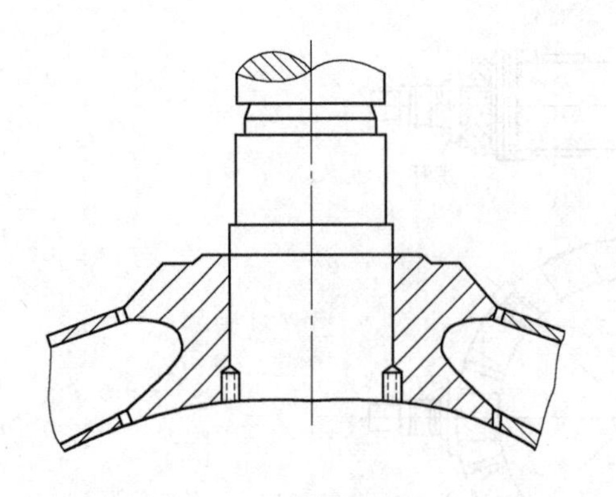

图 2-14　耳轴与托圈的静配合连接

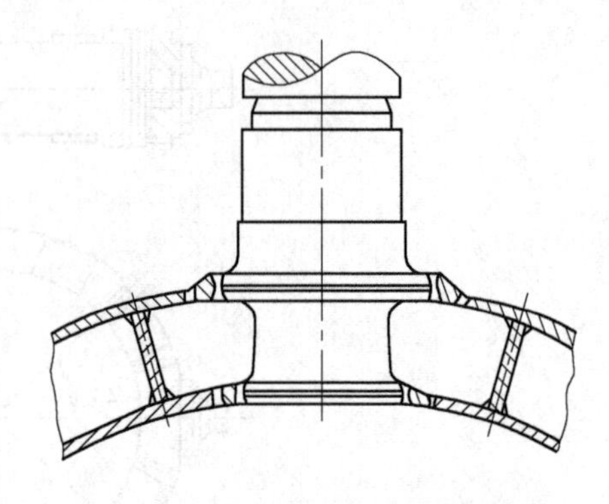

图 2-15　耳轴与托圈的焊接连接

加，寿命大为下降，应有计划地进行检修或更换。为了防止变形，可以采用水冷托圈。

（2）托圈断裂。托圈断裂是我国目前托圈故障最普遍的现象。其断裂的基本原因是内腹板内、外侧温度差大，温度变化急剧，因而热应力增加幅度大。由于热应力而引起的热疲劳现象，促使托圈内腹板产生裂纹，裂纹不断发展和扩大，最终造成整体托圈的断裂。

托圈断裂一般是可以修复的，但修复中必须采取可靠措施，防止托圈的变形，修复后的托圈焊缝和冷变形加工件应进行退火处理。

2.2.2　炉体与托圈连接装置

2.2.2.1　连接装置的要求

炉体通过连接装置与托圈连接。炉壳和托圈在机械负荷的作用下和热负荷影响下都将产生变形。因此，要求连接装置一方面炉体牢固地固定在托圈上；另一方面，又要能适应炉壳和托圈热膨胀时，在径向和轴向产生相对位移的情况下，不使位移受到限制，以免造成炉壳或托圈产生严重变形和破坏。

另外，随着炉壳和托圈变形，在连接装置中将引起传递载荷的重新分配，会造成局部过载，并由此引起严重的变形和破坏。所以一个好的连接装置应能满足下列要求：

（1）转炉处于任何倾转位置时，连接装置均能可靠地把炉体承受的静负荷和动负荷均匀地传递给托圈。

（2）连接装置能适应炉体在托圈中的径向和轴向的热膨胀而产生相对位移，同时不产生窜动。

（3）考虑到变形的产生，连接装置能以预先确定的方式传递载荷，并避免使支撑系统因静不定问题的存在而受到附加载荷。

（4）炉体的负重应均匀地分布在托圈上，对炉壳的强度和变形的影响减少到最低限度。

为了满足上述要求，设计连接装置时必须考虑下列 3 个方面：

（1）连接装置支架的数目。支架的数目首先应根据炉子的容量而定，既要保证有足够传递载荷的能力，但其数目又不能设计过多，过多反而抑制炉壳的热变形移量。而且支架数目过多，必然造成调整、安装困难。当炉壳和托圈变形后容易引起一部分支架接触不良而失去其应有的作用。通常宜采用3~6个支架。

（2）支架的部位。支架在托圈上的分布很重要，其分布不同，则转炉倾转时传递载荷的方式也不同。为了减少托圈的弯曲应力，应使支架位于远离托圈跨度中间（由耳轴到90°位置），但又不能使所有支架位于或邻近于托圈轴线上，同时要考虑到旋转炉体时必须使支架对轴心具有足够的力臂，正常支架的位置是在由耳轴起始的30°、45°、60°等位置。

（3）支架的平面。要求把各支架安装在同一平面上，使炉壳在各支架间所产生的热变形位移量相等，而不致引起互相抑制。这一平面高度可以在托圈顶部、中部或下部。

2.2.2.2 连接装置的基本形式

A 支撑托架夹持器

如图2-16所示，支撑托架夹持器的基本结构是沿炉壳圆周围焊接着若干组上、下托架，托架和托圈之间有支撑斜垫板，炉体通过上、下托架和斜垫板夹住托圈，借以支撑转炉和炉液重量。炉壳与托圈膨胀或收缩的差异由斜块的自动滑移来补偿，并不会出现间隙。

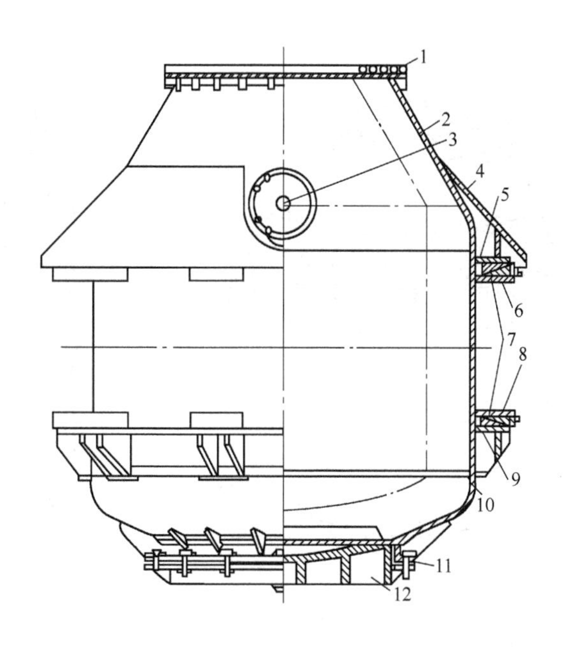

图2-16 转炉炉壳

1—水冷炉口；2—锥形炉帽；3—出钢口；4—护板；5，9—上、下卡板；6，8—上、下卡板槽；7—斜块；10—圆柱形炉身；11—销钉和斜楔；12—可拆卸活动炉底

B 吊挂式连接装置

吊挂式连接装置通常是由若干组拉杆或螺栓将炉体吊挂在托圈上，有两种方式：法兰螺栓连接和自调螺栓连接装置又称三点球面支撑装置。其中自调螺栓连接装置应用较多。

图2-17为自调螺栓连接装置。自调螺栓连接装置是目前吊挂装置形式中比较理想的一种结构，在炉壳上部焊接两个加强圈。炉体通过加强圈和3个带球面垫圈的自调螺栓与

托圈连接在一起。3个螺栓在圆周上呈120°布置，其中两个在出钢侧与耳轴轴线呈30°夹角的位置上，另一个在装料侧与耳轴轴线呈90°的位置上。自调螺栓与焊接在托圈盖板上的支座铰链连接。当炉壳产生热胀冷缩位移时，自调螺栓本身倾斜并靠其球面垫圈自动调位，使炉壳中心位置保持不变。图2-17（c）、（d）表示了自调螺栓的原始位置和正常运转时的工作状态。此外，在两耳轴位置上还设有上、下托架装置，如图2-17（a）、（b）所示。托架上的剪切块与焊在托圈上的卡板配合。当转炉倾动到水平位置时，由剪切块把炉体的负荷传给托圈。这种结构属于三支点静定结构。这种结构工作性能好，能适应炉壳和托圈的不等量变形，载荷分布均匀，结构简单，制造方便，维修量少。

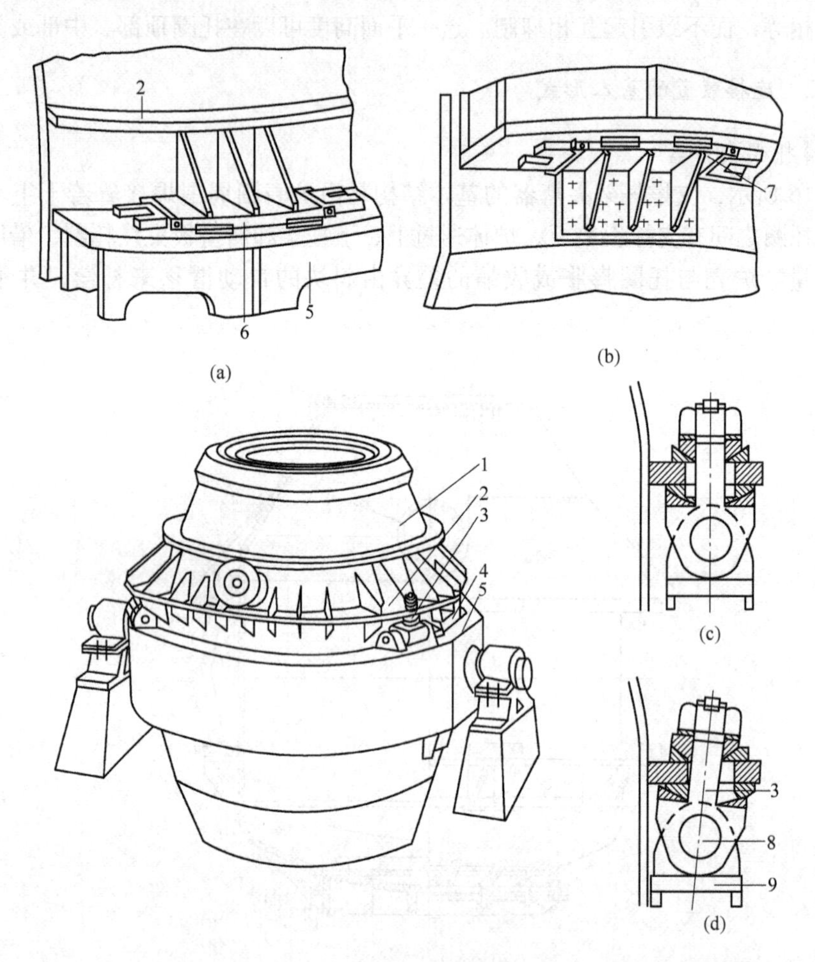

图2-17　自调螺栓连接装置

（a）上托架；（b）下托架；（c）原始位置；（d）正常运转情况（最大位移）

1—炉壳；2—加强圈；3—自调螺栓装置；4—托架装置；5—托圈；6—上托架；7—下托架；8—销轴；9—支座

2.2.2.3　连接装置的故障及检修

连接装置的常见故障及检修有以下几点：

（1）连接装置磨损后松动。这种故障是各种连接装置都有的普遍现象，特别是卡板夹持装置尤为严重。松动后炉体倾动时动载荷急剧增加，严重时造成倾动机械部件的损坏而发生重大设备事故。因此对于松动的部件必须及时检修和调整，保持炉体稳定倾翻。对于卡板夹持装置，松动后应将滑板向内移动，达到安装前的接触面积，然后用挡块焊死。对于螺栓连接形式，松动后应调整螺栓达到规定间隙要求。

（2）局部零件损坏。连接装置有时承受很大的突然性的冲击载荷，因此局部零件损坏也是一种常见的现象。发现连接装置零件损坏时，必须立即检修，更换或加工损坏零件。不能强制使用，否则会造成重大设备事故。

（3）连接装置带有球铰设施的，其衬套和球体表面应吻合，衬套和球体的接触面积不小于球体接触面积的一半。应用涂色法检查接触面的贴合质量。在 25mm×25mm 面积上不少于 4 点。安装时应将衬套加热到 80～90℃，球表面上涂以二硫化钼润滑脂，保持工作中的润滑作用。

2.2.3　耳轴轴承装置

2.2.3.1　耳轴轴承工作特点和选取

耳轴轴承工作特点是负荷大、转速低（一般转速为 1r/min 左右）、工作条件恶劣（高温、多尘、冲击），启制动频繁，一般转动角度在 280°～290°范围内，轴承零件处于局部工作的情况。由于托圈在高温、重载下工作会产生耳轴轴向的伸长和挠曲变形。因此，耳轴轴承必须有适应此变形的自动调心和游动性能，有足够的刚度和抗疲劳极限。

由于轴承转速低，所以选择轴承时不能按照疲劳强度选取，应根据静载荷选择轴承。轴承静载荷的计算公式为

$$C_0 \geqslant n_0 P_0 \tag{2-12}$$

$$P_0 = x_0 F_r + y_0 F_a \tag{2-13}$$

对于游动侧

$$F_a = \mu F_r f \tag{2-14}$$

对于固定侧

$$F_a = Q + \mu F_r f \tag{2-15}$$

式中　C_0——额定静负荷，N；

n_0——安全系数，考虑正常操作最大力矩时的安全系数，转炉耳轴可取为 $n_0 = 1.6 \sim 2$；

P_0——当量静负荷，N；

x_0——静负荷径向系数，对双列球面滚柱轴承取 $x_0 = 1$；

y_0——静负荷轴向系数，$y_0 = 0.44\tan\alpha$（α 为轴承接触角）；

F_r——最大径向负荷，N；

F_a——最大轴向负荷，N；

Q——由倾动机械及其他因素引起的耳轴轴向力，N；

μ——轴承轴向移动摩擦因数。

对于滑动轴承 $\mu = 0.1 \sim 0.3$；对于滚动轴承 $\mu = 0.03$，为安全考虑，都取 $\mu = 0.1 \sim 0.2$。

因此，固定端：

$$n_0 P_0 = (1.6 \sim 2)[x_0 F_r + y_0 (Q + \mu F_r f)] \tag{2-16}$$

游动端：

$$n_0 P_0 = (1.6 \sim 2)[x_0 F_r + y_0 (\mu F_r f)] \tag{2-17}$$

为了减少轴承品种，并便于维修，均按照固定端受力来选取轴承。

轴承设计时，还应考虑下列受载情况：

(1) 正常和不正常操作下的静载荷。不正常操作的载荷如兑铁水罐压在炉口上引起的附加载荷。

(2) 转炉倾动时，倾动力矩在耳轴上引起的载荷。

(3) 转炉倾动时，启动、制动所产生的惯性力。

(4) 由于托圈温度变化引起耳轴轴向胀缩所产生的附加力。

(5) 清炉时结渣所引起的载荷等。

2.2.3.2 耳轴轴承的形式

A 重型双列向心球面滚柱轴承

无论是驱动侧轴承还是游动侧轴承，我国普遍采用重型双列向心球面滚柱轴承。这种轴承结构如图 2-18 所示。

这种轴承能承受重载，有自动调位性能，在静负荷作用下，轴承允许的最大偏斜度为 ±1.5°，可以满足耳轴轴承的要求，并能保持良好的润滑，磨损较少。

转炉工作时，托圈在高温下产生热膨胀，引起两侧耳轴轴承中心距增大。一般情况下转炉传动侧（托圈连接倾动机构一端）的耳轴轴承设计成轴向固定，而非传动侧轴承则设计成轴向可游动的，即在轴承外圈与轴承座之间增加一导向套。当耳轴做轴向胀缩时，轴承可沿轴承座内的导向套做轴向移动，因此要求结构中留有轴向移动间隙。

驱动侧的轴承装置结构基本上与非传动侧相同，只是结构上没有轴向位移的可能性。

为了使设备备件统一，一般游动侧的轴承与传动侧的轴承选用相同的型号。由于传动侧轴上固装着倾动机构的大齿轮，为了便于更换轴承，轴承可制成剖分式，即把内、外圈和保持架都做成两半。为了使轴承承受可能遇到的横向载荷（例如清理炉口结渣时所产生的横向载荷），轴承座两侧由斜铁楔紧在支座的凹槽内。

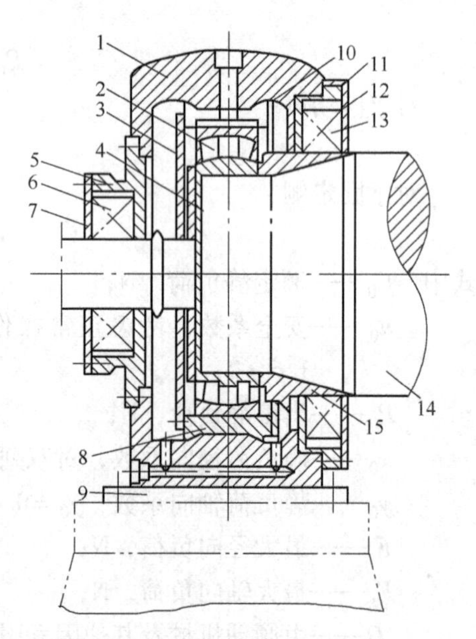

图 2-18 自动调心滚柱轴承

1—轴承盖；2—自动调心双列圆柱滚子轴承；3，10—挡油板；4—轴端压板；5，11—轴承端盖；6，13—毡圈；7，12—压盖；8—轴承套；9—轴承底座；14—耳轴；15—甩油推环

B 复合式滚动轴承装置

当托圈耳轴受热膨胀时，轴承立刻沿导向套做轴向移动，其滑动摩擦会产生轴向力，从而增加了轴承座的轴向倾翻力矩。因此有的大转炉采用复合式滚动轴承。即耳轴主轴承仍采用重型双列向心球面滚柱轴承，以适应托圈的挠曲变形。

而在主轴承箱底部装入两列滚柱轴承，并倾斜 20°～30°支撑在轴承座的 V 形槽中，其结构如图 2-19 所示。这种结构既能使耳轴轴承做滚动摩擦的轴向移动，而其 V 形槽结构又能抵抗轴承所承受的横向载荷。

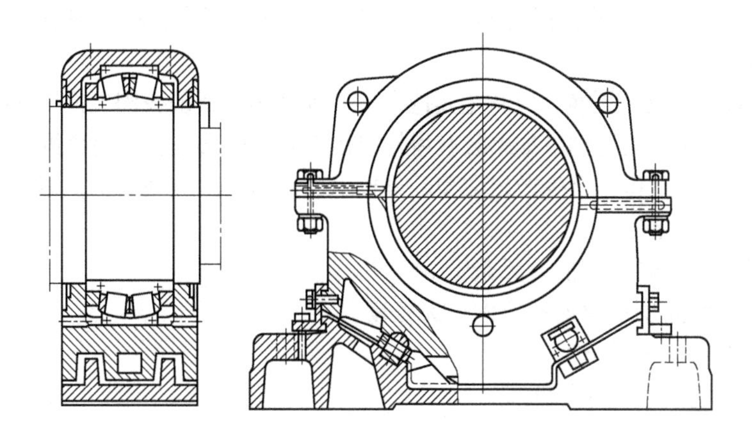

图 2-19　复合式滚动轴承装置

C　铰链式轴承支座

铰链式轴承支座的结构如图 2-20 所示。耳轴轴承也是采用重型双列向心球面滚柱轴承。轴承固定在轴承座上。非传动侧的轴承座通过其底部的两个铰链支撑在基础上。两个铰链的销轴在同一轴线上，此轴线位于与耳轴轴线垂直的方向上。依靠支座的摆动来补偿耳轴轴线方向的胀缩。由于其轴向移动量较之摆动半径小得多，所以耳轴轴线高度的变化并不妨碍轴承正常工作。例如，当铰链中心到耳轴中心的距离为 5m，轴向移动量为 50mm 时，理论计算的支座摆角仅为 ±17′，而耳轴轴线高度的变化在 0.05mm 以内。这种结构简单，能满足工作需要，而且不需要特别维护就能正常工作。

图 2-20　我国某厂 300t 转炉铰链式轴承支座

D　液体静压轴承

液体静压轴承的工作原理是在轴与轴承间通入约 $34N/mm^2$ 的高压油，在低速、重载情况下仍可使耳轴与轴承衬间形成一层极薄的油膜。其优点是无启动摩擦力，运转阻力很低，油膜能吸收冲击起减振作用，具有广泛的速度范围与负荷范围及良好的耐热性。其缺点是需要增加一套高压供油的设备，初次投资费用高。

2.2.3.3　耳轴轴承的润滑

由于耳轴轴承经常处于高温、多尘条件下工作，因此，要求轴承有良好的密封性和润滑性能，并能使钻入的渣尘被润滑油带走。

轴承润滑有干油润滑和稀油润滑两种方式。干油润滑常用润滑脂，如我国 120t 转炉使用 3 号锂基脂与 2%～3%的二硫化钼的混合润滑基。稀油润滑采用稀油自动润滑系统来润滑耳轴轴承，润滑还可起冷却剂作用，并能把一部分渣尘带走。

2.2.3.4 轴承及支座故障及检修方法

一般轴承是不容易坏的，但是如果耳轴与轴承座密封不当，轴承内进入钢渣等杂物时就很容易损坏。

轴承破坏后必须及时更换，以防止其他设备遭到破坏。目前我国更换轴承时均采用将炉体和托圈顶起的办法，但主动端如果装有齿轮或接手时，则必须拆下后再拆装轴承；为了便于更换主动端轴承，我国现已生产出大型剖分轴承，提高了转炉利用率，缩短了检修时间。

轴承座平时要保证：

（1）油量充足，转动灵活，无杂音。

（2）轴承座各部位螺丝连接牢固，无松动。

（3）耳轴密封良好无损。

（4）耳轴挡渣圈结构完好无损。

2.3 炉体倾动机构

倾动机构动画

转炉在冶炼过程中要前后倾转。转炉倾动机构的作用是使炉体倾转，倾转角度为±360°，从而满足转炉兑铁水、加废钢、取样、测温、出渣、补炉、出渣、出钢等工艺操作的需要。

2.3.1 倾动机构的要求和类型

2.3.1.1 对倾动机构的要求

（1）能使炉体连续转±360°，并能平稳而准确地停止在任意角度的位置上，以满足工艺操作的要求。

（2）一般应具有两种以上的转速，转炉在出钢倒渣，人工取样时，要平稳缓慢地倾动，避免钢、渣猛烈摇晃甚至溅出炉口。转炉在空炉和刚从垂直位置摇下时要用高速倾动，以减少辅助时间，在接近预定停止位置时，采用低速，以便停准停稳。一般慢速为0.1～0.3r/min，快速为0.7～1.5r/min。

（3）应安全可靠，避免传动机构的任何环节发生故障，即使某一部分环节发生故障，也要具有备用能力，能继续进行工作，直到本炉冶炼结束。此外，还应与氧枪、烟罩升降机构等保持一定的连锁关系，以免误操作而发生事故。

（4）倾动机构在由于载荷的变化和结构的变形而引起耳轴轴线偏移时，仍能保持各传动齿轮的正常啮合，同时还应具有减缓动载荷和冲击载荷的性能。

（5）结构紧凑，占地面积小，效率高，投资少，维修方便。

2.3.1.2 倾动机构的工作特点

（1）低转速大减速比。转炉的工作对象是高温的液体金属，在兑铁水、出钢等操作时，要求炉体能平稳地倾动和准确地停位。因此，炉子应采取很低的倾动速度（0.1～

0.3r/min)，由于倾动速度极低，倾动机构减速比很大，通常约为700~1000，甚至达数千。例如我国120t转炉倾动机构减速比为753.35，300t转炉倾动机构减速比为638.245。

(2) 重载。转炉炉体自重很大，再加上料重等，整个被倾动部分的重量达上百吨或上千吨，如150t转炉炉液重190t，自重572t。要使这样大的转炉倾动，就必须在其耳轴上施加几百甚至几千千牛米力矩。

(3) 启动、制动频繁，承受较大的动载荷。在冶炼周期内，要进行兑铁水、取样、出钢、倒渣等操作，为完成这些操作，倾动机械要在30~40min冶炼周期内进行频繁的启动和制动。如某厂120t转炉，在一冶炼周期内，启动、制动可达30~50次，最多可达80~100次，且较多的操作是所谓的“点切”操作。因此，倾动机械承受着较大的动负荷。其次，当炉口进行顶渣等操作时，使机构承受较大的冲击载荷，其数值为静载荷的两倍以上。故进行倾动机构设计时都应考虑这些因素。

2.3.1.3 倾动机构的类型

倾动机构有落地式、半悬挂式、全悬挂式和液压式4种类型。

A 落地式

落地式倾动机构如图2-21所示。落地式倾动机构是转炉采用最早的一种配置形式，除末级大齿轮装在耳轴上外，其余全部安装在地基上，大齿轮与安装在地基上传动装置的小齿轮相啮合。

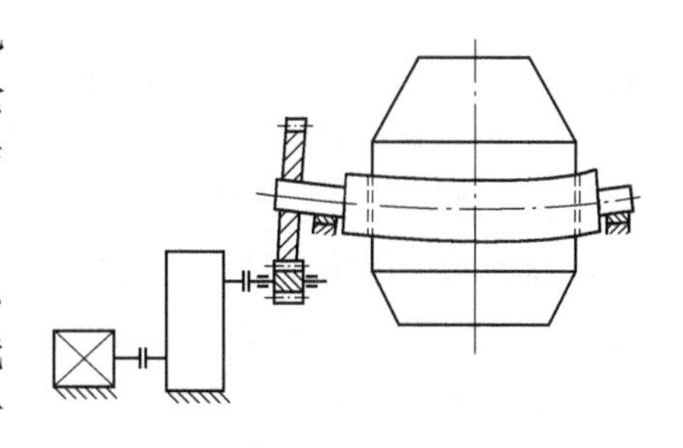

图2-21 落地式倾动机构

这种倾动机构的特点是结构简单，便于制造、安装和维修。但是当托圈挠曲严重而引起耳轴轴线产生较大偏差时，影响大小齿轮的正常啮合。大齿轮是开式齿轮，易落入灰渣，磨损严重，寿命短。

B 半悬挂式

半悬挂式倾动机构如图2-22所示。半悬挂式倾动机构是在落地式基础上发展起来的，它的特点是把末级大、小齿轮通过减速器箱体悬挂在转炉耳轴上，其他传动部件仍安装在地基上，所以叫半悬挂式。悬挂减速器的小齿轮通过万向联轴器或齿式联轴器与主减速器连接。当托圈变形使耳轴偏移时，不影响大、小齿轮间正常啮合。其重量和占地面积比落地式有所减少，但占地面积仍然比较大，适用于中型转炉。

C 全悬挂式

全悬挂式倾动机构如图2-23所示。全悬挂式倾动机构是将整个传动机构全部悬挂在耳轴的外伸端上，末级大齿轮悬挂在耳轴上，电动机、制动器、初级减速器都悬挂在末级大齿轮的箱体上。为了减少传动机构的尺寸和重量，使工作安全可靠，目前大型悬挂式倾动机构均采用多点啮合柔性支撑传动，即末级传动是由数个（4个、6个或8个）各自带有传动结构的小齿轮驱动同一个末级大齿轮，整个悬挂减速器用两端铰接的两根立杆通过曲柄与水平扭力杆连接而支撑在基础上。

全悬挂式倾动机构的特点是：结构紧凑、重量轻、占地面积小、运转安全可靠、工作性能好。多点啮合由于采用两套以上传动装置，当其中1~2套损坏时，仍可维持操作，安全性好。由于整套传动装置都悬挂在耳轴上，托圈的扭曲变形不会影响齿轮的正常啮

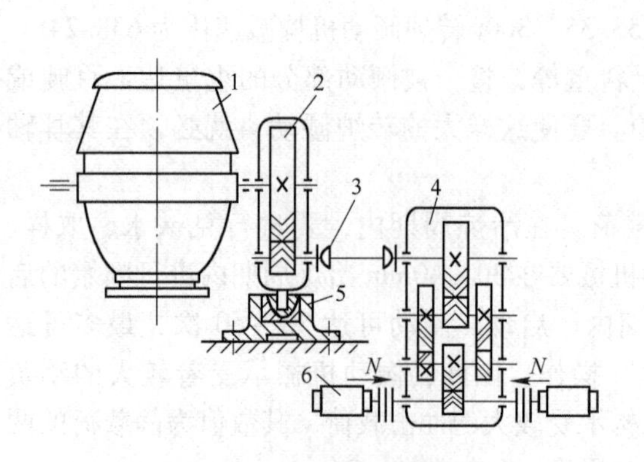

图 2-22　半悬挂式倾动机构

1—转炉；2—悬挂减速器；3—万向联轴器；4—减速器；5—制动装置；6—电动机

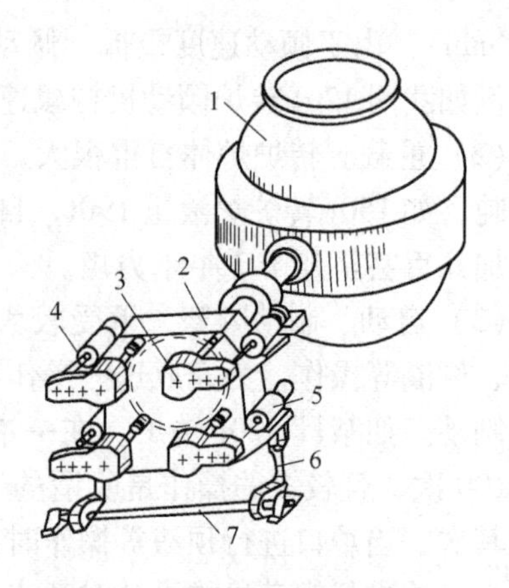

图 2-23　全悬挂式倾动机构

1—转炉；2—末级减速器；3—初级减速器；4—联轴器；5—电动机；6—连杆；7—缓冲抗扭轴

合。柔性抗扭缓冲装置的采用，传动平稳，有效地降低机构的动载荷和冲击力。但是全悬挂机构进一步增加了耳轴轴承的负担，啮合点增加，结构复杂，加工和调整要求也较高，新建大、中型转炉采用悬挂式的比较多。

我国 300t 转炉倾动机构多用全悬挂四点啮合配制形式，如图 2-24 所示。悬挂减速器 1 悬挂在耳轴外伸端上，初级减速器 2 通过箱体上的法兰用螺栓固定在悬挂减速器箱体上。耳轴上的大齿轮通过切向键与耳轴固定在一起，它由带斜齿轮的初级减速器 2 的低速轴上 4 个小齿轮同时驱动。为保证良好的啮合性能，低速轴设计成 3 个轴承支撑，如图 2-25 所示。驱动初级减速器的直流电动机 7 和电磁制动器 6 则支撑在悬挂箱体撑出的支架上。这样整套传动机构通过悬挂减速器箱体悬挂在耳轴上。悬挂减速器箱体通过与之铰接的两根立杆与水平扭力杆柔性抗扭缓冲器连接。水平扭力杆 4 的两端支撑于固定在基础上

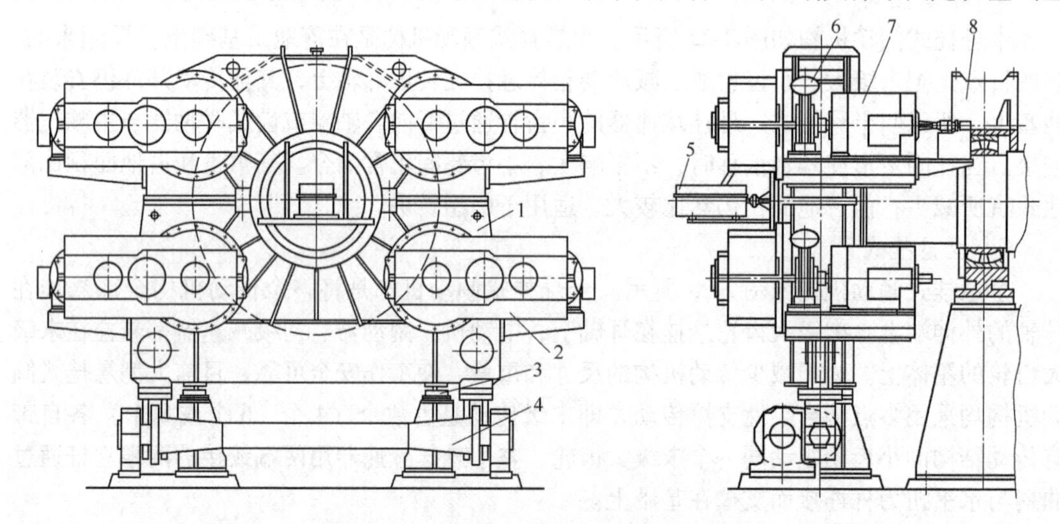

图 2-24　某厂 300t 转炉倾动机构示意图

1—悬挂减速器；2—初级减速器；3—紧急制动装置；4—扭力杆装置；5—极限开关；6—电磁制动器；7—直流电动机；8—耳轴轴承

的支座中，通过水平扭力杆来平衡悬挂箱体上的倾翻力矩。为防止过载以保护扭力杆，在悬挂箱体下方还设置有紧急制动装置3。在正常情况下紧急制动装置不起作用，因箱体底部与固定在地基上的制动块之间有13.4mm的间隙，当倾动力矩超过正常值的三倍时，间隙消除，箱体底部与制动块接触，这时，电机停止运转，这样就防止了扭力杆由于过载而扭断，使传动机构安全可靠。

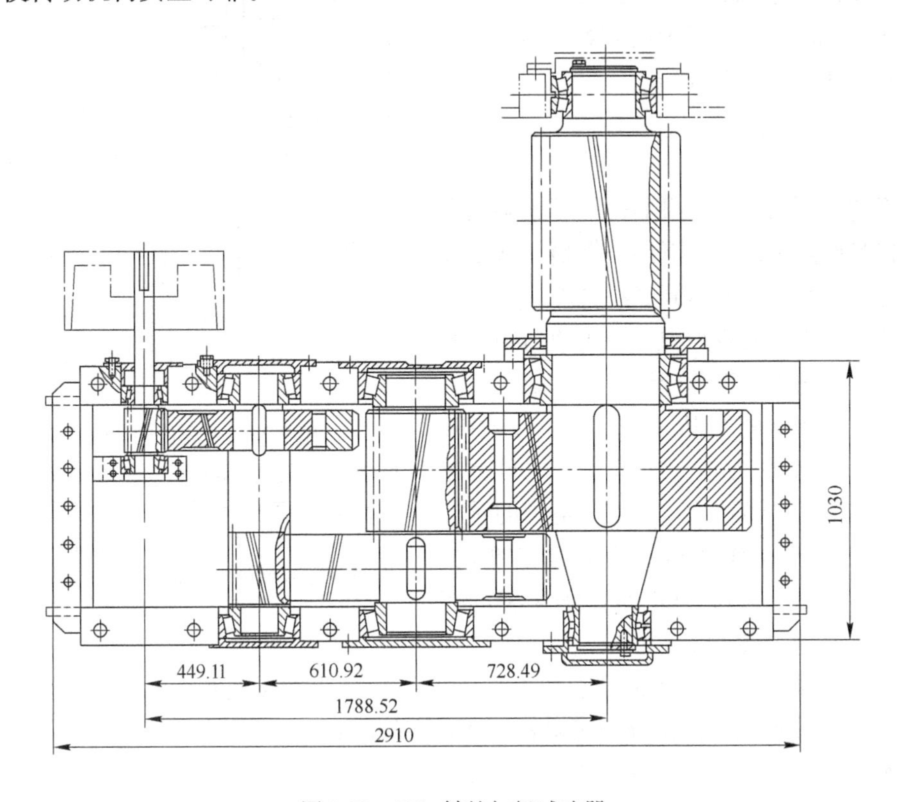

图2-25 300t转炉初级减速器

D 液压传动式

目前一些转炉已采用液压传动的倾动机械。

液压传动的突出特点是：适于低速、重载的场合，不怕过载；可以无级调速，结构简单、重量轻、体积小。因此转炉倾动机械使用液压传动是大有前途的。液压传动的主要缺点是加工精度要求高，加工不精确时容易引起漏油。

图2-26为一种液压倾动转炉的原理图：变量油泵1经滤油器2从油箱3中把油液经单向阀4、电液换向阀5、油管6送入工作油缸8，驱动带齿条10的活塞杆9上升，齿条推动装在转炉12耳轴上的齿轮11使转炉炉体倾动。工作油缸8与回程油缸13固定在横梁14上。当电液换向阀5换向后，油液经油管7进入回程油缸13（此时，工作缸中的油液经换向阀流回油箱），通过活塞杆15，活动横梁16，将活塞杆9下拉，使转炉恢复原位。

2.3.2 倾动机构的参数

倾动机构的参数包括倾动速度、倾动力矩和耳轴位置。

2.3.2.1　倾动速度

转炉的倾动速度通常为 0.15 ~ 1.5r/min。小于 30t 的转炉可不调速，转速为 0.7r/min。50 ~ 100t 转炉用两级调速，低速为 0.2r/min，高速为 0.8r/min。150t 以上的转炉采用无级调速，转速为 0.15 ~ 1.5r/min。

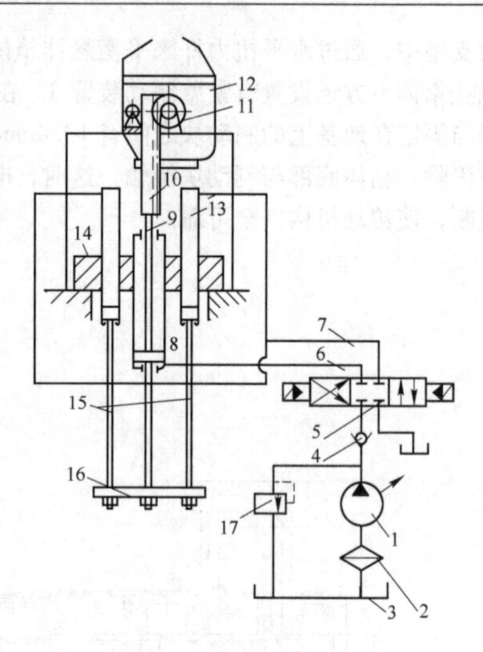

图 2-26　液压传动倾动机械

1—变量油泵；2—滤油器；3—油箱；4—单向阀；5—电液换向阀；6，7—油管；8—工作油缸；9，15—活塞杆；10—齿条；11—齿轮；12—转炉；13—回程油缸；14—横梁；16—活动横梁；17—溢流阀

2.3.2.2　倾动力矩

计算转炉倾动力矩的目的是为了正确选择耳轴位置和确定不同情况下的力矩值，保证转炉既正常安全生产，又达到经济合理。

转炉倾动力矩由空炉力矩、炉液力矩、转炉耳轴上的摩擦力矩三部分组成：

$$M = M_k + M_y + M_m \qquad (2\text{-}18)$$

式中　M_k——空炉力矩（由炉壳、炉衬重量引起的力矩），由于空炉的重心与耳轴中心的距离是不变的，所以空炉力矩是倾动角度的正弦函数值；

M_y——炉液力矩（炉内铁水和渣引起的力矩），在倾动过程中，炉液的重心位置是变化的，故炉液力矩也是倾动角度的函数；

M_m——转炉耳轴上的摩擦力矩，在出钢过程中其值是变化的，但变化较小，为了计算简便，在倾动过程中看成常量。

A　空炉力矩 M_k

要计算空炉力矩 M_k，应当分清转炉是处于新炉状态还是老炉状态。因为新炉和老炉的重量不同，重心坐标也不一样。

从图 2-27 可以看出，若耳轴位置在 L 点，空炉重心在 K 点，则

$$M_k = G_k(H - H_k)\sin\alpha \qquad (2\text{-}19)$$

式中　G_k——空炉重量，kN；

α——倾动角度，(°)。

由于 $H - H_k$ 在选定耳轴后是一个不变的恒量，故空炉力矩 M_k 与倾动角度 α 呈正弦函数关系。

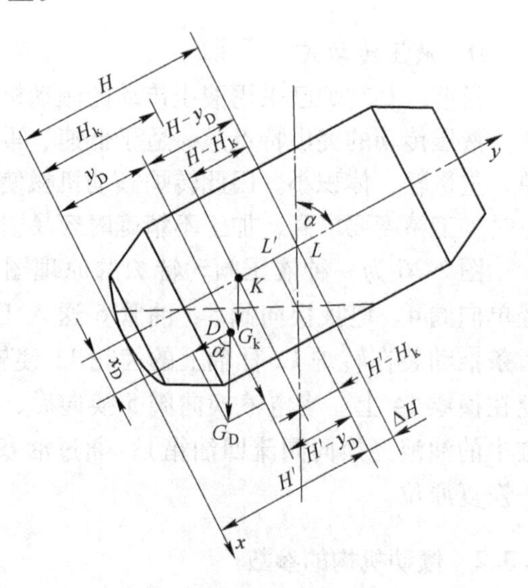

图 2-27　倾动力矩计算图

对倾动力矩正负值规定如下：就炉体端而言，当力矩作用方向与炉体旋转方向相反

时为正力矩，与炉体旋转方向相同时为负力矩。

B 炉液力矩 M_y

从图 2-27 可以看出，若炉液重心在 D 点，则

$$M_y = G_y \sin\alpha(H - y_D) - G_y \cos\alpha x_D \tag{2-20}$$

式中 G_y——炉液重量，kN；

x_D，y_D——炉液重心坐标值，m。

C 耳轴上的摩擦力矩 M_m

$$M_m = (G_k + G_y + G_{托} + G_{悬})\frac{\mu d}{2} \tag{2-21}$$

式中 $G_{托}$——托圈重量，kN；

$G_{悬}$——耳轴上悬挂齿轮组的重量，kN；

μ——摩擦因数，对于滑动轴承取 0.1 ~ 0.15，对于滚动轴承可取 0.02；

d——对于滑动轴承为耳轴直径，对于滚动轴承则为轴承平均直径 $d = \frac{d_{内} + d_{外}}{2}$，m。

D 倾动力矩 M 的绘制

倾动力矩 M 随倾动角度 α 的变化而变化，当分别计算出各个倾动角度下的空炉力矩 M_k、炉液力矩 M_y、耳轴上的摩擦力矩 M_m 和合成倾动力矩 M 后，可绘制倾动力矩曲线。用横坐标表示倾动角度 α，纵坐标表示倾动力矩 M。

图 2-28 为 120t 转炉的倾动力矩曲线图。

由图 2-28 可知：空炉力矩 M_k 随倾动角度按正弦曲线变化，转炉在直立位置时空炉力矩 M_k 为 0，随着倾动角度 α 增大空炉力矩 M_k 也增大，到 α 等于 90°时（转炉呈水平状态），空炉力矩 M_k 最大，超过 90°时空炉力矩 M_k 又逐渐减小。

炉液力矩 M_y 在倾动过程中波动较为显著，开始倾动时为正值，$\alpha = 50° \sim 60°$时出现最大值。当 $\alpha = 70°$以后，由于炉液重心上升而转为负值，在 $\alpha = 105° \sim 120°$时，出钢完毕，M_y 趋近于零。

耳轴上的摩擦力矩 M_m 的方向总是与转动方向相反，一般认为摩擦力矩在倾动过程中是不变的，即忽略出钢过程中炉液重量的变化及忽略小齿轮对耳轴上悬挂大齿轮轮齿压力的影响。

2.3.2.3 耳轴位置

确定最佳耳轴位置的原则有两种：

（1）全正力矩原则。这种原则以保证工作安全可靠为出发点，要求转炉在整个倾动过程中，不出现负力矩。即在任何事故下（如断轴、断电、制动器失灵等），炉子不但不会自动倾翻，而且能自动返回原位（直立位置），保证安全，但增大了倾动力矩，消耗更多能量。力矩的变化趋势如图 2-29 所示。

全正力矩条件式为：

$$0 < (M_k + M_y)_{min} \geqslant M_m \tag{2-22}$$

（2）正负力矩等值原则。把耳轴位置定得低些。转炉在整个倾动过程中，使波峰力

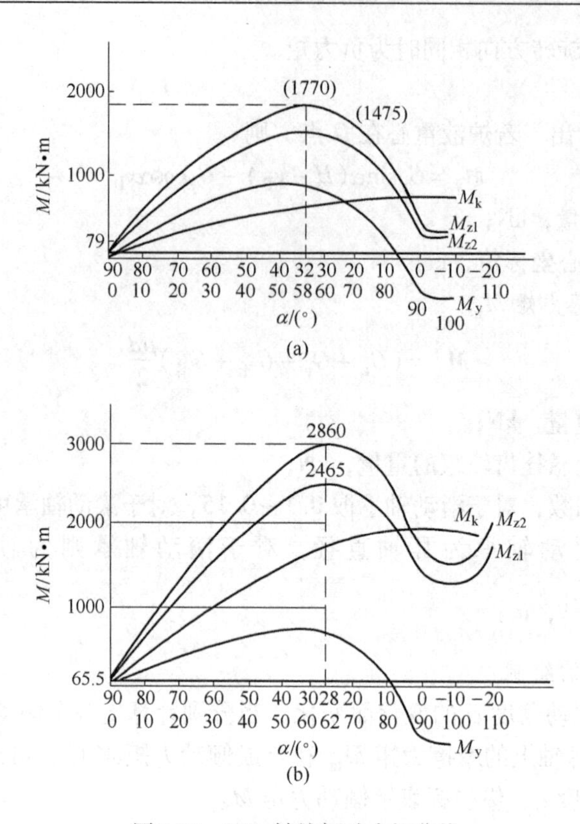

图 2-28　120t 转炉倾动力矩曲线
（a）新炉倾动力矩曲线；（b）老炉倾动力矩曲线
$M_{z1}=M$；$M_{z2}=1.2M$

矩和波谷力矩平均分配在正负力矩区域内，并且绝对值相等。这时倾动力矩绝对值最小，因此可以减小传动系统的静力矩，设备零件尺寸和电机容量减小，故也称经济原则。正负力矩等值原则的缺点是安全性差，当设备发生事故时，若不采取有效措施，会造成翻炉跑钢事故。力矩的变化趋势如图 2-30 所示。

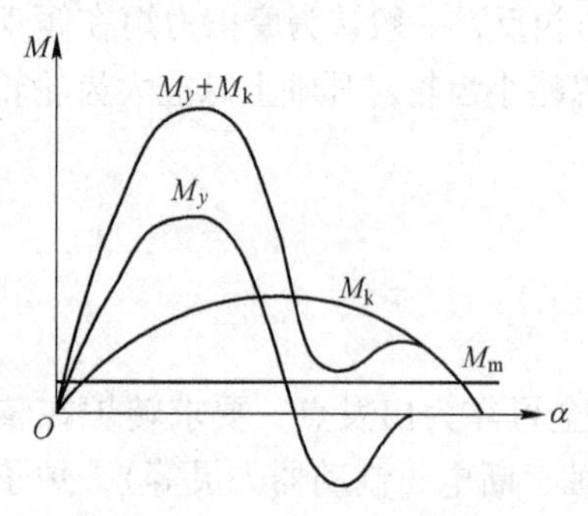

图 2-29　全正力矩时力矩的变化趋势

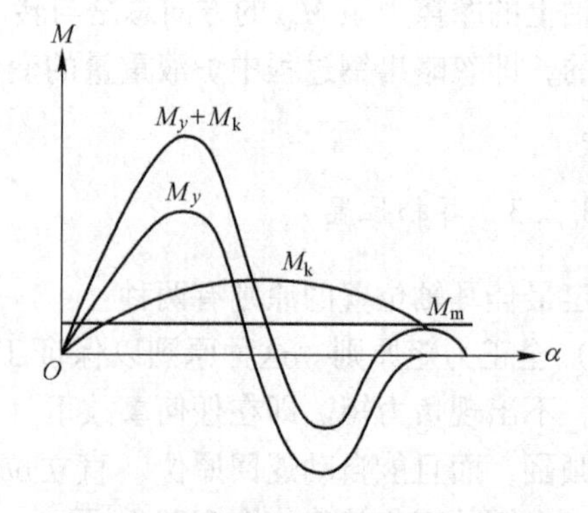

图 2-30　正负力矩时力矩的变化趋势

正负力矩等值条件式为：

$$(M_k+M_y+M_m)_{max}=-(M_k+M_y-M_m)_{min} \tag{2-23}$$

目前大多数转炉，特别是大型转炉从安全出发，多采用全正力矩原则来选择耳轴位置，即将耳轴位置选得高一些。但是由于冶炼强化，炉口的结渣量很大，若仍按全正力矩设计，则其倾动力矩峰值将增大很多，显然不合理。另外，倾动机构多点啮合的应用，增加了设备运转的可靠性。因此，在考虑安全措施情况下，对大型转炉采用正负力矩等值原则设计耳轴位置的方法是合理的。总之，确定耳轴的最佳位置，既要考虑安全性，又要考虑经济性。

在设计时，一般先预选一个参考耳轴位置 H 进行倾动力矩计算，然后再根据全正力矩的条件式（2-22）对预选值加以修正来确定最佳耳轴位置。

耳轴位置修正值为：

$$\mathrm{d}H \leqslant \frac{(M_k + M_y)_{\min} - M_m}{(G_k + G_y)\sin\alpha} \tag{2-24}$$

最佳耳轴位置为：

$$H' = H - \mathrm{d}H = H - \frac{(M_k + M_y)_{\min} - M_m}{(G_k + G_y)\sin\alpha} \tag{2-25}$$

2.3.3 倾动机构的维护

2.3.3.1 维护和检查

倾动机构维护和检查的工作内容主要是对运动摩擦副、连接件、润滑系统的检查和对设备的清扫等几方面。其方法概括地说，就是听、看、测、摸。

检查内容如下：

（1）润滑管路是否畅通。

（2）检查密封部位是否漏油。

（3）检查制动器是否有效。

（4）检查滑块是否松动、跌落。

（5）抗扭装置连接螺丝、基础螺丝是否松动。

（6）检查托圈上制动块是否脱落松动，检查炉子在倾动中炉体与托圈有否相对位移。

（7）检查大轴承连接螺丝和基础螺丝有否松动。

（8）检查轴承运转是否有异声。

（9）耳轴与托圈的连接螺丝是否折断、松动。

（10）炉口是否有结渣，炉子倾动时会不会发生意外或碰撞烟罩。

（11）检查各种仪表、开关及联锁装置是否有效，例如转炉“零”位（吹炼位）及其与氧枪升降的联锁，包括氧枪升降中自动停供氧点装置正常动作等。

（12）炉体倾动时检查电流表显示值，是否在合适范围内。

2.3.3.2 注意事项

（1）轴承如有异声，必须停炉检查和排除，否则会导致炉体转动不平稳，炉内钢水晃动，造成冶炼及安全上的不良后果。

（2）当倾动速度不正常、倾动电流显示过大、转速不平稳等时都需停炉检查，以消除设备、冶炼及安全上的隐患。

(3) 炉子制动时如有叩头现象，会造成设备损坏、转速不平稳等不良后果，必须停炉检查、消除。

(4) 连锁装置、限位装置及各种仪表、开关必须灵敏、有效，如失灵会造成设备、生产等方面的安全事故，危及生产及人身。

2.3.4 倾动机构常见故障及处理方法

倾动机构常见故障及处理方法见表2-10。

表2-10 倾动机构常见故障及处理方法

常见故障	故障原因	处理方法
炉体点头振动	(1) 传动部件磨损，造成累计间隙过大； (2) 支撑装置松动； (3) 止动装置或缓冲装置失灵	(1) 更换调整磨损部件； (2) 处理松动部件； (3) 检修或更换损坏部件
炉体滑动	(1) 制动器失灵； (2) 齿轮掉齿	(1) 调整或检修制动器； (2) 更换或修补齿轮
炉体喘动	(1) 倾动机构局部齿轮掉齿； (2) 传动机构轴承损坏	(1) 补修或更换齿轮； (2) 更换新轴承
倾动机构失灵	(1) 局部轴断； (2) 键松动	(1) 更换新轴； (2) 通知钳工检修处理

复习思考题

2-1 炉壳通常由几部分组成，各部分形状如何？

2-2 水冷炉口有哪两种结构？

2-3 炉衬由几部分组成，各部分采用什么耐火材料？

2-4 炉壳常见故障有哪些，引起的原因是什么？

2-5 耳轴和托圈的结构是怎样的？

2-6 耳轴和托圈如何连接？

2-7 炉体和托圈如何连接？

2-8 耳轴轴承工作有何特点？

2-9 炉体和托圈连接装置常见故障有哪些？

2-10 对转炉倾动机构有何要求？

2-11 转炉倾动机构有哪几种类型，各有何特点？

2-12 倾动力矩包括哪些方面？

2-13 转炉耳轴位置如何确定？

2-14 氧气顶吹转炉炉型的各部分尺寸如何确定？

2-15 转炉炉衬由几层组成？哪层工作层要综合砌筑？

2-16 如何选择转炉炉壳钢板材质？炉壳钢板厚度如何确定？

3 吹氧和供料设备

吹氧供料设备 PPT

3.1 吹氧设备

吹氧设备是转炉主要设备之一。吹氧设备是由氧枪、氧枪升降机构和换枪机构三部分组成。氧枪的主要功用是将氧气喷入转炉内液态铁水中，以实现金属熔池的冶炼反应。在反应区内温度高达2500℃以上，氧枪必须经受来自熔池的高温影响。又由于熔池内钢液和炉渣的剧烈搅动和喷溅，促成氧枪强烈的机械振动，所以氧枪的工作环境是十分恶劣的，必须精心维护才能保证氧枪的正常工作。

供氧系统动画

3.1.1 供氧系统

供氧系统由制氧机、压缩机、贮气罐、输氧管道、测量仪、控制阀门、信号联锁等主要设备组成，如图3-1所示。

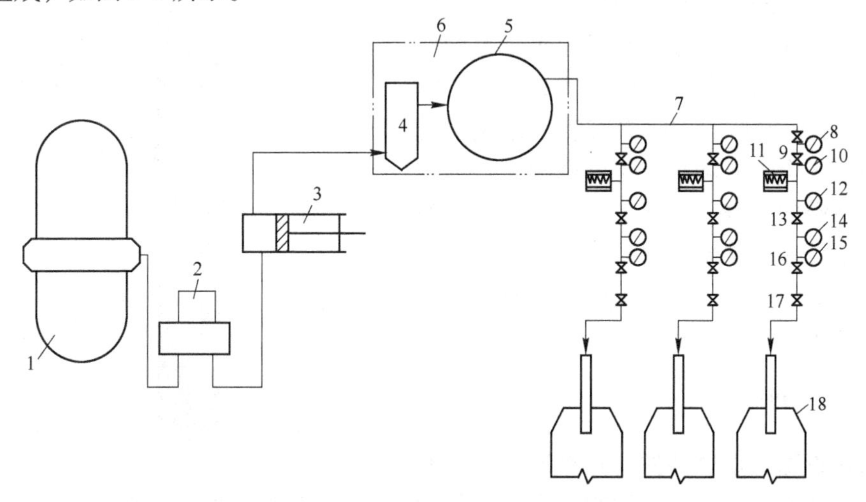

图3-1 供氧系统工艺流程图

1—制氧机；2—低压贮气柜；3—压氧机；4—桶形罐；5—中压贮气罐；6—氧气站；7—输氧总管；8—总管氧压测定点；9—减压阀；10—减压阀后氧压测定点；11—氧气流量测定点；12—氧气温度测定点；13—氧气流量调节阀；14—工作氧压测定点；15—信号联锁；16—快速切断阀；17—手动切断阀；18—转炉

转炉炼钢要消耗大量的氧，因此现代钢铁厂都有相当大规模的制氧设备。工业制氧采取空气深冷分离法，先将空气液化，然后利用氮气与氧气的沸点不同，将空气中的氮气和氧气分离，这样就可以制出纯度为99.5%的工业纯氧。

制氧机生产的氧气，经加压后送至中间贮气罐，其压力一般为2.5～3.0MPa，经减压阀可调节到需要的压力0.6～1.5MPa，减压阀的作用是使氧气进入调节阀前得到较低和较稳定的氧气压力，以利于调节阀的工作。吹炼时所需的工作氧压是通过调节阀得到的。快速切断阀的开闭与氧枪连锁，当氧枪进入炉口一定距离时（即到达开氧点时），切断阀自动打开，反之，则自动切断。手动切断阀的作用是当管道和阀门发生故障时快速切断氧气。

3.1.2　氧枪

3.1.2.1　吹氧管

吹氧管又名氧枪或喷枪，担负着向熔池吹氧的任务。因其在高温条件下工作，故氧枪是采用循环水冷却的套管结构。我国转炉用氧枪的结构基本相似，如图3-2所示，由枪头（喷头）、枪体（枪身）及枪尾结构所组成。

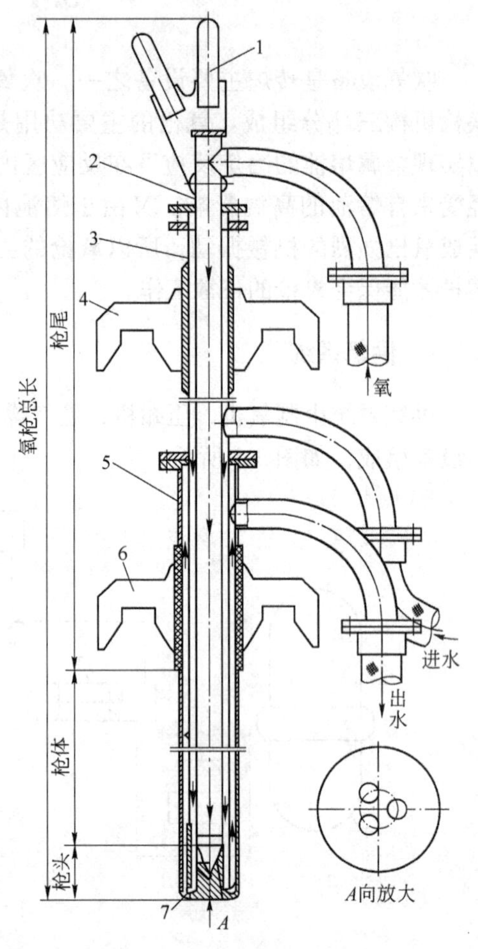

图3-2　吹氧管基本结构简图
1—吊环；2—中心管；3—中层管；4—上托座；5—外层管；6—下托座；7—喷头

枪身由无缝钢管制成的中心管2，中层管3及外层管5同心套装而成，其下端与喷头7连接。管体各管通过法兰分别与三根橡胶软管相连，用以供氧和进、出冷却水。氧气从中心管2经喷头7喷入熔池，冷却水自中心管2与中层管3的间隙进入，经由中层管3与外层管5的间隙上升而排出。为保证管体3个管同心套装，使水缝间隙均匀，在中层管3和中心管2的外管壁上，沿长度方向焊有若干组定位短筋，每组有3个短筋均布于管壁圆周上。为保证中层管下端的水缝，在其下端面圆周上均布着3个凸爪，使其支撑在喷头的内底面上。

枪尾由氧气和进出冷却水的连接管头、把持氧枪的装置、吊环组成。

3.1.2.2　喷头

喷头是氧枪的重要部件，它对冶炼工艺起到至关重要的作用，对其结构则要求尽可能地简单且长寿命。

喷头通常采用导热性良好的紫铜经锻造和切削加工而成，也有用压力浇铸而成的。喷头与枪身外层管焊接，与中心管用螺纹或焊接方式连接。喷头内通高压水强制冷却。为使喷头在远离熔池面工作也能获得应有的搅拌作用，以提高枪龄和炉龄，所以喷头均为超音速喷头。

喷头的类型很多，按结构形状可分为拉瓦尔型、直筒型和螺旋型；按喷孔数可分为单孔、三孔和多孔喷头；按喷入的物质可分为氧气喷头、氧－燃气喷头和喷粉料的喷头。

A 单孔拉瓦尔型喷头

单孔拉瓦尔型喷头的结构如图3-3所示。拉瓦尔喷头由收缩段、喉口、扩张段三部分组成。喉口处于收缩段和扩张段的交界处，此处的截面积最小，通常把喉口（缩颈）的直径称为临界直径，把该处的截面积称为临界断面积。

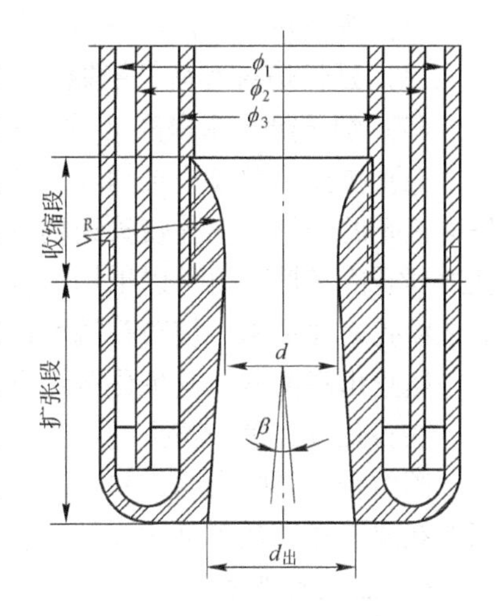

图3-3 单孔拉瓦尔型喷头

拉瓦尔喷头的工作原理是：高压低速的气流经收缩段时，气流的压力能转化为动能，使气流获得加速度，当气流到达喉口截面时，气流速度达到音速。在扩张段内，气流的压力能除部分消耗在气体的膨胀上外，其余部分继续转化为动能，使气流速度继续增加。在喷头出口处，当气流压力降到与外界压力相等时，即获得了远大于音速的气流速度。喷头出口处的气流速度（v）与相同条件下的音速（c）之比，称为马赫数 Ma，即 $Ma = v/c$。目前国内外喷头出口马赫数大多在1.8～2.2之间。

氧气转炉发展初期，采用的是单孔喷头。随着炉容量的大型化和供氧强度的不断提高，单孔喷头由于其流股与熔池的接触面积小，存在易引起严重喷溅等缺点，而不能适应生产要求，所以逐渐发展为多孔喷头。

B 三孔拉瓦尔型喷头

三孔拉瓦尔型喷头的结构，如图3-4所示。

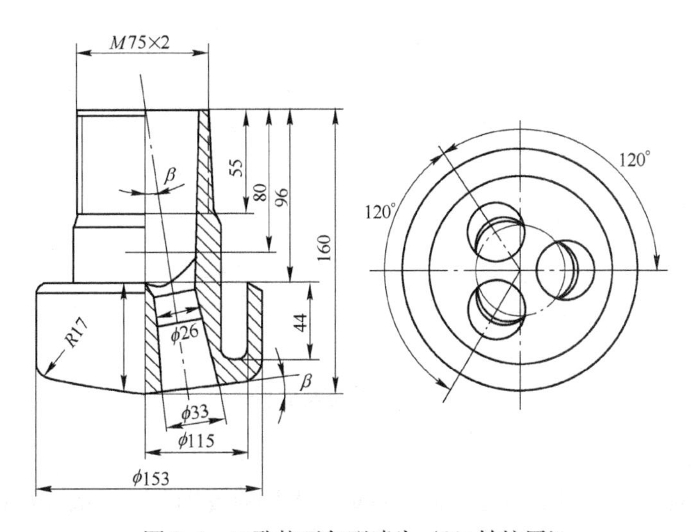

图3-4 三孔拉瓦尔型喷头（30t转炉用）

喷孔的几何中心线和喷头中轴线的夹角 β 称为喷孔倾角，一般 $\beta = 9° \sim 11°$。三个孔中心的连线呈等边三角形。氧气分别流经三个拉瓦尔管，在出口处获得三股超声速氧气流股而喷出。生产实践证明，三孔拉瓦尔型喷头与单孔拉瓦尔型喷头相比有以下优点：

（1）减少喷溅，提高金属收得率。

（2）枪位稳定，成渣速度快。

（3）提高供氧强度，缩短吹氧时间，提高生产率。

（4）延长炉衬寿命，缩短修炉时间。

（5）炉子热效率提高（约20%左右），可以多用废钢。

三孔拉瓦尔型喷头结构较复杂，加工制造比较困难，三孔中心的鼻梁部分易于烧毁而失去三孔的作用。三孔喷头结构改进的关键在于加强三孔夹心部分的冷却，为此可以在喷孔之间开冷却槽，也可以采用组合式水冷喷头，使冷却水能深入夹心部分进行冷却。也有的在喷孔之间穿洞，使喷头端面造成正压而免于烧毁。另外，从工艺操作上应防止喷头粘钢，防止出高温钢，避免化渣不良与低枪位操作等，这些对提高喷头寿命都是有益的。

在多孔拉瓦尔型喷头中，除常用的三孔、四孔外，还有五孔、六孔、七孔和八孔的。

国内生产经验表明，50t以下转炉宜采用三孔拉瓦尔型喷头，50t及50t以上转炉可采用四孔或五孔拉瓦尔型喷头。

C　三孔直筒型喷头

三孔直筒型喷头的结构，如图3-5所示。

这种喷头由收缩段、喉口及3个与喷头中轴线成β角的直筒型喷孔构成，β角一般为9°～12°，3个直筒形喷孔的断面积之和为喉口断面积的1.1～1.6倍。这种喷头产生的氧气流股冲击面积比单孔拉瓦尔型喷头大4～5倍，但直筒型喷嘴喷出的氧气流股的速度不能超过声速。与三孔拉瓦尔型喷头比较，这种氧气流股与钢液面的相遇面积较小，结果使渣中氧化铁含量降低，去磷和化渣的效果也稍差些。不过在小型氧气转炉上采用三孔直筒型喷头，工艺操作效果与三孔拉瓦尔型喷头基本相近，而且制造方便，使用寿命高。

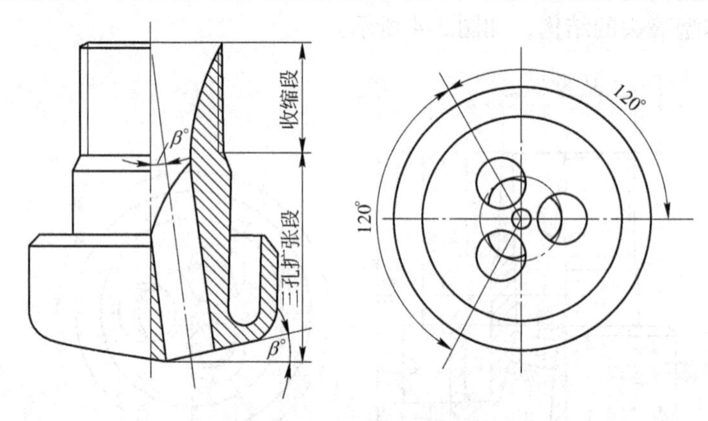

图3-5　三孔直筒型喷头

D　多流道氧气喷头

使用多流道氧气喷头的目的在于提高转炉装入量的废钢比，一般配用在顶底复吹转炉上。多流道氧气喷头分为双流道喷头和三流道喷头。

a　双流道喷头

由于普遍采用铁水预处理和转炉顶底复合吹炼工艺，铁水温度有所下降，铁水中放热元素减少，使废钢比下降。尤其是用中、高磷铁水冶炼低磷高合金钢，即使全部使用铁水，也还需另外补充热源。此外多使用废钢可以降低炼钢能耗。目前转炉内热补偿的主要方法有：预热废钢，加入放热元素，炉内CO的二次燃烧。显然二次燃烧是改善冶炼热平衡，提高废钢比最为经济的方法。

双流道氧气喷头分主氧流道和副氧流道。主氧流道向熔池供氧气，同传统的喷头作用相同。副氧流道所供氧气用于炉气中的CO二次燃烧，所产生的热量除快速化渣外，还可以提高废钢比。

双流道氧气喷头有两种形式，即端部式和顶端式（台阶式）。图3-6（a）为端部式双流道喷头。其主、副氧道基本在同一平面上，主氧道喷孔常为三孔、四孔或五孔拉瓦尔型喷嘴，其中心线与喷头主轴线的夹角通常为9°～12°。副氧道则为六孔、八孔、十孔直筒型喷头，其中心线与喷头主轴线的夹角通常为30°～50°。供氧强度主氧道为2.0～3.5m^3/(t·min)（标态）；副氧道为0.3～1.0m^3/(t·min)（标态）；主氧量与副氧量之和的20%为副氧流量的最佳值（也有采用15%～30%的）。使用顶底复吹转炉的吹入底气量为0.05～0.10m^3/(t·min)（标态）。采用端部式双流道氧气喷头的喷管仍为三层，副氧流喷孔设在喷头端面主氧流外环同心圆上。副氧道氧流量是从主氧道氧流量分流出来的，副氧道总流量是受副氧道喷孔大小、数量及氧管总压、流量所控制的。这种结构方式既影响主氧道供氧参数，也影响副氧道供氧参数，这是端部式双流道喷头结构的主要缺点。但其喷头及喷管结构简单，损坏时更换方便。

图3-6（b）所示为顶端式（台阶式）双流道喷头。主、副氧流量及吹入底气量与端部式喷头基本相同。副氧道喷角通常为20°～60°。副氧道离主氧道端面的距离，小于100t的转炉为500mm，大于100t的转炉为1000～1500mm（甚至高达2000mm）。喷孔可以是直筒孔型，也可以是环缝型。顶端式双流道对捕捉CO的覆盖面积有所增大，并且供氧参数可以独立调控。但顶端式喷管必须设计成四层同心套管（中心为主氧、二层为副氧、三层为进水、四层为出水），副氧喷孔或环缝必须穿过进出水套管，加工制造及更换较为复杂。

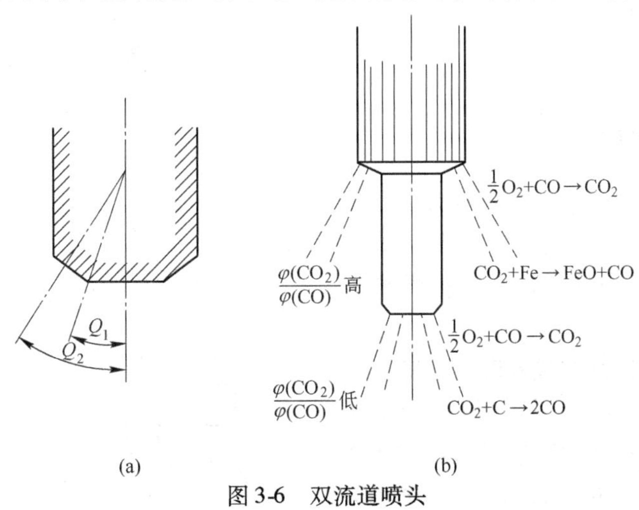

图3-6 双流道喷头

（a）端部式双流道喷头；（b）顶端式双流道喷头

b 三流道喷头

在双流道喷头的基础上，再增加一煤粉喷道，即构成三流道喷头。煤粉（粒状）借高速流动的运载气体（氮气）击穿渣层到达钢液表面或内部（需通过底部搅拌），在钢液表面燃烧产生热量，外层有渣层保温，这样能有效地加热钢液以提高废钢的加入量。一般每吨钢加入1kg煤粉，可以多增加废钢量约3～5kg，由于煤粉中的硫约有一半进入钢中，因此这种工艺仅适用于冶炼非低硫钢种。

E　特殊用途的喷头

a　长喉氧－石灰喷头

如图 3-7 所示，长喉氧－石灰喷头的结构类似拉瓦尔型喷头，但喉口段较长，目的在于把石灰粉加速到较大的速度。这种喷头应用于吹炼高磷铁水。

b　氧－油－燃喷头

如图 3-8 所示，氧－油－燃喷头的氧气流从里面（主氧流）和外面（二次氧流）包围了重油的环形喷流，主氧流和二次氧流可以分别调节，这样可以使火焰具有要求的形状和特征而适应生产的需要。根据其中的燃料和氧的比率不同，可以进行氧化熔炼、中性熔炼和还原熔炼。喷枪在停止供送燃料后，就可按一般的氧枪操作。它适用于废钢比例大的氧气转炉。

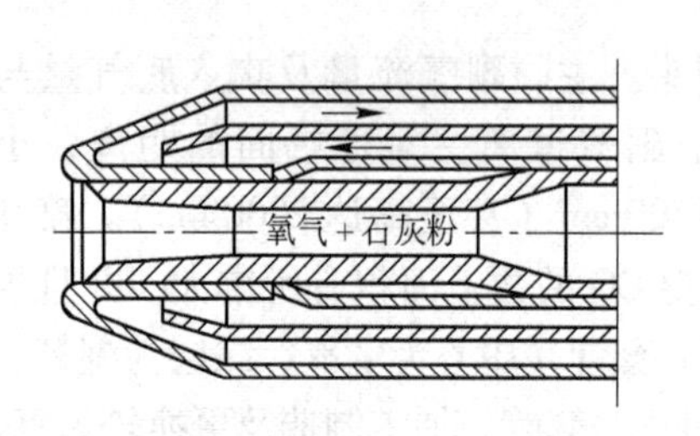

图 3-7　长喉氧－石灰喷头

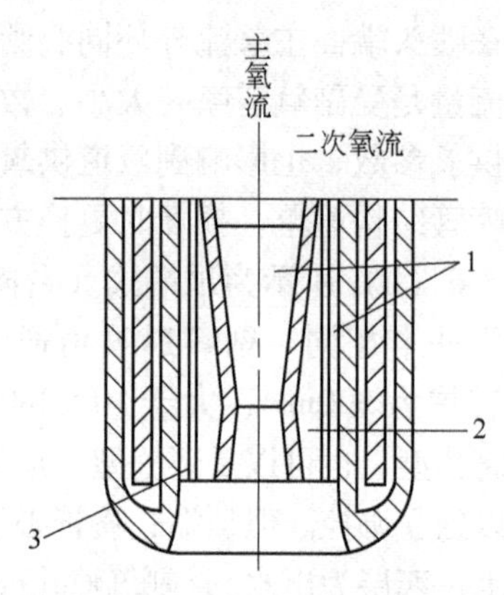

图 3-8　氧－油－燃喷头

1—氧气；2—供煤气；3—供重油

3.1.3　氧枪升降机构

在炼钢过程中，氧枪要多次升降，这个升降运动由氧枪升降机构来实现。氧枪在升降行程中经过的几个特定位置，称做操作点，如图 3-9 所示。

氧枪各操作点控制位置的确定原则：

（1）最低点。最低点是氧枪下降的极限位置，该位置决定于炉子的容量。对于大型转炉氧枪最低点距熔池面应大于 400mm。而对于中、小型转炉应大于 250mm。

（2）吹氧点。吹氧点是氧枪开始进入正常吹炼的位置，又叫吹炼点，这个位置与炉子容量、喷头类型、供氧压力等因素有关，一般根据生产实践经验确定。

（3）变速点。当氧枪上升或下降到变速点时，就进行自动变速。此点位置的确定

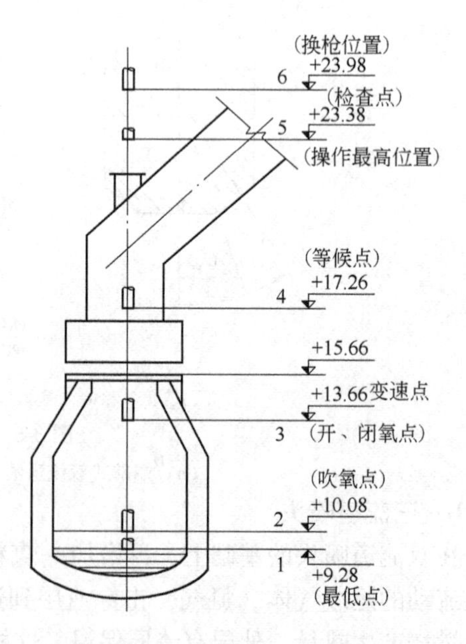

图 3-9　氧枪升降行程中几个特定位置

1—最低点；2—吹氧点；3—开、闭氧点；4—等候点；5—检查点；6—换枪位置

主要是保证安全生产，又能缩短氧枪升降所占的辅助时间。在变速点以下，氧枪慢速升降，在变速点以上，氧枪快速升降。

（4）开氧点和停氧点。氧枪下降至开氧点应自动开氧，上升至停氧点应自动停氧。开氧点和停氧点位置应适当，过早地开氧或过迟地停氧都会造成氧气浪费。氧气进入烟罩也会有不良影响。过迟地开氧或过早地停氧也不好，易造成喷枪粘钢和喷头堵塞。一般开氧点和停氧点可以确定在变速点同一位置，或略高于变速点。

（5）等候点。等候点也称待吹点，位于炉口以上。此点位置的确定应使氧枪不影响转炉的倾动。过高会影响氧枪升降所占的辅助时间。

（6）最高点。最高点是氧枪在操作时的最高极限位置，最高点应高于烟罩上氧枪插入孔的上缘。检修烟罩和处理氧枪粘钢时，需将氧枪提高到最高位置。

（7）换枪点。更换氧枪时，需将氧枪提升到换枪点。换枪点高于氧枪的操作最高点。

氧枪的行程分为有效行程和最大行程。

氧枪的有效行程 = 氧枪最高点标高 - 氧枪最低点标高

氧枪的最大行程 = 换枪点标高 - 氧枪最低点标高

由此可见，氧枪在吹炼过程中需频繁升降以调整枪位，因此对氧枪升降机构和更换装置提出以下要求：

（1）应具有合适的升降速度，并可以变速。冶炼过程中氧枪在炉口以上应快速升降，以缩短冶炼周期。当氧枪进入炉口以下时则应慢速升降，以便控制熔池反应。目前国内大、中型转炉，快速为 30 ~ 50m/min，慢速为 3 ~ 6m/min；小型转炉仅有一档速度，一般为 8 ~ 15m/min。

（2）氧枪应严格沿铅垂线升降，升降平稳，控制灵活，停位准确。

（3）安全可靠。有完善的安全装置，当停电时，氧枪可从炉内提出；当钢绳等破断时，氧枪不坠入熔池；有防止其他事故和避免误操作所必需的电气联锁装置和安全措施。

（4）能快速换枪。

3.1.3.1 单卷扬型氧枪升降机构

如图 3-10 所示，单卷扬型氧枪升降机构借助平衡重来升降氧枪。氧枪 1 装卡在升降小车 2 上，升降小车 2 沿固定导轨 3 升降。平衡重 12 一方面通过平衡钢绳 5 与升降小车连接，另外还通过升降钢绳 9 与卷筒 8 联系。卷扬机提升平衡重 12 时，靠氧枪系统重量使氧枪下降。

平衡重 12 一方面平衡氧枪升降部分重量，以便减少电机功率。另一方面当发生断电事故时，靠气缸 7 顶开制动器 6，平衡重随即把氧枪提起。为保证平衡重顺利提起氧枪小车，其重量应比吹氧管等被平衡件重量大 20% ~ 30%，即过平衡系数取 1.2 ~ 1.3。如果气缸顶开制动器后不能继续工作或是由于升降机构钢绳意外破断，平衡重会加速下落，故在行程终点设有弹簧缓冲器 13，以缓和事故时平衡重的冲击。

3.1.3.2 双卷扬型氧枪升降机构

如图 3-11 所示，双卷扬型氧枪升降机构设置两套升降卷扬机构（一套工作，另一套备用），安装在横移小车上。在传动中，不用平衡重。采用直接提升的办法升降氧枪。当

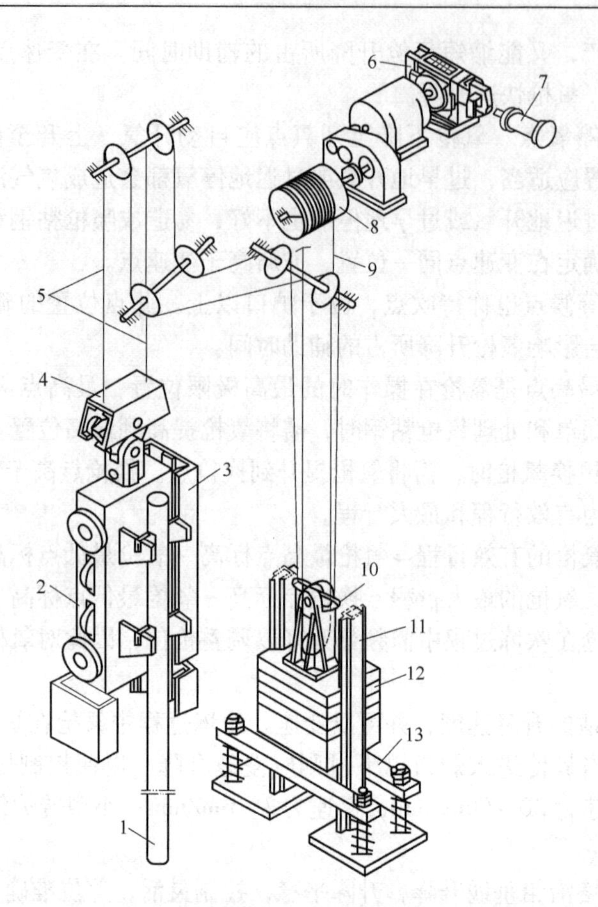

图 3-10　某厂 50t 转炉单卷扬型氧枪升降机构

1—氧枪；2—升降小车；3—固定导轨；4—吊具；5—平衡钢绳；6—制动器；7—气缸；8—卷筒；9—升降钢绳；10—平衡杆；11—平衡重导轨；12—平衡重；13—弹簧缓冲器

该机构出现断电事故时，需利用另外动力提出氧枪。例如用蓄电池供电给直流电动机或利用气动马达等将氧枪提升出炉口。

3.1.3.3　氧枪升降机构的安全装置

A　断电事故保护装置

对于单卷扬型氧枪升降装置，借助平衡重，即可把氧枪提出炉口。对双卷扬型氧枪升降装置断电时，则利用其他动力提出氧枪。

B　断绳保护装置

对于单卷扬型氧枪升降装置，应采用双绳，当一根钢绳断裂时，另一根仍能承载继续工作。双卷扬型氧枪升降装置所采用的断绳保护装置有单卷筒及双卷筒两种形式。双卷筒型在工作钢绳破断时，另一个备用卷筒上的钢绳继续短时工作。单卷筒型在卷筒上的两根钢绳之一破断时，氧枪将停在原地。如果需继续吹炼短时工作，可重新通电，使另一根钢绳暂时继续工作。

C　制动装置

为了防止上述钢绳保护装置的两根钢绳同时破断或发生其他事故而掉枪，在升降小车

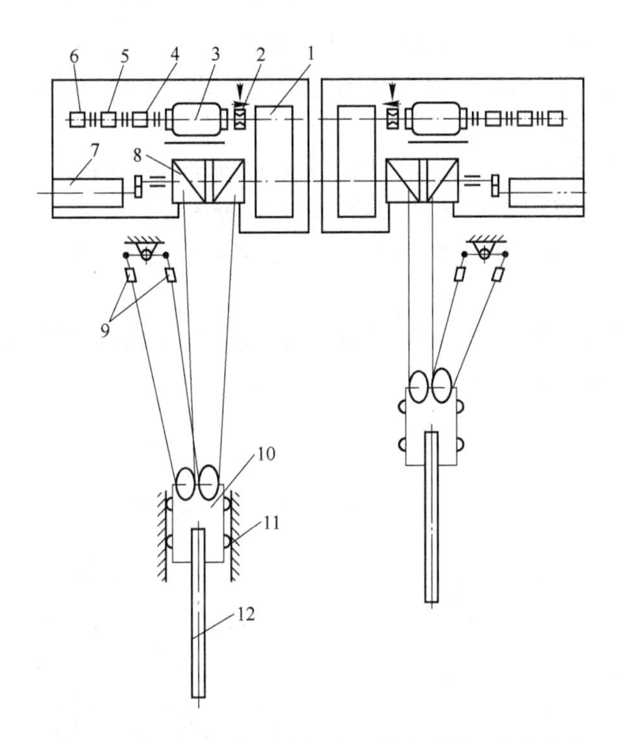

图 3-11 某厂 300t 转炉双卷扬型氧枪升降机构示意图

1—圆柱齿轮减速器；2—制动器；3—直流电动机；4—测速发电机；5—过速度保护装置；6—脉冲；7—行程开关；8—卷筒；9—测力传感器；10—升降小车；11—固定导轨；12—氧枪

上附加制动装置。在掉枪时，从升降小车上对称地推出两个制动件与固定轨道靠紧，使小车停止下降。

D 失载保护装置

当升降小车卡轨或阻塞引起小车升降钢绳失去载荷时，升降机构立即停车。例如，在单升降装置的横移小车座架的顶部导向滑轮组下面设置弹簧，当工作绳失载时，滑轮被弹簧顶起，即可切断电动机电路而停车。也可利用测力传感器来兼做失载保护，当钢绳受力不正常时将断电停车。测力传感器同时是钢绳失载及过张力保护装置。

E 氧枪极限位置保护装置

氧枪工作行程上、下极限位置由主令控制器接点控制。当控制器失灵时，在行程两端一横移换枪小车导轨的上端和固定导轨的下端，设有终点开关作为第二道保护装置。

F 各机构和各工艺操作间的电气联锁

为避免某些事故及操作失误，有以下必要的电气联锁，如：

(1) 当出现以下情况之一时，氧枪自动提出炉口并发出信号：

1) 氧气操作压力低于规定值；

2) 氧枪冷却水压力低于规定值；

3) 氧枪冷却水温度高于规定值或耗水量低于规定值；

4) 氧枪下降到开氧点以下，10s 内未打开氧枪阀门时。

(2) 氧枪插入炉口一定距离和提出炉口前一定距离，氧气切断阀自动开闭。

(3) 当氧枪升降达到上、下极限位置前一定距离时，实行快慢速自动转换。

（4）氧枪未提升至最高换枪位置时，换枪横移小车不能移动。

（5）横移换枪小车上的活动轨道与固定轨道未对正中时和转炉未处于直立位置时，氧枪不能下降。

（6）氧枪下端高度低于某一规定值时，转炉倾动机构不能转动。

（7）活动烟罩未提升，转炉不能转动；转炉不处于直立位置，活动烟罩不能下降。

（8）当采用烟罩回转或横移方案时，氧枪和烟罩未提升至规定高度，烟罩不能回转或横移。

（9）回收煤气时，当炉气中含氧量高于规定值时，或活动烟罩上升至规定高度时，转换阀自动切断回收而转向放散。

3.1.4　换枪机构

换枪机构的作用是在工作中氧枪损坏时，能以最短时间将其迅速移开，并使备用氧枪进入工作位置进行运转。

如图 3-12 所示，该机构主要由横移小车、横移小车传动装置、氧枪升降装置（T 形块）组成。在换枪装置上并排安设了两套氧枪升降小车，其中一套工作、一套备用。当需要更换氧枪时，可以迅速将氧枪提升到换枪位置，驱动横移小车，使备用氧枪小车对准固定导轨，备用氧枪可以立即投入生产。整个换枪时间约为一分半钟。此种换枪机构存在的问题是，横移小车定位不准，定位销的插进或拔出需人工进行，换枪时间长而且不安全。在横移小车上设置运行机构，利用行程开关及锁定装置定位。其装置结构简单，定位准确，保证实现换枪的远距离操作。

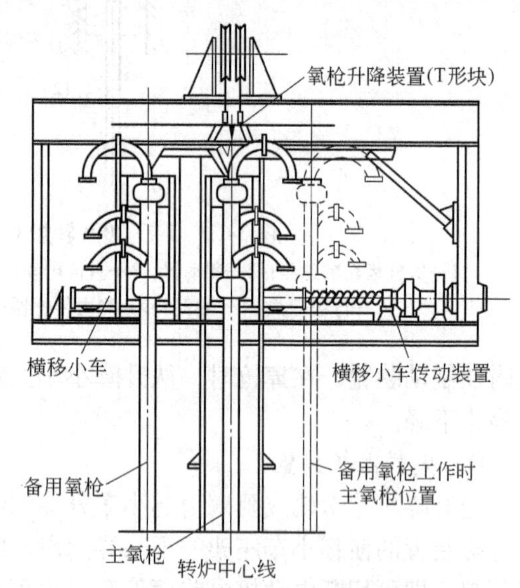

图 3-12　氧枪横移和更换装置

3.1.5　副枪

为提高控制的准确性，获取吹炼过程的中间数据，实现计算机控制，其有效方法是采用副枪。副枪是设置在氧枪旁的另一根水冷枪管，一般与氧枪是并列插入转炉内的，副枪有测试副枪和操作副枪两种。

操作副枪向炉内喷吹石灰粉、附加燃料或气体等，以改进冶炼工艺。

测试副枪又称传感枪，是在不倒炉情况下快速检测转炉熔池钢水温度、碳含量、氧含量及液面高度，还用以获得熔池钢样和渣样。测试副枪已被广泛用于转炉吹炼计算机动态控制系统。

3.1.5.1　对副枪的要求

对副枪的要求如下：

(1）探头自动装卸，方便可靠。

(2）与计算机连接，具有实现计算机—副枪自动化闭环控制的条件。

(3）既能自动操作，也能手动操作；既能集中操作，又能就地操作；既能弱电控制，又能强电控制。

(4）副枪升降速度应能在较大范围内调节（0.5～90m/min)，而且调速平稳，能准确停位。

(5）当探头未装上或未装好；二次仪表未接通或不正常；枪管内冷却水断流或流量过低，水温过高等的任一情况，副枪均不能运行并报警。

(6）如遇突然停电或电机拖动系统出现故障，或断绳或乱绳时，通过平衡锤或马达能迅速提升副枪。

3.1.5.2 副枪结构与类型

如图3-13所示，副枪装置主要由副枪枪管、探头、导轨小车、卷扬传动装置、换枪机构（探头进给装置）等部分组成。

枪管由四层无缝管组成，中心为探头运行通道，第二层为导线和吹压缩空气或空气通道，第三层和第四层为进出水管路。枪管上部装有圆柱形储仓，内可装有九个探头。仓内探头可作水平旋转，由一马达带动凸轮机构完成。另一马达带动链轮链条，固定在链条上的压舌可将探头由储仓压入枪管。仓内齿铝盘通过检测器进行探头计数。

目前使用比较广泛且有实用价值的是测温、定碳复合探头。这种探头按钢水样进入样杯的位置，可分为上注式、侧注式和下注式三种。上注式和下注式钢水进样口分别在样杯的顶部和底部。而侧注式钢水进样口由样杯侧面进入。

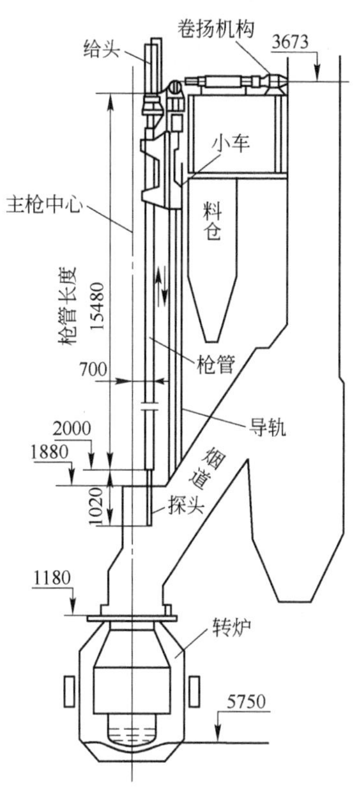

图3-13 50t转炉副枪机械装置

3.1.5.3 侧注式探头

如图3-14所示，侧注式探头由测温热电偶2来测温，电偶2的保护罩1到测定点被熔破，样杯4中的定碳热电偶3测碳含量。样杯4内钢水经样杯嘴6流入，该钢水除供测凝固温度外，亦供炉外取样用。为保证在指定位置采集钢水，在样杯嘴6处堵以挡板5。该板在探头达到测定位置时才被熔破。探头测得的信息由其中的补偿导线10传到副枪枪体的导电杯9，再由穿过枪体的导线传至仪表，获得显示放大信号。

测试副枪装好探头插入熔池，所测温度、碳含量数据反馈给计算机或在计器仪表中显示。副枪提出炉口以上，锯掉探头样杯部分，钢样通过溜槽风动送至化验室校验成分；拔头装置拔掉探头废纸管。探头装置再装上新探头，准备下一次的测试工作。

3.1.6 吹氧设备检查

检查前要关掉电源，并挂上禁止合闸牌，进行氧枪系统检查。进入氧枪卷扬系统检修

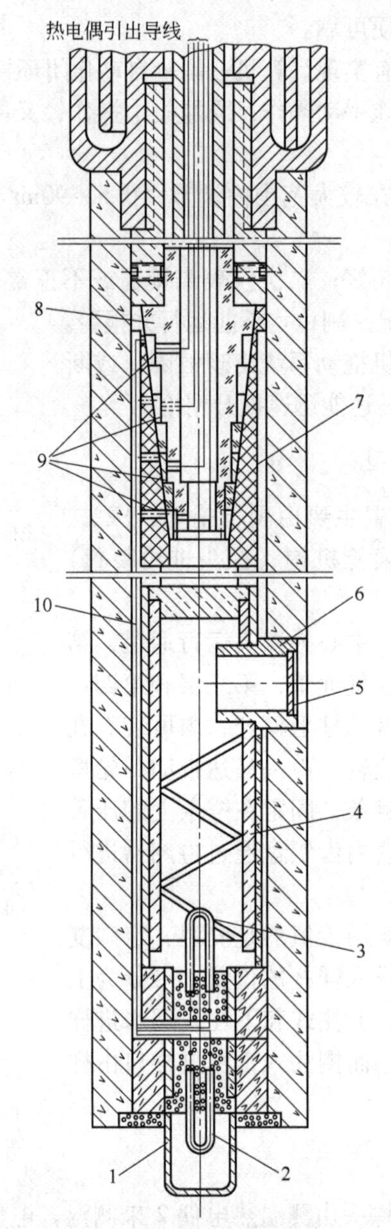

图 3-14　侧注式测温定碳头

1—保护罩；2—测温热电偶；3—定碳热电偶；4—样杯；5—挡板；6—样杯嘴；
7—插座；8—副枪插杆；9—导电杯；10—补偿导线

地点时，检测煤气浓度，确认安全后再进入现场。

3.1.6.1　氧枪

（1）枪头是否有粘钢、漏水。

（2）喷头孔是否变形，从而性能恶化。

（3）枪身是否粘钢、漏水。

（4）枪身要平直，弯曲率不大于 1.5‰。

（5）检查开氧、关氧位置是否基本正确。

（6）在氧枪切断氧气时，用听声音来判断是否漏气。

（7）检查各种仪表（包括氧气压力及流量，氧枪冷却水流量、压力、温度）是否显示读数且确认正确，以及各种联锁是否完好。

3.1.6.2 升降小车检查

（1）零部件是否完整齐全。

（2）车轮、导向轮是否转动灵活，无明显磨损。

（3）检查氧枪升降用钢丝绳是否完好。

（4）对氧枪进行上升、下降、刹车等动作试车，检查氧枪提升设备是否完好。

（5）检查氧枪上升、下降的速度是否符合设计要求。

（6）氧枪下降至机械限位位置对检查标尺上枪位指示是否与新炉子所测量的氧枪零位相符（新炉子需测量和校正氧枪零位）。

（7）检查上、下电气限位是否失灵，限位位置是否正确。

3.1.6.3 升降轨道检查

（1）轨道表面有无粘钢。

（2）轨道无明显的变形和移位，导轨误差不大于5mm。

3.1.6.4 滑轮检查

（1）转动是否灵活，轮缘有无破损。

（2）润滑是否良好。

（3）绳槽有无明显磨损。

3.1.6.5 弹性联轴器检查

（1）半联轴器连接是否牢固、可靠，有无轴向窜动。

（2）胶圈是否完整，磨损是否超标。

（3）螺栓是否齐全，有无松动。

（4）两半轴器之间的距离为2～3mm，周围间隙均匀一致，其偏差不超过0.2mm。

3.1.6.6 轴承座检查

（1）卷筒支撑轴承座连接螺丝要紧固可靠。

（2）润滑油量是否充足。

3.1.6.7 车轮轴承检查

（1）行走大车轮轴承油量是否充足。

（2）配合牢固，间隙合理，无严重磨损。

3.1.6.8 减速机检查

（1）各部件连接螺丝是否齐全、牢固。

（2）壳是否完整无裂纹。

（3）油量是否充足，无泄漏现象。

（4）齿轮啮合是否正常，无胶合、点蚀。

（5）当环境温度小于25℃时，轴承温度不应超过70℃。

3.1.6.9　卷筒检查

（1）卷筒表面是否有裂纹。

（2）表面磨损不得超过壁厚的1/5。

（3）卷筒轴不得断裂。

3.1.6.10　制动器检查

（1）制动轮装配是否牢固，表面光滑，表面磨损不超过制动轮厚的30%。

（2）制动器结构完整，零部件齐全，各零件无严重磨损，制动闸皮磨损不超过原厚度30%，闸皮铆钉擦伤深度2mm时应更换并磨光。

（3）抱闸电气线路无故障及破损。

3.1.6.11　电动机检查

（1）电动机表面清洁，密封良好不得有杂物进入。

（2）各部件连接螺丝是否齐全、紧固。

（3）接线盒完好无损，引入线绝缘无损坏及脱落现象。

（4）轴承油量是否充足，运转良好，轴承工作温度小于70℃。

（5）检查集电环表面，要平整光滑无凹纹、黑斑，炭刷压力均匀，导电接触吻合良好，运行时无放电打火现象。

（6）检查电刷磨损情况，磨损不得超过原长的2/3，电刷工作面压力为150～250g/cm^2。

（7）检查电机是否运行正常，无转速降低，无激烈振动，运行电流不超过额定电流，发热不超过额定温升。

3.1.6.12　横移车检查

（1）检查轮缘与轨道之间不得有严重啃轨现象。

（2）轨道表面不得有油污。

3.1.6.13　极限开关检查

（1）结构完整，零部件齐全。

（2）连接可靠，接点架无严重磨损，触点各系统闭合顺序正常。

（3）电气接线正确，牢固，绝缘良好。

3.1.6.14　氧枪操作控制器检查

（1）结构完整，焊接牢固。

（2）操作灵活，位置准确。

3.1.6.15 高压水切断阀检查

（1）机构完整，转动灵活，连接可靠，无泄漏现象。
（2）电气联锁准确可靠。

3.1.6.16 氧气切断阀检查

（1）结构完整，转动灵活，无泄漏现象。
（2）电气接线正确，无脱落现象。
（3）电气联锁准确可靠。

3.1.6.17 氧气调节阀检查

（1）结构完整，连接可靠。
（2）电气导线接线正确，无脱落现象。
注意事项：
（1）检查供氧系统设备每班接班时进行，以确保班中安全生产。
（2）氧枪本体要求炉炉观察、检查，确保氧枪炉正常。如果在班中某一炉次由于未检查而在供氧吹炼中发生氧枪漏气、漏水都会对正常生产带来不良后果，也可能造成设备损坏或人身安全事故。
（3）发现供氧系统设备故障，应立即进行处理。班中来不及修好应交班继续修理，并作好交班记录。

3.1.7 吹氧设备常见故障及处理方法

供氧系统设备常见故障及处理方法见表3-1。

表3-1 供氧系统设备常见故障及处理方法

部位	故障现象	故障原因	处理方法
枪体	喷头损坏	（1）操作不当； （2）达到寿命	换枪
	焊口漏水	（1）焊接质量差； （2）冷却效果差	（1）补焊； （2）调整冷却水流量
	挂渣挂钢	（1）钢液喷溅； （2）操作不当	（1）改善操作； （2）打渣、处理挂钢
	法兰泄漏	（1）密封垫损坏； （2）螺栓松动； （3）法兰变形	（1）更换密封垫； （2）紧固螺栓； （3）更换法兰
	氧枪与枪孔不准确	（1）枪体本身移位； （2）枪体变形	（1）重新调整； （2）更换新枪

续表 3-1

部　位	故障现象	故 障 原 因	处 理 方 法
升降机构	接手螺栓松动	(1) 螺栓损坏; (2) 缺少防松装置	(1) 更换螺栓; (2) 增加防松装置
	枪体下滑	(1) 制动器失灵; (2) 挂渣、挂钢过重	(1) 调整制动器; (2) 处理钢渣
	定位不准	极限错位	调整极限
	钢丝绳损坏快	(1) 润滑不良; (2) 滑轮轴承损坏; (3) 钢丝绳平衡器失灵	(1) 改善润滑; (2) 更换新轴承; (3) 调整平衡器系统
	氧枪升降缓慢	(1) 电机有接地现象; (2) 电气接点, 接触不实; (3) 升降系统制动器过紧; (4) 升降小车, 车轮卡轨; (5) 枪身粘渣、刮刀损坏	(1) 找电工检查处理; (2) 找电工检查处理; (3) 调整制动器; (4) 找钳工检查处理; (5) 清渣、检查刮刀
横移机构	定位不准	定位装置失灵	重新调整
	车轮啃轨	(1) 车轮不正, 对角线超差; (2) 有车轮与轨面未接触; (3) 有的车轮转动不灵活	(1) 找正, 调整对角线; (2) 调整车轮; (3) 清洗检查轴承
供氧系统	漏氧	(1) 连接法兰的螺栓松动; (2) 法兰垫损坏; (3) 阀门旋杆密封不严; (4) 氧气软管破损; (5) 氧气焊口撞裂	(1) 紧固连接螺栓; (2) 更换新垫; (3) 更换填料; (4) 立即更换新氧气软管; (5) 焊接处理
供水压力	降低	(1) 供水泵压力不足; (2) 管路有漏水现象; (3) 喷头漏水 (开焊、烧穿); (4) 给水阀门、阀芯掉; (5) 喷头烧漏、枪漏	(1) 钳工检查处理; (2) 检查补焊; (3) 补焊或更换新枪; (4) 及时更换新阀门; (5) 立即更换新枪
仪表反应	不准确	(1) 仪表本身发生问题; (2) 仪表管路发生问题	(1) 找仪表维修人员处理; (2) 找仪表维修人员处理

3.1.8　氧枪设计

氧枪设计 PPT

3.1.8.1　氧枪枪身设计

氧枪枪身由三层无缝钢管套装而成，内层管是氧气通道，内层管与中层管之间是冷却水进水通道，中层管与外层管之间是冷却水出水通道，如图 3-15 所示。

A　枪身各层尺寸的确定

a　中心氧管管径的确定

中心氧管是向喷头输送氧气的通道，其直径主要取决于氧气在管道内的流量与流速。

中心氧管内截面积为：

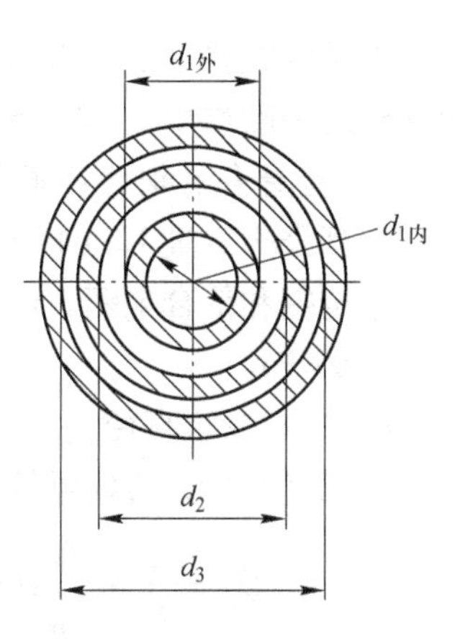

图3-15 氧枪管道通水断面

$$F_1 = \frac{Q_0}{v_0} \tag{3-1}$$

式中 F_1——中心氧管内截面积，m^2；

Q_0——管内氧气工况流量，m^3/s；

v_0——管内氧气流速，m/s，一般取40～50m/s。

按气体状态方程，标准状态下的流量 Q 向工况流量 Q_0 的换算为：

$$Q_0 = \frac{p_{标}}{p_0} \cdot \frac{T_0}{T_{标}} Q \tag{3-2}$$

式中 $p_{标}$——标准大气压，MPa；

p_0——管内氧气工况压力（即氧气滞止氧压），MPa；

$T_{标}$——标准温度，273K；

T_0——管内氧气实际温度（即氧气滞止温度），一般取273K。

将 Q_0、v_0 代入式（3-1），即可求 F_1，则中心氧管内径为：

$$d_1 = \sqrt{\frac{4F_1}{\pi}} \tag{3-3}$$

计算出中心氧管的内径后，再按国家钢管产品目录选择相应规格的钢管。

b 中层管管径的确定

高压冷却水从中层管内侧进入，经喷头顶部转弯180°后经中层管外侧流出。中层管内径尺寸的选择，应保证中层管与中心氧管之间的环形通道有足够的断面积，以通过一定流速（一般取5～6m/s）、一定压力（0.883～1.472MPa）和足够流量的冷却水。

进水环形通道截面积：

$$F_2 = \frac{Q_{水}}{v_{进}} \tag{3-4}$$

中层管内径：

$$d_2 = \sqrt{d_{1外}^2 + \frac{4F_2}{\pi}} \tag{3-5}$$

式中 d_2——中层管内径，m；

$d_{1外}$——内层管外径，m；

F_2——进水环形通道截面积，m^2；

$Q_{水}$——高压冷却水进口流量，m^3/s；

$v_{进}$——高压冷却水进水流速，一般选用5～6m/s。

中层管内径 d_2 计算出来后，同样按钢管产品目录选择相应规格的钢管。中层管除控制进口水的流速外，安装时还应保证喷嘴端面处水的流速不小于8m/s，以使端面具有较强的冷却强度，保护喷头。为此，在中层管端面设立3个支点（定位销）来确保端面有足够的冷却水通道面积。为防止中层管摆动，在中层管壁内外每隔一定距离焊上定位块。

c 外层管管径的确定

外层管主要是供出水用。冷却水经过喷头后温度升高10～15℃，水的体积略有增大。出水流速一般选用6～7m/s。管径的计算和钢管的选择方法与中层管相同。

B 枪身各层钢管计算实例

计算公称容量120t转炉使用氧枪的枪身各层钢管尺寸。采用普通铁水冶炼，钢种为碳素结构钢和低合金钢。通过氧枪的流量为$400m^3/min$（标态），氧枪管内氧气工况压力为0.790MPa。

a 中心氧管直径

按式（3-2），管内氧气工况流量为：

$$Q_0 = \frac{p_{标}}{p_0} \cdot \frac{T_0}{T_{标}} Q = \frac{0.101 \times 300}{0.790 \times 273} \times 400 = 56.4(m^3/min) = 0.94(m^3/s)$$

取中心管内氧气流速$v_0 = 50m/s$，则中心氧管内径为：

$$d_1 = \sqrt{\frac{4F_1}{\pi}} = \sqrt{\frac{4}{\pi} \cdot \frac{Q_0}{v_0}} = \sqrt{\frac{4}{\pi} \cdot \frac{0.94}{50}} = 0.122(m) = 122(mm)$$

根据标准热轧无缝钢管产品规格，选取中心钢管为$\phi 134mm \times 6mm$。

b 中、外层钢管直径

根据生产实践经验，选取氧枪冷却水耗量$Q_{水} = 120m^3/h$；高压冷却水进水速度$v_{进} = 6m/s$，出水速度$v_{出} = 7m/s$（因为出水温度升高，体积增大，故$v_{出} > v_{进}$）。又中心氧管外径$d_{1外} = 134mm$，则：

进水环形通道截面积：

$$F_2 = \frac{Q_{水}}{v_{进}} = \frac{120}{6 \times 3600} = 0.00556(m^2) = 55.6(cm^2)$$

出水环形通道截面积：

$$F_3 = \frac{Q_{水}}{v_{出}} = \frac{120}{7 \times 3600} = 0.00476(m^2) = 47.6(cm^2)$$

所以，中层钢管的内径：

$$d_2 = \sqrt{d_{1外}^2 + \frac{4F_2}{\pi}} = \sqrt{13.4^2 + \frac{4 \times 55.6}{\pi}} = 15.8(cm) = 158(mm)$$

选取中层钢管为$\phi 170mm \times 6mm$。

同理，外层钢管内径：

$$d_3 = \sqrt{d_{2外}^2 + \frac{4F_3}{\pi}} = \sqrt{17.0^2 + \frac{4 \times 47.6}{\pi}} = 18.7(cm) = 187(mm)$$

选取外层钢管为$\phi 211mm \times 12mm$。

C 氧枪长度的确定

氧枪全长包括枪身长度l_1和尾部长度l_2。氧枪尾部装有氧枪把持器、冷却水进出管接头、氧气管接头和吊环等。故l_2的长度取决于布置上述装置所需要的尺寸。

氧枪枪身长度取决于炉子容量和烟罩尺寸。如图3-16所示，氧枪枪身长度为$l_1 = h - h_1 + h_2$。

h_1为氧枪处于最低极限位置时喷头端面至平静熔池面的垂直距离，一般设计时$h_1 =$

250～400mm。h_2 为把持器下缘至烟罩氧枪口顶面距离，主要按操作安全选定。由图3-16可见，氧枪口顶面标高与烟罩垂直段高度和烟罩倾斜角度关系很大，而这两个尺寸主要决定于防止喷溅所提出的要求。从防止喷溅挂渣考虑，垂直段越高，烟罩倾斜角度越大越好，但这样会增加氧枪长度，影响氧枪强度，还会增加厂房高度，因此必须综合考虑。

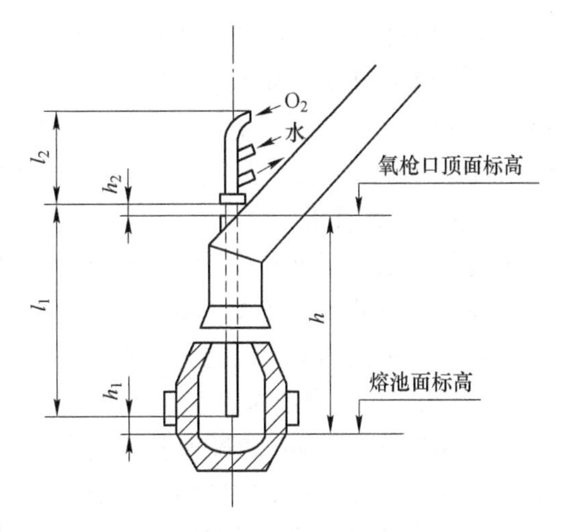

图3-16　氧枪长度的确定

3.1.8.2　喷头尺寸计算

喷头是氧枪的核心部分，可以说是一个能量转换器，它将氧管中氧气的高压能转换为动能，并通过氧气射流完成对熔池的作用。而氧气射流的参数主要由喷头参数所决定。

A　喷头参数选择原则

a　氧流量计算

氧流量是指单位时间通过氧枪的氧量。氧流量的精确计算应根据物料平衡求得。简单计算氧流量则可用下式：

$$氧流量=\frac{每吨钢耗氧量\times出钢量}{吹氧时间}[m^3/min(标态)] \quad (3\text{-}6)$$

对于普通铁水，每吨钢耗氧量为55～65m^3/min（标态）；对高磷铁水，每吨钢耗氧量为60～69m^3/min（标态）。

在一个炉役期中出钢量变化很大，作喷头计算时可用转炉公称容量代替出钢量计算。

吹氧时间应根据生产实际情况确定。选择过短的吹氧时间，则必然造成供氧强度增大，炉子喷溅严重，钢中硫、磷难以降到规定水平，大块废钢也来不及完全熔化。吹氧时间过长则降低了炉子生产率。一般转炉纯吹氧时间见表3-2。

表3-2　推荐的转炉吹氧时间

公称容量/t	<50	50～80	≥120
吹氧时间/min	12～16	14～18	16～20

b　喷头孔数

现代转炉氧枪都用多孔喷头。一般中、小型转炉用三孔或四孔喷头，大型转炉用五孔或五孔以上的喷头。

多孔喷头变集中供氧为分散供氧，在熔池面上形成多个反应区，增大了氧气射流对熔池的冲击面积，有利于加快炉内的物理化学反应，提高了吹炼效果。但是，与单孔喷头比较，多孔喷头氧气射流衰减较快，吹炼枪位较低，易烧枪，因而对喷头的冷却要求更高，加工制作更复杂。

据文献报道，当选用五孔喷头时，第五孔往往布置在四孔中间，而其余四孔均匀地布置在一个圆周上。由于中孔射流和边孔射流的边界条件不同，因而氧气射流速度的衰减速率不同；如果中孔与边孔直径相等，则氧气射流速度中孔比边孔约大一倍，这对均匀有效地搅动熔池不利。实验表明，当中孔氧气射流的速度等于或略大于边孔的氧气射流速度时，熔池搅动状况良好。为此，中孔截面积取边孔截面积的0.6~0.8倍。

c　理论计算氧压

理论计算氧压（又称设计工况氧压）是指喷头进口处的氧气压强，近似等于滞止氧压 p_0，它是喷头设计的重要参数。

理论计算氧压的取值范围为0.686~0.834MPa。

d　喷头出口马赫数 *Ma*

喷头出口马赫数 *Ma* 是喷头设计的另一个重要参数。马赫数 *Ma* 的大小决定了喷头氧气出口的速度，也决定了氧气射流对熔池的冲击能力。如果马赫数 *Ma* 选用过大，则喷溅增加，热损失增大，增大渣料和金属损失，而且炉子上部炉衬及炉底易损坏。如果马赫数 *Ma* 选用过小，则对熔池搅拌作用减弱，氧利用率低，渣中 $\sum w(\mathrm{FeO})$ 含量高，也会引起喷溅；如使用低枪操作，则影响枪龄。目前国内外氧枪喷头出口马赫数 *Ma* 多选用2.0左右，在总管氧压允许条件下，也有选用2.2~2.3的。

e　炉膛压力 $p_{膛}$

转炉炉膛压力 $p_{膛}$ 是氧枪喷头出口处的环境压力。在氧流量一定的条件下，炉膛压力 $p_{膛}$ 与氧枪枪位、转炉内泡沫渣的高度和浓度有关，也会随一个炉役期内转炉炉容量的变化而变化。因此实际的炉膛压力 $p_{膛}$ 很难测定。根据实测数据，一般炉膛压力 $p_{膛}$ 选为0.099~0.102MPa。

为了使氧气射流的展开和氧气射流速度的衰减变慢，一般应选择喷头出口压力等于炉膛压力。

f　喷孔倾角 β 与喷孔间隙 $l_{间}$

喷孔倾角 β 是指喷孔几何中心线和喷头中轴线之间的夹角。喷头孔数和喷孔倾角之间的关系见表3-3。

表3-3　喷头孔数和喷孔倾角之间的关系

孔数	3	4	5	>5
喷孔倾角/(°)	9~11	10~13	13~15	15~17

喷孔间距 $l_{间}$ 是指喷孔出口断面中心点到喷头中轴线之间的距离。氧气流股自喷孔向外喷射的过程中，流股之间相互吸引会导致氧气流股发生偏移。如果喷孔间距过小，必然增大氧气流股自喷孔喷出后相互之间的吸引，从而增大氧气射流交汇的趋势，对熔池的搅动不利。从降低氧气射流的交汇趋势考虑，既可以增大喷孔间距也可以增大喷孔倾角。但是增大喷孔倾角会影响氧气流股的速度，而增大喷孔间距则不会。因此，喷头设计原则上应尽可能增大喷孔间距，而不应该轻易增大喷孔倾角，但增大喷孔间距又往往受到喷头尺寸的限制。当 $l_{间}=(0.8\sim1.0)d_{出}$（喷孔出口直径）时，不会对氧气射流的速度衰减产生影响。

g　喷头端面形状

对于单孔喷头，其端面呈与喷头中垂线相垂直的平面。对于多孔喷头，由于每个喷孔几何中心线与喷头中轴线有一定夹角，如整个端面呈平面，则每个喷孔出口断面呈斜面，这样从喷孔流出的氧气流股的边界条件是不对称的，就会产生氧气射流沿斜口管壁流动的复杂情况。所以喷头端面应设计成与喷头中轴线的垂直平面相交的夹角为β的圆锥面，而β角正相当于喷孔倾角。这样的喷孔便叫作正口拉瓦尔型喷管。如果喷头中轴线处未设喷孔，一般在该处加工成一个小平面替代尖锥，既便于加工，又利于该处传热。

h 喷孔的形状

氧气喷孔设计主要的目的是将氧气流股的压力能转化成动能，使氧气流股对熔池产生较大的冲击力。实践证明喷孔呈圆锥形能满足冶炼要求。

i 扩张段的扩张角与扩张长度

扩张段的扩张角：一般取 8°~12°（喷孔扩张段半锥角 $\alpha=4°\sim6°$）。

扩张段长度 $L_{扩}$：

（1）可由公式求得

$$L_{扩}=\frac{d_{出}-d_{喉}}{2\tan\alpha} \tag{3-7}$$

式中 $L_{扩}$——扩张段长度，mm；

$d_{出}$——喷孔出口直径，mm；

$d_{喉}$——喷孔喉口直径，mm；

α——喷孔扩张段半锥角，(°)。

（2）也可由经验数据选定，即 $L_{扩}/d_{出}\approx1.2\sim1.5$。

j 喷管流量系数

实际中氧气流经喷管时有摩擦，不完全绝热，实际流量 $Q_{实}$ 与理论流量 $Q_{理}$ 必定存在一定的偏差。通常以喷管流量系数 C_D 来表示实际流量 $Q_{实}$ 与理论流量 $Q_{理}$ 的偏差，即：

$$C_D=Q_{实}/Q_{理} \tag{3-8}$$

一般单孔喷头 C_D 可取 0.95~0.96，三孔喷头可取 0.90~0.95。

喷孔实际氧枪流量计算公式为：

$$Q_{实}=1.783C_D\frac{A_{喉}\times p_0}{\sqrt{T_0}} \tag{3-9}$$

式中 $Q_{实}$——喷孔实际氧枪流量，m^3/min（标态）；

C_D——喷管流量系数；

$A_{喉}$——喉口总断面积，m^2；

p_0——氧气滞止压力，MPa；

T_0——氧气滞止温度，K。

B 喷头计算实例

计算公称容量为 120t 转炉使用氧枪喷头尺寸。采用普通铁水冶炼，钢种为碳素结构钢和低合金钢。

（1）计算氧流量。取每吨钢耗氧量为 $60m^3$（标态），纯吹氧时间为 18min，出钢量按公称容量 120t 计算，则通过氧枪的氧流量为

$$Q=\frac{60\times120}{18}=400[m^3/min(标态)]$$

（2）选用喷孔出口马赫数 Ma 与喷孔数。综合考虑，选取马赫数 $Ma=2.0$。

参照同类转炉氧枪使用情况，对于120t转炉喷孔数取5孔，能保证氧气流股有一定的冲击面积与冲击深度，熔池内尽快形成乳化区，减少喷溅，提高成渣速度和改善热效率。

（3）设计工况氧气压力。根据等熵流表，当 $Ma=2.0$ 时，$p/p_0=0.1278$；取喷头出口压力 $p=p_{膛}=0.101\text{MPa}$（$p_{膛}$ 为炉膛压力，此处按近似等于大气压力计算），则喷口滞止氧压为：

$$p_0=\frac{0.101}{0.1278}=0.790\text{MPa}$$

取设计工况氧气压力近似等于滞止氧压。

（4）计算喉口直径。喷头每个喷孔氧气流量为：

$$q=\frac{Q}{5}=\frac{400}{5}=80[\text{m}^3/\text{min}(标态)]$$

由式（3-9）得：

$$80=1.783C_D\frac{A_{喉}\times p_0}{\sqrt{T_0}}$$

取 $C_D=0.95$，$T_0=300\text{K}$，$p_0=0.790\text{MPa}$，代入上式，则：

$$80=1.783\times0.95\times\frac{\pi d_{喉}^2}{4}\times\frac{0.790}{\sqrt{300}}$$

$$d_{喉}=0.036(\text{m})=36(\text{mm})$$

（5）计算喷孔出口直径。根据等熵流表，当 $Ma=2.0$ 时，$A_{出}/A_{喉}=1.6875$，即 $\frac{n}{4}d_{出}^2=1.6875\times\frac{\pi}{4}d_{喉}^2$，所以喷孔出口直径为：

$$d_{出}=\sqrt{1.6875}d_{喉}=\sqrt{1.6875}\times36=47(\text{mm})$$

（6）计算喷孔扩张段长度。取喷孔扩张段半锥角 $\alpha=3.5°$，则喷孔扩张段长度为：

$$L_{扩}=\frac{d_{出}-d_{喉}}{2\tan\alpha}=\frac{47-36}{2\tan3.5°}=90(\text{mm})$$

（7）确定喷孔喉口直线段长度。喉口直线段的作用是保持喉口直径稳定，一般取3～10mm。在本例中取喉口直线段长度 $L_{喉}=5\text{mm}$。

（8）喷孔收缩段长度与收缩段进口直径。喷孔收缩段长度与收缩段进口直径应该以能使整个喷头布置下5个喷孔为原则，并尽可能使收缩孔大一些。

（9）确定喷孔倾角 β。按照经验，喷孔倾角 $\beta=12.8°\sim15.5°$ 为宜，综合考虑取 $\beta=15°$。

（10）喷头五喷孔中心分布圆直径。在喷孔倾角 β 确定以后，喷孔中心分布圆（即喷孔间距）是影响氧射流是否汇交的另一个因素。从降低氧射流汇交考虑，喷孔中心分布圆越大为好，但喷孔中心分布圆要受到喷头尺寸的限制。综合考虑，取5喷孔中心分布圆直径为：

$$d=115\text{mm}$$

以上面的计算和选定的数据为基础，再结合相关数据与实际情况，可绘制出120t转炉用氧枪喷头，如图3-17所示。

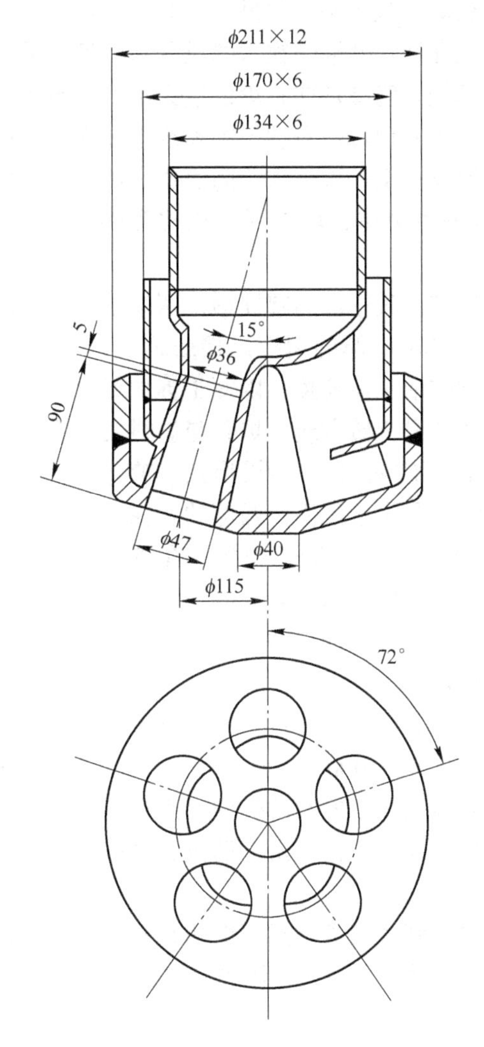

图 3-17 120t 转炉氧枪喷头

3.2 供料设备

供料设备包括铁水供应设备、废钢供应设备、散状材料供应设备，以及铁合金供应设备。

3.2.1 铁水供应设备

转炉炼钢车间铁水供应有以下几种方式：混铁炉供应铁水、混铁车供应铁水、铁水罐车供应铁水、化铁炉供应铁水。

3.2.1.1 混铁炉供应铁水

混铁炉供应铁水工艺流程如下：

高炉→铁水罐车→混铁炉→铁水罐→称量→转炉

混铁炉的作用主要是贮存铁水并混匀铁水的成分和温度。另外，高炉每次出的铁水成分和温度往往有波动，尤其是几座高炉向转炉供应铁水波动更大，采用混铁炉后可使供给转炉的铁水相对稳定，有利于实现转炉自动控制和改善技术经济指标。采用混铁炉的缺点是：一次投资较大，比混铁车多倒一次铁水，因而铁水热量损失较大。

如图3-18所示，混铁炉由炉体、炉盖开启机构和炉体倾动机构组成。

炉型一般采用短圆柱炉型，其中段为圆柱形，两端端盖近于球面形。外壳用25～40mm厚的钢板焊接或铆成，两个端盖通过螺钉和中间圆柱形主体连接，以便于拆炉维修。炉身和炉顶分别用镁砖和黏土砖砌筑，炉壳与炉衬之间为绝热层，受铁口在顶部。混铁炉的一侧设出铁口兼作出渣口。也有出铁口和出渣口分设于混铁炉两侧的。在工作中，炉壳温度达300～400℃，为了避免变形，在圆柱形部分装有两个托圈。同时，炉体全部重量通过托圈支撑在辊子和轨座上。在混铁炉两端和出铁口的上方分别设燃烧器，用煤气或重油等燃烧加热。

混铁炉受铁口和出铁口皆有炉盖。通过钢丝绳绕过炉体上的导向滑轮独立地驱动炉盖的开启。

混铁炉一般采用齿轮和齿条传动的倾动机构。齿条与炉壳的凸耳铰接，使小齿轮传动，小齿轮由电动机通过减速器驱动。

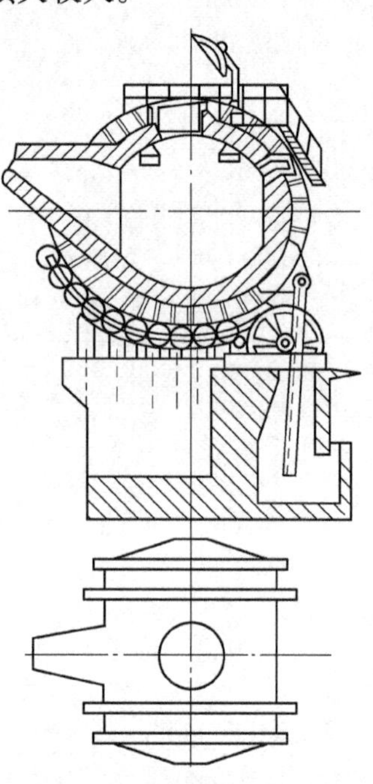
图3-18 混铁炉示意图

混铁炉容量取决于转炉容量和转炉定期停炉期间的受铁量。目前国内标准混铁炉系列为300t、600t、900t、1300t。世界上最大容量的混铁炉达2500t。

混铁炉维护检查内容如下。

（1）炉壳。它不得被烧红，不得有严重变形，炉壳不得窜动。

（2）水冷炉口。它连接是否紧固；冷却水压力是否保持为0.5～0.6MPa，最低不低于0.5MPa；要求进水温度不得高于35℃，出水温度不得高于55℃；无泄漏现象。

（3）轴销。轴销与炉体连接部位的螺栓，不能有任何的松动；无焊缝脱焊现象。

（4）抱闸。闸轮应固定牢靠，表面光滑无油渍，铆钉擦伤不得超过2mm，闸皮磨损不得超过5mm；闸架结构完整，零件齐全；闸皮磨损不超过厚度的1/3；液压推杆无漏油现象。

（5）减速机。箱体应完整无裂纹；检查各部位连接螺丝是否齐全紧固；检查齿轮是否啮合平稳，应无冲击，无噪声，齿面无严重点蚀；检查轴承转动情况，应灵活无杂音温度小于70℃。

（6）金属软管。它是否有死弯、断裂、破损、老化现象。

3.2.1.2 混铁车供应铁水

混铁车供应铁水工艺流程如下：

高炉→混铁车→铁水罐→称量→转炉

混铁车（见图3-19）又称鱼雷罐车。采用混铁车供应铁水时，高炉铁水倒入混铁车内，由铁路机车将混铁车牵引到转炉车间罐坑旁。转炉需要铁水时，将铁水倒入坑内的铁水罐中，经称量后由铁水吊车兑入转炉。如果铁水需要预脱硫处理时，则先将混铁车牵引到脱硫站脱硫，再牵引到倒罐坑旁。混铁车兼有运送和贮存铁水两种作用，实质上是列车式的小型混铁炉，或者说是混铁炉型铁水罐车。混铁车由罐体、罐体倾动机构和车体三大部分组成。

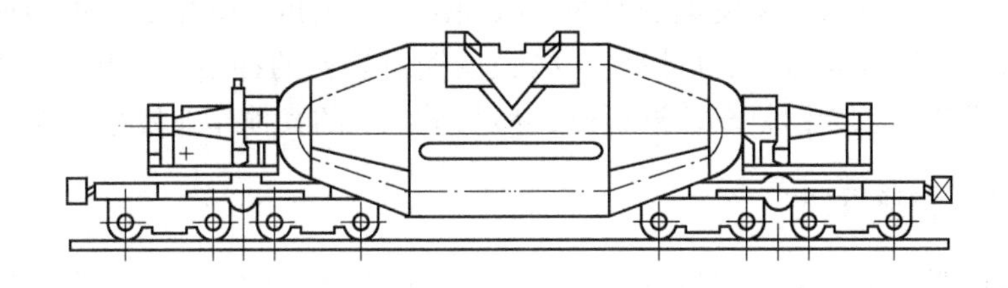

图3-19 混铁车

采用混铁车供应铁水比采用混铁炉投资少，铁水在运输过程中散热降温比较少，铁水的沾包损失也较少。并有利于进行铁水预处理（预脱硫、磷、硅）。随着高炉大型化和采用精料等，混铁炉使铁水成分波动小的混合作用已不明显。故近几年来，新建大型转炉车间多采用混铁车。

3.2.1.3 铁水罐车供应铁水

铁水罐车供应铁水工艺流程如下：

高炉→铁水罐车→铁水罐→称量→转炉

采用铁水罐车供应铁水时，高炉铁水出到铁水罐内，由铁路运进转炉车间，转炉需要时倒入转炉车间铁水罐内，称量后兑入转炉。这种供应方式设备最简单，投资最少。但在运输和待装过程中降温较大，铁水温度波动较大，不利于稳定操作，还容易出现粘罐现象，当转炉出现故障时铁水不好处理。铁水罐车供应铁水适合小型转炉车间。

3.2.1.4 化铁炉供应铁水

化铁炉供应铁水工艺流程如下：

化铁炉→铁水罐→称量→转炉

化铁炉供应铁水是在转炉车间加料跨旁边建造2～3座化铁炉，熔化生铁后向转炉供应铁水。化铁炉也可以使用一部分废钢做原料。这种方式供应的铁水温度便于控制，并可在化铁炉内脱除一部分硫。其缺点是额外消耗燃料、熔剂，增加熔损与需要管理人员较多，因而成本高，污染严重。化铁炉供应铁水适用于没有高炉或高炉铁水不足的小型转炉车间。

3.2.2 废钢供应设备

废钢是作为冷却剂加入转炉的，加入量一般为10%～30%。加入的废钢体积和重量都有一定要求。如果体积过大或重量过大，应破碎或切割成适当的重量和块度。密度过小而体积过大的轻薄料，应打包，压成密度和体积适当的废钢块。

废钢在车间内部（加料跨一端）或车间外部（废钢间）分类堆放，用磁盘吊车装入废钢斗，并进行称量。在车间外装斗时，需用运料车等将废钢斗运到原料跨。

目前把废钢加入转炉有两种方式：一种是用桥式吊车吊运废钢斗向转炉倒入，这种方法是用吊车的主钩加副钩吊起废钢料斗，向兑铁水那样靠主、副钩的联合动作把废钢加入转炉；另一种方式是用设置在炉前或炉后平台上的专用废钢料车加废钢。废钢料车上可安放两个废钢斗，它可以缩短装废钢的时间，减轻吊车的负担，避免装废钢与铁水吊车之间的干扰，并可使废钢料斗伸入炉口以内，减轻废钢对炉衬的冲击。但用专用废钢料车时，在平台上需铺设轨道，废钢料车往返行驶，易与平台上的其他作业发生干扰。

3.2.3 散状材料供应设备

散状材料主要是指炼钢用造渣剂和冷却剂等，如石灰、白云石、萤石、矿石、氧化铁皮和焦炭等。转炉散状材料供应的特点是品种多、批量大、批数多，要求迅速，准确，连续及时而且工作可靠。

3.2.3.1 散状材料供应系统组成

散状材料供应系统一般由贮存、运送、称量和向转炉加料等几个环节组成。整个系统由存放料仓、运输机械、称量设备和向转炉加料设备组成。目前国内典型散状材料供应方式是全胶带上料，如图 3-20 所示。其工艺流程如下：

低位料仓→固定胶带运输机→转运漏斗→可逆胶带运输机→高位料仓→称量料斗→电磁振动给料器→汇集料斗→转炉

这种系统的特点是运输能力大，速度快且可靠，能连续作业，原料破损少，但占地面积大，运料时粉尘大，劳动条件不够好，适合大中型车间。

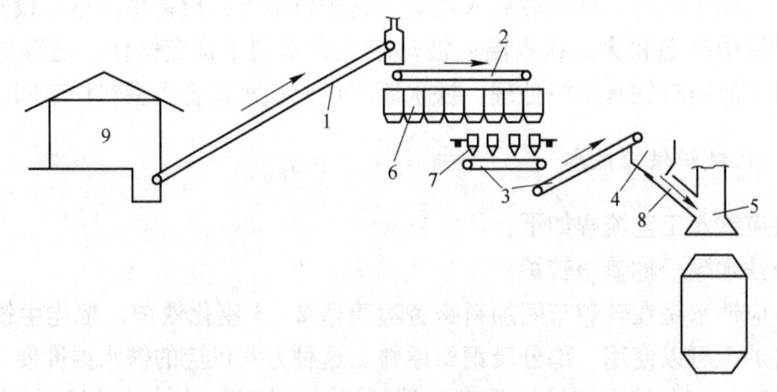

图 3-20 全胶带上料系统

1—固定胶带运输机；2—可逆式胶带运输机；3—汇集胶带运输机；4—汇集料斗；5—烟罩；6—高位料仓；7—称量料斗；8—加料溜槽；9—散状材料间

A 低位料仓

低位料仓兼有贮存和转运的作用。低位料仓的数目和容积，应保证转炉连续生产的需要。矿石、萤石可以贮备 10～30 天，石灰由于易于粉化只能贮备 2～3 天，其他原料按产地远近，交通运输是否方便来决定贮备天数。低位料仓一般布置在主厂房外，布置形式有地上式、地下式和半地下式三种。地下式较为方便，便于火车或汽车在地面上卸料，故采用的较多。

B 输送系统

目前大、中型转炉车间，散状材料从低位料仓运输到转炉上的高位料仓，都采用胶带运输机。为了避免厂房内粉尘飞扬污染环境，有的车间对胶带运输机整体封闭，同时采用布袋除尘器进行胶带机通廊的净化除尘。也有的车间在高位料仓上面，采用管式振动运输机代替敞开的可逆活动胶带运输机配料，如图3-21所示，并将称量的散状材料直接进入汇集料斗，取代汇集胶带运输机。

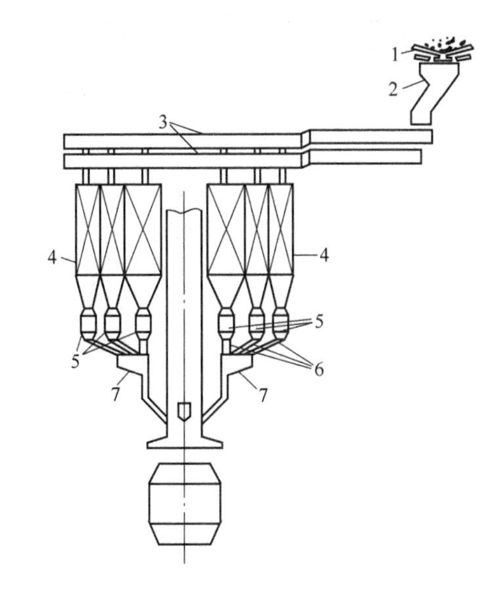

图3-21 固定胶带和管式振动输送机上料系统
1—固定胶带运输机；2—转运漏斗；
3—管式振动输送机；4—高位料仓；5—称量漏斗；
6—电磁振动给料器；7—汇集料斗

提升运输散状材料时，胶带机的倾角一般不超过14°~18°，因此这种输送系统占地面积大，投资也较多。也有的车间散状材料水平运输是采用胶带运输机，垂直输送则用斜桥料斗或斗式提升机。这种输送方式占地面积小，并可节约胶带，但维修操作复杂，而且可靠程度较差。

C 给料系统

高位料仓的作用是临时贮料，保证转炉随时用料的需要。一般高位料仓内贮存1~3天的各种散状材料，石灰容易受潮，在高位料仓内只贮存6~8h。每个转炉配备的料仓数量不同车间各有差异，少的只有4个，多的可达13个，料仓大小也不一样。料仓的布置形式有独用、共用和部分共用三种，如图3-22所示。

为了散状材料沿给料槽连续而均匀地流向称量料斗，高位料仓下部出口处安装有电磁振动给料器，电磁振动给料器由电磁振动器和给料槽两部分组成。

一般在每个料仓下面都配置有独用的称量料斗，以准确地控制每种料的加入量。也有的转炉采用集中称量，在高位料仓下面集中配备一个称量漏斗，各种料依次叠加称量，设备少，布置紧凑，但准确性较差。称量料斗是用钢板焊接而成的容器，下面安装电子秤。散状材料进入称量料斗达到要求的数量时，电磁振动给料器便停止振动，进而停止给料。

汇集料斗的作用是汇总批料，集中一次加入炉内。称量好的各种料进入汇集料斗暂存。汇集料斗下面接有圆筒式溜槽，中间有气动或电动闸板。溜槽下部伸入转炉烟罩内的部分在高温下工作，所以要在槽壁内通水冷却保护。也有的溜槽外面部分是固定的，而伸入烟罩部分做成活动的，加料时伸入烟罩，加完后便提升回来。为防止煤气和火焰从溜槽外溢，一般采用氮气密封。

为了保证及时而准确地加入各种散状材料，给料、称量和加料都在转炉的中央控制室

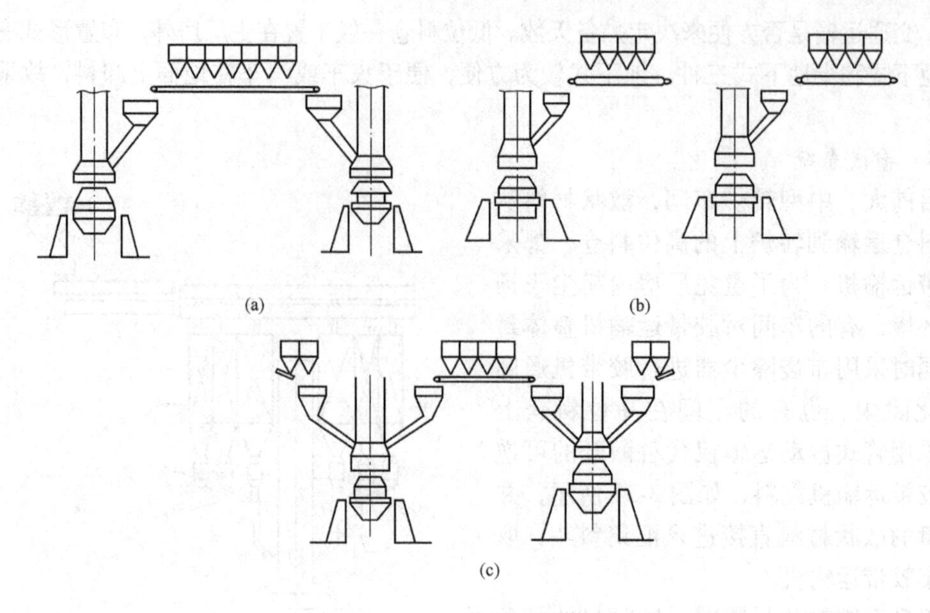

图 3-22　高位料仓布置形式
（a）共用高位料仓；（b）独用高位料仓；（c）部分共用高位料仓

由操作人员或电子计算机进行控制。

3.2.3.2　加料设备检查

检查加料装置是保证正常加料的重要一环。如某一种料加不下，就会造成冶炼被动，甚至停炉，例如：氧化铁皮加料发生故障，就造成石灰不易熔化，且温度降不下来；如石灰加料发生故障，无法进行冶炼，只能停炉修理。

转炉加料有一整套包括机、电、仪的加料设备系统。设备正常时加料既省力，又省时间——按几下按钮即可；但如果有某一处故障就会造成某一种物料或全部物料无法入炉，冶炼操作将会受到影响。开新炉前要仔细检查加料装置，平时生产中发现加料装置有故障要立即修理，若未能及时修好，交班时要交代清楚，并做好记录。目的是确认炼钢加料装置完好、安全、可靠，及时发现并排除加料装置的故障。

检查内容包括：

（1）料仓是否有料，可以直接观察高位料仓；

（2）振动给料器是否完好，由仪表工配合检查；

（3）计量仪表是否正常，由仪表工配合检查；

（4）料位显示是否正常，若显示不正确由仪表工配合检修；

（5）各料仓进出口阀门是否正常，由钳工配合检查；

（6）固定烟罩上的下料口是否堵塞，如发现堵塞应及时清理；

（7）最后炉子摇至水平位置，试放各种渣料（少量）。

注意事项包括：

（1）要求加料装置整个系统物料通道畅通无阻，阀门开、关灵活，保证渣料及时入炉；

（2）加料数量能正确显示及打印；

（3）转炉汇总料斗的出口阀除放料时外，要求为常闭，否则转炉烟气会烧坏加料设备系统。

3.2.3.3 加料装置常见的故障

（1）汇总料斗出口阀不动作。主要原因是该出口阀距炉膛较近，受炉内高温辐射和高温烟气的冲刷后易变形。变形的阀门会不动作——打不开或关不上。若常开将造成烧坏加料装置系统。

（2）物料加不下去。主要是因物料堵塞或振动器失灵等原因造成。一些渣料堵塞是由于块度过大（超过规程要求的块度），或某些渣料由于粉料过多，受潮堵塞通道；物料内混有杂物等，均会造成系统设备收缩处堵塞；固定烟罩上的下料口因喷溅结了渣，亦会造成物料堵塞。

振动器故障一般由电气原因造成。

（3）仪表不显示称量数。其原因可能为：高位料仓已无料、仓内渣料结团不下料、振动给料器损坏（不振动或振动无力）、仪表损坏。

（4）料位显示不复零。汇总料斗内料放完后，料位指示器应显示无料，即称复零。如不复零可能原因有因出口阀打不开，或下料口渣、钢堵塞，致使汇总料斗内的料加不下来，汇总料斗内不空，所以此时显示不复零。若检查汇总料斗确实无料而料位显示不复零则要考虑仪表损坏。

3.2.4 铁合金供应设备

铁合金供应分为铁合金的上料、贮存、称量、烘烤及加入几个工序。

一般在车间的一端设有铁合金料仓和自动称量料斗或称量车。铁合金由叉式运输机送到炉旁，经溜槽加入钢包内。

3.2.4.1 铁合金称量车维护检查

（1）电动机：

1）电机地脚螺丝是否松动；

2）电机引线绝缘是否安全可靠；

3）轴承有无润滑，转动是否灵活无杂音。

（2）减速机：

1）连接螺栓有无松动和脱落；

2）传动是否正常、无杂音；

3）有无严重漏油现象。

（3）车轮：

1）滚动面是否平整（凸凹不平深3mm内）；

2）滚动面磨损情况（磨损不超过原厚度的20%）；

3）轮缘的磨损情况（磨损不超过原厚度的40%）。

（4）车体：

1）边缘是否有严重变形；

2）有无积灰或铁合金。

（5）电源引线：

1）是否完整，有无漏电现象；

2）软线吊挂装置是否安全可靠。

（6）传感器：

1）引线是否安全可靠；

2）连接螺栓是否松动。

3.2.4.2　铁合金称量车常见故障及处理方法

铁合金称量车常见故障及处理方法见表3-4。

表3-4　铁合金称量车常见故障及处理方法

故障部位	故障原因	处理方法
减速机漏油	螺栓松动、密封垫损坏	紧固更换密封垫
电机不转	电压低电机烧线路断	检查更换电机处理
传感器	损坏失灵	检查更换
密封橡胶	老化撕裂	更换

复习思考题

3-1　供氧系统由哪些设备组成？

3-2　氧枪的结构如何？

3-3　为什么三孔拉瓦尔型喷头得到广泛应用？

3-4　单卷扬型氧枪升降机构由哪些部分组成？

3-5　氧枪各操作点控制位置的确定原则是什么？

3-6　转炉的铁水供应方式有几种，各有何特点？

3-7　废钢装入有几种方式，有何特点？

3-8　散状料供应系统包括哪些设备？

3-9　转炉车间铁合金如何供应？

3-10　氧枪喷头有几种类型？

3-11　氧枪枪身和氧枪喷头如何设计？

4　烟气净化和回收设备

烟气净化和回收设备 PPT

4.1　转炉烟气的特点和处理方法

氧气转炉吹炼过程中，碳氧反应产生大量 CO 和 CO_2气体和微量其他成分高温气体。这正是氧气转炉高温炉气的基本来源。炉气中除 CO 和 CO_2主要成分外，还夹带着大量氧化铁、金属铁和其他颗粒细小的粉尘，即炉口观察到的棕红色浓烟。这股高温含尘气流冲出炉口进入烟罩和净化系统时，或多或少吸入部分空气使 CO 燃烧，炉气成分等均发生变化。通常将炉内原生的气体称为炉气，炉气出炉口后则称为烟气。

4.1.1　转炉烟气的特点

4.1.1.1　温度高

转炉炉气从炉口喷出时的温度很高，平均约 1500℃左右。若采用未燃法，只允许吸入少量空气，使炉气中 10% ~20% 的 CO 燃烧成 CO_2，则烟气温度升至 1400 ~ 1600℃左右。若采用燃烧法，CO 完全燃烧，烟气温度随空气过剩系数 α（α = 实际吸入空气量/炉气完全燃烧所需的理论空气量）而变，如表 4-1 所示。由于烟气温度高，所以在转炉烟气净化系统中，必须有冷却设备，同时还应考虑回收这部分热量。

表 4-1　烟气温度和空气过剩系数的关系

空气过剩系数 α	1	1.5 ~ 2.0（回收余热）	3 ~ 4（不回收余热）
烟气温度/℃	约 2500	1600 ~ 2000	1100 ~ 1200

4.1.1.2　成分和数量变化大

在转炉炼钢过程中，吹炼初期碳的氧化速度慢，因而炉气量也较少。随着吹炼的继续进行，到吹炼中期碳的氧化速度增大，产生的炉气量增多，炉气成分不断变化。脱碳速度的变化规律是吹炼前、后期速度小，吹炼中期脱碳速度达最大值，且炉气 CO 成分所占百分比也达最高值（85% ~90%）。而在停吹时，炉气量则为零，这种剧烈的变化，给转炉的烟气净化和回收操作带来很大困难。

（1）未燃法（回收煤气）。设炉气中含有 86% CO，其中 10% 燃烧成 CO_2。

$$CO + \frac{1}{2}O_2 + \frac{1}{2} \times \frac{79}{21}N_2 = CO_2 + 1.88N_2 \tag{4-1}$$

可以求出最大的烟气量 Q_{max}^{W} 为：

$$Q_{max}^{W} = V_{max} + 86\% \times 10\% \times 1.88V_{max} = 1.16V_{max} \tag{4-2}$$

而

$$V_{\max}=\frac{G}{\varphi_{CO}+\varphi_{CO_2}}\times\frac{60\times22.4}{12}\times v_{C,\max} \tag{4-3}$$

式中　$V_{\max}$——最大炉气量，m^3/h；

$v_{C,\max}$——最大脱碳速率，%/min；

G——炉役后期最大金属装入量，kg。

（2）燃烧法（回收余热）。设炉气中含有 86% CO，且全部燃烧成 CO_2，取空气过剩系数 $\alpha=1.5$。

$$CO+1.5\times\left(\frac{1}{2}O_2+1.88N_2\right)=CO_2+0.25O_2+2.82N_2 \tag{4-4}$$

可以求出最大的烟气量 $Q_{\max}^{r1}$ 为：

$$Q_{\max}^{r1}=V_{\max}+86\%\times3.07V_{\max}=3.64V_{\max} \tag{4-5}$$

（3）燃烧法（不回收余热）。设炉气中含有 86% CO，仍然全部燃烧成 CO_2，但空气过剩系数取 $\alpha=4$。

$$CO+4\times\left(\frac{1}{2}O_2+1.88N_2\right)=CO_2+1.5O_2+7.52N_2 \tag{4-6}$$

可以求出最大的烟气量 $Q_{\max}^{r2}$ 为：

$$Q_{\max}^{r2}=V_{\max}+86\%\times9.02V_{\max}=8.76V_{\max} \tag{4-7}$$

上述结果表明，未燃法的烟气量大约只有燃烧法的 1/8 ~1/3。

4.1.1.3　含有大量微小的氧化铁等烟尘

氧气转炉吹入高纯度氧气，在氧气射流与熔池直接作用的反应区，局部温度可高达 2400 ~2600℃，因而使部分金属铁和铁的氧化物蒸发。炉气上升离开反应区后，由于温度降低而冷凝成细小的固体微粒存在于烟气中。烟尘中还包括一些被炉气夹带出的散状材料粉尘、金属微粒和细小渣粒等。

顶吹转炉烟尘产生量约占金属装入量的 0.8% ~1.5%，在各种炼钢设备中最高，烟气中含尘量波动范围也最大，为 15 ~120g/m³。远远超出规定的排放标准。烟尘中主要是铁氧化物，含铁量高达 60%。

由于转炉烟尘粒度细，必须采用高效率的除尘设备才能有效地捕集这些烟尘，这也是转炉除尘系统比较复杂的原因之一。

综上所述，氧气转炉的烟气具有温度高、烟气量大、含尘量高且尘粒微小、有毒性与爆炸性等特点。若任其放散，可飘落到 2 ~10km 以外，造成严重大气污染。根据国家《工业三废排放标准》规定，氧气顶吹转炉烟尘排放标准是：大于 12t 转炉排放烟气的含尘量不大于 150mg/m³ 标准状态。所以必须对转炉烟气进行净化处理。对转炉烟气若加以回收利用，回收煤气、回收余热和回收烟尘，则可收到可观的经济效益。

4.1.2　转炉烟气的处理方法

转炉烟气从炉口逸出，在进入烟罩过程中或燃烧，或不燃烧，或部分燃烧，然后经过汽化冷却烟道或水冷烟道，温度有所下降；进入净化系统后，烟气还需进一步冷却，以有利于提高净化效率，简化净化设备系统。

4.1.2.1 转炉烟气处理方法

（1）全燃烧法。此法不回收煤气，不利用余热。在炉气从炉口进入烟罩过程中，吸入大量空气，使烟气中 CO 完全燃烧，利用大量的过剩空气和水冷烟道冷却燃烧后的烟气，在烟道出口处烟气温度降低到 800～1000℃，然后再向烟气喷水，进一步降温到 200℃以下，最后用静电除尘器或文氏管除尘器除去烟气中的烟尘，然后放散。这种方法主要缺点是不能回收煤气；吸入空气量大，进入净化系统的烟气量大大增加，使设备占地面积大，投资和运转费用增加；燃烧法的烟尘粒度细小，烟气净化困难。因此国内新建的大中型转炉，一般不采用燃烧法。但因不回收煤气，烟罩结构和净化系统的操作、控制较简单，系统运行安全，不回收煤气的小型转炉仍可采用。

（2）半燃烧法。此法不回收煤气，利用余热。控制从炉口与烟罩间缝隙吸入的空气量，一方面使烟气中 CO 完全燃烧，另一方面又要防止空气量过多对烟气的冷却作用。高温烟气从烟罩进入余热锅炉，利用余热生产蒸汽，冷却后的烟气一般用湿法除尘净化。

（3）未燃法。此法回收煤气，利用余热。未燃法在炉气离开炉口后，利用一个活动烟罩将炉口和烟罩之间的缝隙缩小，并采取控制炉口压力或用氮气密封的方法控制空气进入炉气，使炉气中的 CO 少量燃烧（一般 8%～10%），而大部分不燃烧，经过冷却净化后即为转炉煤气，可以回收作为燃料或化工原料，每吨钢可以回收煤气 60～70m^3（标态），也可点火放散。此法由于烟气 CO 含量高，需注意防爆防毒，要求整个除尘系统必须严密，另外设置升降烟罩的机械和控制空气进入的系统。未燃法具有回收大量煤气及部分热量，废气量少，整个冷却、除尘系统设备体积较小，烟尘粒度较大的特点。国内外广泛采用此种方法。

燃烧法和未燃法的烟尘成分见表 4-2。烟尘的粒度分布见表 4-3。

表 4-2 氧气转炉的烟尘成分 （%）

烟气处理方法	FeO	Fe_2O_3	Fe	ΣFe	SiO_2	MnO	CaO	MgO	P_2O_5	C
未燃法	67.16	16.20	0.58	63.40	3.64	0.74	9.04	0.39	0.57	1.68
燃烧法	2.30	92.00	0.40	66.50	0.80	1.60	1.60	—	—	—

表 4-3 转炉炼钢烟尘的粒度分布

未燃法		燃烧法	
粒度/μm	占比/%	粒度/μm	占比/%
>20	16.0	>1	5
10～20	72.3	0.5～1	45
5～10	9.9	<0.5	50
<5	1.8		

转炉炼钢的烟尘主要是铁的氧化物，含铁量高达 60% 以上，可回收作高炉烧结矿或球团矿原料，也可作转炉用冷却剂。燃烧法烟尘粒度比未燃法更细，小于 1μm 的占 95%，

因而净化更为困难。

4.1.2.2　转炉烟气净化方法

（1）全湿法。烟气进入第一级净化设备就立即与水相遇，称全湿法除尘。双文氏管除尘即为全湿法除尘。在整个除尘系统中，都是采用喷水方式来达到烟气降温和除尘的目的。除尘效率高，但耗水量大，还需要配置处理大量泥浆的设备。

（2）全干法。在净化过程中烟气完全不与水相遇，称为全干法除尘。布袋除尘、干法静电除尘均为全干法除尘。全干法除尘可以得到干灰，无需设置污水、泥浆处理设备。

4.2　烟气净化系统

烟气从炉口逸出经烟罩到烟囱口放散或进入煤气柜回收，这中间经过降温、除尘、抽引等一系列设备，称为转炉烟气净化系统。

4.2.1　烟气净化系统的类型

4.2.1.1　全湿法“双文”净化系统

图4-1为某厂30t氧气转炉煤气净化与回收系统。该系统应用炉口微压差法进行转炉煤气回收。

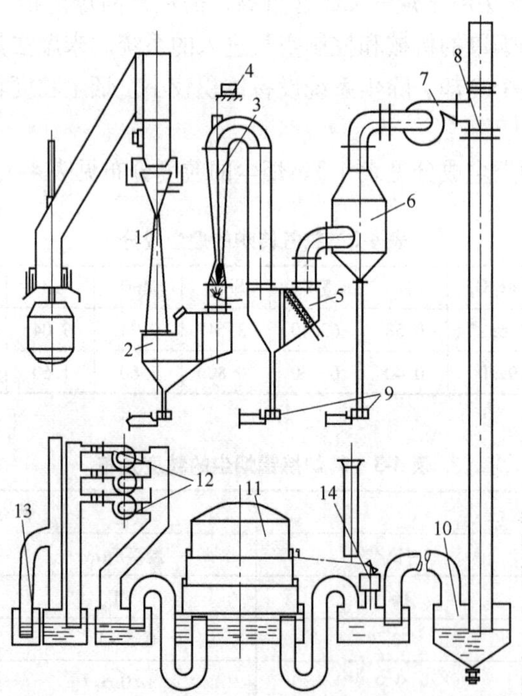

图4-1　某厂30t氧气转炉煤气净化与回收系统

1—溢流文氏管；2—重力脱水器；3—可调喉口文氏管；4—电动执行机构；5—喷淋箱；6—复挡脱水器；7—D700-13鼓风机；8—切换阀；9—排水水封器；10—水封逆止阀；11—10000m³贮气柜；12—D110-11煤气加压机；13—水封式回火防止器；14—贮气柜高位放散阀

净化系统的流程如下：

转炉烟气→活动烟罩、固定烟罩→汽化冷却烟道→溢流定径文氏管→重力挡板脱水器→可调喉口文氏管→喷淋箱→复挡脱水器→抽风机→三通切换阀→水封逆止阀→煤气柜

高温（1300～1600℃）、含尘［80～100g/m^3（标态）］的炉气从炉口逸出后，经过活动烟罩、固定烟罩，进入汽化冷却烟道内进行热交换，温度降至900～1000℃左右，再进入二级串联的内喷文氏管除尘。第一级溢流定径文氏管将烟气降温至70～80℃并进行粗除尘。第二级可调喉口文氏管进行精除尘，利用变径调节烟气量，含尘量降至100mg/m^3（标态）以下，烟气温度降至50～70℃左右。第二级可调喉口文氏管后的喷淋箱和复挡脱水器进一步用水洗涤煤气并脱水。

在煤气回收过程中，为了提高煤气质量和保证系统安全，在一炉钢吹炼的前、后期采用燃烧法（提升烟罩）不回收煤气。在吹炼中期进行煤气回收操作。

这种未燃法的全湿法净化系统的特点是：

（1）该系统采用汽化冷却烟道，能节约大量冷却水，并回收烟气物理热生产蒸汽；同时回收煤气，净化效率较高，煤气质量能达到作为燃料和化工原料的要求。

（2）两个文氏管串联阻力损失较高，需使用高速风机（48r/s），电耗较高，风机叶轮磨损也较快。

（3）回收煤气仅在吹炼中期进行，回收时要求控制炉口压力（调节二级文氏管喉径），还要防爆防毒，要求有较完善的控制系统和较高的操作管理水平。

在上述烟气净化系统经验的基础上，还可以对该烟气净化系统的流程进行改进，具体如下：

转炉烟气→活动烟罩、固定烟罩→汽化冷却烟道→溢流定径文氏管→重力挡板脱水器→矩形R-D可调喉口文氏管→90°弯头脱水器→挡水板水雾分离器→丝网脱水器→除尘风机

用矩形R-D可调喉口文氏管代替圆形重砣可调喉口文氏管使系统阻力降低；出二级文氏管后由原来二级脱水改为三级脱水，脱水效果也明显得到改善。因此提高了风机的寿命。

4.2.1.2 日本OG法净化系统

日本OG法净化系统是目前世界上湿法系统净化效果较好的一种。宝钢曾引进日本君津钢厂第三代OG法净化系统。OG装置主要由烟气冷却、烟气净化、煤气回收和污水处理等系统组成，如图4-2所示。

净化系统的流程如下：

转炉烟气→裙罩→下烟罩→上烟罩→汽化冷却烟道→一级文氏管→90°弯头脱水器→水雾分离器→二级文氏管→90°弯头脱水器→水雾分离器→抽风机→煤气回收

烟气净化系统包括二级文氏管、90°弯头脱水器和水雾分离器。第一级除尘器采用两个并联的手动可调喉口溢流文氏管，烟气进入一级文氏管时温度为1000℃，流量为980000m^3/h，含尘量为200g/m^3（标态）。烟气逸出一级文氏管时温度降至75℃，流量为449400m^3/h，一级文氏管的除尘效率为95%，经过一级文氏管粗除尘并经过90°弯头脱水器及水雾分离器后的烟气进入二级文氏管进行精除尘。

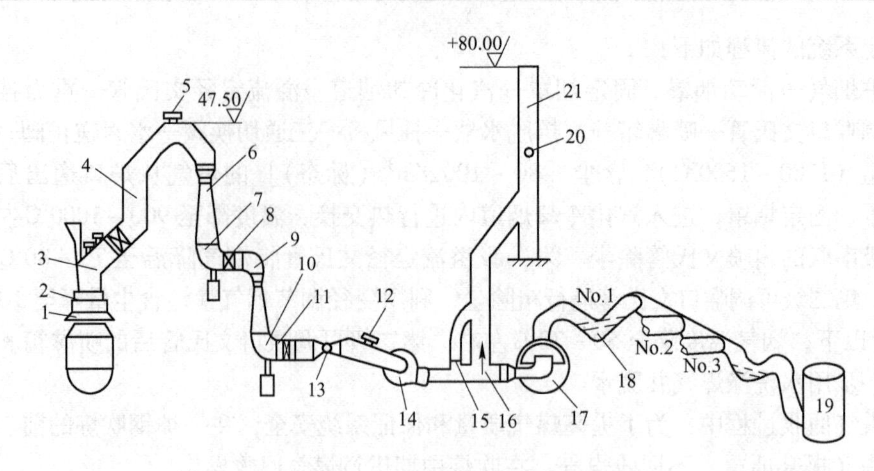

图 4-2　宝钢 OG 法净化系统

1—裙罩；2—下烟罩；3—上烟罩；4—汽化冷却烟道；5—上部安全阀；6—一级文氏管；7——文脱水器；8—水雾分离器；9—二级文氏管；10—二文脱水器；11—水雾分离器；12—下部安全阀；13—流量计；14—风机；15—旁通阀；16—三通阀；17—水封逆止阀；18—V 形水封；19—煤气罐；20—测定孔；21—放散烟囱

二级文氏管采用两个并联的 R-D 型自调喉口文氏管，控制波动的烟气以变速状态通过喉口，以达到精除尘的目的。烟气进入二级文氏管时温度为 75℃，流量为 449400m^3/h，出口烟气温度降至 67℃，流量为 426000m^3/h，二级文氏管的除尘效率为 99%，二级文氏管后仍采用 90°弯头脱水器脱水及水雾分离器（脱水器和水雾分离器内的集污用清水喷洗），进一步分离烟气中的剩余水分，然后通过流量计，由抽风机送入转炉煤气回收系统。

根据时间顺序装置，控制三通切换阀，对烟气控制回收、放散。吹炼初期和末期，由于烟气 CO 含量不高。所以通过放散烟囱燃烧后排入大气。在回收期，煤气经水封逆止阀、V 形水封阀和煤气总管进入煤气柜。如此，完成了烟气的净化、回收过程。

该系统的主要特点：

（1）净化系统管道化，流程简单，设备少，中间无迂回曲折，系统阻损小。煤气不易滞留，有利于安全生产和工艺布置。

（2）设备装备水平较高。设有炉口微压差控制装置，操纵二级文氏管喉口 R-D 阀板，使刚进入烟罩内的烟气与周围空气保持在 20Pa 左右的压差，确保回收煤气 CO 含量为 55% ~65%，回收煤气量 60m^3/t 钢（标态）以上。此外，整个吹炼过程有五个控制顺序进行自动操作。

（3）节约用水量显著。烟罩及裙罩采用高温热水密闭循环冷却系统，烟道采用汽化冷却方式，一级文氏管、二级文氏管串接供水，使新水补给量维持在 2t/t 钢的先进水平。

（4）烟气净化效率高。烟气排放含尘浓度低于 100mg/m^3（标态），净化效率高达 99.9%；配备半封闭式二次集尘系统，对一次烟罩不能捕集的烟尘，如兑铁水、加废钢、出钢、修炉等作业的烟尘进行二次捕集，确保操作平台区的粉尘浓度不超过 5mg/m^3（标态）。

（5）系统安全装置完善。设有 CO 与烟气中 O_2 含量的测定装置，以保证回收与放散系统的安全。

（6）实现了煤气、蒸汽、烟尘的综合利用。

由于 OG 法技术安全可靠，自动化程度高，综合利用好，目前已成为世界各国广泛应用的转炉烟气处理方法。

在未燃法净化系统中，还有一种不常用的方法，此方法只回收煤气不利用余热。该法与前述两种方法的最大区别在于不设置余热锅炉（汽化冷却烟道），而改用水冷烟道，并辅之以溢流文氏管等方式来冷却烟气。此系统设备相对简单，占地面积略小，但水冷烟道较长。

4.2.1.3 不回收煤气但利用余热的燃烧法文氏管湿法净化系统

图 4-3 为国内某厂 50t 氧气顶吹转炉的燃烧法文氏管净化系统。

工艺流程为：

转炉炉口烟气（燃烧）→冷却（余热锅炉）→除尘（小文氏管箱）→脱水（旋流脱水器）→排空

主要特点是：设计的余热锅炉由辐射和对流两段组成（对流段换热效率不高，几乎不用）；转炉停吹时，为保证蒸汽连续供应和锅炉稳定运行，设有煤气和重油的辅助燃烧装置，故产生的蒸汽量比一般未燃法汽化冷却烟道的高 2～3 倍；系统比较复杂，厂房建筑面积相应增大。

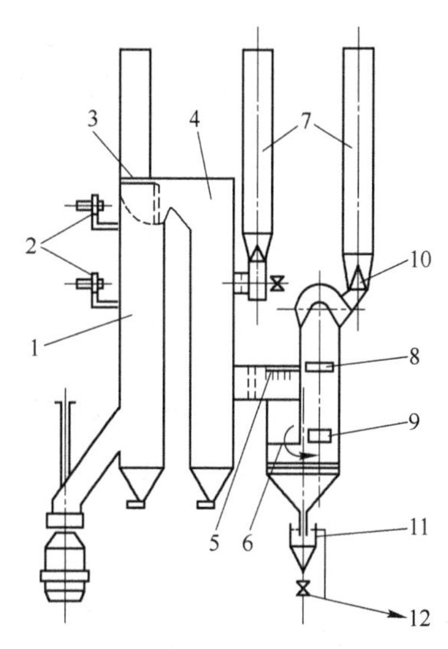

图 4-3 50t 氧气顶吹转炉燃烧法烟气净化系统

1—余热锅炉辐射段；2—风机；3—事故放散阀；4—对流段；5—喷淋喷嘴；6—小文氏管；7—烟囱；8—挡水圈；9—脱水器；10—抽风机；11—水封；12—去往沉淀池

4.2.1.4 静电除尘净化系统

图 4-4 和图 4-5 分别为燃烧法和未燃法静电除尘系统。其工艺流程为：

转炉炉口烟气 $\xrightarrow[\text{未燃}]{\text{燃烧}}$ 冷却 $\xrightarrow[\text{喷淋塔}]{\text{余热锅炉或汽化冷却烟道}}$ 除尘（干式静电除尘器）↗排空 ↘回收

燃烧法空气过剩系数通常为 1.2 左右，使烟气完全燃烧，以防止可燃气体在电除尘器中爆炸；烟气热量通过余热锅炉进行回收，此时烟气温度可降低至 400～470℃；通过喷淋塔可使进入静电除尘器前的烟气温度进一步降低并稳定在(150±50)℃左右，而捕获的灰尘为干灰，除尘效率高且稳定。由于该系统吸入空气量较大，因此设备复杂，占地面积大，投资高。此外，进入电除尘器的烟气温度也难以控制，迄今国内转炉很少使用。

未燃法电除尘通常是将空气过剩系数控制在 0.3 以下，故烟气量小得多，且可回收煤气和获得干灰，被认为是最经济的方法，越来越受到各国的重视。

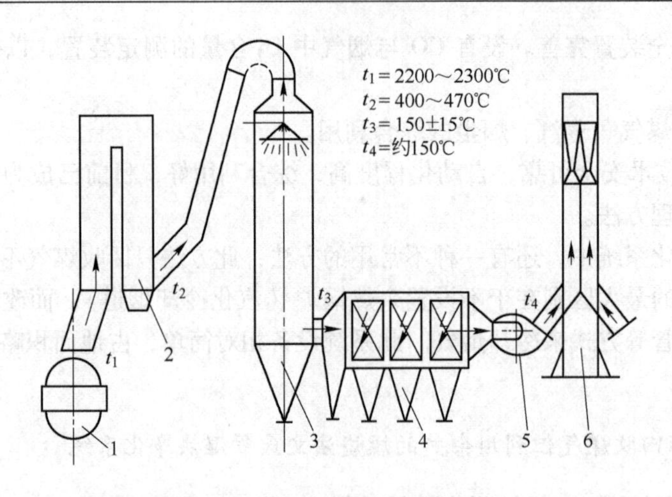

图 4-4　静电除尘系统（燃烧法）

1—转炉；2—余热锅炉；3—喷淋塔；4—电除尘器；5—风机；6—烟囱

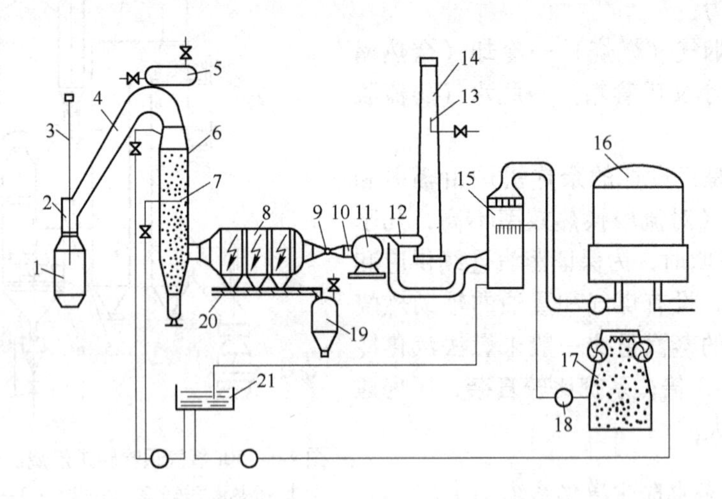

图 4-5　静电除尘系统（未燃法）

1—转炉；2—烟罩；3—氧枪；4—汽化冷却烟道；5—气水分离器；6—喷淋塔；7—喷嘴；8—电除尘器；9—文氏管；10—压力调节阀；11—风机；12—切换阀；13—点火器；14—烟囱；15—洗涤塔；16—煤气柜；17—冷却塔；18—水泵；19—贮灰斗；20—螺旋输送机；21—水池

4.2.2　烟气净化装置检查

4.2.2.1　检查内容

（1）观察风机故障信号灯，该灯不亮，表示风机正常，该灯亮表示风机有故障。

（2）观察送、停风按钮，信号灯是否正常。

（3）观察煤气回收信号灯是否显示正常。回收阀开时，放散阀关；回收阀关时，放散阀开，如图 4-6 所示。

（4）检查与煤气加压站回收煤气的按钮、信号灯是否

回收阀关

回收阀开

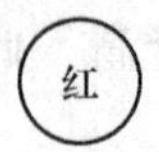

放散阀关

放散阀开

图 4-6　煤气回收信号

正常；检查煤气加压站同意回收煤气信号灯是否正常（手工回收煤气用）。

（5）检查与风机房联系的按钮是否有效（自动回收煤气用）。

（6）检查氧枪插入口、下料口氮气阀门是否打开；检查氮气压力是否满足规程要求。

（7）开新炉子时，炉前校验各项设备正常后，要求净化回收系统有关人员进行汽化冷却补水、检查各处水封等。由风机房人员开风机。若是正常的接班冶炼操作，以上检查只需将当时工况与信号灯显示状态对照，相符即可。

（8）吹炼过程中，发现炉气外逸严重，需观察耦合器高、低速信号灯显示是否正常，如图4-7所示，若不正常，与风机房联系，要求处理。

图4-7　炉气外逸警告信号

4.2.2.2　注意事项

（1）观察炉口烟气，若严重外冒（异常）需与风机房联系。

（2）严格按操作规程规定进行煤气回收。

（3）发现汽化冷却烟道发红或漏水，及时报告净化回收系统相关人员。

4.2.3　烟气净化装置检修

烟气净化装置检修一般有三种检修类型。

（1）炉役性检修。内容包括管道系统补修，清扫装置内部积垢、修理或更换喷头等。

（2）阶段性检修。内容包括更换系统中局部装置，修理系统中部分烧损和腐蚀部位，例如：更换部分脱水器、更换溢流盆等。

（3）大修。大修一般均配合转炉本体一起进行。在大修过程中绝大部分结构件均需更换，除喉口调节设备和液压装置检修外，其他设施均需更新。

4.2.4　烟气净化装置使用

学会正确使用烟气净化装置，确保烟气净化系统安全运行。

4.2.4.1　操作步骤

A　使用除尘装置

（1）降罩操作。首先确认降罩系统完好，再进行降罩操作。降罩操作可以使炉口不吸或少吸入空气，保证含有较多CO的烟气不与空气中氧发生大量的化学反应，确保烟气中CO含量高且稳定。

降罩操作要求在供氧吹炼后1~1.5min进行。

（2）要求吹炼过程平稳，不得大喷。若炉内发生大喷，金属液滴、渣滴将获得巨大的动能，其中可能有一些会冲过一级文氏管的水幕，保持红、热状态，即将“火种”带入一文。由于此处具有的烟气成分、温度在爆炸范围内，所以有了“火种”极易造成一文爆炸。

操作中为避免大喷，必须注意及时、正确地加料和升降氧枪的配合。

B 使用煤气回收装置

使用煤气回收装置，必须严格执行煤气回收操作规程和煤气回收安全规程。

C 手工回收煤气

（1）降罩。吹氧后在规定时间转动“烟罩”开关至“降罩”位置。烟罩下降，让未燃烟气冲洗烟道。

（2）回收。在规定的时间范围内按下要求回收煤气按钮，要求回收信号灯亮。待同意回收信号灯亮即表示煤气加压站同意回收了，即按“回收”按钮，三通阀动作，开始回收。

（3）放散。待煤气回收至允许回收时间的上限时，按下“放散”按钮，三通阀动作，开始放散烟气。

（4）提罩。用废气清洗烟道一段时间后提罩即转动“烟罩”开关至“提罩”位置（“降罩”和“提罩”操作要注意当烟罩到位后“烟罩”开关需恢复至“零位”）。操作期间观察信号灯变化。

具体各操作步骤的时间经反复实践后制订。

某厂30t 转炉的规定为：

降罩：1～1.5min；

回收时间：3～10min；

放散后至提罩时间：大于30s；

如回收期间发生大喷，必须立即放散。

D 自动回收

在规定时间内转“烟罩”开关至“降罩”位置，当烟罩就位后将“烟罩”开关复“零位”。降罩后自动分析装置开始不断分析其烟气成分。

当自动回收煤气装置收到了3个信号（开氧信号、降罩信号、烟气成分符合回收要求信号）时，会进行自动回收。然后当其中任一条件不符合设计要求时，又会自动放散。

主要设计的成分是CO和O_2的含量。其数据由理论、实验和用户要求三个方面反复修正而定。

操作期间观察煤气自动回收系统的“回收信号灯”，“放散信号灯”的指示是否正常。

若发现自动回收有故障，或炉前发生大喷，要求结束自动回收，可按警铃（此铃直接与风机房联系）或打电话联系，立即改为“放散”状态。

4.2.4.2 注意事项

正确使用除尘和煤气回收装置是关系到确保除尘和煤气回收系统安全正常运行的关键。所以上述操作内容必须严格按操作规程进行，特别是操作中发生大喷现象，必须立即停止煤气回收，否则易造成一级文氏管爆炸。

4.2.5 烟气净化系统常见故障和处理方法

烟气净化系统常见故障和处理方法见表4-4。

表 4-4 烟气净化系统常见故障和处理方法

故障部位	故障原因和现象	处理方法
风 机	吸力不足造成炉口冒烟	（1）闸板开度不足，应调整； （2）耦合器故障，丢转数，应处理； （3）调整风机，转数满足吸力要求
一、二文喉口	喉口阻塞、阻损增加	（1）排除阻碍物； （2）保持水质处理质量； （3）排除调节机构故障
各部喷嘴	喷嘴阻塞系统温度高	（1）排除喷嘴污物； （2）清理管道阻塞物
丝网过滤器	过滤器阻塞、系统阻力增加	（1）用高压水冲净丝网污物； （2）更换变形严重的丝网； （3）保持高压水流量和压力
汽封系统	压力失调，造成系统阻力增加	按原设计要求调整系统压力、流量

4.3 烟气净化和回收设备

烟气净化和回收系统可分为烟气的收集和输导、降温和净化、抽引和放散三部分。烟气的收集有活动烟罩和固定烟罩。烟气的输导管道称为烟道。烟气的降温装置主要是烟道和溢流文氏管。烟气的净化装置主要有文氏管、脱水器、布袋除尘器和电除尘器等。转炉回收煤气时，系统还必须设置煤气柜和回火防止器等设备。

4.3.1 烟罩

烟罩是转炉炉气通道的第一道关口，要求能有效地把炉气收集起来，最大限度地防止炉气外逸。在转炉吹炼过程中，为了防止炉气从炉口与烟罩间逸出，特别是在未燃法系统中，控制外界空气进入是非常重要的。

4.3.1.1 烟罩结构

在未燃法净化系统中，烟罩由活动烟罩和固定烟罩两部分组成，二者之间用水封连接，如图 4-8 所示。

吹炼时，可将活动烟罩降下，转炉倾动时活动烟罩升起；吹炼末期，为了便于观察炉口火焰，也要求活动烟罩能上下升降。

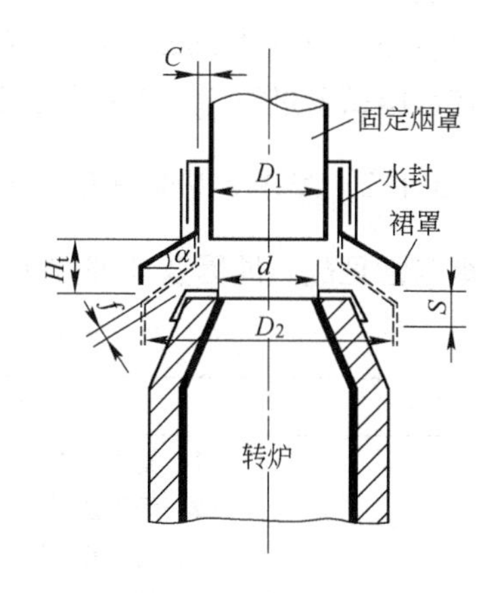

图 4-8 活动烟罩结构

活动烟罩的下沿直径应大于炉口直径（$D_2 \approx 2.5 \sim 3d$），活动烟罩的高度约等于炉口直径的一半（$H_t \approx 0.5d$），可使罩口下沿能降到炉口以下 200 ~ 300mm 处。活动烟罩的升降行程（S）为 300 ~

500mm。这种结构的烟罩容量较大，容纳烟气瞬间波动量也较大，缓冲效果好，烟气外逸量也较少。

固定烟罩内的直径要大于炉口烟气射流进入烟罩时的直径。烟气从炉口喷出自由射流的扩张角在18°~26°之间，由此即可求出烟气射流直径。对小于100t级转炉烟气在烟道内的流速取15~25m/s，大于100t转炉流速取30~40m/s。烟罩全高决定于在吹炼最不利的条件下，喷出的钢渣不致带到斜烟道内造成堵塞，一般为3~4m。烟罩斜段的倾斜角要求大一些，则烟尘不易沉积在斜烟道内。但倾斜角越大，吹氧管插入口水套的标高就越高，从而增加了厂房的高度。倾斜角一般为55°~60°。

活动烟罩可分为闭环式（氮幕法）和敞口式（微压差法）两种。闭环式活动烟罩（OG法活动烟罩见图4-9）的特点：当活动烟罩下降至最低位置时，炉口与烟罩之间最小缝隙约50mm左右，通过向炉口与烟罩之间的缝隙吹氮气密封来隔绝空气。敞口式活动烟罩的特点是采用下口为喇叭形较大的裙罩，降罩后将炉口全部罩上，能容纳瞬时变化较大的烟气量，使之不外逸。但由于敞开，要控制进入罩口的空气量需要设置较精确的微压差自动调节系统。

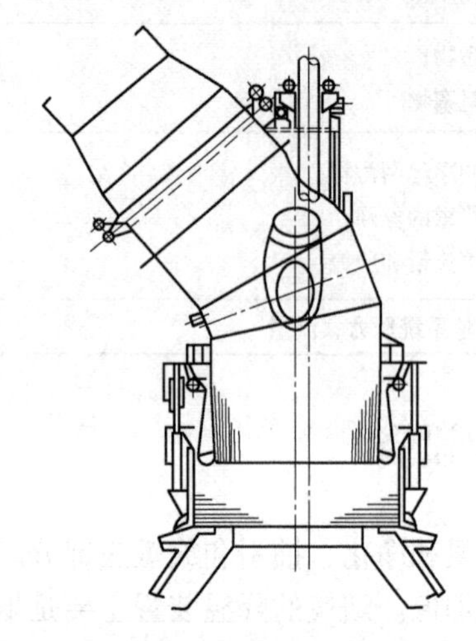

图4-9　OG法活动烟罩

在固定烟罩上，设有加料孔，氧枪插入孔，以及密封装置（氮气或蒸汽密封）。

燃烧法一般均不设活动烟罩，而仅设固定烟罩。烟罩上口径等于烟道内径，下口径大于上口径，其锥度大于60°。固定烟罩的冷却有：循环水冷和汽化冷却等形式。汽化冷却固定烟罩具有耗水量小，不易结垢，使用寿命长等优点，在生产中使用效果良好。活动烟罩的冷却，一般采用排管式或外淋式水冷。排管式结构效果较好。外淋式水冷烟罩具有结构简单，易于维修等优点，多为小型转炉厂采用。

烟罩在转炉炉役性检修时，其主要内容是修理漏水部位，处理管子烧损、裂纹和焊缝拉裂等缺陷。更换的烟罩和检修后的烟罩，均应进行水压试验。对新烟罩要求进行超压试验，试验压力为工作压力的1.5倍。检修后烟罩只进行工作压力试验。试压要求：升到规定压力后必须稳压达5min；不得有漏水、渗水现象；水压试验后烟罩不准有残余变形。

在水压试验进行中，或在稳压过程中，必须对烟罩进行全面检查。

4.3.1.2　烟罩常见故障原因及处理方法

烟罩常见故障原因及处理方法见表4-5。

表4-5　烟罩常见故障原因及处理方法

故障现象	故障原因	处理方法
漏　水	（1）管子裂纹； （2）焊缝拉裂； （3）局部管子烧损； （4）局部管子阻塞后烧坏	（1）补焊或换管； （2）清理破损部位后补焊； （3）补焊或更换局部管子； （4）清除积物后局部换管

续表4-5

故障现象	故 障 原 因	处 理 方 法
变　形	（1）冷却不均造成管子变形； （2）外部积物	（1）调节水量，均匀冷却； （2）清除积渣、积尘、废钢
升降机构失灵	（1）液压元件失灵； （2）结构件变形； （3）钢丝绳断； （4）积物堆积	（1）修理失灵元件； （2）矫正变形部件； （3）更换钢丝绳； （4）清理积物

4.3.2　烟道

烟气的输导管道又称烟道，其作用是将烟气导入除尘系统，并冷却烟气，回收余热。为了保护设备和提高净化效率，必须对通过的烟气进行冷却，使烟道出口处烟气温度低于900℃。烟道冷却形式有：水冷，废热锅炉和汽化冷却。

水冷烟道由于耗水量大，余热未被利用，容易漏水，寿命低，现在很少采用。废热锅炉由辐射段和对流段组成，如图4-10所示，适用于燃烧法，可充分利用煤气的物理热和化学热生产蒸汽。废热锅炉出口的烟气可降至300℃以下。但锅炉设备复杂，体积庞大，自动化水平要求高，又不能回收转炉煤气，因此采用的也不多。

目前国内的转炉大都采用汽化冷却烟道，如图4-11所示，与废热锅炉不同的是只有辐射段，没有对流段。烟道出口的烟气温度在900～1000℃左右，回收热量较少，优点是烟道结构简单，适用于未燃法煤气的回收操作。

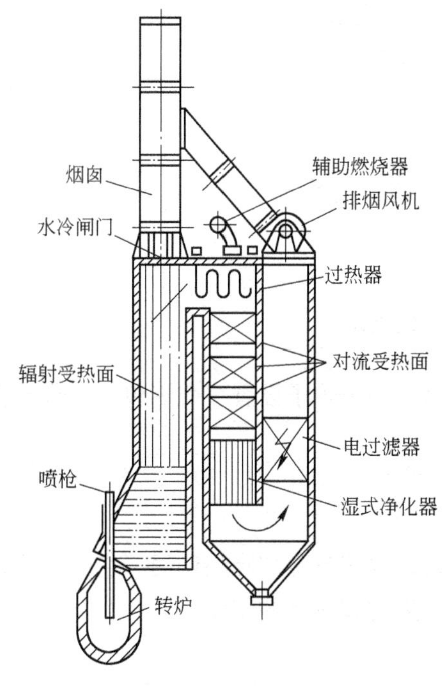

图4-10　废热锅炉

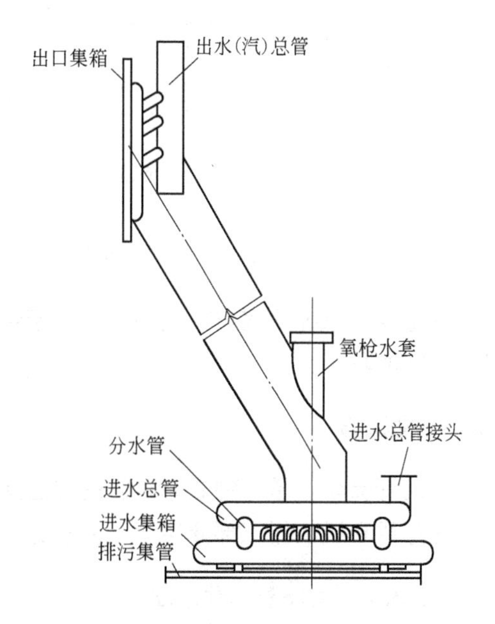

图4-11　汽化冷却烟道

汽化冷却烟道管壁结构如图 4-12 所示。水管式烟道容易变形；隔板管式烟道的加工费时，焊接处容易开裂且不易修补；密排管式烟道加工简单，只需在筒状的密排管外边加上几道钢箍，再在箍与排管接触处点焊而成，密排管即使烧坏，更换也较方便。

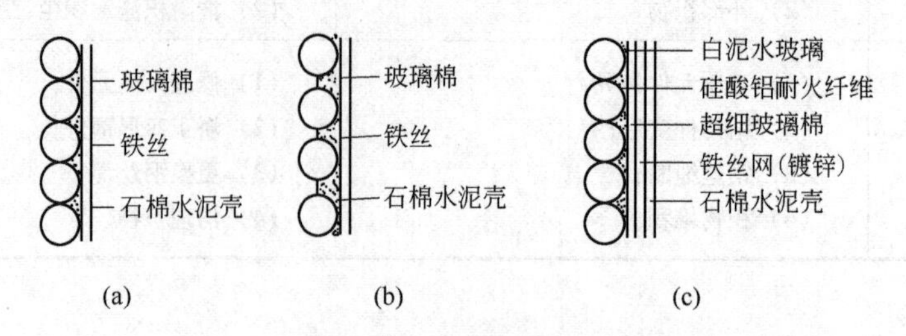

图 4-12　烟道管壁结构

（a）水管式；（b）隔板管式；（c）密排管式

汽化冷却器的用水，要经过软化和除氧处理。

汽化冷却系统有自然循环和强制循环之分。图 4-13 为汽化冷却系统流程。汽化冷却烟道内由于汽化产生的蒸汽同水混合，经上升管进入汽包，使汽水分离后，热水经下降管到循环泵，又送入汽化冷却烟道继续使用（取消循环泵，自然循环的效果也很好）。当汽包内蒸汽压力升高到（6.87～7.85）$\times 10^5$ Pa，气动薄膜调节阀自动打开，使蒸汽进入蓄热器供用户使用。当蓄热器的蒸汽压力超过一定值时，蓄热器上的气动薄膜调节阀自动打开放散。当汽包需要补给软水时，由软水泵送入。

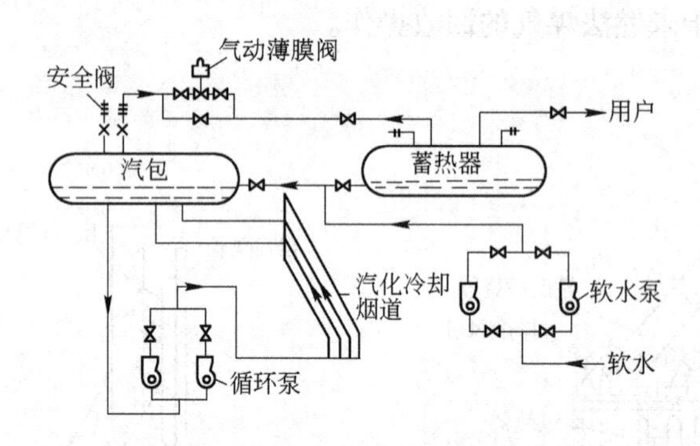

图 4-13　汽化冷却系统流程

汽化冷却系统的汽包布置高度应高于烟道顶面。一个炉子设有一个汽包，汽包不宜合用也不宜串联。

4.3.3　文氏管

文氏管除尘器是一种效率较高的湿法除尘设备，也兼有冷却降温作用。它由文氏管本体、雾化器和脱水器三部分组成。分别起着凝聚、雾化和脱水的作用。

4.3.3.1　文氏管工作原理

文氏管本体由收缩段、喉口和扩张段三部分组成。

如图4-14所示，喉口前装有喷嘴。烟气流经文氏管的收缩段时，因截面积逐渐收缩而被加速，高速紊流的烟气在喉口处冲击由喷嘴喷入的雾状水幕，使之雾化成更细小的水滴。气流速度越大，喷出的水滴越小，分布越均匀，水的雾化程度就越好。在高速紊流的烟气中，细小的水滴迅速吸收烟气的热量而蒸发使烟气温度降低，大约在1/150～1/50s内就能使烟气温度从进口时的900℃左右降至70～80℃。同时烟尘被水滴捕捉润湿，水雾被烟气流破碎的越均匀，粒径越小，水的表面积就越大，烟尘被捕捉的就越多，润湿效果越好。被水雾润湿后的烟尘在紊流的烟气中互相碰撞而凝聚长大成较大的颗粒。碰撞的几率越大，烟尘凝聚长大的就越大、越快。

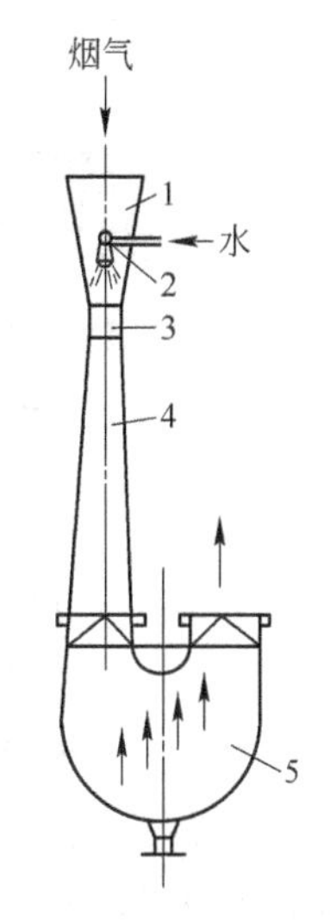

图4-14　文氏管除尘器的组成
1—文氏管收缩段；2—碗形喷嘴；3—喉口；4—扩张段；5—弯头脱水器

水雾经过喉口以后变成了大颗粒的含尘液滴，由于污水的密度比烟气大得多，经过扩张段降低烟气速度为水、气分离创造了条件，再经过文氏管后面的脱水器利用重力、惯性力和离心力的沉降作用，使含尘水滴与烟气分离，从而达到净化的目的。

4.3.3.2　文氏管类型

文氏管有多种类型，按断面形状区分有圆形和矩形两种；按喉口是否可调来区分有定径文氏管和调径文氏管；按喷嘴安装位置区分有内喷文氏管和外喷文氏管。在两级文氏管串联的湿法烟气净化系统中，一般第一级除尘采用溢流定径文氏管，第二级除尘采用调径文氏管。

A　溢流文氏管

溢流文氏管的主要作用是降温，可使温度为800～1000℃烟气到达出口处时冷却到70～80℃，同时进行粗除尘，除尘效率为80%～90%。由于大量喷水，烟气中的火星至此熄灭，保证了系统的安全。文氏管收缩段入口速度一般为20～25m/s，喉口速度为50～60m/s，收缩段入口收缩角为23°～25°，喉口长度为（0.5～1）$D_{喉}$（小炉子取上限，大炉子取下限）。扩张段出口速度为15～20m/s，扩张角为6°～8°，压力损失约为2000～2600Pa。

内喷和外喷式溢流文氏管结构如图4-15和图4-16所示。

采用溢流式的原因为：

（1）由于溢流水在入口管道壁上形成水膜，防止烟尘在管道壁上的干湿交界处结垢造成堵塞。

（2）溢流箱为开口式，一旦发生爆炸，可以泄压。

（3）调节汽化冷却烟道因热胀冷缩而引起的位移，溢流所需要的水量为每米周边500～1000kg/h。

为了保证溢流面均匀溢流，防止集灰堵塞，溢流面必须保持水平，故在结构上溢流面应作成球面可调式。

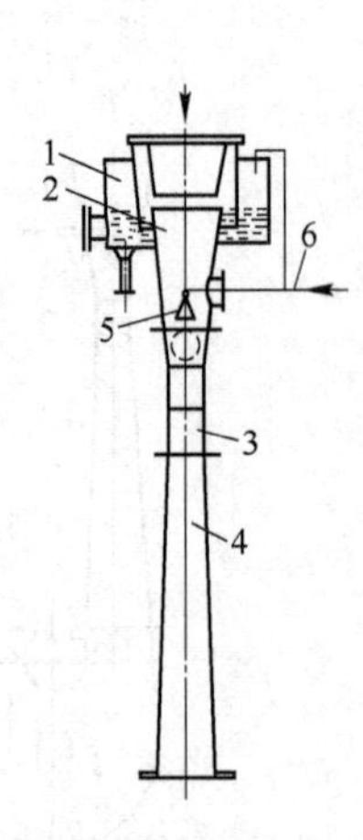

图 4-15　定径圆形内喷文氏管
1—溢流水封；2—收缩管；3—腰鼓形喉口（铸件）；
4—扩散管；5—碗形喷嘴（内喷）；
6—溢流供水管

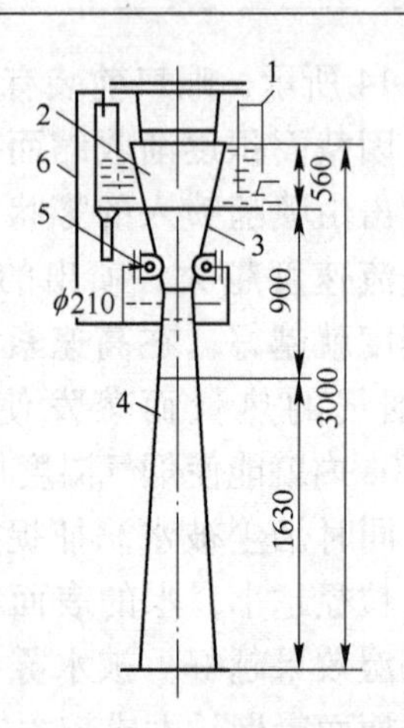

图 4-16　定径圆形外喷文氏管
1—溢流水封；2—收缩管；3—腰鼓形喉口（铸件）；
4—扩散管；5—碗形喷嘴（外喷 ×3）；
6—溢流供水管
（注：部件 5 也可采用辐射外喷针形喷嘴）

B　调径文氏管

调径文氏管的喉口断面积作成可以调节的，是为了当烟气量发生波动时，能保证通过喉口的气流速度基本上不变化，从而稳定文氏管的除尘效率。调径文氏管一般用于除尘系统的第二级除尘，其作用主要是进一步净化烟气中粒度较细的烟尘（又称精除尘），同时可起到一定的降温作用，但因烟气的热含量大，而文氏管的供水量有限，故烟气降温幅度不大。若将第二级文氏管的喉口调节与炉口微压差的调节机构进行联锁，由可调喉口文氏管直接控制炉口的微压差。

调径文氏管的调节装置对于圆形文氏管，一般采用重砣式调节，重砣上下移动，即可改变喉口断面积的大小，如图 4-17 所示；对于矩形文氏管，通常用两侧翻动的翼板调节，其启动力矩更小，设备制作、操作更简单，如图 4-18 所示。现在，国内外新建的氧气转炉车间多采用圆弧形 - 滑板调节（R-D）矩形调径文氏管，如图 4-19 所示。

调径文氏管收缩角为 23° ~ 25°，扩张角 7° ~ 12°，收缩段的进气速度为 15 ~ 20m/s，喉口气流速度 100 ~ 120m/s，除尘效率达 90% ~ 95% 以上，但是压力损失较大，约为 12 ~ 14kPa。因而这类除尘系统必须配置高压抽风机。当第一级和第二级串联使用时，总的除尘效率可达 99.8% 以上。

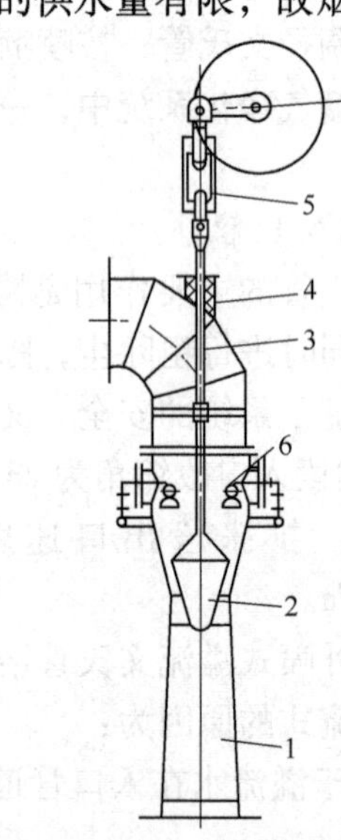

图 4-17　圆形重砣式顺装文氏管
1—文氏管；2—重砣；3—拉杆；4—压盖；
5—联结件；6—碗形喷嘴（内喷 ×3 个）

4.3.4　脱水器

脱水器的作用是把文氏管内凝聚成的含尘污水从烟气中分离出去。

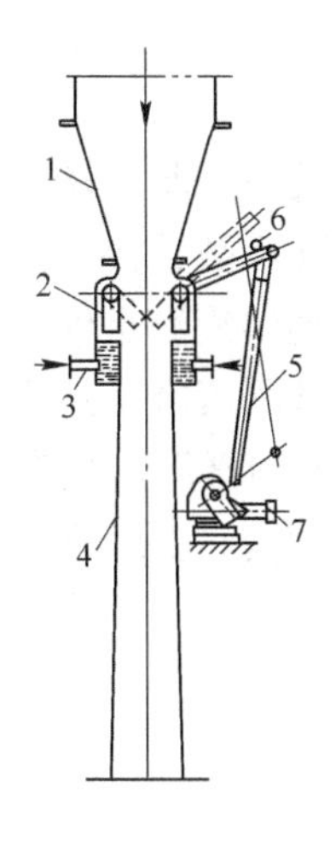

图 4-18　矩形翼板式调径文氏管
1—收缩段；2—调径翼板；3—喷水管；4—扩散管；
5—连杆；6—杠杆；7—油压缸

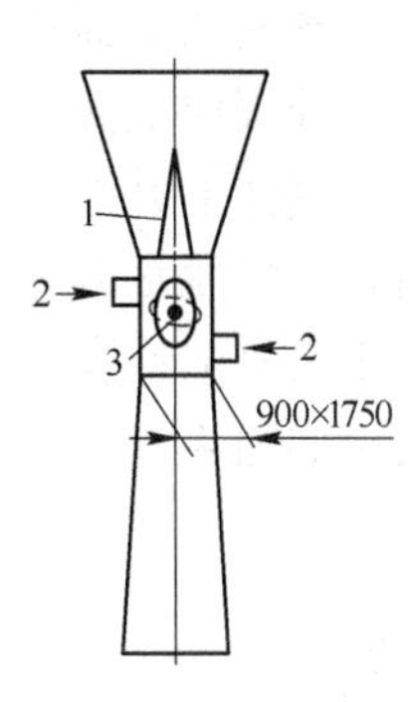

图 4-19　圆弧形-
滑板调节（R-D）文氏管
1—导流板；2—供水；3—可调阀板

烟气的脱水情况也直接影响到除尘系统的净化效率、风机叶轮的寿命和管道阀门的维护等。而脱水效率与脱水器的结构有关。脱水器根据脱水方式的不同，可分为重力式、撞击式和离心式。转炉常见脱水器类型见表 4-6。

表 4-6　脱水器类型

脱水器类型	脱水器名称	进口气速 $v/\mathrm{m\cdot s^{-1}}$	阻力 $\Delta p/\mathrm{Pa}$	脱水效率 /%	使用范围
重力式脱水器	灰泥捕集器	12	200～500	80～90	粗脱
撞击式脱水器	重力挡板脱水器	15	300	85～90	粗脱
	丝网除雾器	约 4	150～250	99	精脱
离心式脱水器	平旋脱水器	18	1300～1500	95	精脱
	弯头脱水器	12	200～500	90～95	粗脱
	叶轮旋流脱水器	14～15	500	95	精脱
	复式挡板脱水器	约 25	400～500	95	精脱

4.3.4.1　灰泥捕集器

灰泥捕集器是重力式脱水器的一种。气流进入脱水器后因流速下降和流向的改变，靠水自身重力作用实现气水分离，重力式脱水器对细水滴的脱除效率不高，但其结构简单，不易堵塞，一般用作第一级脱水器，即粗脱水。其结构如图 4-20 所示。

4.3.4.2　重力挡板脱水器

重力挡板脱水器是撞击式脱水器的一种，利用气流作 180°转弯时水雾靠自身重力而分离下来。另有数道带钩挡板起截留水雾之用，用于粗脱水。其结构如图 4-21 所示。

4.3.4.3　丝网除雾器

丝网除雾器也是撞击式脱水器的一种，用以脱除较小雾状水滴。夹带在气体中的雾粒以一定的流速与丝网的表面相碰撞，雾粒碰在丝网表面后被捕集下来并沿细丝向下流到丝与丝交叉的接头处聚成液滴，液滴不断变大，直到聚集的液滴足够大，致使本身重量超过液体表面张力与气体上升浮力的合力时，液滴就脱离丝网沉降，达到除雾的目的。丝网除雾器是一种高效率的脱水装置，能有效地除去 2 ~5μm 的雾滴。具有阻力小、重量轻、耗水少等优点用于风机前精脱水，但长时间运转可能被堵塞，要经常清洗。丝网编织结构与丝网除雾器结构如图 4-22 和图 4-23 所示。

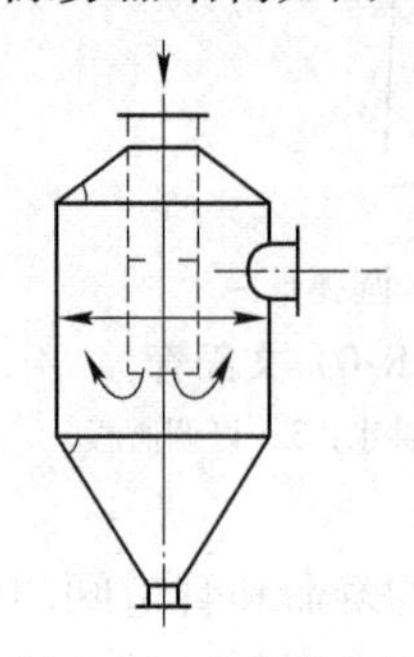

图 4-20　灰泥捕集器

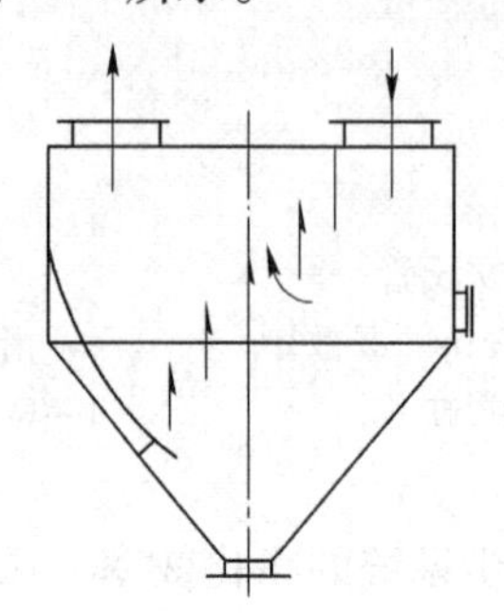

图 4-21　重力挡板脱水器

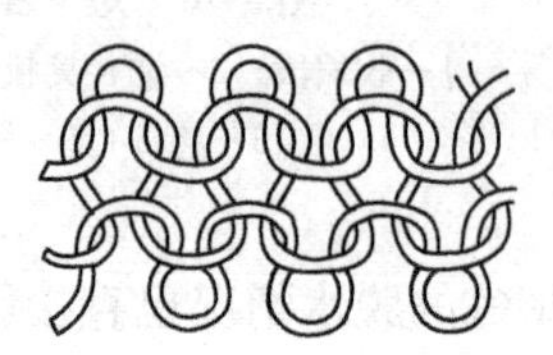

图 4-22　丝网编织结构

4.3.4.4　旋风脱水器

旋风脱水器是利用离心沉降原理，烟气以一定速度沿切线方向进入，含尘水滴在离心力作用下被甩向器壁，又在重力作用下流至器底排出，气体则通过出口进入下一设备。复式挡板脱水器是属于旋风脱水器类型中的一种，所不同的是在器体内增加了同心圆挡板。由于器体内挡板增多，则烟气中水的粒子碰撞落下的机会也更多，可提高脱水效率。可作为第一级粗脱水或第二级精脱水的脱水设备。结构如图 4-24 所示。

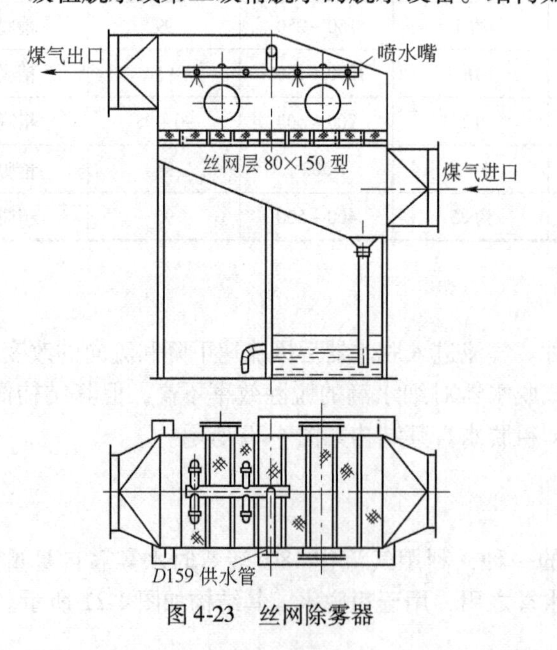

图 4-23　丝网除雾器

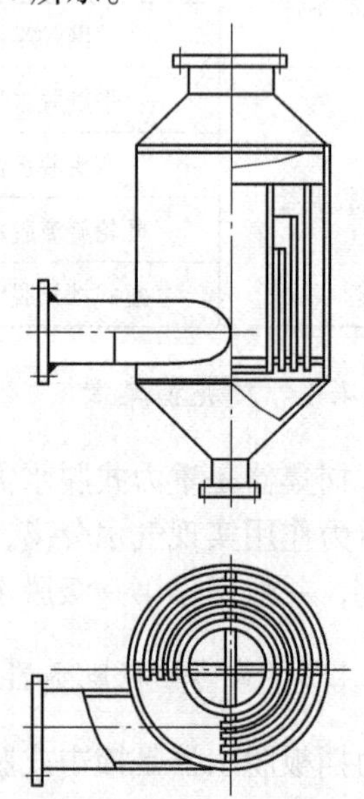

图 4-24　复式挡板脱水器

4.3.4.5　弯头脱水器

弯头脱水器利用含污水滴的气流进入脱水器后，因受惯性与离心力作用，水滴被甩至脱水器的叶片及器壁上沿壁流下，通过排水槽排走。弯头脱水器按其弯曲角度不同，有90°和180°两种，如图4-25和图4-26所示。国内工厂的“双文”湿法除尘系统大多采用180°弯头脱水器。在生产中普遍反映用于一级脱水的弯头脱水器极易堵塞且不易清理，现“一弯”已基本被其他脱水器代替。但从日本第三代OG法来看，“一弯”与“二弯”均系90°弯头脱水器，并在弯头脱水器背面增设冲水装置，使用效果良好。

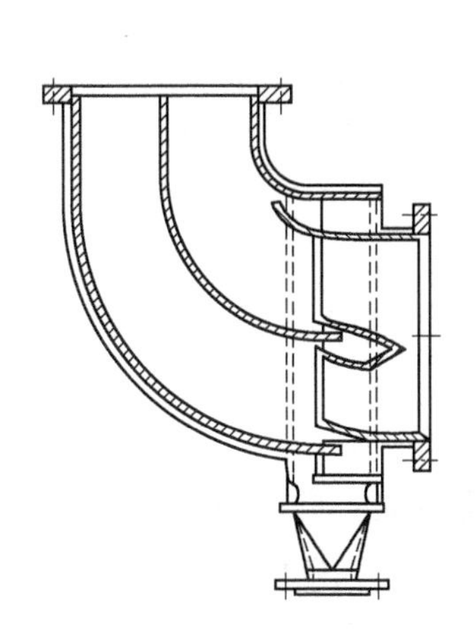

图4-25　90°弯头脱水器

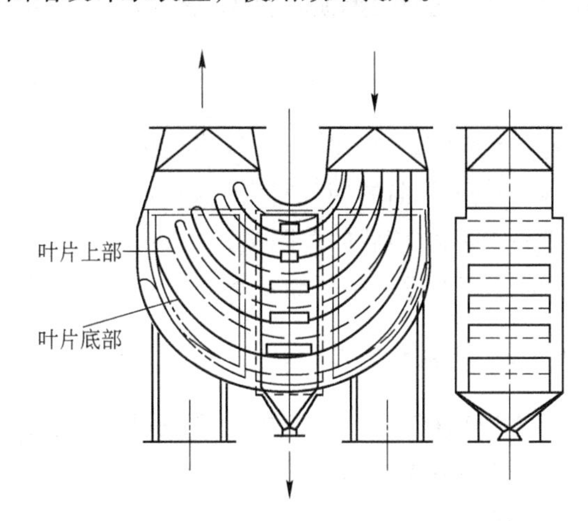

图4-26　180°弯头脱水器

4.3.4.6　挡水板水雾分离器

挡水板水雾分离器是由多折挡水板组成，如图4-27所示。曲折的挡板对气流有导向作用，气流中夹带的雾化水被撞击在折叠板上达到气、水分离的目的。本脱水器具有离心和挡板脱水的两重作用。为了减少积灰，在挡板上方安有清洗喷嘴，在非吹炼期由顺序控制对挡水板进行自动清洗。挡水板水雾分离器虽阻损较大，但具有结构简单，脱水效率高，不易堵塞等优点。可用在转炉湿法除尘系统作最后一级脱水设备。

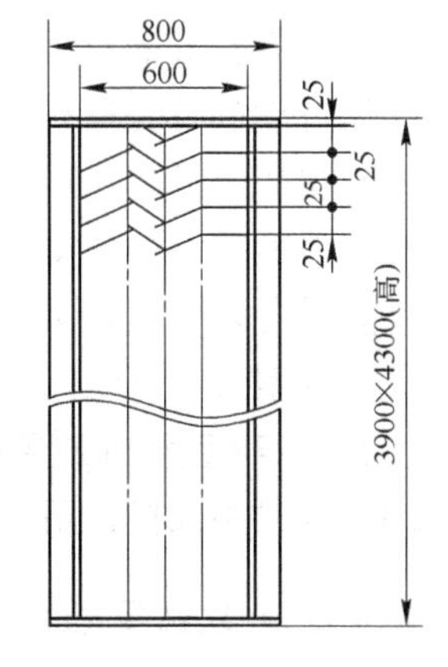

图4-27　挡水板水雾分离器

4.3.5　除尘风机和放散烟囱

4.3.5.1　除尘风机

除尘风机是转炉烟气净化系统的关键设备，是烟气在整个净化处理系统中流动的动力来源。选择风机时，要求其抽气量大于或等于进入风机的最大工况烟气量，风压应足以克服净化系统的阻力损失。

最大工况烟气量 Q^{g}_{max} 按下式确定：

$$Q_{max}^{g} = Q_{max}^{y}\left(1 + \frac{f}{0.804}\right)\left(\frac{273 + t_f}{273}\right) \tag{4-8}$$

式中　Q_{max}^{y}——最大烟气量，m^3/h；

t_f——进入风机的烟尘温度，℃；

f——t_f下的烟气含湿量，kg/m^3（干气）；

0.804——标准状态下水蒸气密度，kg/m^3。

系统的阻力损失包括管道阻损（含局部损失和摩擦损失），冷却、除尘和脱水等设备的阻损，阀门和孔板的阻损以及风机排出端的正压等。实际所需风机风压P_f为：

$$P_f = \frac{\gamma_0}{\gamma}P_z \tag{4-9}$$

式中　γ_0——风机铭牌介质密度，kg/m^3；

γ——风机前的烟气密度，kg/m^3；

P_z——风机前后的总阻损，N/m^3。

设计时还需考虑一定的储备量。

4.3.5.2　风机的选用原则

用于“未燃法”回收烟气的除尘风机，其通常工作条件是：进入的介质温度为35～65℃，含尘量为100～150mg/m³（标态），含CO约为60%，气体的相对湿度为100%，并含有一定量的水滴。

为适应上述特点，风机应按如下原则选择：

（1）要求在调节抽风量时，其压力变化不大，同时当风机在小风量运转时不喘震。

（2）具有良好的密封和防爆性能。

（3）叶轮和外壳具有较高的抗磨性和一定的耐腐蚀性。

（4）机壳上设有水冲洗和其他清灰装置。

（5）具有较好的抗震性。

目前国内氧气转炉烟气净化及回收系统采用的风机有如下类型：

（1）D型煤气鼓风机，用于“双文一塔”全湿法净化回收系统。

（2）8－18型空气鼓风机，用于干湿结合法净化系统。

（3）锅炉引风机，用于燃烧法净化系统。

4.3.5.3　风机常见故障及处理方法

一般每个炉役期间都要对风机全面检查一次，消除缺陷，以确保下一炉役风机可靠的运行。在转炉大修期间风机亦应进行大修，全面恢复风机各部性能和设计要求的各项参数。在炉役性检修中，检修内容有更换或检修各部磨损件，检查转子组磨损情况，清除叶轮积灰，找平衡。如转子组确认使用寿命达不到下期炉役时，应更换新的转子组。在检查径向轴瓦及推力瓦接触情况时，如超出规范技术条件要求时应重新研刮或更换新瓦。必要时应检查整体机组的同心度及水平度，超标时应重新调整。

风机常见故障及处理方法见表4-7。

表4-7 风机常见故障及处理方法

故障现象	原因分析	处理办法
风量不足	（1）机前、机后系统阻力超过额定值； （2）耦合器出现故障致使风机转数不足	（1）找出增大阻损原因，检修处理； （2）处理耦合器故障
风压不足	（1）系统阻力变动； （2）介质比重小于规定值； （3）耦合器效率下降、风机丢转数	（1）查明原因，恢复设计要求； （2）核定介质比重； （3）处理耦合器缺陷
电机超载	（1）风压过低，致使风量过大； （2）介质比重大于规定值； （3）机壳内部有磨碰现象	（1）调整系统参数； （2）控制介质温度，防止水分过大； （3）找出缺陷进行处理
机体振动	（1）电机、耦合器、风机同心度超差； （2）风机转子不平衡； （3）风机主轴弯曲； （4）机壳和转子摩擦； （5）负荷急剧变化或处于喘震区	（1）检查同心度，重新调整； （2）重新找平衡； （3）检查处理； （4）检查处理； （5）重新调整工作状态
轴承处油温升高	（1）润滑油不纯，有杂质； （2）润滑点进油量不足； （3）轴承进油温度高； （4）轴瓦和主轴间隙小	（1）更换润滑油； （2）检查过滤器、管路是否堵塞； （3）检查冷却器、增强冷却效果； （4）重新研刮
油路压力低	（1）油泵失效； （2）单向阀或安全阀漏油； （3）管路或冷却器漏油	（1）更换润滑油泵； （2）检查、处理； （3）检查、处理

4.3.5.4 放散烟囱的选择原则

在烟气放散时，采用烟囱抽引。在燃烧法的烟气净化系统中，将废气从烟囱排出。在未燃法的烟气净化回收系统中，当非回收期时，将不合乎回收规格的煤气从烟囱（燃烧后）排出。

转炉烟气放散与一般工业废气放散不同，因此对转炉放散烟囱应作特殊考虑。

（1）烟囱高度的确定。一般工业用烟囱只高于周围100m内的最高建筑物3～6m即可，对转炉用放散烟囱，考虑到其中含有大量烟尘和CO，应高于一般工业用烟囱20～30m。

（2）放散烟囱结构形式的选择。风机和烟囱的布置方式有布置在转炉楼层中部或上部，也有布置在地面上的，为了降低建筑结构造价和维护管理方便，以采用地面布置较好。对有多座转炉的炼钢车间，为防止煤气倒灌，烟囱不宜合用，即一座炉子应单独设置一个烟囱。

钢质烟囱防震性好，施工方便，在北方寒冷地区，要考虑防冻措施。

（3）烟囱直径的确定。放散烟囱直径应根据以下两个因素决定：

1）为防止烟囱烟气回火的发生，烟囱内最低气速（12～18m/s）应大于回火速度。

2）为保证煤气的回收质量，回收系统与放散系统的阻力应相对平衡，以免引起烟罩口压力波动，即在回收期或放散期，都能使烟罩口处于微正压状态，避免空气吸入。因此，关键在于提高放散系统的阻力与回收系统阻力相平衡。提高放散系统阻力的措施为：在放散管路上加一水封器，既提高系统阻力，又可以防止回火；在放散管路上加一阻力平衡器；放散管内气速取高一些，以提高沿程阻损值。

4.3.6　水封逆止阀

水封逆止阀是煤气回收管路上的止回部件，其设在三通切换阀后，用来防止煤气倒流。

在OG法烟气净化系统中，根据时间顺序装置，控制三通切换阀，对烟气控制回收、放散。吹炼初期和末期，由于烟气CO含量不高。所以通过放散烟囱燃烧后排入大气。在回收期，煤气经水封逆止阀、V形水封阀和煤气总管进入煤气柜。如此，完成了烟气的净化、回收过程。

4.3.6.1　检修注意事项

（1）在检修水封逆止阀时，如需要检修内部元件，首先必须保证以下条件，方可进行：

水封逆止阀至三通阀之间的管道内煤气用氮气吹扫干净，三通阀处于放散位置；并经煤气防护站检验合格。

V形水封注满水，V形水封至水封逆止阀之间的管道内煤气用氮气吹扫干净，并经煤气防护站检验合格。

（2）检修外部时，如需动火，需经安全部门同意方可进行。检修内部时，必须先卡盲板。

（3）水封逆止阀的开关动作时间必须符合工艺要求，否则应立即检查处理。

（4）阀内清洗水嘴堵塞后应立即进行处理，保证清洗工作的正常进行。

（5）煤气柜的冬季保温必须良好，发现问题应立即处理，防止气路受冻。

（6）利用排污口排污时，也必须保证管道内阀前阀后的煤气吹扫干净。

4.3.6.2　水封逆止阀常见故障及处理方法

水封逆止阀常见故障及处理方法见表4-8。

表4-8　水封逆止阀常见故障及处理方法

故障现象	产生原因	处理方法
水封逆止阀不动作	（1）气路堵塞，排气口堵塞； （2）气缸活塞脱落，密封破损； （3）气缸润滑不良； （4）活塞杆接头损坏或销轴掉； （5）冬季气路受冻	（1）疏通气路换管； （2）更换气缸； （3）检查油雾器并加油； （4）修复或更换； （5）化冰解冻做保温

续表 4-8

故障现象	产生原因	处理方法
阀板开关有撞击	（1）阀板配重有变化； （2）限位极限错位损坏	（1）调整配重； （2）调整或更换
气缸动作缓慢	（1）干管压缩空气压力低； （2）冬季气路受冻； （3）气缸内润滑不良； （4）气缸漏气密封损坏	（1）检查干管压力； （2）检查修复保温设施； （3）检查油雾器是否有油； （4）更换气缸
液面调整器动作不灵活	手轮与丝杠之间润滑不良	加油润滑

4.3.7　煤气柜

煤气柜是转炉煤气回收系统中主要设备之一，它可以起到贮存、稳压、混合 3 个作用。由于转炉回收煤气是间断的，同时每炉所产生的煤气成分又不一致，为连续供给用户成分、压力、质量稳定的煤气，必须设煤气柜来贮存煤气。

煤气柜的种类很多，转炉常用的是低压湿式螺旋预应力钢筋混凝土、满膛水槽式煤气柜。其构造如图 4-28 所示。它犹如一个大钟形罩扣在水槽中，随着煤气的进出而升降，并利用水槽使柜内煤气与外界空气隔断来贮存煤气。煤气柜一般由一节至五节组成，从上面顺序称为钟罩（内塔）、二塔、三塔、…、外塔。水槽可以坐入地下，这样可以减少气柜的高度和降低所受风压。

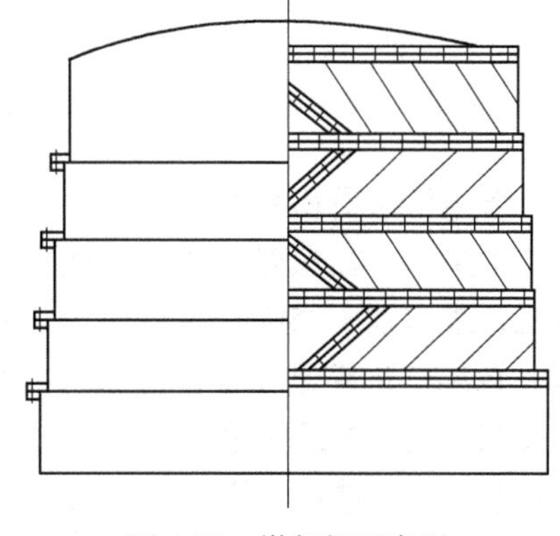

图 4-28　煤气柜示意图

4.4　含尘污水的处理

烟气经过净化处理后，干法净化的烟尘成为干灰，湿法净化的烟尘成为含尘污水，都需要进一步处理并加以利用。

干烟尘实际上是优质的铁精矿粉，可用作烧结或球团的原料。近年来，还试用于生产粒铁、海绵铁和金属化球团。干烟尘与石灰制造合成造渣材料，既能加速转炉造渣，又能提高钢水收得率。干烟尘可适当潮润并造成软球，以防在存放和运输过程中污染环境。

湿法净化系统中形成的大量含尘污水，也需经过处理并加以利用。如任意排放这种含尘污水，将严重污染江河水源。

含尘污水处理系统如图 4-29 所示。

处理含尘污水的流程为：

水力旋流器分级→立式沉淀池浓缩→真空吸滤机脱水→干燥

（1）分级。含尘污水中悬浮着不同粒度的烟尘，分级的任务是将其中大颗粒烟尘分

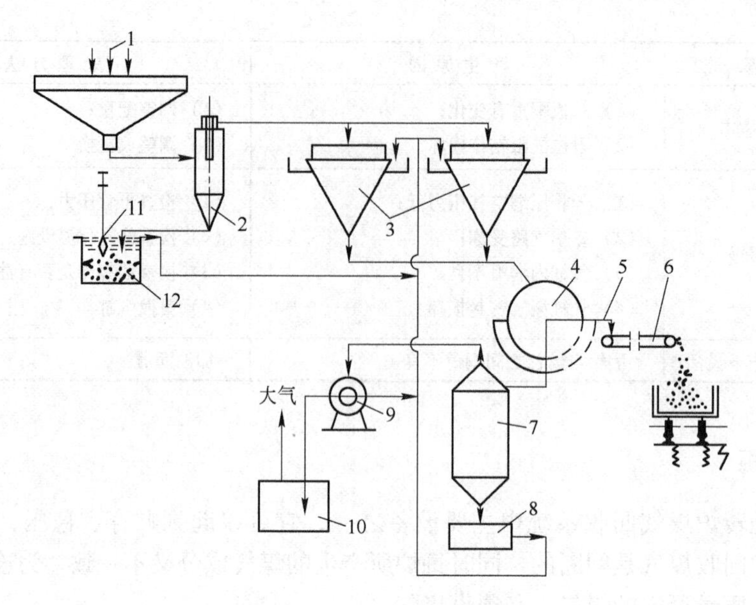

图 4-29　含尘污水处理系统

1—含尘污水；2—旋流器；3—立式沉淀池；4—过滤器；5—泥饼；6—皮带；7—真空罐；8—排水箱；9—真空泵；10—气水分离器；11—抓斗；12—污泥池

离出去。含尘污水沿切线方向进入水力旋流器，在旋流器旋转过程中，大颗粒烟尘被甩向器壁沉降下来，落在螺旋输送机槽底上，再由泥浆泵泵送到圆盘真空过滤机（或采用板式压滤机、或多辊压榨机）过滤脱水。细小烟尘随水流从顶部溢出流向沉淀池。

（2）浓缩。浓缩是使含尘污水中的烟尘沉降下来成为泥浆，同时使水得到澄清，以供循环使用。在立式沉淀池中烟尘在重力作用下慢慢沉降到底部，将底部泥浆送往圆盘真空过滤机脱水，澄清的水则从顶部溢出。为了促进烟尘的浓缩效果，可以在含尘的污水中加入硫酸铵、硫酸亚铁或高分子微粒絮凝剂聚丙烯酰胺。

（3）脱水。浓缩后排出的泥浆仍含有 50% ~75% 的水，一般用转鼓式真空吸滤机脱水。沿鼓筒周身是垫有滤布的泥饼盒，盒内盛泥浆，抽真空通过滤布使泥浆脱水。在转动中脱水后的泥饼达到一定位置后，破坏真空使泥饼在重力作用下脱出。然后用水冲洗滤布，继续盛泥浆和进行抽滤。

（4）干燥。经脱水的泥饼仍含有 25% 左右的水分，可以直接送走或者烘干和加工后供应用户。

为了节约用水，沉淀池上部溢流出来的清水并补充一部分新水后还可供净化用水。但是，由于烟气中含有 CO_2 和少量 SO_2 等气体，净化过程溶解于水，对管道、喷嘴、水泵等有腐蚀作用。为此要定期测定水的 pH 值和硬度。通过检测发现 $pH<7$，水呈酸性时，应补充新水并适当加入石灰乳，使水保持中性。有的转炉车间由于石灰粉料多，石灰粉被烟气带入净化系统并溶解于水成为 $Ca(OH)_2$，$Ca(OH)_2$ 和 CO_2 作用生成 $CaCO_3$，$CaCO_3$ 的沉淀容易阻塞喷嘴和管道。因此，除尽量减少石灰中粉料外，发现水 $pH>7$ 呈碱性时，亦应补充新水；必要时可加入少量工业用酸，使水保持中性。汽化冷却器和锅炉用水需用软水，并需经过脱氧处理。

4.5 负能炼钢

4.5.1 负能炼钢概念

负能炼钢是一个工程概念，由日本钢铁厂首先提出。其含义是指炼钢过程中回收的煤气和蒸汽能量大于实际炼钢过程中消耗的水、电、风、气等能量总和，即转炉炼钢工序能耗小于零。

炼钢过程需要供给足够的能源才能完成，这些能源主要有焦炭、电力、氧气、惰性气体、压缩空气、燃气、蒸汽、水等；炼钢过程也会释放部分能量，包括煤气、蒸汽等。炼钢的工序能耗就是冶炼每吨合格产品（连铸、轧钢坯或钢锭），所消耗各种能量之和扣除回收的能量。各种能量都折合成标准煤进行计算与比较。炼钢工序能耗计算式如下：

$$\text{炼钢工序能耗}=\frac{(\text{炼钢能源消耗量}+\text{连铸、轧钢能源消耗量})-\text{回收能源数量}}{\text{合格}(\text{连铸坯量}+\text{钢锭量})}$$

当消耗能量大于回收能量时，耗能为正值。

消耗能量等于回收能量时，称为零能炼钢。

消耗能量小于回收能量时，称为负能炼钢。

4.5.2 负能炼钢发展三个阶段

近几年，国内转炉负能炼钢技术的推广应用受到广泛重视并取得重大进步。总结国内转炉负能炼钢的技术发展，分为以下三个阶段。

第一阶段是技术突破期（20 世纪 90 年代）：

1989 年宝钢 300t 转炉实现转炉工序负能炼钢，转炉工序能耗达 -11kg/t（钢）；1996 年宝钢实现全工序（包括连铸工序）负能炼钢，能耗为 -1112kg/t（钢）。

第二阶段技术推广期（1999—2003 年）：

1999 年武钢三炼钢 250t 转炉实现转炉工序负能炼钢；2002—2003 年马钢一炼钢、鞍钢一炼钢、本溪炼钢厂等一批中型转炉基本实现负能炼钢；2000 年 12 月莱钢 25t 小型转炉初步实现负能炼钢。但多数钢厂负能炼钢的效果均不太稳定。

第三阶段是技术成熟期（2004 年至今）：

国内钢厂更加注重转炉负能炼钢技术，许多钢厂已能够较稳定地实现负能炼钢。特别是 100t 以上的中型转炉，实现“负能炼钢”的钢厂日益增多。

4.5.3 实现负能炼钢技术途径

（1）采用新技术系统集成，提高回收煤气的数量与质量。随着国内新建 200t 以上大、中型转炉的增多，配备了煤气、蒸汽回收与余热发电等设施，为负能炼钢打下设备基础。例如选择先进的转炉煤气回收系统（OG、LT 系统），转炉煤气回收占全部回收能量的 80% 以上，提高转炉煤气回收量至关重要，另外还需提高蒸汽回收量并加强回收能源介质的可转换性。

（2）采用交流变频调速新技术，降低炼钢工序大功率电机的电力消耗。此外，降低一切电力的消耗，如改进二次除尘风机，缩短冶炼周期，节约电力消耗。据有关报道：在一定条件下，冶炼周期缩短1min可节省电力1.8kW·h/t左右。

（3）改进炼钢、连铸技术水平，降低物料、燃料的消耗。

（4）提高人员素质和管理水平，保证安全、正常、稳定生产。

转炉负能炼钢是先进炼钢技术的重要标志之一，是炼钢工艺、设备、操作以及管理诸方面先进水平的综合体现，也是节能降耗、降低生产成本、提高企业竞争力的主要技术措施。实现负能炼钢也是一项艰难的科技攻关系统工程，需要将许多先进技术集成、配套，尤其离不开企业现代化的科学管理和生产，必须千方百计提高转炉煤气回收的数量和质量。

复习思考题

4-1　氧气转炉烟气有何特点？

4-2　什么叫燃烧法和未燃法？

4-3　为什么要对烟气进行净化处理？

4-4　全湿法“双文”净化系统流程是怎样的，有何特点？

4-5　OG法净化系统的流程是怎样的，有何特点？

4-6　OG法净化系统的常见故障有哪些，如何处理？

4-7　转炉烟罩的主要作用是什么，有几种类型？

4-8　转炉烟道的作用是什么，烟道冷却方式有几种？

4-9　脱水器的作用是什么，有几种类型？

4-10　文氏管的工作原理是什么，文氏管有几种类型？

4-11　水封逆止阀的作用是什么？

4-12　除尘风机选择的原则是什么？

4-13　转炉含尘污水如何处理？

5 电弧炉炼钢设备

电弧炉
设备 PPT

电弧炉是目前世界上冶炼优质钢和特殊钢的主要设备。

电弧炉炼钢始于1878年。第一座电弧炉是由德国西门子（William Von Simens）制造的，为单相间接电弧炉。1899年由法国波尔·海劳尔特（Paul Heroalt）首创了三相交流电弧炉。此后电弧炉设备不断改进，1936年出现了炉盖旋转式电弧炉。电弧炉容量不断扩大，最大到500t级。功率水平不断提高，20世纪60年代出现了超高功率电弧炉。随着超高功率技术的应用和完善，带动了电弧炉炼钢相关技术的发展，诸如水冷炉体技术、电极保护技术、底出钢技术、底吹气技术、氧－燃烧嘴技术、废钢预热技术、计算机应用技术等。80年代开发了直流电弧炉，并获得了迅速发展。90年代又出现了竖炉电弧炉，可充分利用废气预热废钢，进一步降低电耗。随着技术进步，现在的电弧炉还有转炉电弧炉、多段废钢预热炉、连续打弧、连续操作的熔融反应器等。

电弧炉包括以下几种类型。

（1）碱性电弧炉和酸性电弧炉。碱性电弧炉炉衬用碱性耐火材料，造碱性渣，能大幅度地去除钢中的有害杂质磷、硫等，广泛用于炼钢，所谓电弧炉炼钢，通常是指碱性电弧炉炼钢。酸性电弧炉因对炉料要求很严格，一般只有铸钢厂和少数机械厂采用。

（2）交流电弧炉和直流电弧炉。根据电源的不同，电弧炉分为直流电弧炉和交流电弧炉。直流电弧炉与普通三相电弧炉相比，具有很大优越性，电极消耗明显降低，耐火材料消耗降低，电耗降低，电压闪烁程度小，对电网干扰小，噪声低，操作费用低等。

（3）超高功率电弧炉。根据电弧炉功率水平的高低，将电弧炉划分为普通功率（RP）、高功率（HP）、超高功率（UHP）电弧炉，超高功率电弧炉的功率水平为700～1000kV·A/t。超高功率电弧炉的主要优点是：缩短熔化时间、提高生产率、改善热效率、降低电耗。

电弧炉的构造主要是由冶炼工艺来决定的，同时又与电炉的容量、功率水平和装备水平等有关。电弧炉的基本结构如图5-1所示。

电弧炉主要由炉体、电极夹持器及电极升降装置、炉体倾动机构、炉盖提升及旋转装置等几部分组成。

炉体是电弧炉的是主要装置、它用来熔化炉料和进行各种冶金反应。炉体外部是由钢板制成的炉壳，内部是用耐火材料砌筑的炉衬。电极夹持器用来夹持电极，并把通过变压器，软电缆传来的电流传送到电极上，它由电极夹头、夹紧与松放机构组成。电极升降装置用以升降电极，并通过电极调节器实现电极升降的自动控制。电极升降装置由横臂、立柱和传动装置组成。炉体倾动机构支承炉体和炉料的全部重量，并满足不同工艺操作的倾动要求。电弧炉在出钢时需要向出钢槽方向倾动，扒渣时，炉体向炉门方向倾动。电弧炉装料时，炉盖提升及旋转机构将炉盖提起并旋出，使炉膛露出上方空间，用吊车将料罐吊到炉膛上方，将炉料装入炉内。装料完毕进行复位。

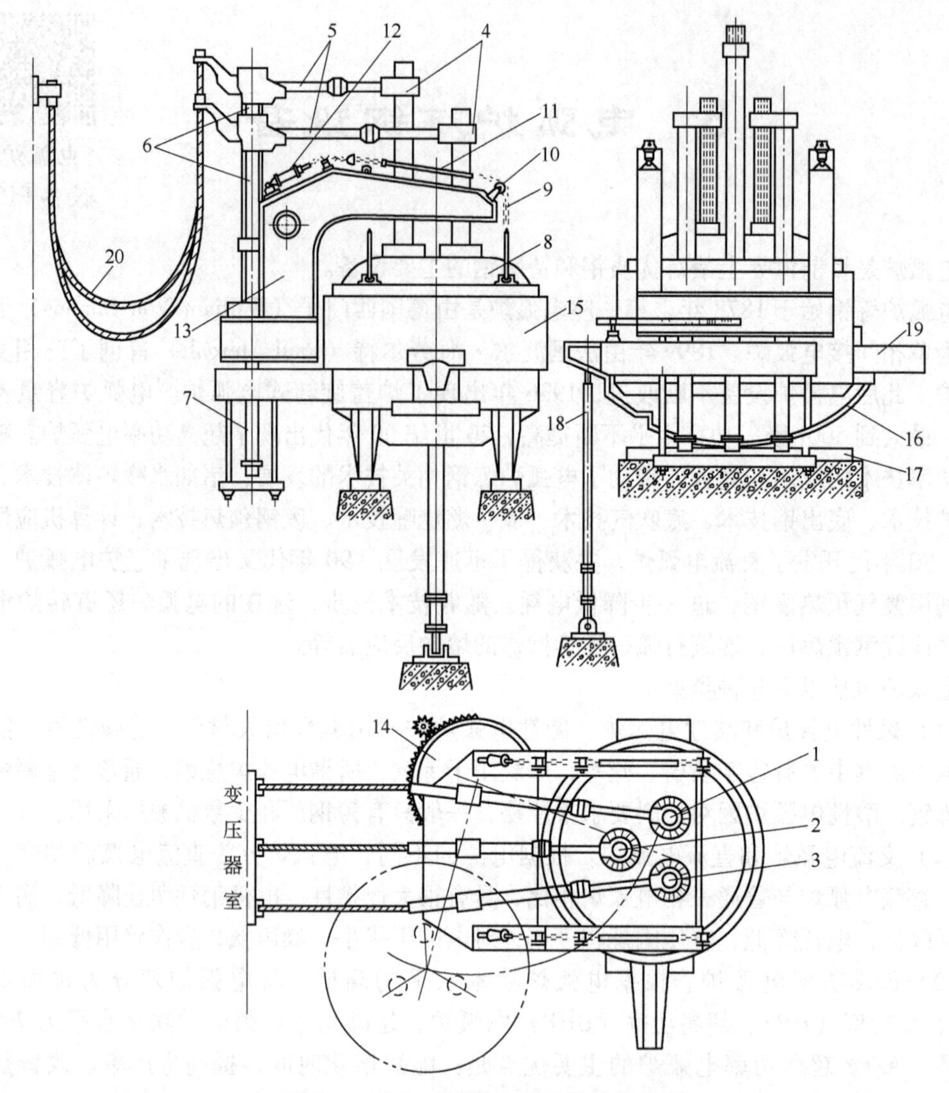

图 5-1 HGX-15 型炼钢电弧炉结构简图

1—1 号电极；2—2 号电极；3—3 号电极；4—电极夹持器；5—电极支撑横臂；6—升降电极立柱；7—升降电极液压缸；8—炉盖；9—提升炉盖链条；10—滑轮；11—拉杆；12—提升炉盖液压缸；13—提升炉盖支撑臂；14—转动炉盖机构；15—炉体；16—摇架；17—支撑轨道；18—倾炉液压缸；19—出钢槽；20—电缆

随着电弧炉容量大型化、超高功率化、水冷炉壁和炉盖、氧－燃烧嘴、采用偏心炉底出钢、废气预热废钢、氧/碳喷枪机械手、烧嘴/二次燃烧枪等，电弧炉构造也发生了一系列变化。

5.1 电弧炉炉型

5.1.1 电弧炉炉型及主要尺寸

电弧炉炉型是指炉衬内部空间围成的几何形状。它可分为两大部分，在炉壁下缘以下容纳钢水和熔渣的部分称作熔池；熔池以上的空间称作熔化室，可容纳全炉或部分冷废钢铁料并在此进行熔化。

根据炉子的公称容量来计算炉子内型尺寸并确定炉子整体尺寸。

炉型尺寸的计算既可用于设计新炉子，又可用于核算改造旧炉子。确定炉型尺寸时应考虑下列因素：

（1）能满足冶炼工艺的要求；

（2）有利于提高炉衬寿命；

（3）有利于热能的充分利用，包括电弧热和其他氧－燃助熔热能。

电弧炉炉型如图 5-2 所示。

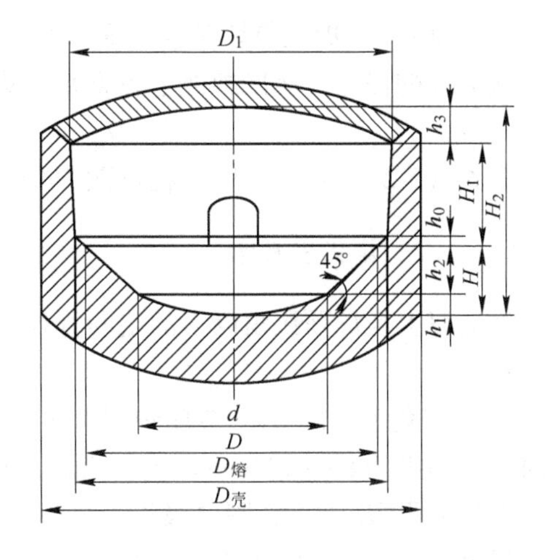

图 5-2 电弧炉炉型尺寸

5.1.1.1 熔池形状与尺寸

（1）熔池的形状。熔池形状应有利于冶炼反应的顺利进行，砌筑容易，修补方便。目前使用的多为锥球型熔池，上部分为倒置的截锥，下部分为球冠，球冠型炉底使得熔化了的钢液能积蓄在熔池底部，迅速形成金属熔池，有利于加快炉料的熔化及早造渣去磷。截锥型电弧炉炉坡倾角为 45°，使被侵蚀后的炉坡容易得到修补（补炉镁砂的自然堆角为 45°），且有利于顺利出净钢水。

（2）熔池尺寸计算。熔池的容积应能容纳全部钢水和约为钢水量 7%～8% 的熔渣，并留有适当余量。

带有球冠部分的熔池，球冠高 h_1 约为钢液总深度的 20%，即 $h_1 = \frac{H}{5}$。

熔池直径 D 和熔池深度 H 的比值 D/H 是确定炉型的基本参数。对于一定容量的炉子，D/H 值愈大，则渣－钢界面面积愈大，有利于钢水熔炼。但是 D/H 太大，则炉壳直径也大，散热面积也大，显然对冶炼不利。一般 D/H 值在 5 左右比较合适。

由截锥体和球冠体的体积计算公式可知，熔池体积 $V_{池}$（m^3）的计算公式为：

$$V_{池} = \frac{\pi}{12}h_2(D^2 + dD + d^2) + \frac{\pi}{6}h_1\left(3 \times \frac{d^2}{4} + h_1^2\right) \tag{5-1}$$

式中 h_1——球冠部分高度，m，一般取 $h_1 = \frac{H}{5}$；

h_2——截锥部分高度，m，$h_2 = H - h_1 = \frac{4}{5}H$；

D——熔池液面直径，m，通常 $D/H = 5$，即 $D = 5H$；

d——球冠直径，m。

因 $d = D - 2h_2 = 5H - \frac{8}{5}H = \frac{17}{5}H$ 代入式（5-1）中，整理得：

$$V_{池} = 12.1H^3 = 0.0968D^3 \tag{5-2}$$

炉渣体积可取钢液体积的 10%～15%，由此可计算渣层厚度。炉门坎平面应高于钢液面 20~40mm。炉坡与炉壁连接面应高于炉门坎平面 30~70mm，以减轻炉渣对炉壁与炉坡接缝处的侵蚀。所以熔池上缘直径（即熔化室下缘直径）$D_{熔}$ 为：

$$D_{熔} = D = 0.1 \sim 0.2 \tag{5-3}$$

由式（5-2）、式（5-3），在选取 D/H 后，即可求出钢液面直径 D 与钢液深度 H。

5.1.1.2　熔化室尺寸

熔池以上至炉顶拱角以下的空间称作熔化室，其大小应能一次装入堆积密度中等的全部炉料。

（1）熔化室高度 H_1。金属炉门坎至炉顶拱基的空间高度为熔化室高度。炉衬门坎较金属门坎高出约 80~100mm。从延长炉盖寿命和多装轻薄料考虑，希望熔化室高度 H_1 大些，但是如果 H_1 太大，则电极长，电阻大，炉壳散热面积大，电耗大。

经验值：小于 40t 电弧炉，$H_1/D_{熔} = 0.45 \sim 0.50$

　　　　大于 40t 电弧炉，$H_1/D_{熔} = 0.40 \sim 0.44$

（2）熔化室上缘直径 D_1。采用耐火材料炉壁，特别是散状料和黏结剂打结炉壁时，一般将熔化室设计成上大下小，即 $D_1 > D_{熔}$，炉壁作成倾斜状（或向上阶梯状），倾角 $\beta = 6°$。这样形状的熔化室增加了炉壁的稳定性，并且容易修补和节省材料；另外下部的炉衬接近于炉渣，侵蚀快些，炉衬下厚上薄可以使整个熔化室炉衬寿命趋于均匀。

熔化室上缘直径：

$$D_1 = D_{熔} + 2H_1 \tan\beta \tag{5-4}$$

5.1.1.3　炉门尺寸、出钢口和流钢槽

A　炉门

炉门主要用于观察炉内情况及扒渣、吹氧、取样、测温、加料等操作，一般中小型电炉只设置一个炉门，与出钢口相对。大型电炉为方便操作也有开两个炉门的，其中一个对着出钢口，另一个与出钢口成 90°。

确定炉门尺寸要考虑下列因素：

如图 5-3 所示，炉门系统由炉门、炉门框架及炉门启闭机构三部分组成。炉门应便于观察炉况；能良好地修补炉底和整个炉坡；采用加料机加料的炉子，料斗应能自由出入；能顺利取出折断的电极，升降简便、灵活、牢固耐用、便于装卸。为防止炉门框架在高温下变形，可做成中空水箱，进行通水冷却。

炉门升降机构有手动、气动、电动和液压传动等几种方式。

炉门尺寸可按下列经验值确定：

炉门宽度　$$l = (0.20 \sim 0.30)D \tag{5-5}$$

炉门高度　$$b = (0.75 \sim 0.85)l \tag{5-6}$$

为了密封，门框应向内倾斜 8°~12°。

B　出钢口

出钢口为圆形或修砌成方（或长方）形，直径约 150~200mm。通常，出钢口的下沿与工作门坎在同一水平面上，但是对于虹吸式出钢或偏心底出钢的电弧炉则要另作特殊设计以满足工艺过程的需要。

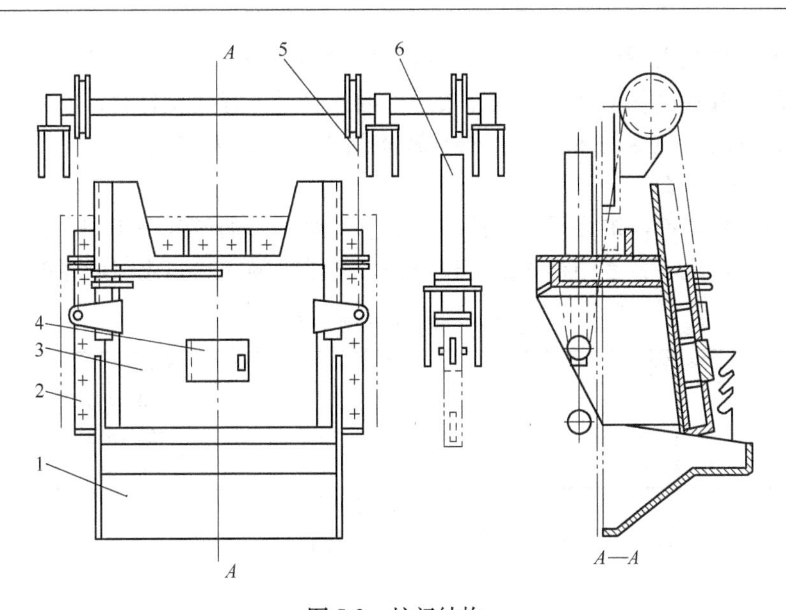

图 5-3 炉门结构

1—炉门坎；2—“Ⅱ”形焊接水冷门框；3—炉门；4—窥视孔；5—链条；6—升降机构

在现代电弧炉上已采用偏心炉底出钢。其结构如图 5-4 所示。出钢口用铰链式盖板 8 关闭。出钢口由外层出钢口砖 1，内层出钢损耗砖 2，尾砖 4 组成。内、外层间填以可浇灌的耐火材料 3，尾砖 4 经防松法兰 5、水冷底环 6 固定。水冷底环用楔固定在炉壳上。出钢前，盖板 8 上的石墨板 7 紧压着尾砖。出钢时，盖板摆开，浇灌的耐火材料在钢水的静压力作用下自动穿透，钢水由通道流入停在炉底下面的盛钢桶内。

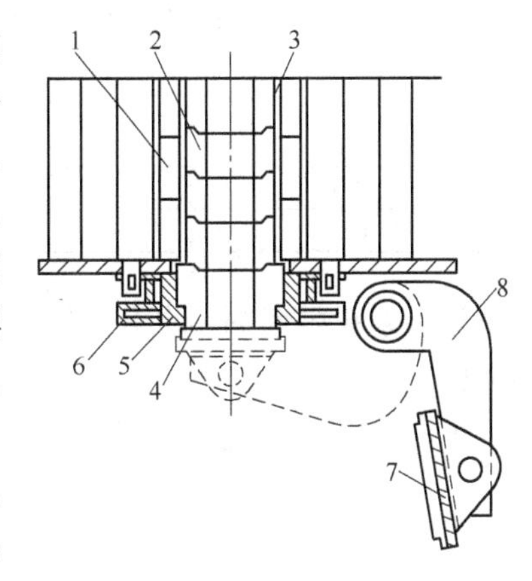

图 5-4 偏心炉底出钢装置

1—出钢口砖；2—损耗砖；3—可浇灌的耐火材料；4—尾砖；5—防松法兰；6—水冷底环；7—石墨板；8—盖板

炉底出钢装置的优点是：炉子倾角小，倾动机构、炉子基础等均可简化；水冷电缆短，提高了电效率；钢流集中，流程短，出钢时间短，钢水温降小，减少钢水含氮量，缩短了冶炼周期。

C 流钢槽

流钢槽外壳用钢板或角钢做成，其断面为槽形，固定在炉壳上，内衬凹形预制砖（称流钢槽砖），长度与出钢倾炉方式和炉子在车间内的布置有关，原则上流钢槽应尽量短，以减少出钢过程的钢液温降和二次氧化。为了防止打开出钢口以后钢水自动流出，流钢槽一般向上倾斜约 7°～10°。

5.1.1.4 电弧炉炉衬及其厚度

炉壁衬砖厚度通常按耐火材料热阻计算确定，计算依据的条件是炉壳在操作末期被加热的温度不大于 200℃，以免炉壳变形。一般而言，增加炉衬厚度，炉壳受热及热损失可以减少，但是炉衬厚度增加与热损失减少并非线性关系，当炉衬厚度达到一定值以后，再增加炉衬厚度，热损失减少不显著，反而因为炉衬厚度增加过大，而增加炉壳直径，耐火材料消耗增加，散热面积增加，所以比较经济的办法是选择优质材料，使用较薄的炉衬。

炉壁底部厚度，包括隔热层（石棉与轻质黏土砖或普通黏土砖）与工作层，设计时可采用表 5-1 的推荐值。

高功率或超高功率电炉多采用水冷挂渣炉壁，水冷块的厚度小于表 5-1 所列炉壁厚度值很多，在这种情况下，表中推荐值可作为炉坡上沿处耐火材料砌衬的厚度。

表 5-1　电弧炉壁底部厚度

炉子容量/t	炉壁厚度/mm
<5	250 ~ 450
10 ~ 50	450 ~ 500
75 ~ 100	550 ~ 650

炉顶拱脚处直径 D_1 与拱顶高 h_3 按以下比值决定：

$$\frac{h_3}{D_1} = 0.11 \sim 0.13 \tag{5-7}$$

电弧炉炉顶用砖多为高铝质专用型砖。国家标准已规定了电弧炉炉顶用砖形状尺寸和理化性能指标，见 YB/T 2217—1999 与 YB/T 5017—2000。按经验值选炉顶砖厚度 δ 如表 5-2 所示。

表 5-2　炉顶砖厚度 δ

吨位/t	<20	20 ~ 40	>40
δ/mm	230	300	350

近年来我国炼钢厂也有采取全水冷炉顶或部分为水冷件的炉顶，其 h_3/D_1 则可取较小的数值。

炉底厚度 δ_B（包括隔热层与工作层总厚度）约等于钢液深度的尺寸，即可取 $\delta_B = H$。

5.1.1.5　电弧炉炉壳

炉壳要承受炉衬和炉料的质量，抵抗部分衬砖在受热膨胀时产生的膨胀力，承受装料时的撞击力。炉壳大部分区域的温度约为 200℃。炉衬局部烧损时炉壳温度更高。因此，要求炉壳有足够的机械强度和刚度。

炉壳厚度 δ_Z 一般为炉壳直径 $D_壳$的 1/200，即：

$$\delta_Z = \frac{D_壳}{200} \tag{5-8}$$

炉壳厚度 δ_Z 与炉壳直径 $D_壳$ 的数值见表 5-3。

表 5-3　炉壳厚度 δ_Z 与炉壳直径 $D_壳$ 的数值

$D_壳$/m	<3	3 ~ 4	4 ~ 6	>6
δ_Z/mm	12 ~ 15	15 ~ 20	25	28 ~ 30

炉壳可做成整体的或沿渣线附近上下剖分两种形式。前者便于整体更换，后者，修炉时只需将上半部分同炉衬一起吊走，这样可减少起重机能力。为降低炉壳温度，减少炉壳变形，炉壳可进行通水冷却。

5.1.2 炉盖圈

炉盖圈一般由钢板或型钢焊接而成，用来支撑炉盖耐火材料。为防止受热变形可制成中空，通水冷却。其截面形状通常分为垂直型和倾斜型两种。倾斜型内壁倾角为22.5°，这样可以省去拱脚砖，如图5-5所示。

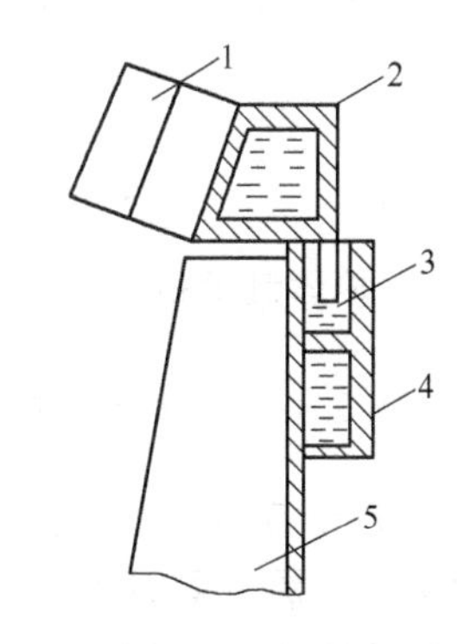

图5-5 梯形炉盖圈

1—炉盖；2—炉盖圈；3—砂槽；4—水冷加固圈；5—炉壁

炉盖圈的外径尺寸应比炉壳外径大些，以使炉盖全部重量支撑在炉壳上部的加固圈上，而不是压在炉墙上。炉盖与炉壳间必须密封。为此炉盖圈下面装有环状凸圈，当炉盖圈置于炉壳上时，此凸圈应处于炉壳加固圈的砂封槽内。

炉盖上的砌砖最易损坏，为提高其使用寿命，我国许多电炉采用水冷炉盖。它由两层钢板焊成，中间通水冷却。水冷炉盖下层钢板上可不砌耐火材料，靠炉渣飞溅结壳保护。为防止电极与炉盖钢板碰撞而将其击穿，在电极孔处砌耐火材料。若出钢温度控制得当，水冷炉盖对冶炼并无影响，耗电量增加也不多，但要求焊接可靠。

5.1.3 电极密封圈

电极密封圈装于炉盖电极孔的耐火材料中，其作用是密封电极孔，防止大量的高温炉气外逸，以减少热损失，同时也可冷却电极以减少氧化并延长炉盖寿命。而且有利于保持炉内的气氛，保证冶炼过程的正常进行。

电极密封圈的形式很多，常用的是环形水箱式，如图5-6所示。也可用气封式电极密封圈，即从气室喷出压缩空气或惰性气体冷却电极，并阻止烟气逸出来进行强制密封，如图5-7所示。

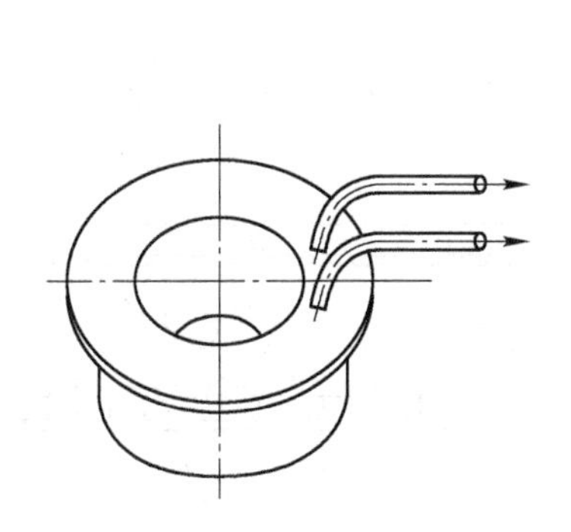

图5-6 环形水箱式电极密封圈

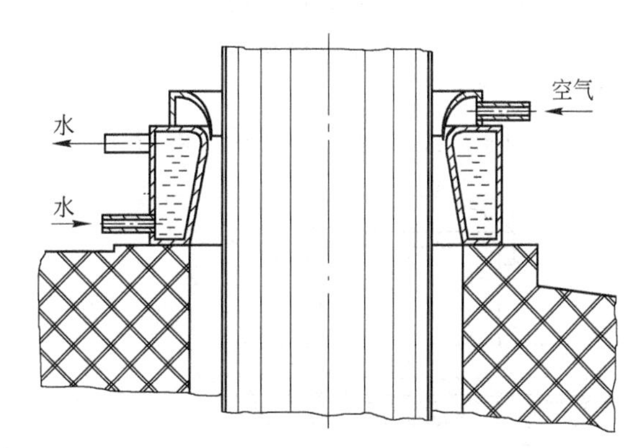

图5-7 气封式电极密封圈

为避免电磁感应涡流而引起的电损耗，大容量或超高功率供电的电炉应选用无磁性耐热钢板焊制。密封圈及其水管应与炉盖圈或金属水冷炉盖绝缘，以免导电起弧使密封圈击穿。

密封圈内径应比电极直径大 15 ~ 20mm，以使电极能自由升降，外径为电极直径的 1.5 ~ 2 倍，高度为电极直径的 0.8 ~ 1 倍。

5.2　电弧炉机械设备

5.2.1　炉体倾动机构

5.2.1.1　工作特点及要求

（1）低速重载。电弧炉和钢水、钢渣等质量之和通常是几百吨至上千吨，炉内盛有高温液态金属，同时炉子需要各种动作，如出钢、出渣、取样等。要求倾动时应平稳可靠，停位准确，无翻炉危险。因此采用低速倾动，倾动速度为每秒 0.5° ~ 1.0°。

（2）炉体倾动角度小。为了尽可能缩短水冷电缆长度和提高石墨电极的寿命，在满足工艺要求条件下，倾动角度尽量小，炉体向出钢口方向倾动 40° ~ 45°，向炉门方向倾动 10° ~ 15°。

（3）倾动机构的布置要安全，当炉底烧穿漏钢或扒渣溢渣时，不影响倾动机构的正常运转。

5.2.1.2　倾动机构类型

倾动机构传动方式有电机传动、液压传动两种形式。

（1）电机传动，如图 5-8 所示。扇形摇架支撑在两对大托轮（或称辊轮）上。电动机经减速器带动传动齿轮，传动齿轮带动扇形齿轮，扇形齿轮带动摇架，整个炉子随摇架倾动。

这种机构的优点是稳定性好，缺点是构造庞大，倾动时出钢槽末端水平位移大，且向炉子下方位移，钢包需作相应调整。适用冶炼和浇铸在同一跨间的情况。其传动设备都在炉底下，当炉底漏钢时机构容易被损坏，需注意防护。同时注意炉料（废钢等）不要卡在传动构件的啮合处。

（2）液压传动，如图 5-9 所示。扇形摇架支撑在水平底座上。这种结构的倾动机构可

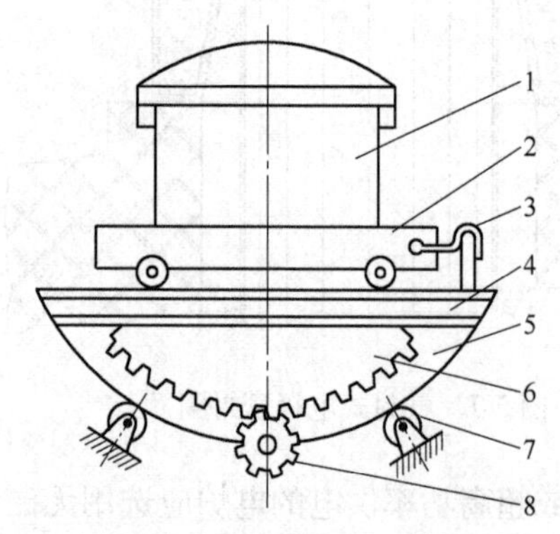

图 5-8　电机传动式倾动机构示意图

1—炉体；2—行走小车；3—锁紧机构；4—炉架；5—扇形摇架；6—扇形齿轮；7—辊轮；8—驱动齿轮

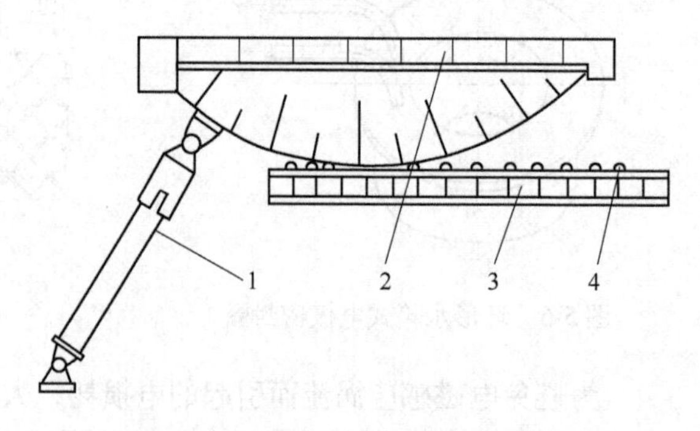

图 5-9　液压传动式倾动机构示意图

1—液压缸；2—摇架；3—底座；4—导钉

采用液压传动，也可采用丝杆或齿条传动。液压传动时工作液进入液压缸，液压活塞推动摇架沿水平底座滚动，带动炉体倾动。为防止摇架和水平底座发生相对滑动，在它们的接触面上分别加工成一排孔（导钉孔）和与之配合的凸出物（导钉）。

这种倾动机构出钢时钢槽末端向前移动，且水平位移小，适于冶炼和浇铸分别在两个跨间的情况，而且制造和安装都较方便，应用较多。

5.2.2 电极装置

电极装置是电炉上的重要部件。在冶炼中，为了适应炉况的变化要求电极上下位置能随时而又准确地调节。每座电炉装有三套电极装置。每套电极装置由电极、立柱和横臂、电极夹持器及电极升降系统组成，如图5-10所示。电极通过装于炉盖中央部位的三个电极密封圈而伸入炉膛内，通常把它们布置在等边三角形的顶点上以便均匀地加热熔化炉料，又不致使炉衬产生过热，三角形的外接圆直径一般为炉膛内径的0.25～0.35倍。

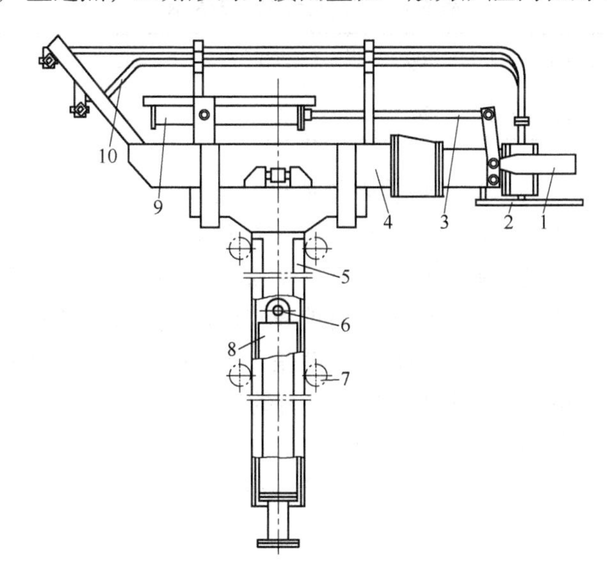

图5-10 电极系统总图

1—电极夹头；2—挡焰水套；3—操纵杠杆系统；4—横臂；5—立柱；6—铰链；7—导向轮；8—升降液压缸；9—电极放松气缸；10—水冷导电铜管

电极装置工作条件恶劣：在高温区工作，受到强烈的热辐射；导电部件（导电铜管、水冷电缆）通过强大电流，使铁磁构件受到感应磁场的强烈影响，同时由于“短路”时电流冲击，使挠性电缆以至整个电极装置经常产生强烈振动。因此电极装置的结构应具有：足够的系统刚性；绝缘可靠，电磁感应小；安装、调节、维修方便等特性。

5.2.2.1 电极

电极是将电流输入熔炼室的导体，当电流通过电极时，电极会发热，此时会有8%左右的电能损失。当功率一定时，电极直径减小，电极上的电流密度 I/S 增大，电能损失增大；反之电极直径增大，电极上的电流密度 I/S 减小，电能损失减小，因此希望电极直径大点。但电极直径太大，电极表面热量损失增大，所以电极应有一个合适的值，以保证电极上的电流密度在一定范围内。根据经验，电极直径可按下式确定：

$$d_{电极}=\sqrt[3]{\frac{0.406I^2\rho}{K}} \tag{5-9}$$

式中　ρ——石墨电极500℃时电阻系数，Ω · m；

K——系数，对石墨电极 $K=2.1\text{W/cm}^2$；

I——电极上电流，A。

$$I=\frac{1000p_{视}}{\sqrt{3}U} \tag{5-10}$$

式中　$p_{视}$——变压器视在功率，kV · A；

U——最高二次电压，V。

不同尺寸电极 I/S 值见表5-4。

表5-4　不同尺寸电极 I/S 值

$d_{直径}$/mm	100	200	300	400	500	600
I/S 值/A · cm^{-2}	28	20	17	15	14	12

为了减少电极消耗，要求露出炉顶外的那部分电极（石墨电极）温度不大于500℃，为此电极上的电流密度也不应超过该尺寸电极的 I/S 允许值，以免电极温度过高。

电弧炉是以三个电极的极心所在圆的直径 $d_{三极心}$ 来表示电极在炉内的分布。若 $d_{三极心}$ 过小，则三根电极彼此靠得较近，电极距离炉壁较远，对炉壁寿命有利；但炉坡上的炉料难熔化，熔池加热不均匀，炉顶中心结构强度差，容易损坏，并且电极把持器上下移动困难。若 $d_{三极心}$ 太大，则电极距炉壁近，加剧炉衬的损坏。

电极极心圆直径的经验值为：

$$d_{三极心}=(0.25\sim0.30)D \tag{5-11}$$

式中　D——熔池直径。

5.2.2.2　电极夹持器

电极夹持器由夹头（卡头）、横臂、夹紧与松放机构等3部分组成。电极夹持器的作用是夹紧电极，并将电流传导给电极，在电极消耗一定数量后又能松开夹头放下电极。

电极夹头可用钢或铜制作，制造方法可以采用铸造法也可以采用焊接法。铜的导电性能好，电阻小，但机械强度低，膨胀系数大，电极容易滑落，造价高。钢制夹头制造和维修容易，强度高，电极不宜滑落。缺点是电阻大，电能损耗增加。为了减少电损，采用无磁性钢或合金制作。夹头内部通水冷却，这样既可保证强度，减少膨胀，又可减少氧化和降低电阻。

电极夹头和电极接触表面需良好加工，接触不良或有凹坑可能引起打弧（接触面冒火花）而使夹头烧坏。

现在广泛采用的是气动弹簧式电极夹持器，它利用弹簧的张力把电极夹紧，靠压缩空气的压力来放松电极。这种夹持器又分顶杆式和拉杆式两种。弹簧顶杆式如图5-11所示。它依靠弹簧的张力通过顶杆将电极压于夹头前部，在气缸通入压缩空气后，通过杠杆机构将弹簧压紧，电极被放松。拉杆式夹持器如图5-12所示。它依靠弹簧的张力带动拉杆，再通过杠杆机构将电极压紧于夹头后部。通入压缩空气后，弹簧被压紧，电极被放松。一般认为拉杆式较好，因为顶杆式的顶杆受压容易变形。同时，在高温下工作的夹头（尤其是铜制的）前部容易变形，造成电极与夹头间接触不良而发生电弧。弹簧式电极夹持器还可以采用液压传动，其工作原理与气动的相同，只是油缸离电极要远些，最好采用水冷。

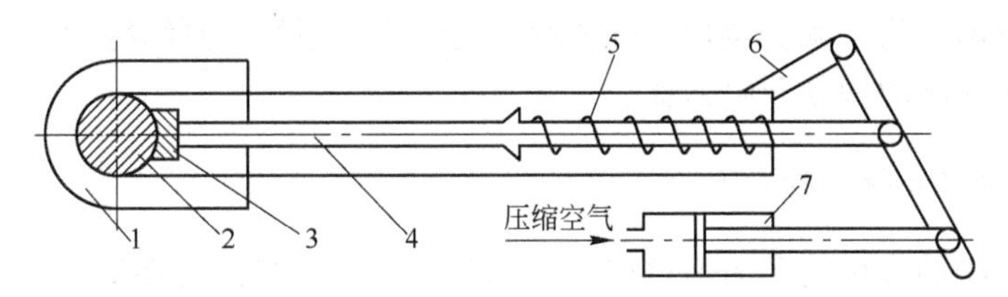

图5-11　弹簧顶杆式夹持器示意图

1—夹头；2—电极；3—压块；4—顶杆；5—弹簧；6—杠杆机构；7—气缸

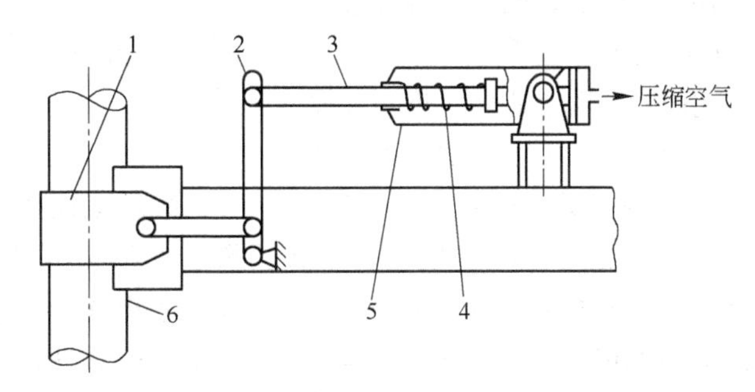

图5-12　弹簧拉杆式电极夹持器示意图

1—拉环；2—杠杆机构；3—拉杆；4—弹簧；5—气缸；6—电极

弹簧式夹紧机构可用液压传动代替气动传动，工作原理相同，只是油缸应离电极远些。

5.2.2.3　横臂

电极夹头固定在横臂上。横臂用钢管制成，或用型钢和钢板焊成矩形断面梁，并附有加强筋，在较大的炉子上横臂采用水冷。在传送极大电流的超高功率电炉上，为了减少电磁感应发热，横臂（包括立柱的上半部分）可用奥氏体不锈钢制作。横臂上还设置了与夹头相连的导电铜管。导电铜管和电极夹头采用横臂钢管内的冷却水冷却。导电铜管和电极夹头必须与横臂中不带电的机械结构部分保持良好的绝缘。

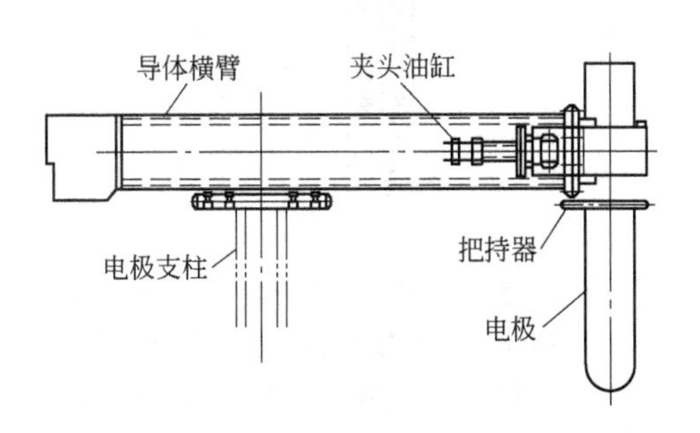

图5-13　导体横臂

横臂的结构还要保证电极和夹头位置在水平方向能做一定的调整。

随着技术进步，导体横臂首先在西欧提出，即通过将支撑电极的钢制方形管改成导体，大幅度降低电抗，20世纪90年代中期在日本迅速地得到了普及，如图5-13所示。

通过拥有足够强度的构造件作成导电体，代替传统的水冷母线，可大幅度地增加导电面积，同时也大幅度地降低了电抗、电阻值，有功功率上升了3% ~6%。把持器夹头采用将油压缸安装在横臂内部的紧凑式结构，所以电极的节圆变小，加上电极本身电抗的减小，炉壁损耗指数可降低。横臂外面没有母线管或夹紧油缸，从而维修保养性、作业性得到了大幅度地改善。

作为导体材料，为了减少重量，现普遍采用铝合金制的铝制结构的导电横臂代替在钢制方管周围配置铜板的铜制导电横臂。

5.2.2.4　电极升降机构

电极升降机构的作用是在冶炼过程中，调节电极和炉料间的距离，适应炉况的变化，缩短冶炼时间，减少电能和电极消耗，使电炉在高效率下工作。

电极升降机构必须满足：

（1）升降灵活，系统惯性小，启动、制动快。

（2）升降速度要能够调节。上升要快，否则在熔化期易造成短路而使高压断路器自动跳闸；下降要慢，以免电极碰撞炉料而折断或浸入钢液中。

电极升降机构有电动传动和液压传动两种方式。

电动传动的电极升降机构如图5-14所示。通常电动机通过减速机齿轮带动螺杆旋转（或卷扬筒、钢丝绳），从而驱动立柱、横臂和电极升降。此种方式由于立柱贯通横臂，受到感应被加热，产生强度下降的问题，所以适用于30t以下电流小的小型炉。

液压传动电极升降机构如图5-15所示。升降液压缸安装在立柱内，升降液压缸是一柱塞缸，缸的顶端用柱销与立柱铰接。当工作液由油管经柱塞内腔注入液压缸内时，就将立柱、横臂和电极一起升起。油管放液时，依靠立柱、横臂和电极等自重而下降。调节进

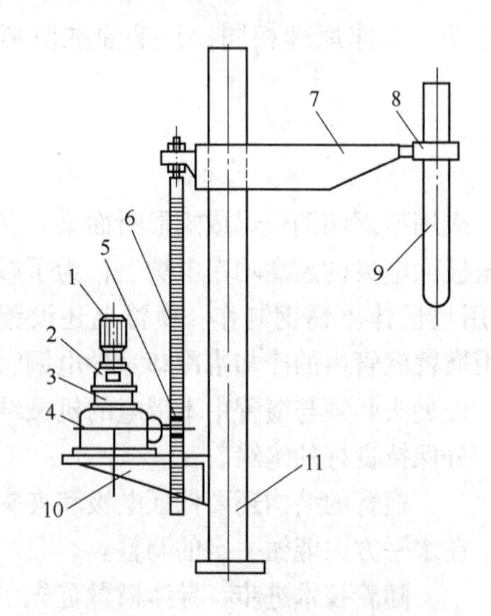

图5-14　电动传动的电极升降机构

1—电动机；2—转差离合器；3—电磁制动器；4—齿轮减速箱；5—齿轮；6—齿条；7—横臂；8—电极夹持器；9—电极；10—支架；11—立柱

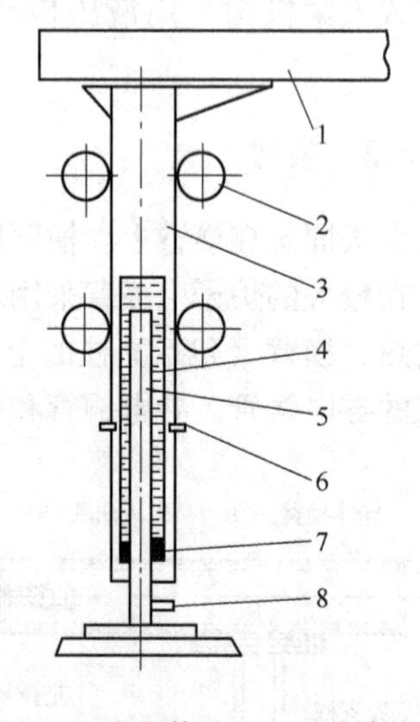

图5-15　液压传动的电极升降机构

1—横臂；2—导向滚轮；3—立柱；4—液压缸；5—柱塞；6—销轴；7—密封装置；8—油管

出油的流速就可调节升降速度。液压传动系统的优点是惯性小，启动、制动和升降速度快，力矩大，在大中型电弧炉上广泛采用。

电极升降还要有足够的行程，电极最大行程可由下式确定：

$$L = H_1 + H_2 + (100 \sim 150) \tag{5-12}$$

式中 L——电极最大行程，mm；

H_1——电炉底最低点到炉盖最高点的距离，mm；

H_2——熔炼 2 ~ 3 炉钢所需电极的储备长度，mm；

100 ~ 150——考虑炉盖上涨所留的长度，mm。

电极升降机构包括电极立柱、导向辊组、支撑结构。

电极立柱用无缝钢管制成，其外表焊有两条截面为三角形的导轨，装配后，导辊组的辊面夹紧导轨，以保证立柱始终处于垂直状态。立柱头部为水冷板，用不锈钢螺栓将电极横臂固定在水冷板上面，两者之间用绝缘材料绝缘，提升电极立柱的柱塞式液压缸装在立柱下部的钢管内。

导向辊组用来保证电极垂直地穿越炉盖电极孔，同时抵抗电极臂的振动。导向辊组安装于立柱支撑结构的平台上，导辊的轴承由集中润滑系统润滑，每个导向辊可以单独调整。

立柱支撑结构也可以看做是旋转塔的组成部分，其上部与旋转塔立柱焊接后构成支撑平台，以安装导向辊组，其下部与旋转塔下部焊接，作为电极立柱工作液压缸的支撑结构与安装底板。

5.2.3 炉顶装料设备

电弧炉炉顶装料时，要先将炉盖连同其中的电极提升起来，将炉盖或炉体移开，使炉膛完全裸露出来，然后用料罐装料。其优点是：缩短装料时间，提高炉子生产能力，降低电耗；减少废钢处理工作，使大块废钢及松散炉料均能加入炉内；实现合理布料。

根据装料时炉盖和炉体相对移动的方式不同，炉顶装料可分为炉盖旋转式、炉体开出式和炉盖开出式三种形式。现在国外和国内新建的电弧炉普遍采用炉盖旋转式，这种形式的电炉一般都有一个悬臂架（顶架），电极升降系统都装在悬架上，炉盖吊挂在悬臂架上面。装料时先升高电极和炉盖，然后整个悬臂架连同炉盖和电极系统向出钢口－变压器房一侧旋转 70° ~ 90°，以露出炉膛进行装料，如图 5-16 所示。这种结构具有结构紧凑、占地面积小、旋转迅速、金属结构重量最轻等优点。本节主要讲述炉盖旋转式装料系统的结构和工作原理。

炉盖旋转式电炉根据炉盖提升旋转机构安装位置不同可分为三种类型，即基础分开式、整体基础式和炉壳连接式。

5.2.3.1 基础分开式

基础分开式指炉盖升降旋转机构安装在其本身独立的基础上，与炉子摇架没有关系。炉盖升降旋转机构组成如图 5-17 所示（旋转框架一并绘出）。此系统由旋转框架，炉盖升降旋转机构组成。

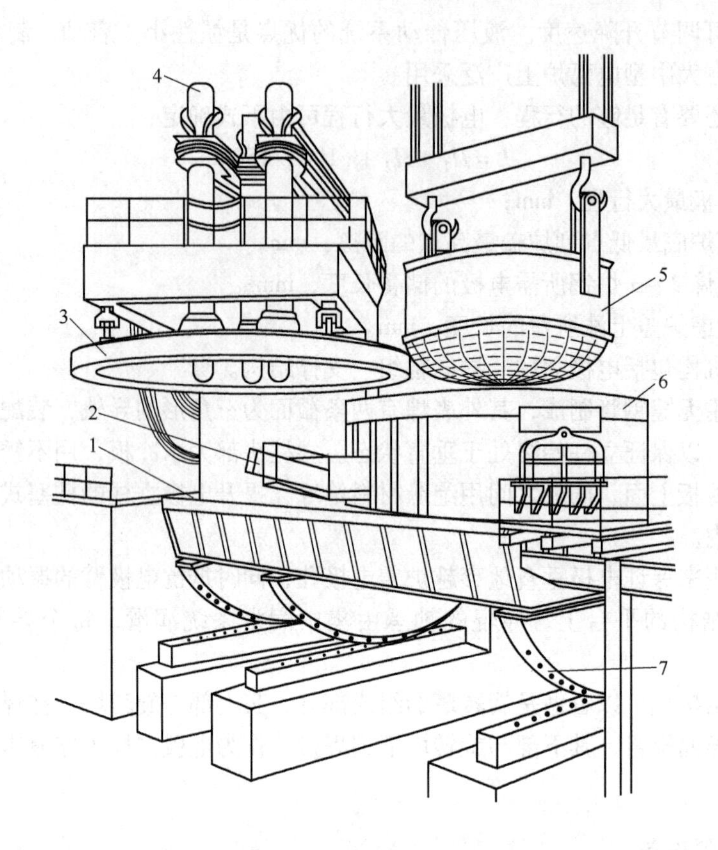

图 5-16　炉盖旋转式电炉

1—电炉平台；2—出钢槽；3—炉盖；4—石墨电极；5—装料罐；6—炉体；7—倾炉摇架

旋转框架 8 下部刚性连接着电极立柱支架 12，电极升降立柱（图 5-10）插入支架 12 中，并做上下运动。旋转框架吊梁 9 经吊具 10 吊着炉盖，框架还装有锥形顶头和凹形托块 5 相配。旋转框架通过三个不同水平面，垂直面的支撑座 11，插入摇架的塔形立柱上。

炉盖升降旋开机构有两个液压缸：升降液压缸 1 和旋转液压缸 15。升降液压缸 1 固定在壳体 4 的下部，壳体 4 通过底座固定在基础上。其柱塞即为立轴的下段，立轴的上段为顶头，并装有凹形托块 5，顶头与凹形托块分别与旋转框架上的锥形钢套 7 及凸形托块 6 相配。立柱的中段上设有长键槽。旋转液压缸 15 水平地铰接在壳体中部，其活塞杆与推杆 14 铰接，通过滑键 13 带动立轴 3 旋转。

炉顶装料时，首先升降液压缸 1 动作，立轴上升。立轴 3 通过顶头和凹形托架将旋转框架顶起，从而带动炉盖、电极装置一起上升，上升至一定高度（20 ~ 75t 电炉的上升高度为 420 ~ 450mm）后，炉盖、整个电极装置与炉体脱离，旋转框架也脱离了摇架上的塔形立柱。然后旋转液压缸 15 动作，通过立轴上的凹形托块 5 和旋转框架 8 上的凸形托块 6 带动旋转框架 8 连同炉盖和电极系统一起绕立轴旋转。当旋转角度达 75° ~ 78°时，炉膛全部露出。当炉体倾动时，先将旋转液压缸和升降液压缸均回复原位，这时旋转框架支撑在摇架的三个塔形立柱上，并与立轴脱离，炉盖盖在炉体上。当倾动液压缸动作时，支撑在摇架上的炉体、炉盖、旋转框架及整个电极装置随摇架一起倾动。

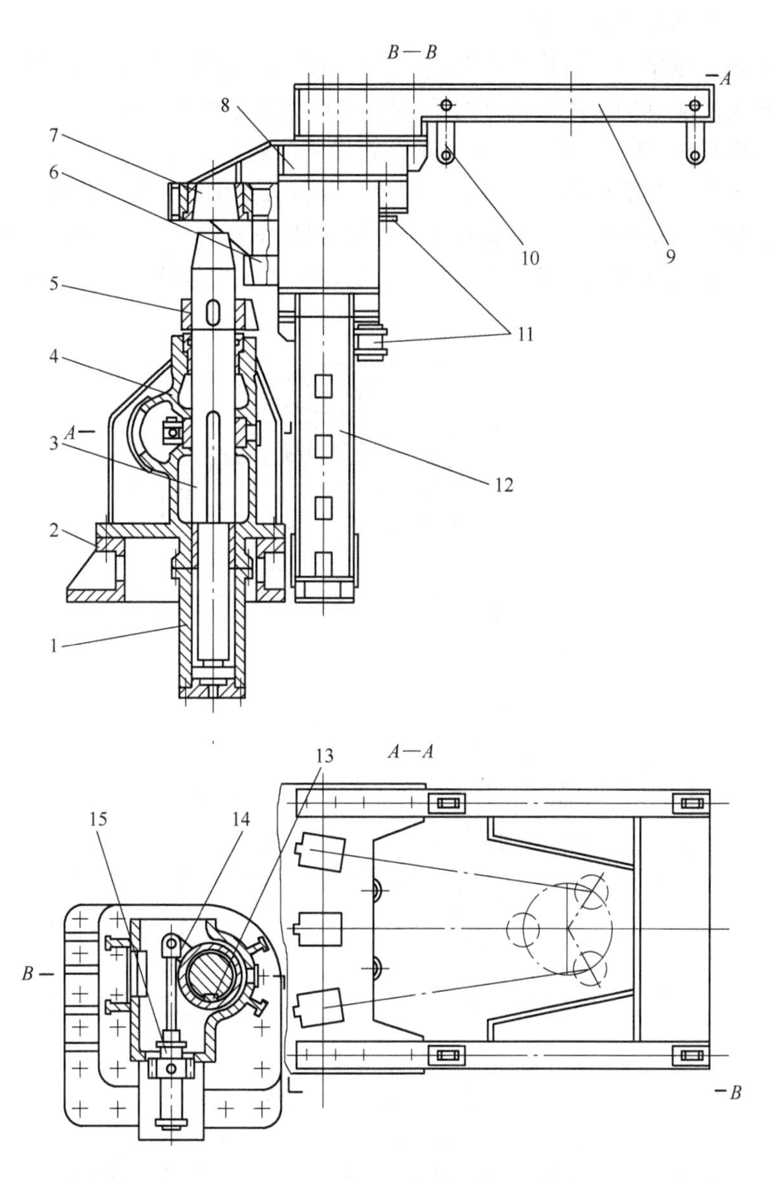

图 5-17 75t 电炉炉盖升降旋转机构及旋转框架

1—升降液压缸；2—底座；3—立轴；4—壳体；5—凹形托块；6—凸形托块；7—锥形钢套；8—“Γ”形旋转框架；9—吊梁；10—炉盖吊具；11—支撑座；12—电极立柱支架；13—键；14—推杆；15—旋转液压缸

这种机构的优点是：炉盖旋开后与炉体无任何机械联系，所以装料时的冲击震动不会波及炉盖和电极，延长使用寿命；电炉炉盖旋开后，整个旋开部分的偏心载荷由炉盖升转机构的基础支撑，改善炉子受载情况。其缺点是成本较高，加工制造较困难，另一方面由于炉体和升转机构的基础下况不一致，独立的基础给设计和施工带来困难。

5.2.3.2 整体基础式（共平台式）

整体基础式指炉体、电极和炉盖升降旋转机构全部设置在一个坚固的摇架上。整体基础式有液压和电机两种传动方式。

一种结构形式是整个炉盖旋转部分绕一旋转立轴 25 旋转，如图 5-18 所示。结构特点是所有传动机构的驱动均采用电机。“Γ”形旋转框架固定在旋转立轴 25 上，此立轴安装在摇架平台的轴承组 27、28 中，立轴上刚性固接着一扇形齿轮 29，炉盖旋转的驱动机构固定在摇架平台上。当需要旋转炉盖时，炉盖、电极分别由其升降机构提起，然后开动炉盖旋转机构，通过扇形齿轮带着立轴及整个炉盖旋转部分旋转，从而露出炉膛。由于整个炉盖旋转部分都通过旋转立轴安装在摇架上，所以炉盖、电极能与炉子一起倾动。

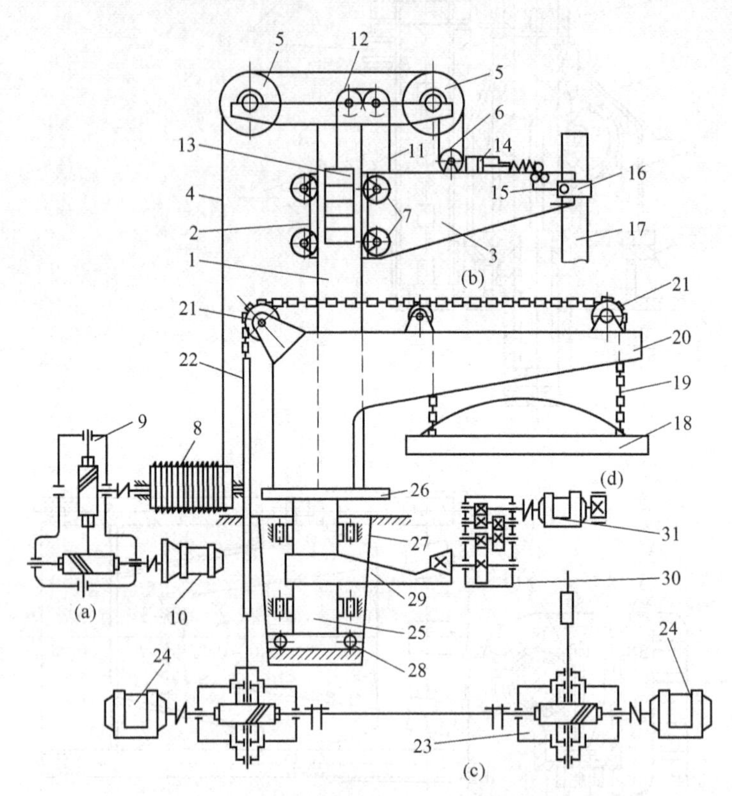

图 5-18　整体式炉盖旋开式电炉结构简图

(a)，(b) 电极升降机构；(c)，(d) 炉盖旋转机构

1—固定式立柱；2—台车；3—电极横臂；4—钢绳；5，6—滑轮；7—车轮；8—卷筒；9—二级蜗轮减速器；10，24，31—电动机；11，19—链条；12，21—链轮；13—平衡重；14—气缸；15—杠杆系统；16—卡箍；17—电极；18—炉盖；20—“Γ”形旋转框架吊梁；22—拉杆；23—蜗轮丝杆减速器；25—旋转立轴；26—“Γ”形旋转框架；27，28—轴承；29—扇形齿轮；30—减速器

这种形式的电炉占厂房面积很小，结构十分紧凑，缩短了旋转中心到炉子中心的距离，因而短网较短。缺点是装料的冲击震动会波及炉盖、电极，采用电机传动不如液压传动那样灵活、轻便。

另一种结构形式是整个炉盖旋转部分在轴承和环行轨道上旋转。这种升转机构和炉体一起安装在倾炉摇架的平台上。在悬臂架上有炉盖提升机构，悬臂架下装有滚轮，悬臂架在炉盖升起后围绕旋转轴旋转，使炉盖转开，如图 5-19 所示。

这种机构的优点是金属构件较多，加工制造较容易。缺点是装料时的冲击震动会波及炉盖和电极，从而影响它们的使用寿命；并需要特殊的大直径轴承和环形轨道，因此旋转中心到炉子中心的距离较大，所以短网较长。

5.2.3.3 炉壳连接式

这种升转机构直接装在炉壳上，如图 5-20 所示。

炉壳连接式有垂直和水平两个液压缸，垂直液压缸可推动炉盖升降，水平液压缸通过齿条推动顶杆上的齿轮而使炉盖旋转，这种结构横臂长度比较短，但炉壳受力很大，容易变形，仅用于小炉子上。

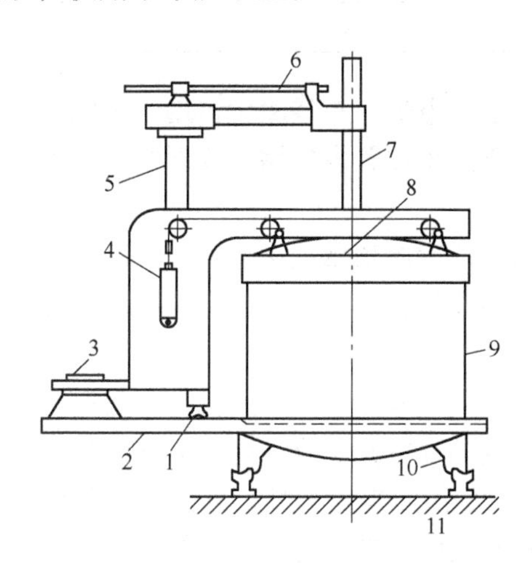

图 5-19 共平台式顶装炉料

1—平台上的轨道；2—炉子平台；3—枢轴及轴承；4—炉盖提升机构；5—立柱；6—横臂；7—电极；8—炉盖圈；9—炉壳；10—摇架；11—轨道

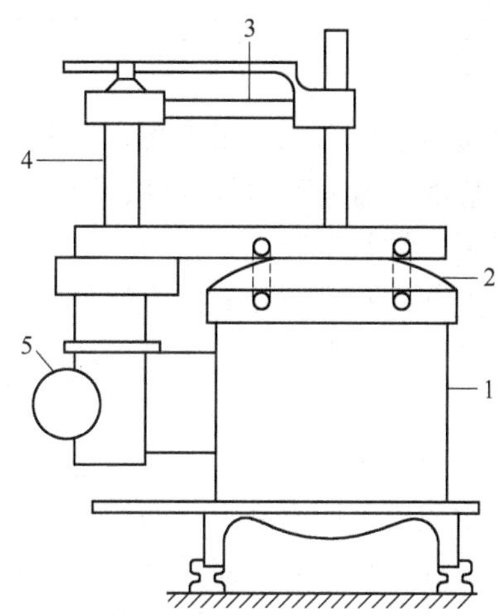

图 5-20 炉壳连接式顶装炉料

1—炉体；2—炉盖；3—横臂；4—立柱；5—升降机构

5.3 电弧炉炼钢烟气净化

5.3.1 电弧炉炼钢烟尘特点

电弧炉是在氧化性气氛下工作的，在用氧气冶炼期间产生大量烟尘，烟尘产生量为 4.5 ~ 22.5kg/t。在不吹氧情况下，炉气含尘量约 2.3 ~ 10g/m^3；氧化期吹氧时，含尘量可达 10 ~ 20g/m^3。虽然它比氧气顶吹转炉的低得多，但仍然大大超出排放标准。烟气的主要部分从炉盖水冷弯管排出，称为一次烟气；冶炼期间从炉门与电极孔逸出的和出钢产生的烟气，称为二次烟气。一、二次烟气都必须经收集净化后，使其含尘量降至100mg/m^3（标态）以下才能排入大气。

如表 5-5 所示，电弧炉烟尘其主要成分是铁的氧化物。如表 5-6 所示，电弧炉烟尘粒度很细，小于 5μm 的占一半以上。

5.3.2 电弧炉烟气净化方法

与转炉相似，电弧炉烟气净化系统也包括炉气的排出与收集、烟气冷却、除尘等几个主要环节。

表 5-5 电弧炉烟尘成分

成 分	Fe_2O_3	FeO	∑Fe	SiO_2	Al_2O_3	CaO	MgO	MnO
含量/%	19 ~ 65	4 ~ 11	5 ~ 36	1 ~ 9	1 ~ 13	2 ~ 22	2 ~ 15	0 ~ 12
成 分	Cr_2O_3	NiO	PbO	ZnO	P	S	C	碱
含量/%	0 ~ 12	0 ~ 3	0 ~ 4	0 ~ 44	0 ~ 1	0 ~ 3	0 ~ 4	1 ~ 11

表 5-6 电弧炉烟尘粒度分布

粒度/μm	<40	<20	<10	<5
含量/%	82 ~ 100	67 ~ 98	61 ~ 95	43 ~ 72

电弧炉烟气净化多用干法。静电除尘器通常用于大电炉，布袋除尘器用于小电炉。由于文氏管洗涤器的除尘效率高，国外某些大中型电弧炉也在开发应用。我国中小型电弧炉主要采用布袋除尘器。

除尘方式有第四孔直接排烟、电炉周围密闭罩和厂房屋顶罩三种形式，既可以独立采用，也可以采用组合方式。鉴于环境保护的要求日益严格，近几年来，新建工程中往往同时采用三种形式。

烟气冷却方式有两种：一种是往烟气中掺入冷空气或采用空冷热交换器；另一种是喷水蒸发冷却或采用水冷夹套的烟道。对烟气冷却温度的要求则决定于除尘方式。如用干式电除尘，进入静电除尘器的烟气温度通常控制在不低于 150 ~ 200℃，以免水汽凝结，使烟尘成为泥浆沾在集尘电极上难以振落。若用干式布袋除尘器，进入除尘器的烟气温度必须低于滤布使用温度（如玻璃纤维的使用温度需低于 230 ~ 250℃）。就除尘而言，多用干式布袋除尘器和静电除尘器。从目前情况来看，应用前者更为普遍，因为它的除尘效率高，设备不受腐蚀影响，灰尘处理和回收均较方便。

直接排烟系统：由炉盖水冷弯管出来的高温烟气（1400℃以上），经一燃烧室和一段水冷管道，引入空气冷却器，再混入部分冷空气，使其温度降到低于 120℃，就可以进入布袋除尘器净化，净化后的废气，经风机与烟囱排入大气。

电炉周围密闭罩，是用钢结构将电炉周围的空间完全封闭起来，这个封闭的钢结构叫做密闭罩或“狗窝”，可以较好地收集二次烟气。由于二次烟气温度很少超过 80℃，故可以直接引入布袋除尘器净化，然后经风机与烟囱排入大气。密闭罩除收集二次烟气外，还有很好的降低噪声污染的效果。电炉在熔化废钢期间，电弧噪声高达 120dB，造成严重的噪声危害，加设密闭罩后，炉前区的噪声可降至 90dB 以下。Consteel 电炉在整个冶炼期不开启炉门，不仅外逸废气很少，而且电弧噪声小，故不必设置密闭罩。

厂房屋顶罩，是指在电炉上空的厂房屋架下，设置一个其面积足以覆盖整个电炉作业区的集气罩，以收集该区域上升的二次烟气，引往布袋除尘器进行净化处理。

由于电弧炉冶炼时，从炉内排出的一次烟气温度和烟气浓度均高于电弧炉屋顶罩和密闭罩捕集的二次烟气的温度和浓度，而一次烟气系统所需的烟气处理量又远小于二次烟气系统，所以从除尘系统的规模大小和操作维护管理考虑，电弧炉除尘系统方案设计时可将一次烟气和二次烟气的除尘分开设置。图 5-21 和图 5-22 为典型的一次烟气除尘系统，前者设置了火粒捕集器，以防止布袋被烧坏，除尘器通常选用大布袋反吹风除尘器或脉冲除

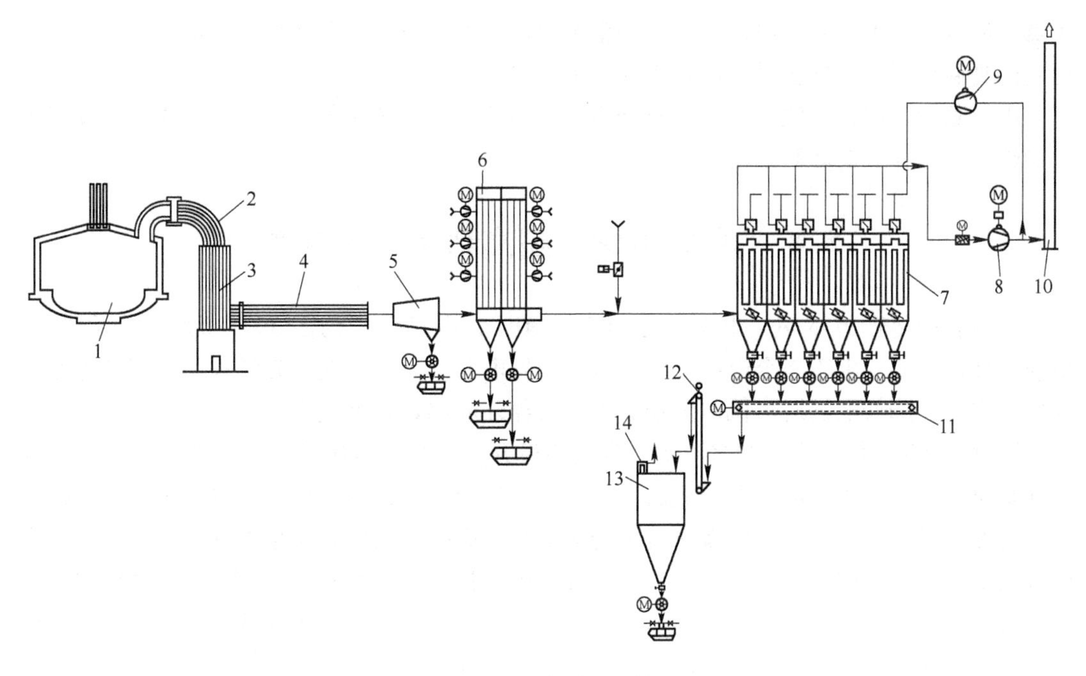

图 5-21　电炉炉内排烟系统（一）

1—EAF；2—水冷弯头；3—沉降室；4—水冷烟道；5—火粒捕集器；6—强制吹风冷却器；7—布袋除尘器；8—主风机；9—反吹风机；10—烟囱；11—刮板机；12—斗提机；13—贮灰仓；14—简易过滤器

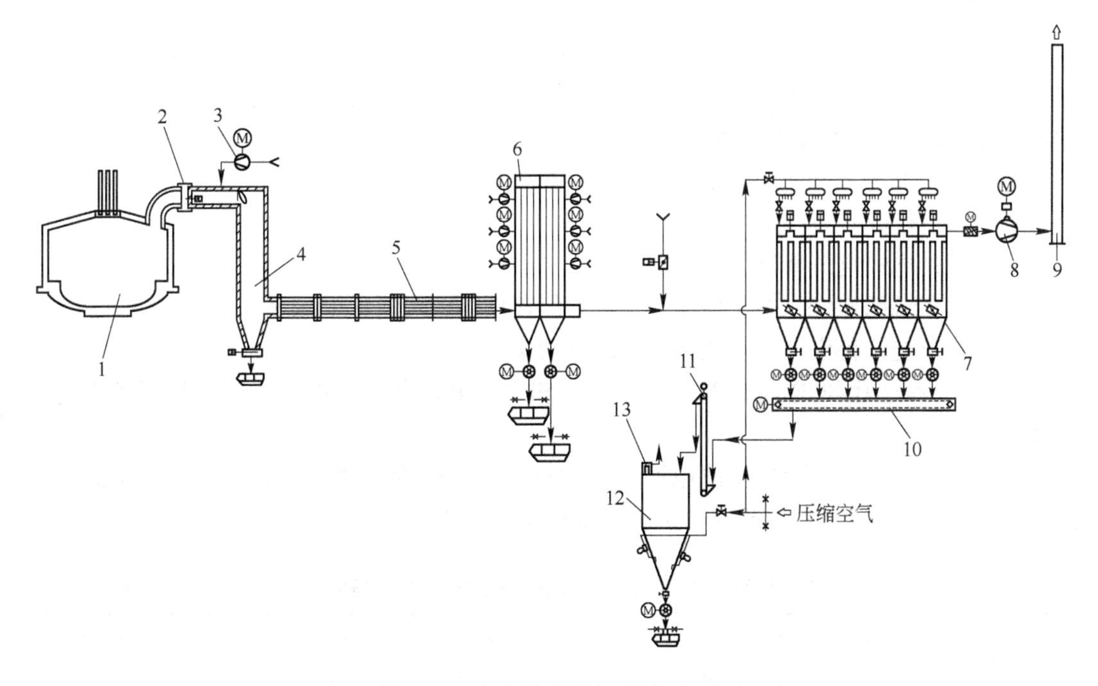

图 5-22　电炉炉内排烟系统（二）

1—EAF；2—水冷滑套；3—鼓风机；4—燃烧室；5—水冷烟道；6—强制吹风冷却器；7—脉冲除尘器；8—主风机；9—烟囱；10—刮板机；11—斗提机；12—贮灰仓；13—简易过滤器

尘器。后者采用了高温燃烧室，在燃烧室进出口处设置鼓风机和烧嘴，保证燃烧室内有一恒定的高温环境和氧气含量，以除去烟气中的CO和有机废气等。

电炉除尘系统，一般设有几个布袋室，以便轮流承担净化与反吹清洗作业，还设有灰尘的输送、贮存、造球等设施。

5.4 新型UHP（超高功率）电弧炉

电弧炉的生产成本中，电费约占20%～30%，电极费用约占3%～5%，电耗超高，电极消耗也超高。由于至今电能主要来自火力发电厂，所以电耗的高低也关系到环境保护问题。因而，降低电耗对降低电炉钢成本和改善环境都具有重大意义。

20世纪80年代以来，众多电炉开发商积极开发电炉节能技术，这些技术主要有：通过缩短每炉钢中的非通电时间，提高生产效率，改善技术经济指标；通过改进电路，改善电弧特性，稳定电弧，增强电弧对钢水的搅动力，提高热效率，缩短冶炼时间，从而降低电耗与电极消耗；用氧气、燃料等一次能源代替电能；用电炉排出的高温废气预热废钢，回收废气中的物理热与化学热；提高配料碳与采用炉内废气中CO后燃烧技术，以提高化学能的比例来降低电能消耗；采用铁水热装技术，以提高电炉的物理热与化学热，从而降低电能消耗。

国际上已开发成功并得到较多应用的新型节能UHP电弧炉主要有以下几种。

5.4.1 高阻抗交流电弧炉

高阻抗交流电弧炉由意大利Danieli公司于1993年开发成功。它是在交流电弧炉变压器一次侧串联一个固定电抗器或一个饱和电抗器，从而使电弧电流减小，电压提高，电弧对熔池搅动力增强，电炉热效率提高。

图5-23为低阻抗与高阻抗交流电弧炉的电气单线流程图。

该电弧炉有以下特点：

（1）低的电极电流降低了电极消耗。

（2）由于长弧操作，熔化期操作时废钢塌落损坏电极的危险减小。

（3）由于电弧稳定，可以输入高的综合功率。

（4）减少了短网的电流，降低了电极柱和水冷电缆所受的电动力，机械振动小、维修减少。

（5）由于电流波动减少，故电网上的闪烁和波形畸变发生少。目前，所有交流电弧炉均采用此技术。表5-7为两家单位引进设备及运行结果。

表5-7 抗交流超高功率电弧炉主要技术指标

单 位	公称容量/t	利用系数/t·(MA·A·d)$^{-1}$	铁水装入量/%	冶炼周期/min	电耗/kW·h·t^{-1}	电极消耗/kg·t^{-1}	氧气消耗/m^3·t^{-1}
南京钢铁公司	70	21.66	24	67.5	324.2	2.41	—
淮阴钢铁公司	70	19	23.5	59	223.1	1.88	37.9

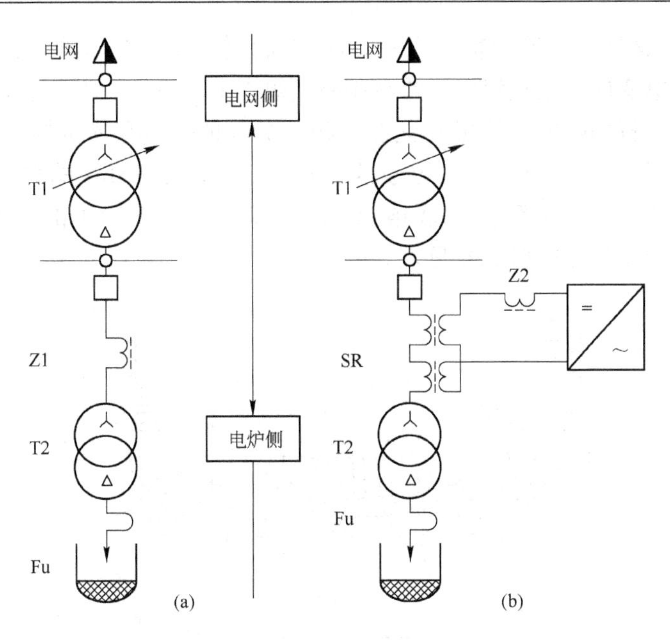

图 5-23 低阻抗与高阻抗交流电弧炉的电气单线流程图

（a）低阻抗；（b）高阻抗

T1—电网变压器；Z1—固定电抗器；T2—电弧炉变压器；Fu—炉；SR—电抗器；Z2—平滑电阻抗

5.4.2 直流电弧炉

直流电弧炉（DC 炉）由德国 MAN-GHH、瑞士 ABB、法国 CLECIM 等公司先后于 1982 ~ 1986 年开发成功。图 5-24 显示出了 DC 炉与 AC 炉（交流电弧炉）基本的设备构成。DC 炉除了直流变换装置及炉底电极外，在机械结构上与 AC 炉基本上没有大的区别，但是，在电气上 AC 炉采用三相交流电，在三根可动电极和构成零压点的废钢或钢液间产生电弧，而 DC 炉用电是由三相交流变换成的直流，在阳极侧（炉底电极）和阴极侧（上部可动电极）之间，通过废钢或钢液产生电弧。特别是 AC 炉上部有三根可动电极，而

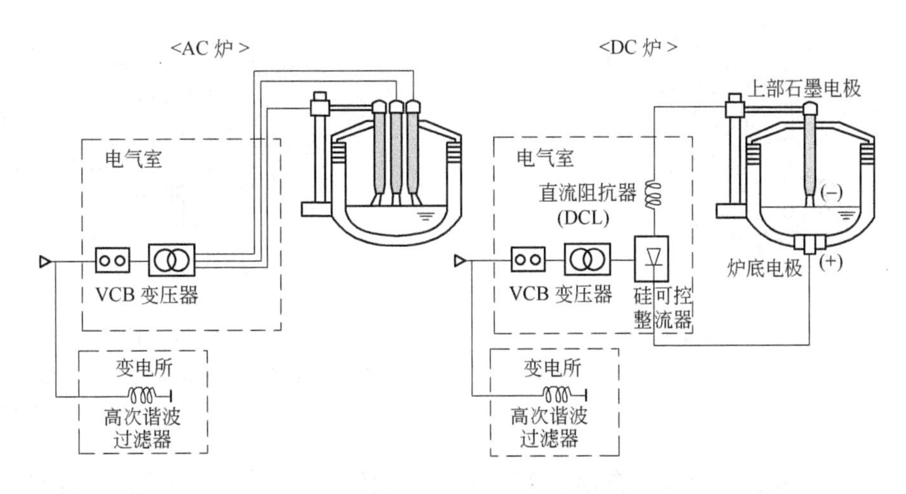

图 5-24 AC 炉、DC 炉设备概要

DC炉只有一根，这是它的最大特征之一。DC炉利用连接在变压器二次侧的可控硅整流器，将三相交流电变成单相直流电，并在阳极侧短网上串联一个电抗器，以高电压小电流操作，电弧稳定，石墨电极（阴极）只有一根，电极把持与升降机构比AC炉大为简化，但炉底上需设置底电极（阳极）。底电极基本上有三种形式：ABB的炉底导电底电极如图5-25所示；CLECIM的水冷钢棒式底电极如图5-26所示；GHH的多柱式底电极如图5-27所示。三种形式的底电极比较见表5-8。

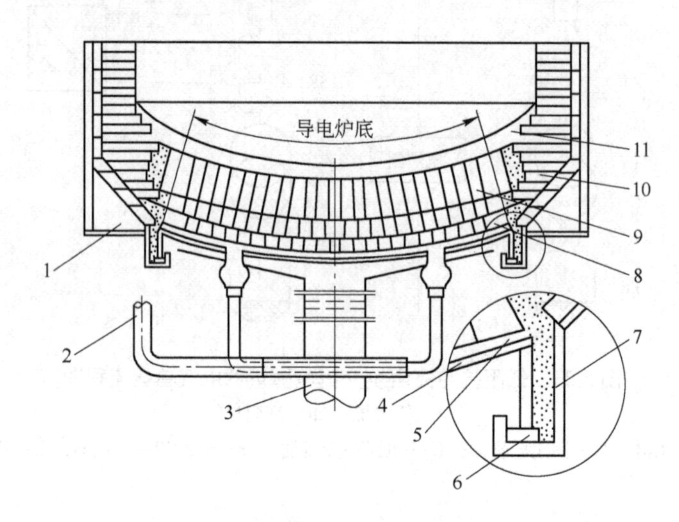

图5-25　ABB的炉底导电底电极

1—炉壳；2—导电母线；3—冷却风管；4—炉底钢板；5—紫铜板；6—绝缘材料；7—U形支撑环；8—永久衬砖；10—填充料；11—捣打料

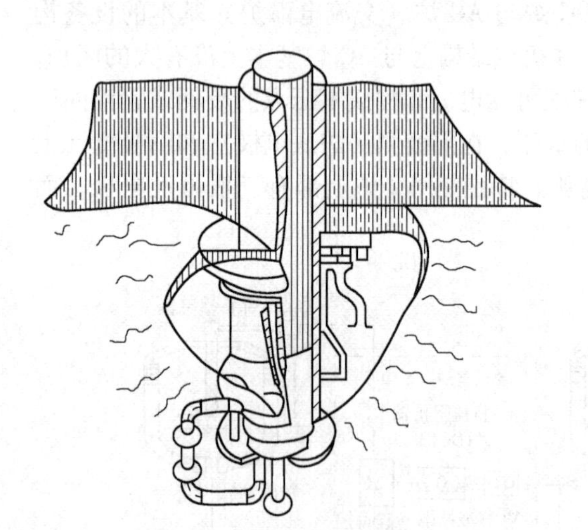

图5-26　水冷钢棒式底电极

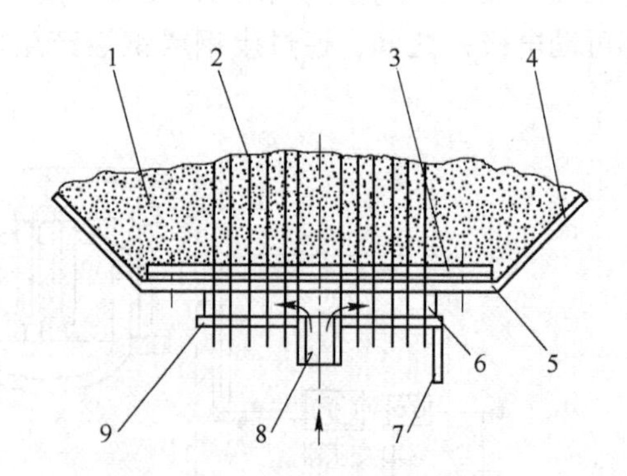

图5-27　GHH的多柱式底电极

1—捣打料；2—电极柱；3—阳极板；4—炉壳；5—绝缘件；6—导风板；7—接电板；8—风管；9—集电盘

迄今，全世界已投产和正在建设50t以上的直流电弧炉超过150台，我国近35台，比较有代表性的如：宝山钢铁公司、上海五钢及上海浦东钢铁公司分别从法国引进150t、从德国引进 100t 及从 ABB 集团引进两座 100t 直流电弧炉。这些炉子吨位大，炉底电极形式各异，运行情况正常，主要技术经济指标见表 5-9。

表 5-8 炉底电极比较

项　目	水冷钢棒式底电极	多柱式底电极	炉底导电底电极
特征	（1）由钢棒和耐火材料构成，钢棒用水冷铜模冷却保护； （2）钢棒损耗的同时需要热修补； （3）设计紧凑	（1）由钢棒和耐火材料构成； （2）结构简单，事故少，安全性高； （3）几乎不需要修补，炉衬成本低	（1）要求耐火材料导电性好，热导率低，耐钢液强度高； （2）耐火材料损耗的同时，需要热修补，与其他方式比较，炉衬成本高
更换周期	2000～3000 炉（需要热修补）	1500 炉左右（不需要热修补）	3000～5000 炉（需要热修补）
电流的均匀性	钢的电阻率为正特性，电流偏流少	钢的电阻率为正特性，电流偏流少	耐火材料的电阻率为负特性，易产生电流的偏流量

表 5-9 直流电弧炉的主要技术指标

单　位	公称容量 /t	变压器容量 /MV · A	铁水加入量 /%	底电极寿命 /次	底电极形式	冶炼周期 /min	电极消耗 /kg · t^{-1}	电耗 /kW · h · t^{-1}
宝山钢铁公司	150	99	34.6	1049	水冷钢棒	70.6	1.33	315.4
上海五钢	100	76	—	1026	触针风冷	78	1.46	478
兴澄特钢公司	100	100	—	—	水冷钢棒	57	1.72	421.8

5.4.3 DANARC 电弧炉

DANARC 电弧炉由意大利 Danieli 公司于 1993 年开发。它除采用高阻抗技术以外，还在电弧炉的炉底设置炭氧风口，在炉壁上设置氧燃烧嘴与氧枪，以炭、燃料（油或燃气）、氧等一次能源来代替部分电能，并使炉气中的 CO 在炉内后燃烧，提高热效率，降低电耗。

5.4.4 KORFARC 电弧炉

KORFARC 电弧炉由德国 Demag Korf Engineering 公司于 1997 年开发成功。其特点是在炉壁上设置 4 组氧枪、烧嘴和侵入式风口（可伸缩），如图 5-28 所示，并由动态过程控制系统控制其工作，因而除以一次能源代替部分电能外，还使炉内 CO 实现后燃烧，提高热效率，降低电耗。

5.4.5 双炉壳电弧炉

双炉壳电弧炉是针对传统料篮预热技术的许多不足，于 20 世纪 60 年代发展起来的。日本首先开发出并率先采用。宝山钢铁公司从克莱西姆公司引进 150t 双炉壳电弧炉，从运行情况看，废钢的堆密度与废钢在炉中的布置对废钢预热效果影响很大。

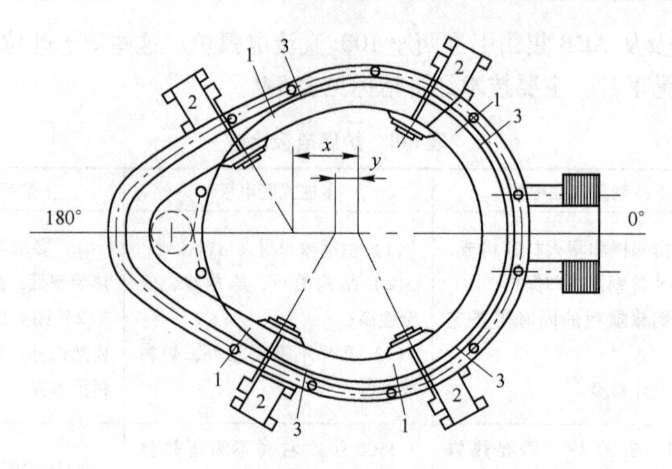

图 5-28　KORFARC 炉氧枪、烧嘴和侵入式风口配置图
1—氧枪；2—侵入式风口；3—烧嘴

双炉壳电弧炉由一个电源两座炉子构成。两座炉壳公用一套供电系统（包括高压供电设备、变压器、短网、电极及其把持升降机械），如图 5-29 所示。两座炉子交互运转，把进行废钢熔化的炉子排出的气体导入到不进行废钢熔化的另一座炉子，进行废钢预热。电弧炉非通电时间不占用每炉钢的冶炼时间，所以，与传统的单炉法相比，电气设备的利用率提高，冶炼时间缩短，技术经济指标得到改善。

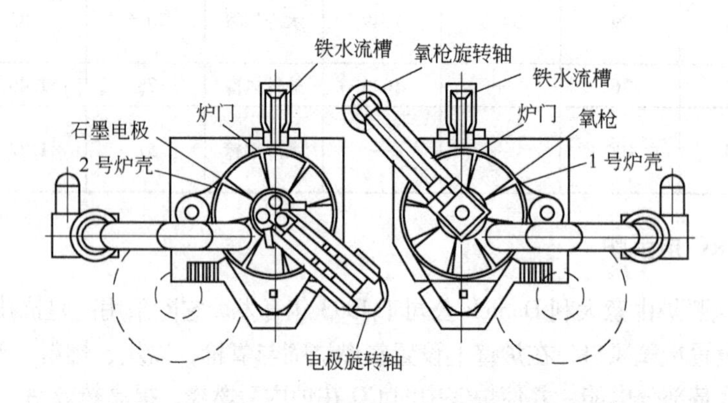

图 5-29　双炉壳电弧炉示意图

5.4.6　竖窑式电弧炉（简称竖炉）

1988 年，FUCHS 公司的第一座竖窑式电弧炉在丹麦的 DDS 公司投产。竖窑式电弧炉经历了普通单炉壳竖炉（SSF）、带手指的竖炉（FSF）和双炉壳竖炉（DSF）等三个发展阶段，分别能够实现 50% 废钢预热、100% 废钢预热和最短的非通电时间（一个电源两座炉子）。在电炉炉盖上原来废气孔区域设置一个能容纳 60% ~100% 废钢的竖井，此竖井可以升降并移动。

常见的竖炉式预热法有：

（1）普通竖炉式预热炉。图 5-30 是普通竖炉式预热炉的示意图。竖炉式预热装置直接架在电弧炉上，与电弧炉偏心。该法以废钢的高温预热和合理装入为目的。该法仅能对第二批加入的废钢进行预热，预热废钢比例不超过50%，预热时间短，预热效果约低于30kW·h/t左右。改良型的有由一个电源两座炉子成对构成的双竖炉式，还有可以预热初装废钢的带机械手的竖炉式。

（2）机械手竖炉式预热炉。图5-31为机械手竖炉式预热炉的示意图。机械手竖炉式预热炉的预热炉的改良型，为了能够预热初装废钢，竖炉下部设置了水冷的机械手。其预热效果可大于50kW·h/t。本方式对于AC炉、DC炉皆可适用，也比较容易对现有炉子进行改造。

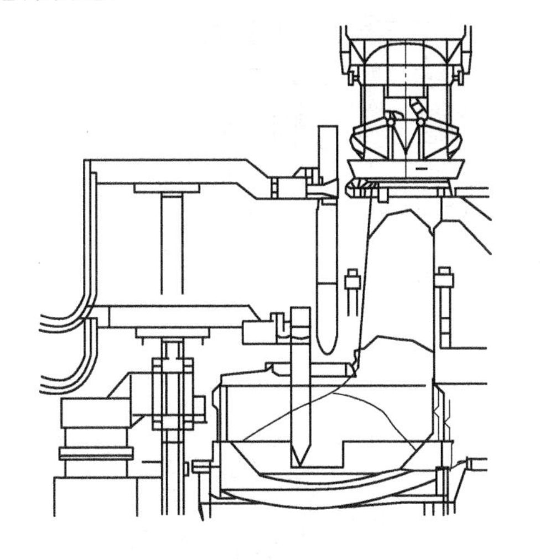

图5-30 竖炉式预热炉原型

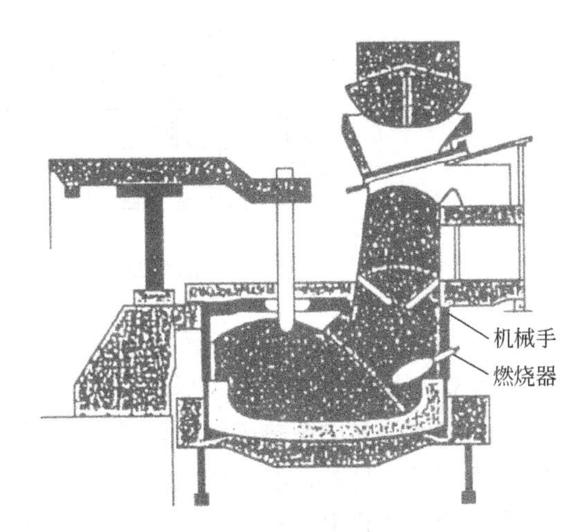

图5-31 机械手竖炉

（3）多段机械手竖炉式预热炉（MSP-DC）。图5-32和图5-33为多段机械手竖炉式预

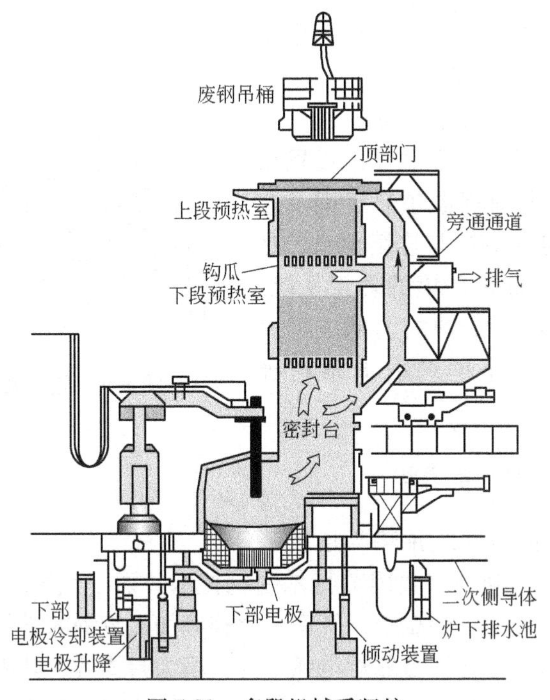

图5-32 多段机械手竖炉

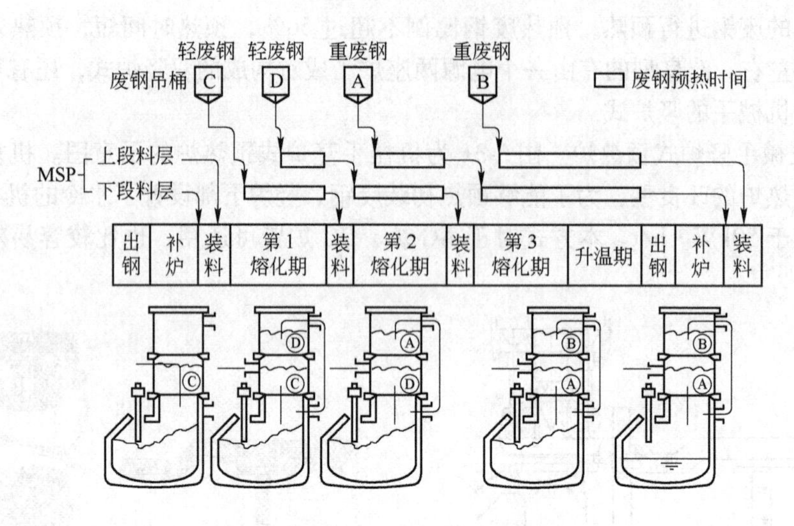

图 5-33　多段机械手竖炉操作模式

热炉的示意图。该方式有上下两个废钢预热室，故在整个操作时间内可以做到全量废钢的预热。为了能够多段预热废钢，竖炉设置了多段水冷机械手。另外，在炉体与竖炉间设置了用于排气的旁通管道，将一部分排除气体直接供给上段预热室，通过控制热量的平衡，防止了下段预热室废钢的过热，避免了废钢在高温预热中由于过热而发生的黏着或悬料问题，可以均匀地全量高温预热各种废钢，降低功率单位消耗量的效果为 70～100kW · h/t。

（4）炉内连续装料式竖炉预热炉。图 5-34 为炉内连续装料式竖炉预热炉示意图。设置在 DC 炉上部的该预热炉具有高温预热废钢及连续下料的功能，可以连续装料与连续预热，是彻底追求节能、省力、保护环境的理想系统。该系统以 DC 炉为对象，DC 炉的上部电极大型炉由两根电极构成，小型炉由 1 根电极构成。

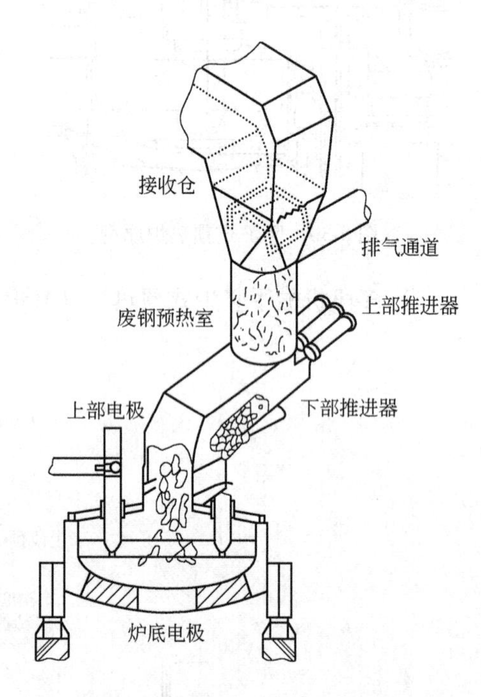

图 5-34　连续装料式竖炉预热炉

5.4.7　Consteel（康斯迪）电弧炉

Consteel 电弧炉是废钢连续预热与连续装入技术的电弧炉，由意大利得兴集团英特尔制钢技术公司（美国）于 1989 年开发成功。其特点是在与变压器侧对称的炉壁上，开有一个连续加入废钢的进料口，此口与一条水平布置的废钢传送带相接，此传送带靠近电弧炉的一段为封闭的，其内装有若干点火烧嘴与空气风口，使电炉排出的废气在此段内完全燃烧。通过连续分析废气出口处氧含量来控制废气的完全燃烧。废钢平均预热温度可达 400～500℃。传送带后段为敞开的加料段，加入加料段槽体内的废钢，受到振动机械的作用，被连续不断地通过预热段加入电弧炉熔池，如图 5-35 所示。此外，电弧炉熔池始终保有公称容量的 40%～50% 的钢水量，废钢完全在钢水内熔化，电弧的热量始终稳定地传给熔池钢水，使整个冶炼过程始终在相当于常规电弧炉的精炼期的状态下进行。冶炼期间，不断往熔池吹氧喷炭粉，电弧十分稳定，电弧与熔池面一直被泡沫渣覆盖，炉门经常关闭，因而热效率高、噪声小、电弧闪烁低、钢水收得率高、技术经济指标优异。

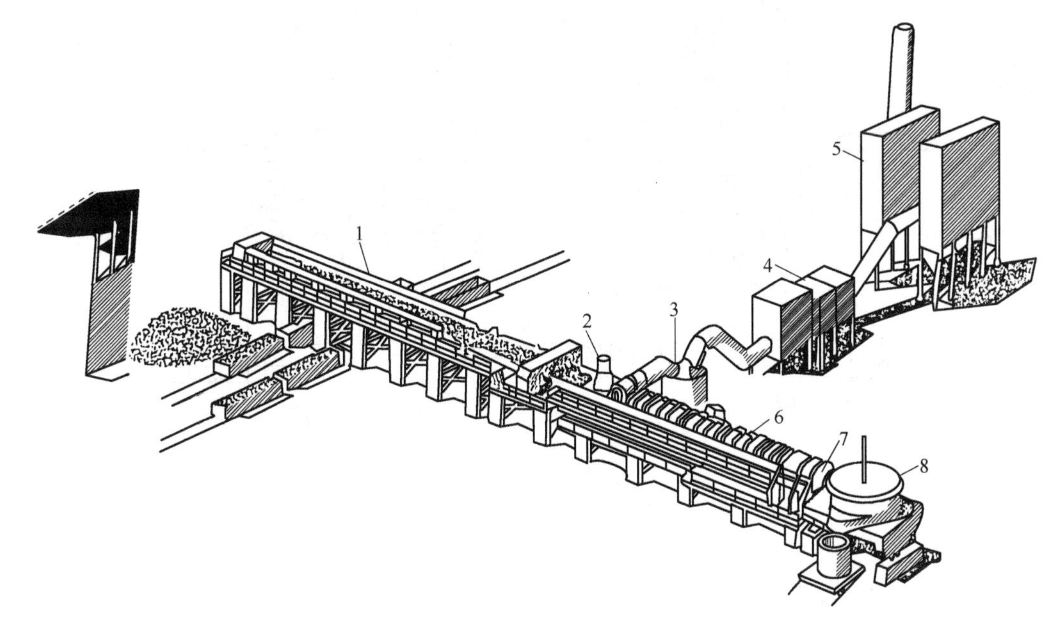

图 5-35 Consteel（康斯迪）电弧炉

1—废钢传送带；2—动态密封器；3—后燃烧室；4—锅炉；5—布袋除尘系统；
6—废钢预热传送带；7—连接小车；8—康斯迪系统电炉

我国西宁特钢公司与贵阳特钢公司从意大利得兴公司（TECHINT）引进 60t/36MV·A康斯迪电弧炉，2000 年投产；山东石横特钢公司等也引进得兴公司康斯迪电弧炉。西宁特钢公司康斯迪电弧炉设备主要技术参数与指标见表 5-10。

表 5-10 60t 康斯迪电弧炉主要技术参数与指标

电炉出钢量/t	变压器容量/MV·A	炉壳高度/mm	电极直径/mm	输料带能力/$t \cdot min^{-1}$	冶炼时间/min	电耗/$kW \cdot h \cdot t^{-1}$	电极消耗/$kg \cdot t^{-1}$	炭粉消耗/$kg \cdot t^{-1}$	氧气消耗/$m^3 \cdot t^{-1}$
60	36	4650	550	0.6～2.0	60	325	1.7	18	35～37

5.4.8 转炉－电弧炉组合炉（简称转弧炉）

转炉－电弧炉组合炉是将转炉与电弧炉相结合的一种炉子。德国 DEMAG 公司命名为 ConArc 炉，瑞士 ABB 公司命名为 Arcon 炉。交流与直流皆可，但以直流为宜。

这种转炉与电弧炉相结合的炉型，两座炉壳共用一套可旋转的双工位电极升降系统和一套可旋转的双工位氧枪升降系统，当一个炉壳在用电极熔化废钢时，另一个炉壳中已熔化的钢水在进行吹氧脱碳，两个炉壳依次交替工作，如图 5-36 所示。这种炉子生产能力较大，而且对原料适应性好，可以采用各种形式的钢铁料，废钢、生铁、碳化铁、直接还原铁及铁水可以采用任意比例，非常灵活；但缺点是设备庞大、占地面积大、工艺与设备都存在一些问题，因而，至今采用转弧炉的仍很少。

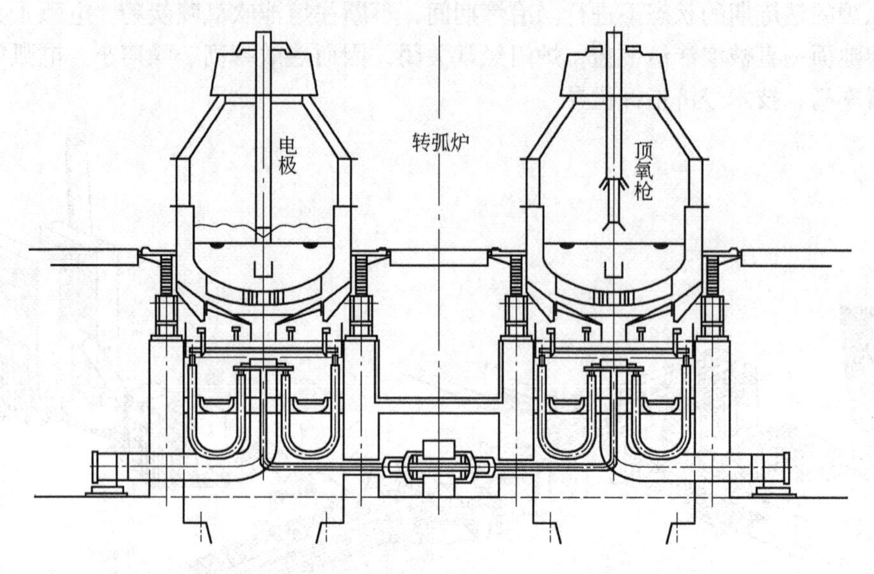

图 5-36　转弧炉

复习思考题

5-1　在进行电弧炉设计过程中，确定炉型尺寸时应主要考虑哪些因素？
5-2　如何确定普通电弧炉炉型各部分尺寸？
5-3　电弧炉机械设备包括哪些？
5-4　对炉体倾动机构有哪些要求？
5-5　电极密封圈有何作用？
5-6　说明气动弹簧式电极夹持器的工作原理。
5-7　电极升降装置有哪些形式，各有何特点？
5-8　电弧炉烟气如何净化？
5-9　了解新型 UHP 电弧炉的特点。

6　炉外精炼设备

炉外精炼
设备PPT

钢水炉外精炼又称钢水二次精炼或二次冶金(炼钢)。发展初期，炉外精炼是将原来在转炉或电弧炉里需要完成的钢水精炼任务转移到炉外的钢包或专用容器中进行，以便更经济、更有效地获得优质的、多品种的钢水。半个多世纪以来，炉外精炼技术得到长足的发展，已经成为当今生产洁净钢与高纯洁钢必不可少的熔炼手段。迄今已出现了多种炉外精炼方法，它们各具特色，有的还在不断改进，朝着多功能方向发展。

我国早在20世纪50年代就曾自主研制出钢包钢水真空处理设施，60年代引进了第一台RH设备，此后不断发展，现在大型钢铁企业几乎无一例外地采用了相应的炉外精炼技术，以提高钢的质量和扩大钢的品种，并与连铸生产相协调配合。

6.1　炉外精炼方法介绍

目前炉外精炼的方法有十多种，但基本操作不外乎抽真空、搅拌、电弧加热、加入添加料、渣的精炼、吹入气体等，这些不同的基本操作的结合，构成了各种炉外精炼设备，如图6-1所示。炉外精炼方法大致分为三类：真空精炼法、非真空精炼法（气体稀释法）、喷射冶金及合金元素特殊添加法。

6.1.1　真空精炼法

真空精炼法包括以下九种。

6.1.1.1　滴流脱气法

钢水从真空室上方钢包或中间罐以流束状下落到真空室时，由于其周围压力急骤下降而使钢水流束膨胀，表面积增大，这样溶解在钢水中的气体就容易逸出而达到除气的目的。滴流脱气法又有以下3种方法：

(1) 倒包法。其过程是先把钢包放在真空室中，并且通过铝板（或阀门）把连通口封闭。倒包浇注前，预先把真空室抽真空。浇注开始后，铝板被钢水熔化（或开启阀门）而使钢水注入真空室的钢包中。

(2) 出钢脱气法。钢水由炼钢炉出来通过中间罐直接流入抽真空的钢包中。

(3) 真空浇铸法。该法与倒包法的不同就在于这里用钢锭模代替了真空室中的钢包。

6.1.1.2　钢包脱气法

装有钢水的钢包放入真空室，然后将真空室抽成真空。由于真空室内的压强下降，则气体可以从钢水中逸出，而达到除气的目的。对吨位较大的钢包，因受钢水本身静压力的影响，钢包底层气体不宜逸出，则须用惰性气体搅拌，以提高其除气效果。

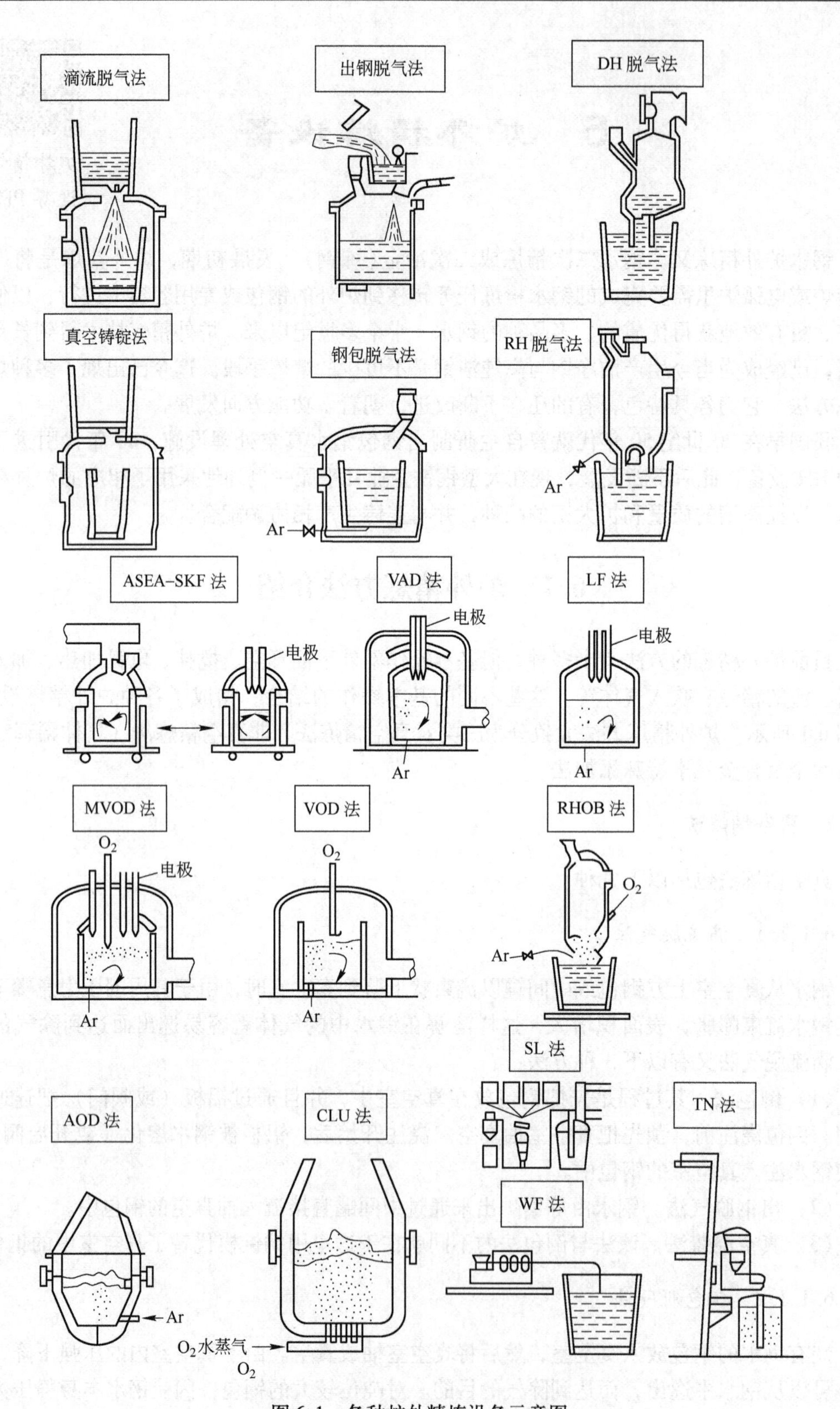

图 6-1　各种炉外精炼设备示意图

6.1.1.3 真空提升脱气法（DH 法）

真空室下部有一吸钢管，当把吸钢管插入钢水后，真空室被抽成真空，使真空室与外界有压力差，钢水在此压力差的作用下，沿吸钢管升入真空室而达到除气目的。当压力差一定时，钢包与真空室之间的液面差保持不变。然后提升真空室（或下降钢包），便有一定量的钢水返回到钢包里。DH 法就是这样将钢水经过吸钢管分批送入真空室内进行脱气处理。真空室经多次升降，就可使全部钢水得到处理。

6.1.1.4 真空循环脱气法（RH 法）

真空室下部有两个伸入钢水中的管，即上升管和下降管。通过上升管侧壁吹入氩气，由于氩气气泡的作用，钢水被带动上升到真空室进行除气。除气后的钢水由下降管返回到钢包里。这样使钢包中的钢水连续地通过真空室而进行循环，达到脱气的目的。这种方法设备简单，故广泛用于工业生产。

6.1.1.5 钢包真空精炼法（ASEA-SKF 法）

钢包真空精炼法的特点是将真空装置和电弧加热装置组合在一起，并配备电磁搅拌装置。因为能够加热，这对钢包内造渣脱硫，大幅度调整成分和温度等，创造了极为有利的条件。

6.1.1.6 真空电弧加热脱气法（VAD 法）

真空电弧加热脱气法是在真空条件下用电弧加热，并以钢包底部的多孔砖吹氩搅拌，因为它具备良好的脱硫和脱气条件，故适于精炼各种合金钢。

6.1.1.7 钢包炉精炼法（LF 法）

钢包炉精炼法是采用碱性合成渣、埋弧加热、吹氩搅拌，在还原气氛下精炼。其特点是设备简单，投资费用低，操作灵活和精炼效果好，被广泛采用。LF 炉本身不具备真空系统，现在一些厂家给 LF 炉增加了真空功能，出现 LFV 炉，它可以用高碳铬铁代替微碳铬铁炼超低碳不锈钢。

6.1.1.8 真空吹氧脱碳法（VOD 法）

真空吹氧脱碳法是在真空室内由炉顶向钢液吹氧，同时由钢包底部吹氩搅拌钢水，精炼达到脱碳要求，停止吹氧，提高真空度进行脱氧，最后加 Fe-Si 脱氧。它可以在真空下加合金、取样和测温。VOD 法可以与电炉、氧气转炉生产不锈钢，对冶炼超低碳、超低氮不锈钢十分有利，其主要缺点是设备费用较高。日本应用此法时在包底设两个以上透气砖，加大吹氩量改进为强搅拌真空吹氧脱碳法（SS-VOD 法）。德国还开发了转炉真空吹氧脱碳法（VODC 法）。

6.1.1.9 真空循环脱气吹氧法（RH-OB 法）

真空循环脱气吹氧法是氧气转炉生产不锈钢的一种精炼方法，即在 RH 设备上装设氧枪，能使转炉冶炼的低碳钢液加入高碳铬铁后，在 RH-OB 装置中吹氧去碳精炼成不锈钢。

6.1.2　非真空精炼法（气体稀释法）

非真空精炼法包括以下几种。

6.1.2.1　氩氧脱碳法（AOD 法）

AOD 法是一种在非真空条件精炼不锈钢的方法。它是在大气压力下向钢水吹氧的同时，吹入惰性气体（Ar，N_2），通过降低 CO 分压 p_{CO} 以实现脱碳保铬目的的重要精炼方法。目前，世界主要采用 AOD 法生产不锈钢，占总产量75%。AOD 法可用廉价的高碳铬铁和返回钢生产低碳和超低碳不锈钢，设备简单，操作方便，基建投资低。但操作费用较高，其主要原因是氩气和耐火材料消耗大。

6.1.2.2　汽氧脱碳法（CLU 法）

CLU 法基本上与 AOD 法类似，为了减少 p_{CO}，不采取昂贵的氩气而代以廉价的水蒸气。水蒸气接触钢水后分解成氢和氧，起降低 CO 分压作用，促进钢中碳氧反应。而且因水蒸气分解时吸收大量的热，在吹炼时无需再采取其他制冷措施，就可以使钢水温度保持在1700℃以下，这对提高炉衬寿命十分有利。精炼终期吹氩以去氢，氩消耗仅为 AOD 法的1/10。

CLU 与 AOD 法共同优点为：可以用廉价的高碳铬铁生产超低碳不锈钢。CLU 法有节约氩气，提高炉龄的优点。CLU 法的不足是由于较低温度吹炼，铬的氧化比 AOD 法高，为了还原渣中的 Cr_2O_3，硅铁消耗比 AOD 法高。

6.1.2.3　钢包吹氩法（Gazal 法）

钢包吹氩是目前应用最广泛的一种简易炉外精炼方法。钢包吹氩的方式基本上分为两种，一种是使用氩枪，另一种是使用透气砖。采用底部透气砖吹氩搅拌比较方便，可以随时吹氩，一般都采用底部吹氩的方法。钢包吹氩可以均匀钢液的温度、成分，降低非金属夹杂物含量，改善钢液的流动性。大气下钢液吹氩处理具有设备简单、操作容易、效果明显等优点。大气下吹氩时，其流量受到一定的限制。为了进一步提高钢液质量，人们在钢包上加盖吹氩处理以减少大气的氧化作用，从而出现了各种密封或带盖吹氩处理钢液的工艺，如密封吹氩法（SAB 法）、带盖钢包吹氩法（CAB 法）、成分调整密封吹氩法（CAS 法）。

6.1.3　喷射冶金及合金元素特殊添加法

6.1.3.1　钢包喷射冶金

钢包喷射冶金就是用氩气作载体，向钢水喷吹合金粉末或精炼粉末，以达到调整钢的成分、脱硫、去除夹杂物和改变夹杂物形态等目的，它是一种快速精炼手段，目前在生产中应用的方法主要是 TN 法和 SL 法。

6.1.3.2 喂线技术（WF法）

喂线技术是将合金芯线通过喂线机，用80～300m/min的速度插入钢液中，以达到脱氧、脱硫、合金微调和控制夹杂物形态的目的。

喂线用的合金芯线中广泛应用CaSi、Ca-Si-Ba。此外易氧化元素（B、Ti、Zr）和控制硫化物形态的元素（Se，Te等）均可用喂线法加入。喂线技术合金收得率高而且稳定，设备简单，操作方便。它为向钢液中加钙提供了有效技术，代替了喷枪喷吹技术。

炉外精炼方法根据有无补偿加热装置，又可分为钢包处理型和钢包精炼型两类。钢包处理型的特点是精炼时间短（10～30min），精炼任务单一，不设补偿加热装置，这类方法可进行钢液脱气、脱硫、成分微调、夹杂物变性等。真空循环脱气法（RH法）、钢包真空吹氩精炼法、钢包喷粉处理（TN法、SL法）法、喂线法（WF法）等均属此类。钢包精炼型的特点是精炼时间长（60～120min），具有多种精炼功能，有补偿加热装置或升温手段，始于优质合金钢及超级合金及超纯钢种生产，真空吹氧脱碳法（VOD法）、真空电弧加热脱气法（VAD法）、钢包精炼炉法（LF法、ASEA-SKF法）、氩氧脱碳法（AOD法）等均属此类。

6.1.4 炉外精炼功能

精炼方法能够完成的冶金功能可概括为：脱气（脱氢、脱氮），脱氧，脱硫，清洁钢液（减少非金属夹杂物、提高显微清洁度），脱碳（冶炼低碳、超低碳钢种），真空碳脱氧，调整钢液成分（微调与均匀最终化学成分），调整钢液温度。

目前各种常用的炉外精炼技术的工艺效果比较见表6-1。

表6-1 各种炉外精炼技术的冶金功能比较

精炼技术	SL，TN	VD	RH	VOD	AOD	LF/VD，ASEA-SKF，VHD	LF	CAS-OB
脱氢/10^{-6}	略降	1～3	1～3	1～3	略降	1～3		
脱氧/10^{-6}	≤15	20～40	20～40	30～60	50～150	20～40	20～40	
脱碳	可用于增[C]	至0.01%	至0.003%	至0.002%	至0.015%	至0.01%	可用于增[C]	可脱
脱硫	至0.002%	可脱	可脱	至0.006%	至0.006%	至0.002%	至0.002%	
去夹杂	约90%	45%～50%	50%～70%	40%～50%	略减	约50%	约50%	增加
合金收得率	喷合金粉100%	90%～95%	95%～100%	Cr 90%～99%	Cr≥98%	90%～95%	约90%	可提高
微调成分	精确微调	可以	精确微调	可以	不能	可以	可以	可以
均匀成分和温度	有效	有效	有效	有效		有效	有效	有效
钢水温降	降	降	降	升	升	升2～4℃/min	升2～4℃/min	升5～15℃/min

6.1.5　各种产品对精炼功能的要求

炉外精炼方法的选择应满足产品质量的要求，不同产品对炉外精炼的功能有不同要求。

（1）厚板：脱氢、脱硫、减少氧化物夹杂。

（2）钢轨：脱氢。

（3）轮箍：脱氢、去除夹杂物。

（4）薄板：脱碳、脱氧。

（5）管材：脱硫、减少氧化物夹杂。

（6）轴承钢：脱氧、减少氧化物夹杂物、脱硫、改变硫化物形态。

（7）不锈钢：脱碳保铬、脱氢、减少夹杂物、降低成本。

炉外精炼的另一个积极意义是减轻炼钢炉的负荷，提高其生产力。比如采用连铸的转炉车间，尤其是全连铸车间，往往都选用 LF 或其他加热型精炼装置。

6.2　炉外精炼设备

6.2.1　钢水循环真空脱气处理［RH 和 RH-OB（RH-KTB）］设备

RH 设备是真空装置中最庞大、最复杂、投资最大的一种，但由于周期短、生产能力大、脱气效果好，仍然是目前大多数大型转炉车间首选的精炼设备。RH 法如图 6-2 所示。RH 设备真空室下端设置两根吸引和排放钢液的上升管和下降管，钢液脱气处理时，两根管插入钢包内的钢水中，通过抽真空和在上升管下部 1/3 处向钢水吹入氩气等驱动气体，使钢水上下循环脱气。同时可以加入合金微调成分。如果在真空室安装顶氧枪吹氧，则称为 RH-OB（RH-KTB）法，如图 6-3 所示。RH-OB（RH-KTB）法向真空室内吹氧脱碳，可以冶炼超低碳钢与不锈钢。

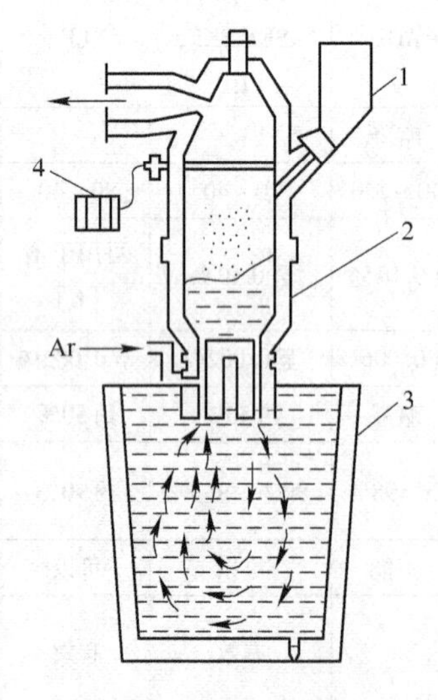

图 6-2　RH 法示意图

1—加料装置；2—真空室；3—钢包；4—石墨电阻电极加热装置

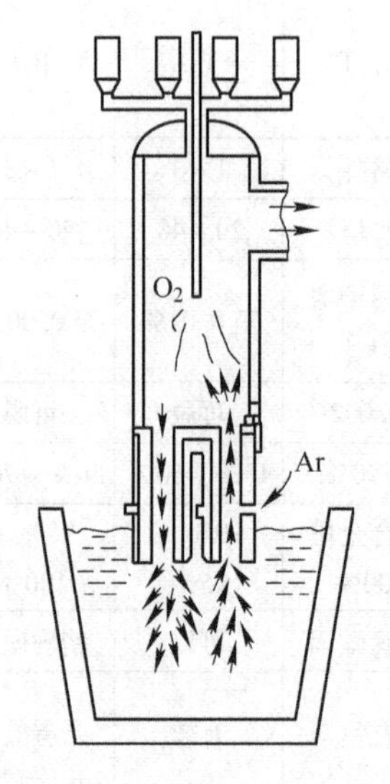

图 6-3　RH-OB（RH-KTB）法示意图

6.2.1.1 RH 真空处理设备组成

图 6-4 为 RH 真空处理设备系统示意图。它主要由真空脱气室、真空室加热设备、升降和旋转设备、合金加料设备、真空泵系统和电气设备及测量控制仪表等部分组成。

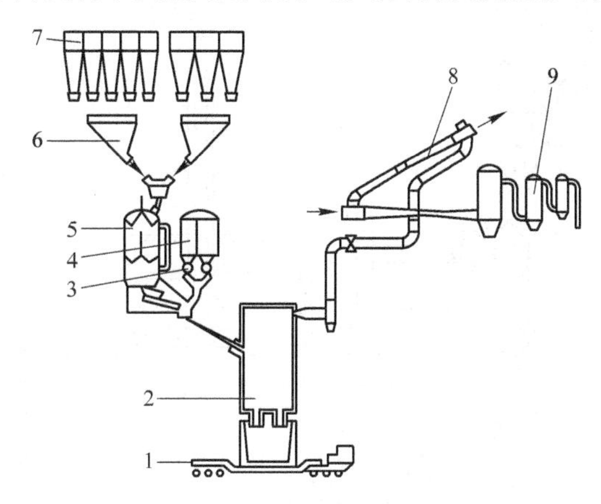

图 6-4 RH 真空处理设备系统示意图

1—钢包车；2—真空室；3—旋转给料器；4—小料斗；5—双料钟漏斗；
6—称量漏斗；7—合金料仓；8—蒸气喷射泵；9—冷凝器

A 真空室（脱气室）

对真空室的要求是：应使钢水在真空室中有足够长的停留时间，足够大的脱气表面积以及脱气过程中热损失要小，同时要易于维护，生产率要高。

真空室的构造如图 6-5 所示。真空室的外壳为焊接的钢制圆柱形容器，它由上部、下部和插入管三部分组成，各部分之间用法兰互相连接。真空室内部衬有耐火材料。

真空室现都为圆筒形，两环流管都是垂直的，这可便于制造和安装，还能互换使用，延长工作寿命。

B 真空室加热设备

加热设备的作用是对脱气室进行预热，以延长耐火材料寿命，防止粘钢并减少处理过程中钢液的温度降，有煤气（或天然气）加热方式和电加热方式。某厂采用两种预热方式：在待机位置采用焦炉煤气加热；在处理位置采用电极加热，以保证在脱气室处理开始作业时，脱气室内有足够高的温度，同时，在脱气处理作业过程也可采用电极加热。

C 真空室升降和旋转设备

真空处理时，真空室需转动到处理位置上方，然后降下将插入管插入钢水中，这种方法称为上动法。或者真空室不动，而使钢包升降，此法称为下动法。上动法的真空室需具有升降机构和旋转机构，如图 6-6 所示。真空室 1 通过金属结构悬挂在两个上摆动臂 2 和两个下摆动臂 3 上，摆动臂可绕轴 10 转动，摆动臂后部有平衡重 11。真空室升降机构 6

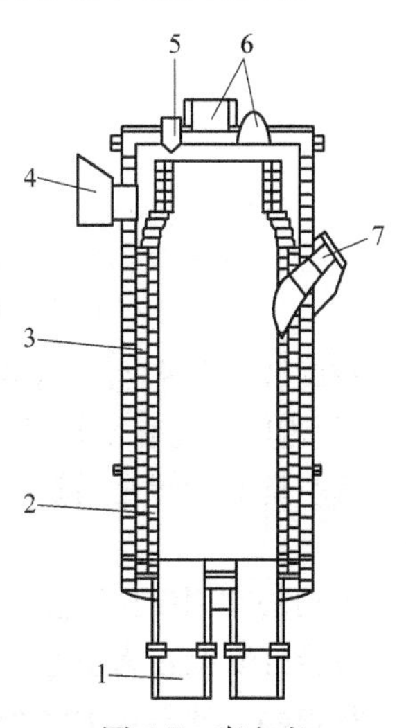

图 6-5 真空室

1—插入管；2—真空室下部；
3—真空室上部；4—排气管；
5—加合金的连接管；6—窥视孔；
7—加热设备连接管

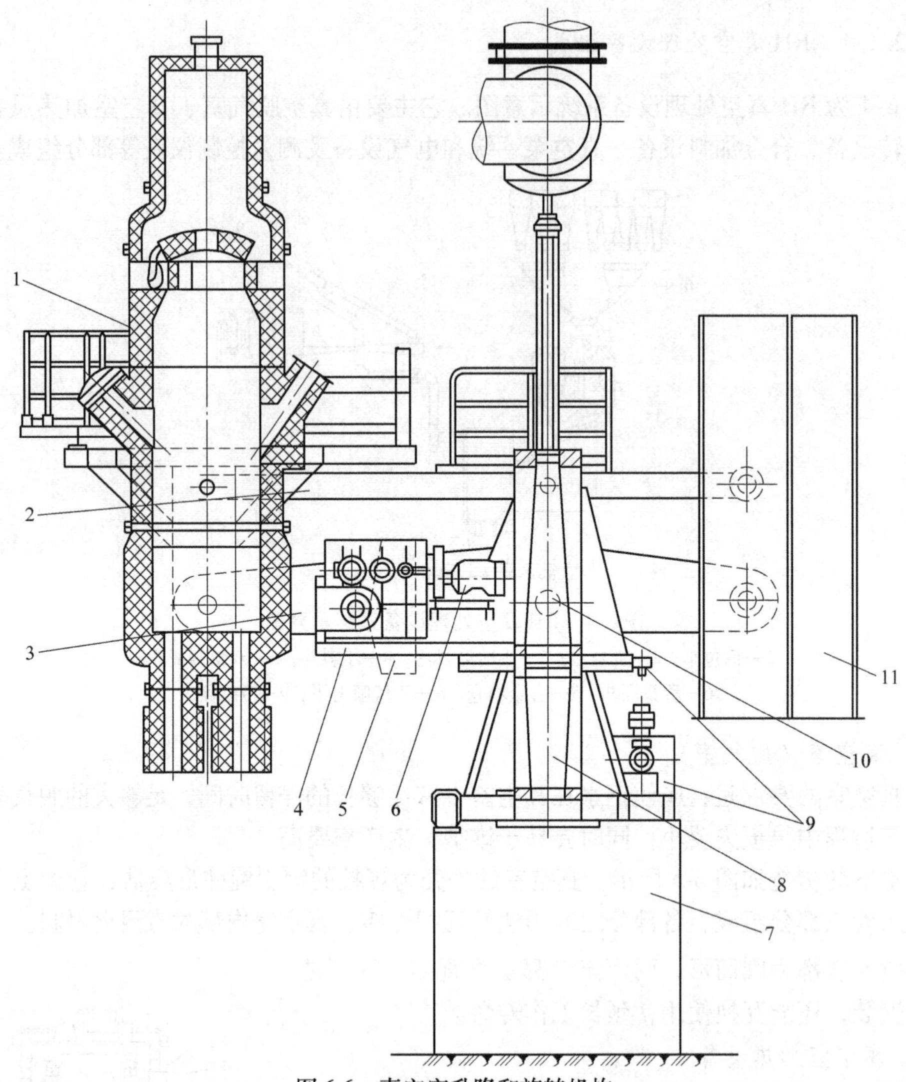

图 6-6　真空室升降和旋转机构

1—真空室；2—上摆动臂；3—下摆动臂；4—旋转平台；5—弧形齿轮；6—升降机构；
7—设备基础；8—立柱；9—旋转机构；10—摆动臂转轴；11—平衡重

固定在旋转平台 4 上。电动机通过减速器转动两个相同的小齿轮，在转动两个弧形齿轮 5。弧形齿轮固定在下摆动臂上，因而摆动臂转轴 10 摆动，达到升降真空室的目的。

真空室的旋转是通过电动机、减速器和开式齿轮传动而使旋转平台 4 绕立柱 8 转动达到的。

下动法常用液压装置来升降钢包。在钢包车上面有一个托盘，钢包和托盘可以一起升降。液压缸安装在真空室正下方的地平线下。当钢包车开过来对准处理位置后，启液压缸将托盘顶起，使钢包上升到正常处理位置。

上动法较适用于小型设备。对于钢包容量较大的，一般采用下动法为宜。

D　合金加料设备

如图 6-4 所示，在厂房上部有合金料仓若干个，每个料仓下口处有电磁振动给料器，可使合金进入称量漏斗，当合金达到预定重量后，可将其送入真空室顶部的双料钟真空漏斗内，再经电磁振动给料器，溜槽加入真空室内。合金加入真空室时，是通过双层料钟来进行密封的，因此加料是在真空条件下进行的。

E 真空泵系统

钢水真空处理不需要太高的真空度，一般真空度在 13.33 ~133.32Pa 就能满足生产工艺的要求。真空室系统一般由 4 ~6 级蒸汽泵、几个中间冷凝器及相应的控制仪表、闸阀管道等组成。

蒸气喷射泵的构造原理如图 6-7 所示。工作蒸气通过喷嘴渐扩部分而得到膨胀，蒸气的压力能转变为动能，减压增速，并获得超音速。被抽气体从真空室引入，在混合室 3 内与高速喷射蒸气混合。随后通过扩压器 4，混合气体压缩，压强开始回升，从出口喷出。

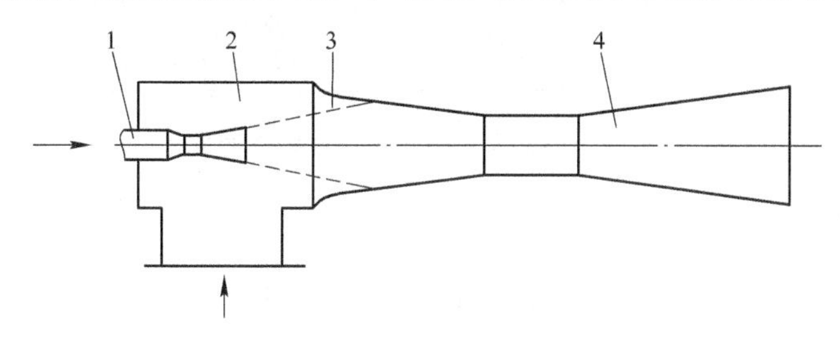

图 6-7 蒸气喷射泵构造原理

1—喷嘴；2—真空室；3—混合室；4—扩压器

为满足一定的真空度要求，常将喷射泵串联工作。从前一级喷射泵喷出的气流中，有被抽气体和工作蒸气。采用中间冷凝器是使蒸气被冷凝后排出，这样可显著减轻下一级喷射泵的负荷及减少蒸气的耗量。

6.2.1.2 RH 设备在车间内的布置

RH 设备由于是比较复杂的精炼设备，一般布置在炼钢工序和连铸工序之间，多数布置在炼钢炉后部的各厂房内。下面简单介绍比较典型的 RH 设备、RH-KTB（KTB）的车间布置图。

A RH 设备的转炉车间布置

图 6-8 是 RH 设备在转炉车间的布置示例，属多跨平行布置。全车间由 7 个跨间组成，其中有连铸与模注两种浇注方法。车间内设有 SL 喷粉设备与 RH 设备，二者在同一条车间内部（过跨）路线上，既便于钢水运送，又可以在一条线上进行两种或单一精炼过程。而同一车间里同一条路线上设有两种或两种以上的精炼装置，可根据不同钢种的质量要求，选择精炼工艺。

B RH 设备的电弧炉车间布置

图 6-9 为国外某电弧炉车间经几次技术改造后形成的 EAF-LF-RH-WF-CC 生产线。在这一熔炼路线上由 UHP 电弧炉初炼的钢水，在出钢过程中脱氧，转到精炼阶段，先在钢包炉上加热，脱硫与合金化，再到 RH 设备循环脱气和精确调整成分。各项熔炼环节的连接都是专用钢包车在轨道上的运行和接替，减少吊车的吊运工作量。从布置上考虑，整个精炼阶段的设备可以完全布置在同一跨间之内，并与连铸机的钢包旋转台衔接。RH 真空室的修理准备工作则在精炼作业线的分支上与精炼流程方向垂直，这种设计有利于缩减设

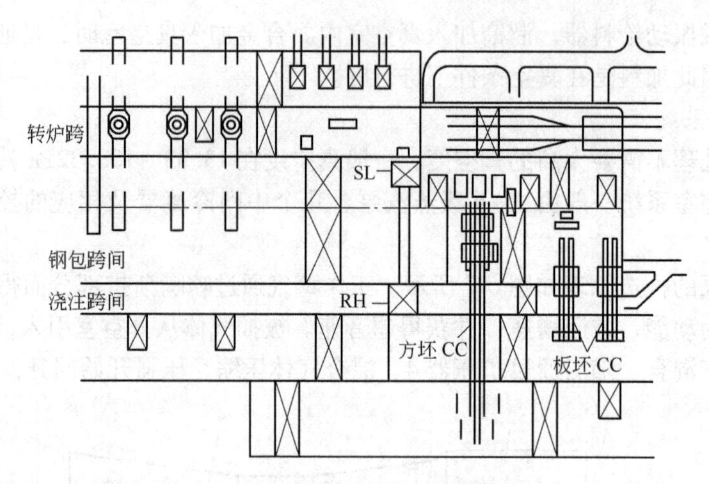

图 6-8　转炉车间及 SL、RH 设备布置

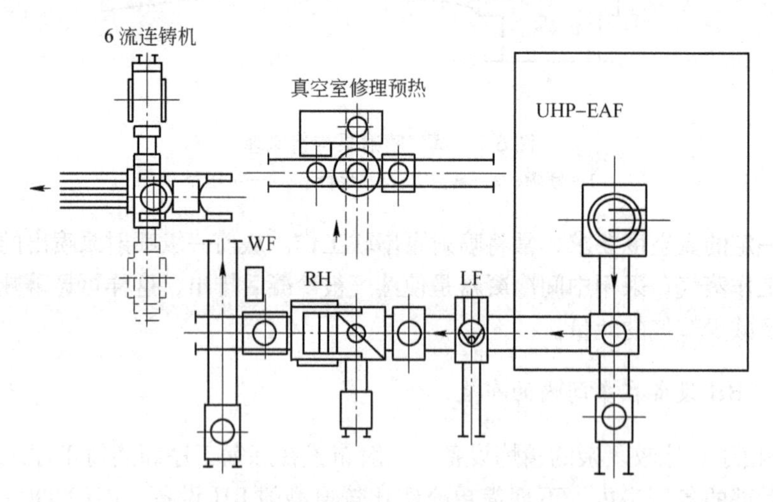

图 6-9　EAF-LF-RH-WF-CC 流程布置

备更换所占用的时间，对于保证整体流程的畅通，提高作业率十分有利。

6.2.2　ASEA-SKF 炉（钢包精炼炉）设备

瑞典轴承公司（SKF 公司）与通用电气公司（ASEA 公司）合作于 1965 年建成第一座 30t ASEA-SKF 精炼炉。该精炼炉具有在钢包内对钢液真空脱气、电弧加热、电磁搅拌的功能。

ASEA-SKF 炉设备及配备的辅助设施主要包括：

（1）由非磁性材料制作的配有真空密封结构的钢包；

（2）电极加热炉盖和变压器；

（3）水冷电磁感应搅拌器及其变频器；

（4）与真空泵相连的真空密封盖；

（5）吹氧枪；

（6）铁合金加料系统；

(7) 冷却水系统以及提供压缩空气和氮气的装置;
(8) 设备运转的机电和液压动力系统;
(9) 测温、取样、操作仪表等。

6.2.2.1 钢包精炼炉设备结构形式

图6-10为钢包精炼炉设备结构示意图。

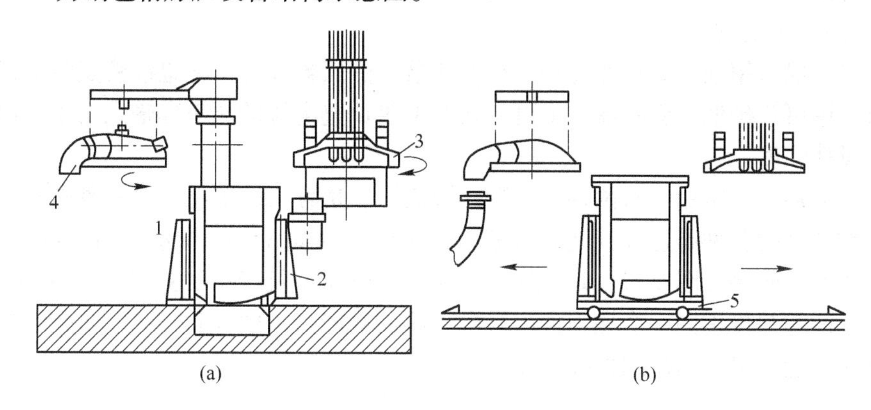

图6-10 钢包精炼炉设备结构示意图
(a) 固定式钢包炉;(b) 移动式钢包炉
1—炉体;2—感应搅拌装置;3—电弧加热装置;4—真空密封炉盖;5—钢包车

钢包精炼炉设备按结构形式分为固定式钢包炉(见图6-10(a))和移动式钢包炉(见图6-10(b))。固定式钢包炉,即钢包放在固定的电磁搅拌装置中,加热炉盖与真空炉盖交替旋转与钢包炉口盖合。移动式钢包炉,即钢包炉和电磁感应搅拌装置均放在钢包车上,移动钢包车使钢包分别与固定在一定位置的加热炉盖或真空炉盖盖合,而加热炉盖或真空炉盖只相对于钢包车作上下移动。移动式钢包炉虽然多了一台钢包车,但从设备布置,生产操作来看是比较适合的,因此目前大部分采用移动式钢包炉。而固定式钢包炉只用于吨位较小的炉子。

6.2.2.2 钢包炉炉体及钢包车

钢包炉炉体与普通钢包相似,外壳由钢板制成,内衬耐火材料,直径也大致相同,只是比一般的钢包要高些。钢包外壳的形状是圆柱形,通常是没有锥度的。钢包外壳材料,为了适应感应搅拌,让磁场穿透外壳,被搅拌器包围的部分需采用无磁性奥氏体不锈钢板,其他部位采用碳素钢板。为了避免脱气及搅拌过程中钢水及炉渣从炉口溢出,熔池面至炉口之间要有一定的沸腾空间,其自由空间高度一般取1000~1400mm。为保证脱气时的真空密封效果,炉口作成水冷凸缘,其上表面与真空炉盖的密封胶圈密合,因此要求加工平整,以防漏气。包底通常设滑动水口,需要时还设有吹惰性气体的透气砖。炉壳上部设有取样孔,两侧装有耳轴。为了便于炉体放入圆筒形感应搅拌器中,炉壳上装有导轨。

钢包车采用坚实的横梁式结构,电磁搅拌装置和钢包炉都装在钢包车上,钢包炉是可倾动的,钢包车在轨道运行是由液压驱动的。车上还装有对准位置用的定位装置以及电子称量系统。

6.2.2.3　电磁感应搅拌装置

感应搅拌的目的是使钢水充分脱气，加速渣、钢化学反应及非金属夹杂物的上浮，保证合金成分和钢水温度均匀。

感应搅拌装置主要由变压器、低频变频器和感应搅拌器组成。一般要求频率为 0.5 ~ 3Hz，钢水运动速度约 1m/s。

变压器一般采用油浸式自然冷却三相变压器，变压器经过水冷电缆将交流电供给变频器。目前采用可控硅低频变频器，由可调式配电盘调整电源的频率和输入功率，以达到不同要求的搅拌强度。

感应搅拌器形式常用的有两种：一种是圆筒形，也称为固定型；另一种是片形，也称单向型。搅拌器的各种布置及其造成钢流的流动状态，如图 6-11 所示。图 6-11（a）为圆筒形搅拌器及其效果，图 6-11（b）为一片单向型搅拌器及产生的效果，图 6-11（c）是两片单向型搅拌器使用同一个磁力方向时所引起的双回流，图 6-11（d）则是两片单向型搅拌器串联时造成单一回流的情况。

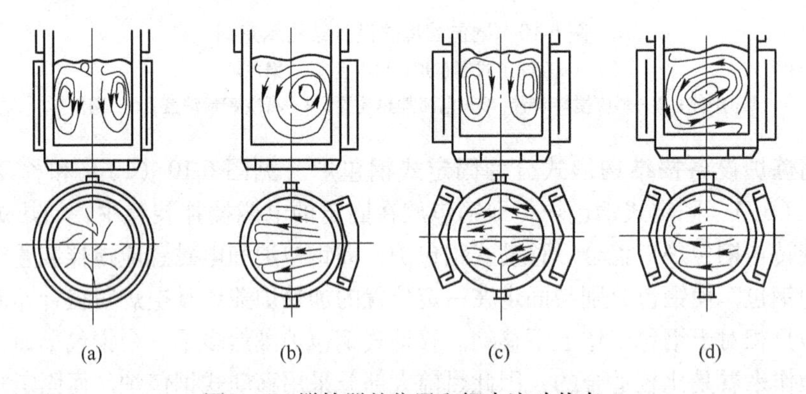

图 6-11　搅拌器的位置和钢水流动状态

圆筒形搅拌器的缺点是产生搅拌的双回流，增加了流动阻力。一片单向型搅拌器可以只产生一个单向循环流，但力量较弱。而两片单向型搅拌器使用同一个磁力方向时，将产生一个类似圆筒形搅拌器的双回流，当其中一个把电流方向倒过来，即串联时产生单向旋流，流动阻力小，搅拌力大，可提高搅拌效果。

目前一般都采用单向型搅拌器，中小型钢包炉采用单片，大容量钢包炉采用两片单向型搅拌器。

6.2.2.4　电弧加热装置

钢包精炼炉的电弧加热设备与一般电弧炉相似。图 6-12 为加热状态示意图，电极通过炉盖插入炉内。由于加热的目的只是为了补偿在运送钢水、脱气、造渣及合金化过程中钢水的热量损失，它与电弧炉相比所需功率较小，因此所用的电极较细，变压器的容量较小。加热炉盖上设一个加料口。钢水加热速度一般为 2.5 ~ 3.5℃/min，电极控制采用液压调节系统。电极最大提升速度为 120mm/s，下降速度为 80mm/s。

6.2.2.5　真空脱气装置

真空脱气装置由真空密封炉盖和真空泵构成。真空密封炉盖结构如图 6-13 所示。真空炉盖盖口为水冷凹槽法兰圈，内设有密封胶圈与炉口凸缘相盖合，在胶圈下面设有防热挡板，炉盖离开炉体后防热挡板自动挡在胶圈上。炉盖上还设有窥视孔及电视摄影孔，用以观察炉内反应情况。采用真空吹氧脱碳精炼低碳钢时，可装设吹氧装置。

真空泵一般采用四级蒸气喷射泵，工作真空度为 67Pa。

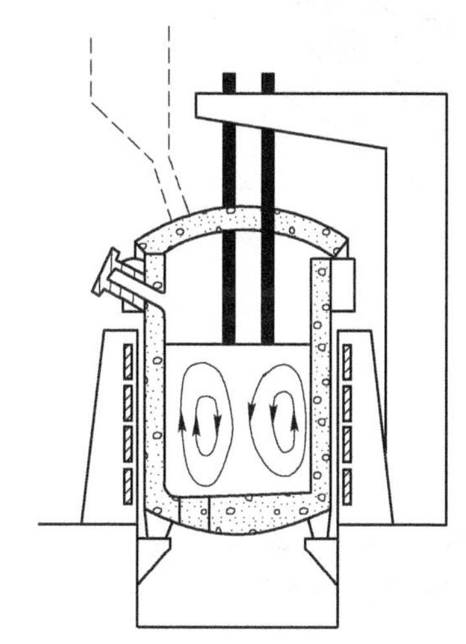

图 6-12　ASEA-SKF 精炼炉加热状态示意图

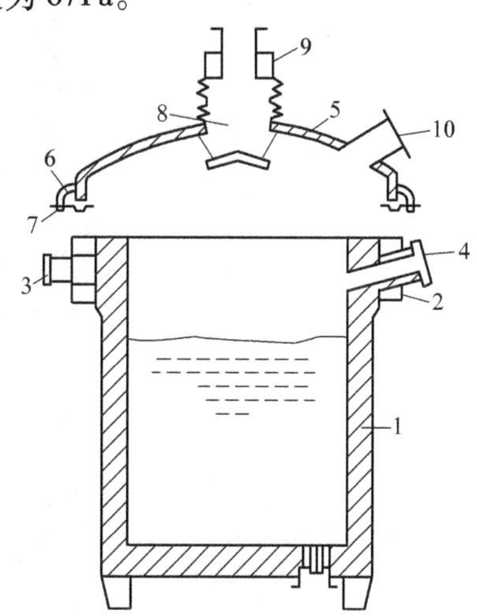

图 6-13　炉体及真空炉盖结构示意图
1—炉壳；2—凸缘；3—耳轴；4—取样孔；5—真空密封炉盖；6—密封胶圈；7—防热挡板；8—真空管道；9—活动密封；10—窥视孔

6.2.2.6　加料系统

钢包精炼炉的加料系统如图 6-14 所示。

加料系统包括料仓、振动给料器、称量车、皮带运输机、布料器和加料器等。合金料仓大多采用高架式布置，根据精炼配料的需要量，合金料经给料器装入自动称量漏斗车内，称量后停止给料，称量车运行至皮带运输机处卸下，经布料器和加料孔将合金加入钢包炉内。合金料也可从布料器经真空罐在真空下加入炉内。

真空炉盖上的加料装置是设有双层密封的真空罐，罐内设有密封卸料阀。合金料倒入罐内通过卸料阀加入炉内，以实现在真空下加料。

6.2.2.7　吹氧装置

精炼不锈钢时，在真空下吹氧脱碳，可精炼出高质量低成本的不锈钢。吹氧装置包括：氧枪、氧枪升降机构、氧气调节机构和氧枪行程指示器等。

6.2.3　LF 精炼炉设备

6.2.3.1　LF 精炼炉的特点

LF 精炼流程动画

LF 法是日本大同制钢公司于 1971 年在 ASEA-SKF 和 VAD 的基础上开

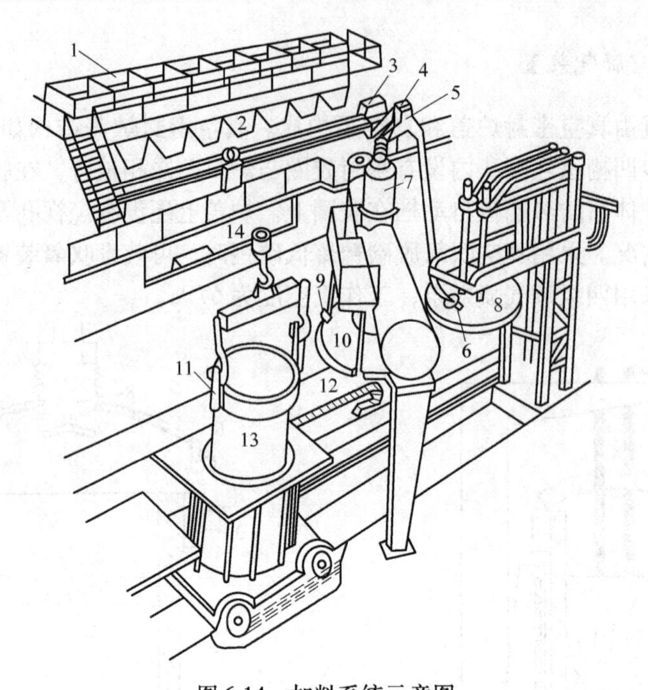

图 6-14　加料系统示意图

1—高架式料仓；2—振动给料器；3—称量车；4—皮带运输机；5—布料器；6—加料孔；7—真空罐；8—加热炉盖；9—窥视孔；10—真空炉盖；11—吊耳；12—电缆车；13—钢包炉；14—操纵室

发的一种炉外精炼技术。LF 精炼炉在常压下通过电弧加热钢包内钢水，并同时造高碱度合成渣精炼和底部吹氩搅拌，如图 6-15 所示。

LF 炉能够承担电弧炉炼钢的精炼工作，如造渣、还原、脱氧、脱气、均匀温度成分等，也可以保温、升温，作为炼钢和连铸之间的缓冲装置，协调炼钢和连铸生产周期不匹配的矛盾，所以现代化的转炉和电弧炉炼钢车间都采用它作为精炼设备。

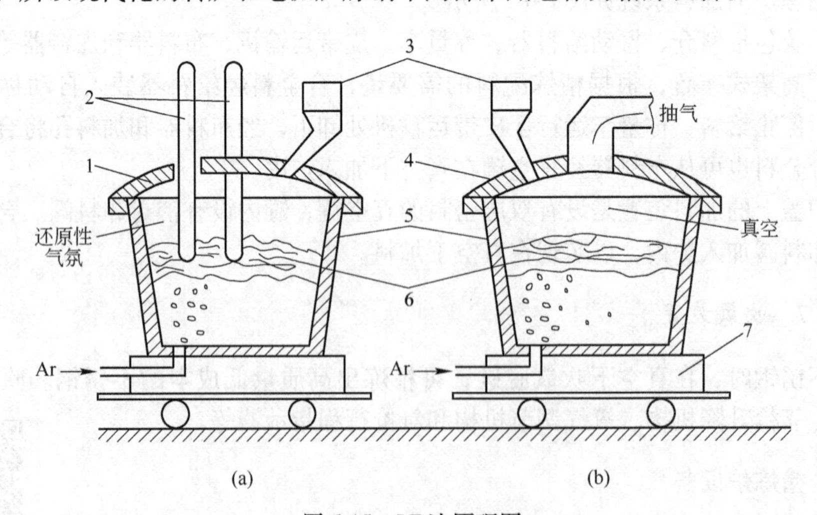

图 6-15　LF 法原理图

（a）埋弧加热；（b）真空处理

1—加热盖；2—电极；3—加料槽；4—真空盖；5—钢包；6—碱性还原渣；7—钢包车

LF（LFV）精炼炉的技术特点可归纳如下：

（1）LF 炉采用钢包底部透气砖吹氩搅拌，较之 ASEA-SKF 炉使用电磁搅拌简单，投资费用减少。

（2）LF 炉与 ASEA-SKF 炉同样采用非真空下电弧加热钢水，与 VAD 炉在低真空下加热相比，可以不用电极插入真空盖处的动密封及要求非磁性材料结构，简化设备，节省制作与维修费用。

（3）在非真空下电弧加热，又采用了专门的炉渣，可使 LF 炉加热钢水在埋弧状态下进行，既可以提高热效率，又减轻了电弧对精炼炉炉衬的热侵蚀。

（4）为了获得良好的还原精炼效果，在加热时，加热炉盖与钢包炉口密封接触，即在密封下进行电弧加热，防止外部空气进入，并加入碳粉造成钢包炉内还原性气氛，使包内气氛中 O_2 含量下降到不大于 2%，炉渣中（FeO）可稳定地小于 0.4%。

（5）与 VOD 相比，LF 具有外部能源加热手段的灵活性，设备对钢种的适应性更大；而且能在还原气氛下造高碱度炉渣精炼，有利于脱硫。

LF 炉具有工艺灵活性强的特点，对不同精炼要求的钢种采用不同的工艺过程：

转炉钢水→LF（无真空）精炼→浇注

转炉、电炉钢水→LF（无真空）精炼→RH 或 DH 处理→浇注

电炉钢水→LFV 精炼→浇注

转炉作为初炼炉时，因原始含氢量低，主要任务是脱硫与合金化，则只进行埋弧、密封下加热还原精炼，吹氩搅拌即可，可使 $w[S] \leqslant 0.005\%$，$\sum w[O] \leqslant 0.003\%$。而电弧炉钢水则应经过真空脱气精炼，钢水在较长时间的炉渣与真空精炼作用下，例如轴承钢可达 $\sum w[O] < 0.002\%$。

所以设计时要根据车间计划生产的钢种和各钢种生产批量的大小来选择工艺方案，进而确定熔炼设备的配置与容量选择，即解决精炼设备的选型问题。

6.2.3.2 LF 精炼炉结构

LF 精炼设备动画

LF 炉与 ASEA-SKF 炉功能相近，整体结构多为台车（钢包车）式，钢包由座包扒渣工位向固定于一定位置的加热炉盖、精炼炉盖处移动，分别完成各项工艺过程。有的还将 LF 精炼与喷粉处理相连接，即将喷粉设备也装设于钢包车的移动线上，实现钢水的喷粉处理。或者因钢水质量要求不同，在同一线路上有选择地通过几个精炼环节，得到需要的成品钢水。

（1）炉体。作为精炼炉体的钢包与普通浇注钢包的不同点是内型尺寸较为矮粗，即 H/D 较小；钢包上口外缘装有水冷圈（法兰），防止包口变形和保证炉盖与之密封接触，底部装有滑动水口和吹氩透气砖。钢包壳需按气密性焊接的要求焊制。

（2）电弧加热装置。LF 炉电弧加热系统与三相电弧加热装置相似，电极支撑与传动结构也相似，只是尺寸随钢包炉结构而异。钢包炉加热所需电功率远低于电弧炉熔化期，且二次电压也较低。

由于各型钢包炉（包括 ASEA-SKF 炉、VAD 炉和 LF 炉）加热时钢液平稳，电流较稳定，即与电弧炉熔炼的还原期相似，因此不必担心因电弧电流冲击引起的线路中闪烁现象；同时，二次短网导体的电流密度的计算许用值可比相同功率的一般电弧炉为高，留有

较小的安全余量。LF 炉用变压器次级电压通常也设计制作有若干级次，但因加热电流稳定，加热所需功率不必很大变化，所以选定某一级电压后，一般不作变动，故变压器设计没必要采用有载调压，设备可以更简单可靠。

(3) 炉盖。LF 炉炉盖与 ASEA-SKF 炉相同，为保证炉内加热时的还原气氛或真空密封性（当有真空精炼时），炉盖下部与钢包上口接触应采用密封装置。现在，炉盖大都采用水冷结构型。为保护水冷构件和减少冷却水带走热量，在水冷炉盖的内表面衬以捣制耐火材料，下部还挂铸造的保护挡板，以防钢液激烈喷溅，黏结炉盖，使炉盖与钢包边缘焊死，无法开启。

(4) 真空系统。LF 炉与 ASEA-SKF 炉一样，采用蒸汽喷射泵。一方面它有巨大的排气能力，另一方面可以不必顾虑排出气体的温度和抽出气体中含有微小渣粒和金属尘埃。这是机械泵所不可比拟的。LF 炉与 ASEA-SKF 炉真空精炼过程中真空度应不大于 67Pa，应能在 5min 左右将炉内压力抽吸到上述范围。

6.2.3.3　LF 炉在车间内的布置

LF 炉设备在车间可有多种摆放位置，视车间具体情况而定，综合起来，LF 炉的位置基本上有两种类型：

(1) LF 炉与加热变压器（如含真空精炼时还包括真空精炼工位）位于炉子跨间，与初炼炉（电弧炉）靠近并列。当初炼炉出钢后，载有钢水的钢包被吊运到精炼炉钢包车上，钢包车进入各工位。

(2) LF 炉设备的各工位均位于出钢—浇注跨间。钢包车运行方向与车间（厂房）的纵向平行。

如图 6-16 所示，属于上述两种布置类型的第一种。钢包先在扒渣工位上，除渣后，吊运钢包进入精炼工位进行加热、化渣、精炼，精炼工位处于炉子跨间（平面图中下半部为车间的炉子跨，上半部为出钢浇注跨）。

如图 6-17 所示，属于上述两种布置类型的第二种。LF 炉设在浇注跨间，并留有增加真空处理设备的位置及第二套 LF 炉预留发展位置（与第一套 LF 炉在车间里对称布置）。

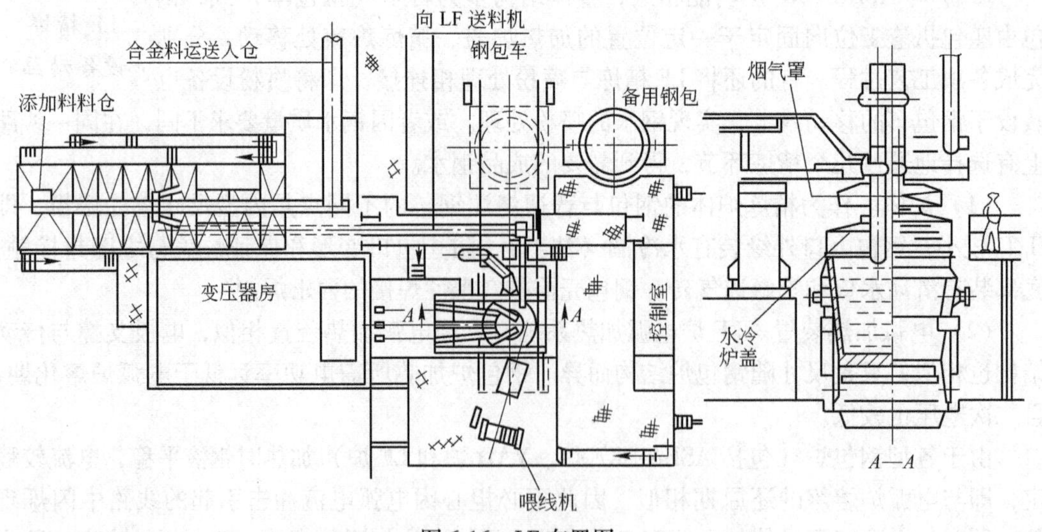

图 6-16　LF 布置图

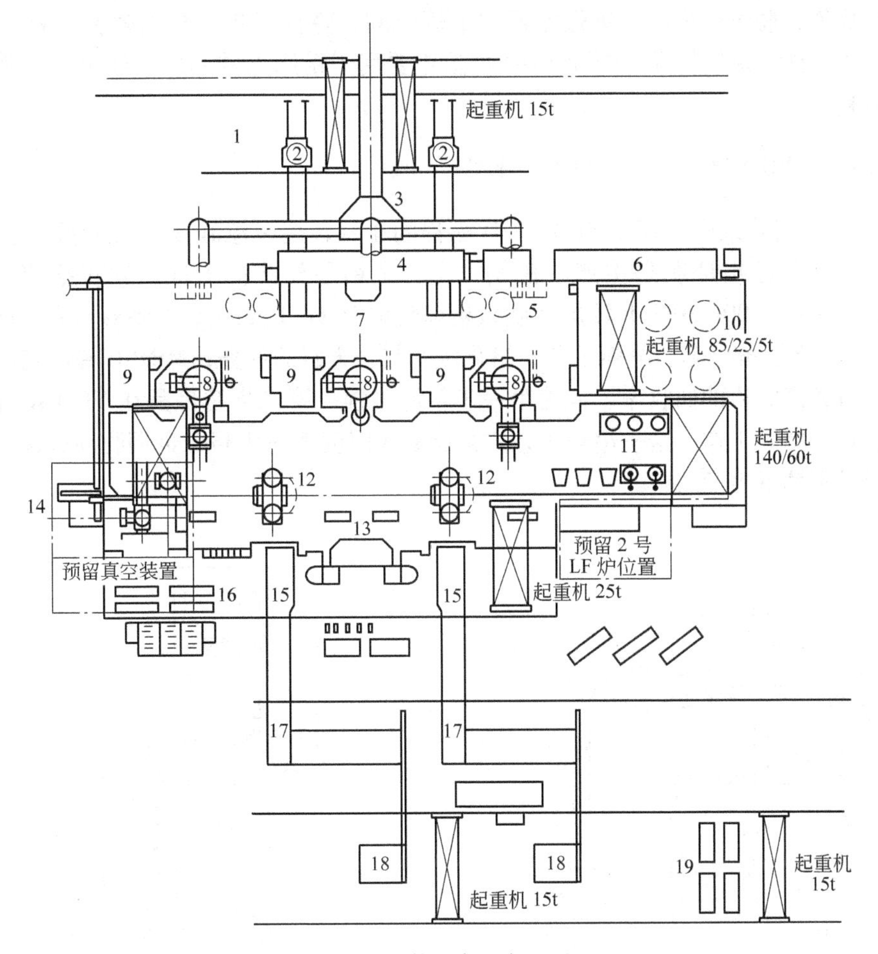

图 6-17 某厂车间布置图

1—废钢场；2—废钢料筐车；3—除尘系统；4—化验室；5—料仓；6—修理车间；7—操作平台；8—电弧炉；9—变压器；10—炉体、炉盖处理场所；11—钢包修砌、准备；12—钢包旋转台；13—连铸操作平台；14—LF 炉作业区；15—连铸机；16—中间包修砌准备；17—冷床；18—检验与收集场地；19—发运场地

这种布置物流顺畅，可以充分利用轨道运输，减少天车吊运。

6.2.4 VOD 炉设备

VOD 是“吹氧真空脱碳法”英文字头缩写。VOD 炉是德国 EW 公司 1967 年发明的一种精炼炉。

6.2.4.1 VOD 炉的特点

VOD 炉是不同于 RH 炉的另一类的真空脱气精炼装置。它的冶金反应的动力学条件比 RH 炉类真空精炼装置差，所以操作周期较长。但设备比较简单、投资较低，很多电弧炉炼钢车间选用它作为炉外精炼设备，其冶炼周期也大致能够匹配。

VOD 炉是真空顶吹氧脱碳设备，并通过钢包底部的透气砖吹氩，促使钢水混合均匀，同时具有真空下合金化和真空脱气等功能，如图 6-18 所示。可以冶炼低碳和超低碳不锈钢，脱碳保铬，脱气效率高，缩短电弧炉冶炼时间，降低成本，提高效益。VOD 炉不吹氧即成为 VD 真空脱气装置，因而 VOD 炉除主要用于精炼不锈钢外，还可用于其他各种特殊钢的精炼。

6.2.4.2 VOD 炉在车间内的工艺布置

图 6-19 是国外某厂 EAF-MRP-L-VOD 流程的布置，这一流程是"三阶段"生产高合金钢的路线，并已被证明是生产不锈钢、高合金钢最经济的方案。它包括 90t 电弧炉（EBT 型）一台，100t MRP-L 转炉（吹氧精炼转炉 Metal Refining Process with Lance）一台和 100t VOD 设备一套。电弧炉负担熔化废钢与合金料的任务；MRP-L 转炉完成快速脱碳并可保持较高的铬的回收率，此为第一步精炼过程；第二步精炼是在 VOD 设备中完成后期的脱碳和精炼工作。这一冶炼工艺方案能最大限度地简化高合金钢脱碳过程，而且较大地降低了不锈钢生产成本。

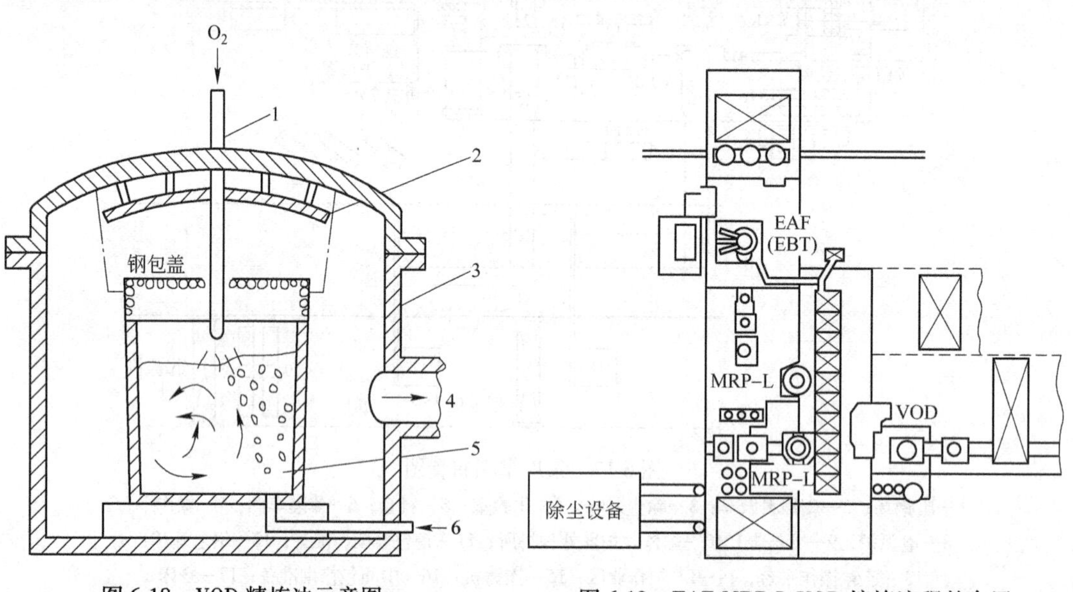

图 6-18 VOD 精炼法示意图
1—氧枪；2—保护盖；3—真空罐；
4—真空；5—钢水；6—氩气

图 6-19 EAF-MRP-L-VOD 熔炼流程的布置

6.2.4.3 VOD 炉设备组成

VOD 精炼炉设备包括：钢包、吹氧装置、真空罐及真空系统、合金加料装置、吹氩装置和取样测量装置等。为了防止脱碳吹炼时的喷溅，在钢包上方设置衬有耐火材料的保护盖，并要求钢包上部有足够的空间。

A 真空罐

VOD 炉在结构上有两种形式，一种是罐式，即钢包置于真空罐内进行精炼；另一种是桶式，即钢包本身加真空室盖，并在其中进行精炼，不设真空罐。

真空罐的结构参数决定于容量。为了防止漏钢，真空罐下应设防漏盘，其容量应能容纳全炉钢水和炉渣，以免损坏罐体。

罐式 VOD 炉密封结构有水汽密封和充氮双密封两种形式。为了减少钢渣喷溅和防止罐盖过热，在精炼钢包和罐盖之间设有中间防溅盖。

B 钢包

由于 VOD 炉有罐式和桶式的区别，钢包的结构也有所不同。罐式的钢包不设密封法兰，钢包的自由空间可以比较小。桶式 VOD 炉的钢包为了密封应设有法兰，为保护法兰，其自由空间比前者要加高 25% ~50%，往往要求有 1.5 ~2m 的自由空间以承受激烈的沸腾。和罐式 VOD 炉一样，为了预防钢渣喷溅，除了包盖之外，也应另设防溅盖。

包衬目前多采用镁铬砖或镁白云石砖。为了加速脱碳，一般将透气砖装于包底中心部位。

C 真空泵

因向真空室吹入氧气进行脱碳时，会产生大量 CO 气体，必须及时抽出，所以和其他精炼设备相比，VOD 所配的真空泵抽气能力应该大一些。

D 氧枪

VOD 炉的氧枪可分为两种类型：一种是普通钢管或在钢管上涂耐火材料的消耗式氧枪；另一种为水冷非消耗式氧枪。后者又分为直管和拉瓦尔式两种。目前拉瓦尔氧枪用得较多，因为它使用起来稳定可靠，寿命很长，可以有效地控制气体成分，可以增强氧气射流压力。

E 加料系统

VOD 炉的加料系统设于真空室盖上，采用多仓式真空料仓，于加料前预先将料加入料仓，在精炼过程中按工艺要求分批将料加入炉内。

F 吹炼终点控制仪表

为了控制 VOD 炉吹炼过程，一般采用以氧浓差电池为主，废气温度计和真空计为辅的废气检测系统。在备有红外线气体分析仪和热磁式定氧仪的 VOD 炉上，也可以利用吹炼过程中炉气的 CO、CO_2 和 O_2 含量变化来判断吹炼终点。

6.2.5 AOD 炉设备

AOD 法也称氩氧脱碳法，是美国 1968 年发明的。

6.2.5.1 AOD 炉的特点

AOD 炉型与转炉相似，如图 6-20 所示，但炉容比略小，在接近炉底的侧壁上安装氩氧枪。枪为双层套管结构，外层管通冷却介质氩气，内层管分阶段通氧气、氩 - 氧混合气、氩气。AOD 法主要与电弧炉或转炉双联使用，通过调整 O_2/Ar 比，对钢液进行脱碳保铬，精炼还原和调整成分，用于冶炼低碳和超低碳不锈钢，成本低，合金回收率高，脱氧效果与 VOD 相当，脱氢、脱氮效率不如 VOD 法，可部分脱硫。

6.2.5.2 AOD 炉设备在车间内的工艺布置

AOD 炉主要在电弧炉车间使用，当生产一般奥氏体不锈钢、铁素体不锈钢时主要用 EAF + AOD 二步法，而生产超低 C、N 不锈钢种时，可用 EAF + AOD + VOD 三步法，这样做的目的是争取能得到最低的生产成本。

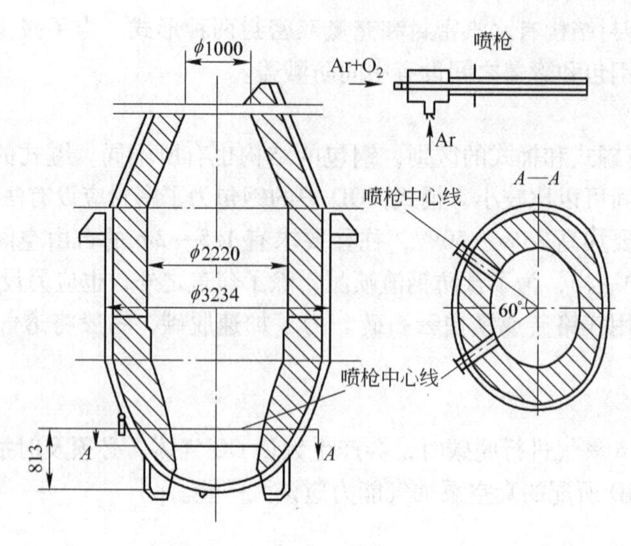

图 6-20　AOD 精炼法示意图

6.2.5.3　AOD 炉设备组成

AOD 炉设备组成与获得低碳和超低碳不锈钢的其他精炼方法相比，AOD 法在大气下进行精炼，所用设备简单，包括炉体、供气装置、除尘装置、加料装置和加热装置等。

6.2.6　钢包吹氩及 CAB、CAS-OB 设备

6.2.6.1　钢包吹氩设备

钢包吹氩是目前应用最广泛的一种简易炉外精炼方法，它可以均匀钢水的温度和成分，脱除钢水中的气体和非金属夹杂物以及改善钢水的浇铸性能，同时设备简单、投资少、操作方便。为此钢包吹氩得到广泛应用，一般钢厂都规定连铸钢水必须经过吹氩处理。

钢包吹氩的方式基本上分为顶吹和底吹两种方式。

顶吹是从钢包顶部向钢水内垂直插入一根吹氩枪吹氩精炼。氩枪是由厚壁钢管和高铝或黏土釉砖组成，顶端装有一个透气砖。氩气由钢管引入经透气砖吹入钢水中。氩枪装在平台上并由机械带动升降。有些钢厂在炼钢车间内安装一个吹氩台，如图 6-21 所示。

底吹是在钢包底部安装透气砖，氩气通过透气砖吹入钢水中。吹氩用的透气砖是由高铝质材料制成，其形状如截头圆锥，外面包有钢套。钢套底部焊有空心螺栓，如图 6-22 所示。用钢套包住透气砖，是为了防止氩气从透气砖的边上跑掉，使全部氩气从透气砖上面流出以搅拌钢液。透气砖安装的最佳位置是在钢包底半径的中心。对容量大的钢包可采用多孔式，增强对钢液的搅拌能力。实践表明，采用底部透气砖吹氩，设备简单，适应性强，搅拌效果好。可随时吹氩，可在出钢结束时吹氩，也可在出钢过程中吹氩，甚至可在钢包移动过程中吹氩。它使用于对钢液质量有较高要求的场合，特别是当钢液还须进一步精炼时，一般都采用底部吹氩的方法。

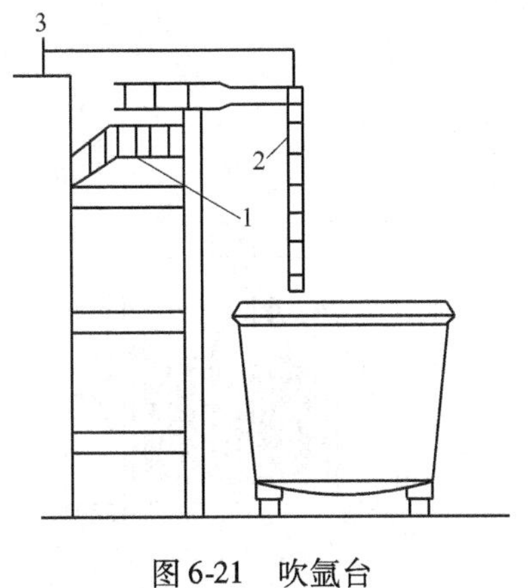

图 6-21　吹氩台
1—吹氩平台；2—氩枪；3—流量计

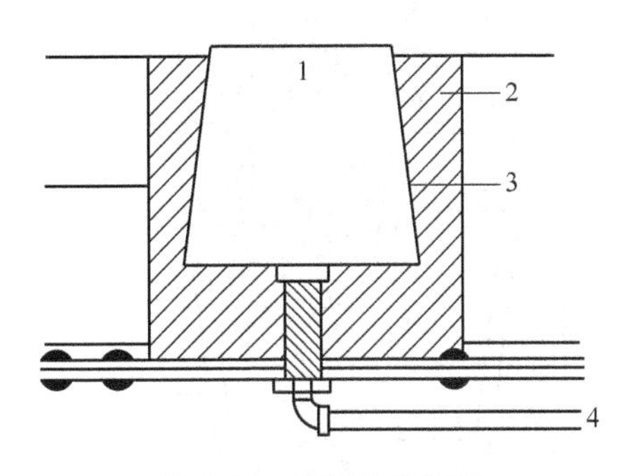

图 6-22　透气砖安装图
1—透气砖；2—耐火泥；3—钢套；4—通氩管

透气砖的安装方式有内装式和外装式两种。钢包内衬使用寿命和透气砖寿命同步，可采用内装式。外装式便于更换透气砖，劳动条件较好。

在钢包吹氩过程中，需要进行合金成分的微调及测温、取样等操作。为此在吹氩点还设置有测温、取样及铁合金加入装置，并设有操作台，进行吹氩压力和流量的调整等操作。

6.2.6.2　带盖钢包吹氩法（CAB 法）设备

CAB 法是带盖钢包加合成渣吹氩精炼的方法，其原理如图 6-23 所示。

带盖钢包吹氩法所用钢包，其浇钢口必须采用滑动水口。钢包盖外壳用钢板焊成，内衬耐火材料。盖上一般有测温孔、窥视孔及合金加入口。合金加入口要求设在吹氩口的上方，这样有利于合金的均匀熔化。钢包内衬一般采用熔点高、性能比较稳定的高铝砖。吹氩用透气砖一般采用含 Al_2O_3 大于 85% 的高铝砖。透气砖周围先用 0.5mm 的薄铁皮全部包紧焊好，只留下与钢液接触的一端不包铁皮，与此相对的另一端焊有吹氩嘴，以便与氩气管连接。

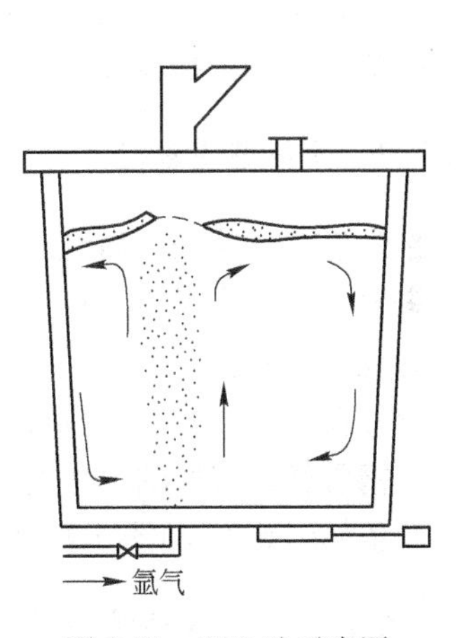

图 6-23　CAB 法示意图

6.2.6.3　封闭式吹氩成分微调法

A　成分高速密封吹氩法（CAS 法）

CAS 法是用来在钢包内对钢液合金元素含量进行调整的方法，如图 6-24 所示。将一个带盖的耐火材料管隔离罩插入钢液内吹氩口上方，并挡住炉渣。管内可加入各种合金元素进行微合金化。由于钢液受底部吹氩搅拌，成分与温度迅速均匀，在密封条件下受氩气保护的合金收得率很高，对镇静钢而言，钛收得率 100%，铝回收率 85%。

B　吹氧升温精炼法（CAS-OB 法）

CAS-OB 法是在 CAS 装置上加一氧枪，并在精炼过程中加铝调温，如图 6-25 所示。吹

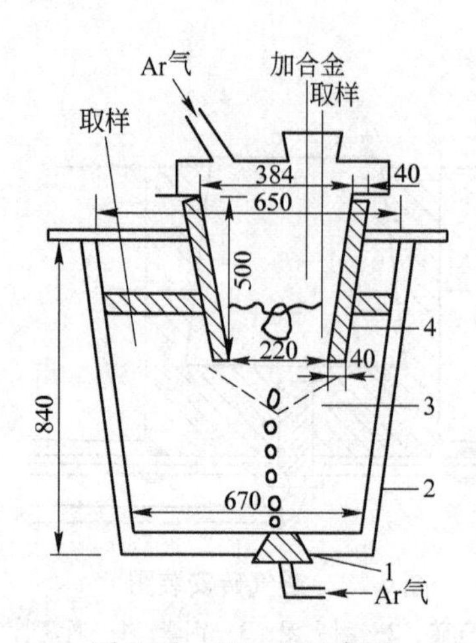

图 6-24　CAS 法示意图

1—透气砖；2—钢包；3—装入钢包时的挡渣帽；
4—高铝耐火材料管

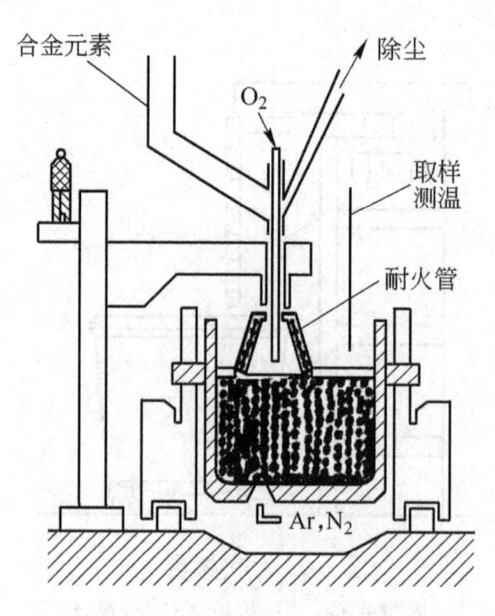

图 6-25　CAS-OB 法示意图

氧升温精炼法（CAS-OB 法）的设备由底吹氩系统、合金称量及加入系统、隔离罩（耐火管）及升降机构、氧枪及升降机构、烟气净化系统、自动测温取样装置等组成。

CAS-OB 法的精炼作用是：均匀钢液成分和温度，加热钢液，微调合金成分，降低钢中气体和非金属夹杂物等。由于加热是采用化学热法，故升温速度快，同时省掉了电弧加热设备。这是一种既经济、效率又高的精炼方法。

6.2.7　钢包喷粉设备

钢包喷粉是利用氩气作载体，将粉料直接喷射到钢包中钢液深部的一项技术。钢包喷粉主要以提高质量为目标，可以脱氧、脱硫、改变夹杂物形态和微量合金化等，也能改善钢的浇铸性能及力学性能，对于电炉还可以缩短冶炼时间。它是一种快速精炼手段，与其他炉外精炼方法相比具有设备简单、投资少、操作费用低，灵活性大等优点，所以是目前提高钢质量最有效的方法之一。目前生产中应用的钢包喷粉方法主要有 TN 法和 SL 法，其设备如图 6-26 和图 6-27 所示。

6.2.7.1　TN 法喷粉设备

TN 法设备较简单，由喷粉罐、喷枪、喷枪旋转及升降机构、给料系统、气体输送系统和钢包等组成。其特点是喷粉罐容积小，可装在悬臂上与喷枪一起旋转和升降，操作方便，而且喷粉罐到喷枪距离短，压力损失小。喷粉罐可根据物料特性全流态或部分流态输送物料。喷枪由特殊钢管和特制釉砖组成，通常有直筒形、倒 Y 形和倒 T 形。生产实践表明，多孔喷枪使用效果优于单孔喷枪。

喷枪旋转及升降机构可使喷枪由准备位置进入喷射位置，喷射后进行复位。喷粉用钢包要比普通钢包高 0.2 ~ 0.3m，钢包内衬用白云石砖砌筑。钢包上有耐火材料砌筑的包盖，主要作用是为了减少喷吹过程中的热量损失和防止渣钢被空气氧化。为了集尘，往往装有与除尘系统相接的排尘管道。

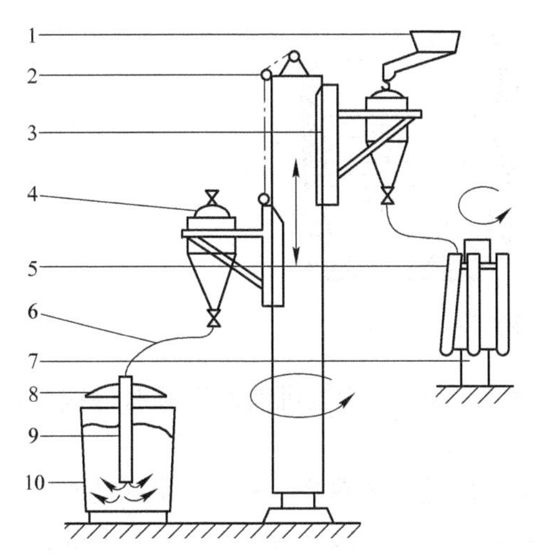

图 6-26 TN 法喷粉设备示意图

1—粉剂给料系统；2—升降机构；3—可移动悬臂；4—喷粉罐；5—喷枪；6—喷吹管；7—喷枪架；8—钢包盖；9—工作喷枪；10—钢水包

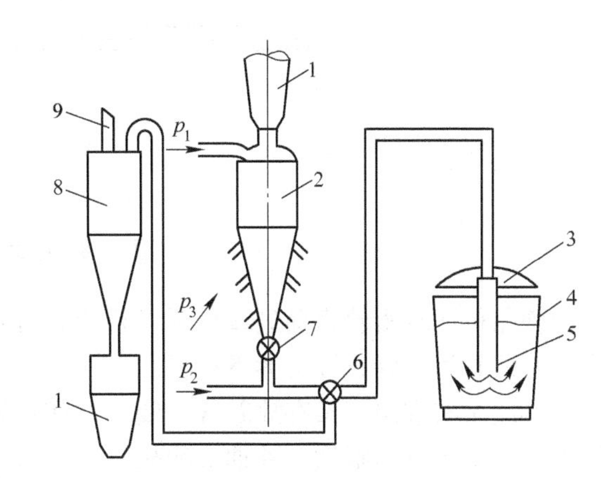

图 6-27 SL 法喷粉设备示意图

1—密封料罐；2—分配器；3—钢包盖；4—钢水包；5—喷枪；6—三通阀；7—喷嘴；8—分离器收粉装置；9—过滤器；p_1—分配器压力；p_2—喷吹压力；p_3—松动压力

6.2.7.2 SL 法喷粉设备

SL 法喷粉设备较完善，除有喷粉罐（分配器）、喷枪、喷枪旋转及升降机构、气体输送系统和钢包等外，还有密封料罐、粉料回收装置和过滤器等。它是一种多用途的适应性更强的喷粉设备。

SL 法一个特点是喷粉速度可用压差原理控制，以保证喷粉过程顺利进行，当喷嘴直径一定时，喷粉速度随压差而变化。采用恒压喷吹，利于防止喷溅与堵塞。另一特点是设有粉料回收装置，当更换粉料时可将分配器中残存的粉料通过三通阀送至粉—气分离器回收。使用该装置还可进行假喷试验，从而获得顶气、流态化和喷口气体的压力与流速的最佳数据。SL 法钢包采用烧成的黏土砖或高铝砖做内衬。

6.2.8 喂线机

喂线机也称喂丝机，作为一种炉外精炼装置现已在国内外广泛采用。对于脱氧、脱硫、合金化、改善钢水浇铸性能、改变夹杂物形态等，均有明显效果。喂线机可将包有合金的芯线以一定的速度直接喂入钢包、中间罐、中注管或结晶器内钢液中。

6.2.8.1 喂线机的组成

喂线机由主机、芯线架和控制系统组成，如图 6-28 所示。

主机由多组辊轮组成的送线机构、行走小车和喂线导管等组成，是完成喂线的执行机构。

辊轮可正反旋转，速度和间隙可调。包芯线靠下辊轮驱动，上辊轮靠手动或气动夹紧芯线，使芯线和下辊轮间有足够的摩擦力来实现喂线。行走机构是由交流电动机驱动的小

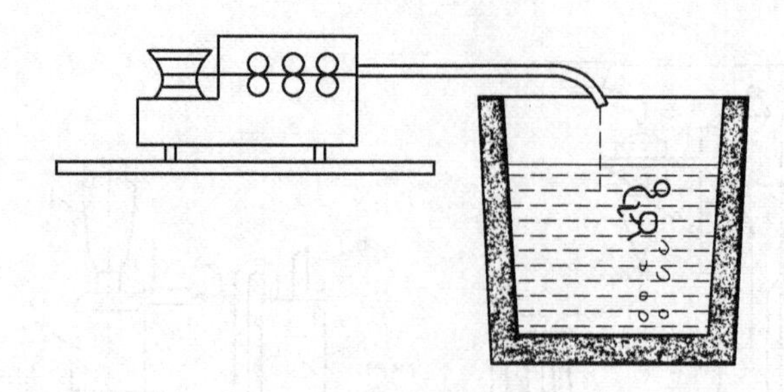

图 6-28　喂线法示意图

车，使主机实现沿轨道前进或后退，行走速度约为 5m/min。喂线机前面安装有导线管装置，导线管可升降，并可拆下更换。

芯线架有多组支架存放芯线，线盘放在线架上。调整拉紧螺栓，将线盘牢固地固定在线架上，即可开始喂线。外抽头线架、放线盘可转动，线架上设有抱闸机构和控制装置。

喂线时，喂线机把芯线从放线盘拉出矫直后经导线管垂直喂入钢液中。为了控制芯线的喂入速度和长度，喂线机上装有显示喂线长度的计数器和速度控制器，整个喂线过程由计算机自动控制。芯线以一定的速度喂入预定长度后，喂线机自动停止工作。控制系统的控制包括小车进出和停开控制，导线管升降控制、芯线夹紧控制、芯线输送速度快慢和停开控制、粉铁比设定、芯线长度设定、喂线速度设定控制等。

6.2.8.2　喂线机的形式

喂线机按喂线根数可分为单线和双线两种。一般双线喂线机应用比较多，它可同时喂入包芯线和裸铝线，也可以单独喂入其中一根线。

按放线盘抽头形式又可分为内抽头（放线盘不转）和外抽头（放线盘转动）两类。外抽头式可使用各种不同断面形状的芯线，但必须要注意线架抱闸的同步，设备可靠性要求高，送线动力要大。内抽头式不需要带抱闸的线架，但启动时因芯线拉动的惯性易造成散乱和折断。内抽头式拉线时芯线要扭曲，每抽一圈会扭转 360°，这要求芯线的断面必须是圆形。

复习思考题

6-1　RH 法主要由哪些设备组成?

6-2　RH-OB 法设备与 RH 法设备有何区别?

6-3　ASEA-SKF 法设备有哪些特点?

6-4　LF 法有哪些特点?

6-5　LF 法与 ASEA-SKF 法设备有何区别?

6-6　VOD 法有哪些特点，VOD 炉由哪些设备组成?

6-7　AOD 法有哪些特点，AOD 炉由哪些设备组成?

6-8　CAS-OB 法的精炼作用有哪些?

6-9　TN 法和 SL 法的设备有何特点?

6-10　喂线机的结构是怎样的?

7　连续铸钢概况及主要参数的确定

连铸概况及
参数 PPT

连续铸钢（简称连铸）是炼钢领域发展最快的技术之一。20 世纪 60 年代中期，全球连铸比尚不到 10%，而 21 世纪初全球连铸比已高达 90% 以上。

能够将一包或数包钢水连续浇注成铸坯的一套装置称作一台连铸机。凡是具有独立的传动和工作系统，当他机出故障时仍可以单独运行的一组连铸设备，称作连铸机的一机。每台连铸机同时可以浇注的铸坯根数（即结晶器数）称作连铸机的流数，这些流数可由一机或多机承担。如果一台连铸机的各流都能单独运行，这台连铸机便称作几机几流连铸机，如双机双流，四机四流等；如果某些流不能单独运行，就需要用能够单独运行的机数和每机所带的流数分别注明，如一机双流，二机四流等。

7.1　连续铸钢工艺过程及设备组成

7.1.1　连续铸钢的生产工艺流程

连续铸钢的生产工艺流程可用图 7-1 所示的弧形连铸机来说明。

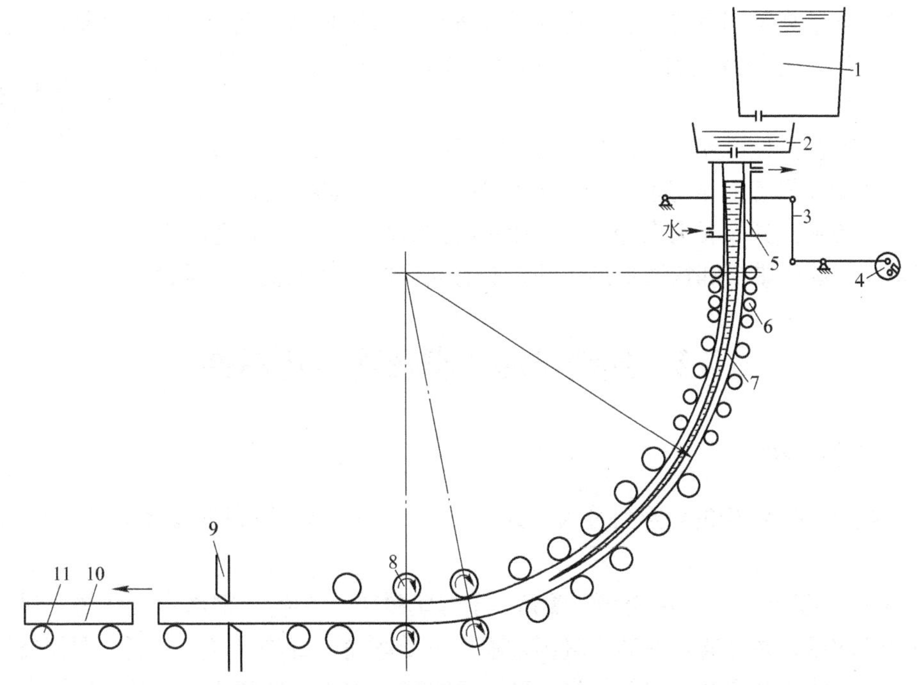

图 7-1　连铸机工艺流程

1—钢包；2—中间罐；3—振动机构；4—偏心轮；5—结晶器；6—二次冷却夹辊；7—铸坯中未凝固钢水；8—拉坯矫直机；9—切割机；10—钢坯；11—出坯辊道

从炼钢炉出来的钢液注入钢包内，经二次精炼处理后被运到连铸机上方的大包回转台，通过中间罐注入强制水冷的结晶器内。结晶器是一特殊的无底水冷铸锭模，在浇注之前先装上引锭杆作为结晶器的活底。注入结晶器的钢水与结晶器内壁接触的表层急速冷却凝固形成坯壳，且坯壳的前部与引锭头凝结在一起。引锭头由引锭杆通过拉坯矫直机的拉辊牵引，以一定速度把形成坯壳的铸坯向下拉出结晶器。为防止初凝的薄坯壳与结晶器壁黏结撕裂而漏钢，在浇注过程中，既要对结晶器内壁进行润滑，又要通过结晶器振动机构使其上下往复振动。铸坯出结晶器进入二次冷却区，内部还是液体状态，应进一步喷水冷却，直到完全凝固。二冷区的夹辊除引导铸坯外，还可以防止铸坯在内部钢水静压力作用下产生“鼓肚”变形。铸坯出二冷区后经拉坯矫直机将弧形钢坯矫成直坯，同时使引锭头与钢坯分离。完全凝固的直坯由切割设备切成定尺，经出坯辊道进入后步工序。随着钢液的不断注入，铸坯连续被拉出，并被切割成定尺运走，形成了连续浇注的全过程。

连续生产工艺过程动画

7.1.2　连铸设备

连续铸钢生产所用的设备，通常可以分为主体设备和辅助设备两个部分。主体设备主要有：浇注设备——钢包旋转台、中间罐及其运载小车；结晶器及其振动装置；二次冷却支导装置；拉坯矫直设备——拉矫机、引锭杆、脱锭及引锭杆存放装置；切割设备——火焰切割机与机械剪切机等。辅助设备主要包括有：出坯及精整设备——辊道、拉（推）钢机、翻钢机、火焰清理机等；工艺性设备——中间罐烘烤装置、吹氩装置、脱气装置、保护渣供给与结晶器润滑装置、电磁搅拌装置等；自动控制和测量仪表——结晶器液面测量与显示系统、过程控制计算机、测温、测重、测压、测长、测速等仪表系统。

从上述工艺流程说明，连续铸钢设备必须适应高温钢水由液态变成液固态，又变成固态的全过程。具有连续性强、工艺难度大和工作条件差等特点。要求机械设备有足够抗高温的疲劳强度和刚度，制造和安装精度要求高，易于维护和快速更换，并且要有充分的冷却和良好的润滑。

连铸机主要设备组成动画

7.2　连铸机的分类及连铸优越性

7.2.1　连铸机分类

（1）按连铸机结构的外形可分为立式、立弯式、弧形、椭圆形及水平式等多种形式，如图 7-2 所示。

1）立式铸机是整套设备全部配置到一条铅垂线上。有利于钢水中夹杂物上浮，铸坯各方向冷却均压，并且铸坯在整个凝固过程中不受弯曲、矫治等变形作用，即使裂纹敏感性高的钢种也能顺利浇注。但铸机设备高、钢水静压力大、维修不便、基建费用高。

2）立弯式铸机是在立式铸机的基础上发展起来的一种结构形式。其上部与立式相同，在铸坯全部凝固后把铸坯顶弯，水平方向出坯。立弯式一般适用于浇注断面较小的铸

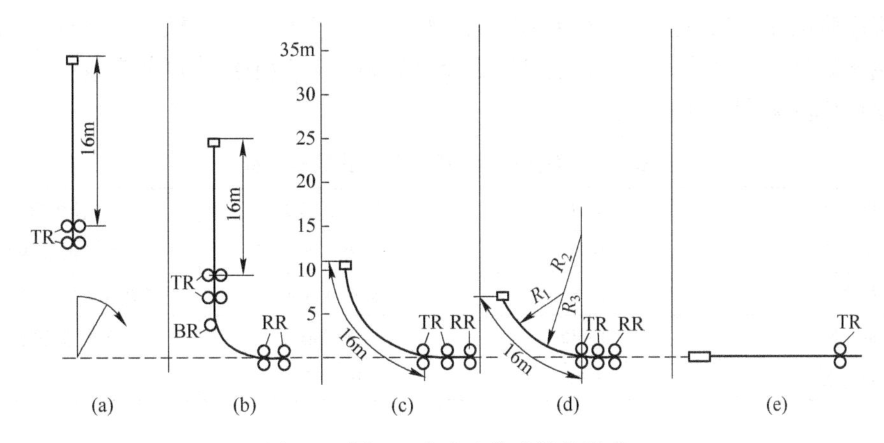

图 7-2 用于工业生产的连铸机形式

(a) 立式；(b) 立弯式；(c) 弧式；(d) 椭圆式；(e) 水平式

TR—拉坯辊；BR—顶弯辊；RR—矫直辊

坯，对于大断面铸坯来说，全凝固后再顶弯，冶金长度已经很长了，降低设备高度方面的优点已不明显。此外，铸坯在顶弯和矫直点内部应力较大，容易产生内部裂纹。

3）弧形铸机是目前国内外最主要的连铸机形式，分为直结晶器和弧形结晶器两种弧形连铸机。弧形铸机的特点是组成连铸机的各单体设备均布置在 1/4 圆弧及其水平延长线上，铸坯成弧形后再进行矫直。铸机的高度大大降低，可在旧厂房内安装。但弧形连铸机的工艺条件不如立式或立弯式好，由于铸坯内、外弧不对称，液芯内夹杂物上浮受到一定阻碍，使夹杂物有向内弧富集的倾向。另外，由于铸坯经过弯曲和矫直，不利于浇铸对裂纹敏感的钢种。

4）椭圆形铸机是把从结晶器向下圆弧半径逐渐变大，将结晶器和二冷段夹辊布置在 1/4 椭圆弧上。基本特点与弧形铸机相同，但由于是多半径的，铸机安装、对弧调整较复杂、维护困难。

5）水平式铸机的基本特点是它的中间罐、结晶器、二次冷却装置和拉坯装置全部都放在地面上呈直线水平布置。水平连铸机的优点是机身高度低，适合老企业的改造，同时也便于操作和维修；水平连铸机的中间罐和结晶器之间采用直接密封连接，可以防止钢水二次氧化，提高钢水的纯净度；铸坯在拉拔过程中无需矫直，适合浇注合金钢。

（2）按铸坯断面的形状和大小可分为：方坯连铸机（断面不大于 150mm × 150mm 的称为小方坯；大于 150mm × 150mm 的称为大方坯；矩形断面的长边与宽边之比小于 3 的也称为方坯连铸机）；板坯连铸机（铸坯断面为长方形，其宽厚比一般在 3 以上）；圆坯连铸机（铸坯断面为圆形，直径 ϕ60 ~ 400mm）；异型坯连铸机（浇注异形断面，如 H 型、空心管等）；方、板坯兼用连铸机（在一台铸机上，既能浇板坯也能浇方坯），薄板坯连铸机（厚度为 40 ~ 80mm 的铸坯）等。

（3）按结晶器的运动方式，连铸机可分为固定式（即振动式）和移动式两类。前者是现在生产上常用的以水冷、底部敞口的铜质结晶器为特征的“常规”连铸机；后者是轮式、轮带式等结晶器随铸坯一起运动的连铸机。

（4）按铸坯所承受的钢液静压头，即铸机垂直高度（H）与铸坯厚度（D）比值的大小，可将连铸机分为高头型、标准头型、低头型、超低头型。各种机型分类特征见表7-1。随着炼钢和炉外精炼技术的提高，浇注前及浇注过程中对钢液纯净度的有效控制，低头和超低头连铸机的采用逐渐增多。

表7-1　各种机型按钢水静压头分类特征

机　型	H/D	结晶器形式	连铸机形式
高　头	>50	直　形	立式或立弯式
标准头	40～50	直形或弧形	带直线段的弧形或弧形
低　头	20～40	弧　形	弧形或椭圆形
超低头	<20	弧　形	椭圆形

7.2.2　连续铸钢的优越性

（1）简化了生产工序，缩短了工艺流程。从图7-3可以看出，连铸工艺省去了脱模、整模、钢锭均热、初轧开坯等工序。由此基建投资可节约40%，占地面积减少30%，劳动力节省约70%。薄板坯连铸机的出现，又进一步简化了工序流程。与传统板坯连铸（厚度为150～300mm）相比，薄板坯（厚度为40～80mm）连铸省去了粗轧机组，从而减少厂房面积约48%，连铸机设备重量减轻约50%。热轧设备重量减少30%。从钢水到薄板的生产周期大大缩短，传统板坯连铸约需40h，而薄板坯连铸仅为1～2h。

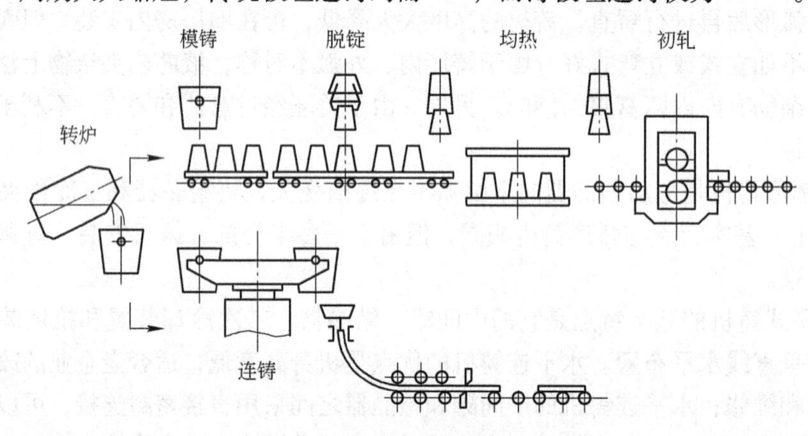

图7-3　模铸与连铸生产流程比较

（2）提高了金属收得率。采用模铸工艺，从钢水至铸坯的切头切尾损失达10%～20%，而连铸的切头切尾损失为1%～2%，故可提高金属收得率10%～14%（板坯10.5%、大方坯13%，小方坯14%）。如果以提高10%计算，年产10^6t钢的钢厂，采用连铸工艺，就可增产10^5t钢。就从钢水到薄板流程而言，采用传统连铸金属收得率为93.6%，而薄板坯连铸为96%。年产8×10^5t钢的钢厂如采用薄板坯连铸工艺就可多生产约2.4×10^4t热轧板卷。带来的经济效益是相当可观的。

（3）降低了能源消耗。采用连铸省掉了均热炉的再加热工序，可使能量消耗减少1/4～1/2。据有关资料介绍，生产1t铸坯，连铸比模铸一般可节能400～1200MJ，相当于节省10～30kg重油燃料。若连铸坯采用热送和直接轧制工艺，能耗还可进一步降低，并能缩短加工周期（从钢水到轧制成品沿流程所经历的时间是：冷装 30h，热装 10h，直接轧制 2h）。

（4）生产过程机械化、自动化程度高。在炼钢生产过程中，模铸是一项劳动强度大、劳动环境恶劣的工序。尤其是对氧气转炉炼钢的发展而言，模铸已成为提高生产率的限制性环节。采用连铸后，由于设备和操作水平的提高以及采用全程计算机控制和管理，劳动环境得到了根本性的改善。连铸操作自动化和智能化已成为现实。

（5）连铸钢种扩大，产品质量日益提高。目前几乎所有的钢种都可用连铸生产。连铸的钢种已扩大到包括超纯净度钢（IF 钢）、高牌号硅钢、不锈钢、管线钢、重轨、硬线、工具钢以及合金钢等 500 多种。而且连铸坯产品质量的各项性能指标大都优于模铸钢锭的轧材产品。

总的来说，镇静钢连铸已经成熟。而沸腾钢连铸时，由于结晶器内产生沸腾而不易控制，因此开发了沸腾钢的代用品种，其中有美国的吕班德（Riband）钢、日本的准沸腾钢、德国的低碳铝镇静钢，与适当的炉外精炼（如 RH）相配合，保证了连铸坯生产冷轧板的质量。

但从目前的情况看，连铸尚不能完全代替模铸的生产，这是因为：有些钢种的特性还不能适应连铸的生产方式、或采用连铸时难以保证钢的质量（如前面提到的沸腾钢以及热敏感性很强的高速钢等）；一些小批量产品、试制性产品；还有一些必须经锻造的大型锻造件（如万吨船只的主轴）；以及一些大规格的轧制产品（如受压缩比限制的厚壁无缝钢管）等。所以仍需要保留部分模铸的生产方式，并在大力发展连铸的同时，继续高度重视模铸生产，努力提高钢锭的质量。

7.3 连铸技术的发展概况

7.3.1 国外连铸技术的发展概况

早在 19 世纪中期 H. 贝塞麦（H. Bessemer）就提出连续浇注液态金属的设想。随后还有其他人对此项技术进行过研究。但是由于当时科学水平的限制，并未能用于工业生产。直到 1933 年，现代连铸的奠基人——S. 容汉斯（S. Junghans）提出并发展了结晶器振动装置之后，才奠定了连铸在工业上应用的基础。从 20 世纪 30 年代开始，连铸已成功地用于有色金属生产。二次世界大战后，前苏联、美、英、奥等国相继建成一批半工业性的试验设备，进行连铸钢的研究。1950 年容汉斯和曼内斯曼（Mannesmann）公司合作，建成世界上第一台能浇注 5t 钢水的连铸机。

从 20 世纪 50 年代起，连铸开始用于钢铁工业生产。在此期间连铸装备水平低，发展速度慢，铸机多为立式单流、铸坯断面小而且主要为方坯，生产规模也较小，钢包容量多为 10 ~ 20t。到 50 年代末，世界各地建成的连铸机不到 30 台。连铸坯产量仅有 110 万吨左右，连铸比（连铸坯产量占钢总产量的比例）约为 0.34%。

20 世纪 60 年代，连铸进入了稳步发展时期。在机型方面，60 年代初出现了立弯式连铸机。特别是在 1963 ~ 1964 年期间，曼内斯曼公司相继建成了方坯和板坯弧形连铸机，并很快就成为发展连铸的主要机型，对连铸的推广应用起了很大的作用。在改善铸坯质量方面，这个时期已研制成功了保护渣浇注、浸入式水口和注流保护等新技术，这为连铸的发展创造了条件。此外这时由于氧气转炉已用于钢铁生产，原有的模铸工艺已不能满足炼钢的需要，这也促进了连铸的发展。从1965年以后，连铸发展速度显著增快。至60年代末，全世界连铸机已达200余台，年生产铸坯能力达4×10^7t以上，连铸比达5.6%。

20世纪70年代，世界范围的两次能源危机促进了连铸技术大发展，连铸进入了迅猛发展时期。到1980年连铸坯产量已逾两亿吨，相当于1970年的8倍，连铸比上升为25.8%。

连铸生产技术围绕提高连铸生产率、改善连铸坯质量、降低连铸坯能耗这几个中心课题，已有长足的进展，先后出现了结晶器在线调宽、带升降装置的钢包回转台、多点矫直、压缩浇注、气水冷却、电磁搅拌、无氧化浇注、中间包冶金、上装引锭等一系列新技术、新设备。与此同时增大连铸坯断面，提高拉速，增加流数，涌现出一批月产量在25万吨以上的大型板坯连铸机和一大批全连铸车间。

20世纪80年代，连铸进入完全成熟的全盛时期。世界连铸比由1981年的33.8%上升到1990年的64.1%。连铸技术的进步主要表现在对铸坯质量设计和质量控制方面达到了一个新水平。从钢水的纯净化、温度控制、无氧化浇注、初期凝固现象对表面质量的影响；保护渣在高拉速下的行为和作用；结晶器的综合诊断技术；冷却制度的最佳化；铸坯在凝固过程的力学问题；消除和减轻变形应力的措施；控制铸坯凝固组织的手段等一系列冶金现象的研究；直到生产工艺、操作水平和装备水平的不断提高和完善，总结出了完整的对铸坯质量控制和管理的技术，并逐步实现了连铸坯的热送和直接轧制，在薄板坯连铸和薄带钢连铸的研究和开发方面也取得了新的进展。

20世纪90年代以来，近终形连铸（Near Net Shape Continous Casting）受到了世界各国的普遍关注，近终形薄板坯连铸（铸坯厚度为40～80mm）与连轧相结合，形成紧凑式短流程，其发展速度之快，非人们所料及，除德国西马克公司开发的紧凑式连铸连轧工艺技术（Compact Strip Production，CSP）和德马克公司开发的在线带钢生产工艺技术（Inline Strip Production，ISP）已日趋成熟外，奥钢联开发的CONROLL工艺技术（Continous Casting and Rolling，CONROLL）、意大利达涅利公司开发的FTSRQ技术（Flexible Thin Slab Rolling for Quality）、美国蒂平斯公司和韩国三星重工业公司共同开发的TSP技术（Tippins-Samsung Process）也陆续被采用，并相互渗透，迅猛发展。据不完全统计，自1989年7月第一条应用CSP技术建设的薄板坯连铸连轧生产线在美国纽柯公司克劳福兹维尔工厂（Nucor craw fordsvill）建成投产以来，已先后建成50多条生产线，总生产能力达到5000万吨以上。薄板坯连铸机上应用了最先进的连铸技术，如各种变截面结晶器、铸轧技术、电磁制动、结晶器液压振动、漏钢预报以及适应结晶器形状和浇注速度的浸入式水口、保护渣等。

在薄板坯连铸连轧技术不断发展完善的同时，薄带钢连铸也在积极的开发中，目前世界上已有40多套薄带钢半工业或工业性试验机组。薄板坯连铸连轧和薄带钢等近终形连铸作为21世纪钢铁生产的重大变革工艺技术，必将会有很大的发展。

近年来，传统连铸的高效化生产（高拉速、高作业率、高质量）在各工业发达国家取得了长足的进步，特别是高拉速技术已引起人们的高度重视。通过采用新型结晶器及新的结晶器冷却方式、新型保护渣、结晶器非正弦振动、结晶器内电磁制动及液面高精度检测和控制等一系列技术措施，目前常规大板坯的拉速已由0.8～1.5m/min提高到2.0～2.5m/min，最高可达3m/min；小方坯最高拉速可达5.0m/min，使连铸机的生产能力大幅度提高，生产成本降低，给企业带来了极大的经济效益。高速连铸技术在今后仍会继续发展。

7.3.2 我国连铸发展概况

我国是研究和应用连铸技术较早的国家之一，早在20世纪50年代就已开始探索性的工作。1957～1959年间先后建成三台立式连铸机。1964年在重钢三厂建成一台断面为180mm×1500mm的板坯弧形连铸机，这是世界上工业应用最早的弧形连铸机之一。随后又在全国各地相继建成连铸机20多台。但是在以后的十余年间，除个别地区外，连铸生产基本上处于停滞状态。到1978年全国用于生产的连铸机只有21台，连铸坯年产量112.70万吨，连铸比为3.5%。

改革开放以来，为了学习国外先进的技术和经验，加速我国连铸技术的发展，从20世纪70年代末一些企业引进了一批连铸技术和设备。例如1978年和1979年武钢二炼钢从联邦德国引进单流板坯弧形连铸机3台，在消化国外技术的基础上，围绕设备、操作、品种开发、管理等方面进行了大量的开发与完善工作，于1985年实现了全连铸生产，产量突破了设计能力。首钢在1987年和1988年相继从瑞士康卡斯特公司引进投产了两台八流小方坯连铸机，宝钢、武钢、太钢和鞍钢等大型钢铁公司也从国外引进了先进的板坯连铸机，这些连铸技术设备的引进都促进了我国连铸技术的发展。

最近几年，也是我国连铸技术快速发展的时期。利用以高质量铸坯为基础、高拉速为核心、实现高连浇率、高作业率的高效连铸技术对现有连铸机的技术改造取得了很大进展。目前的连铸机均为高效或较高效连铸机，而且我国在高效连铸技术小方坯领域已跻身世界先进行列。除此之外，邯钢、珠江钢厂、包钢、河钢唐钢、马钢、涟源引进的近终形薄板坯连铸连轧生产线，马钢三炼钢的异型坯（H型钢）连铸机投产后创造了巨大的经济效益。

7.4 连铸机主要参数的计算与确定

由于弧形连铸机应用最为广泛，所以以下论述指弧形连铸机。连铸机的主要参数包括铸坯形状尺寸、拉坯速度、液相穴深度和冶金长度、铸机弧形半径、铸机流数及生产率等。这些参数是确定铸机性能和规格的基本因素，也是设计的主要依据。

7.4.1 铸坯断面

铸坯断面形状和尺寸可依据下列因素确定：

（1）根据轧材品种和规格确定。通常小方坯或大方坯用来轧制线材、型材或带材，圆坯或方坯轧成管材，板坯轧成薄板、中厚板或带材。

（2）根据轧制需要的压缩比确定。压缩比指铸坯断面积与轧材断面积之比。如要求破坏一次结晶，并使中心组织均匀化时，压缩比必须大于4；要求破坏柱状晶结构时，压缩比最大可达8；对重要特殊钢材如不锈钢等高合金钢的压缩比要求达10～15；对滚动体类的滚珠轴承钢的压缩比要求达 30～50。

（3）根据铸坯断面与轧机能力的配合情况确定。铸坯断面与轧机的配合参见表 7-2。

（4）根据炼钢炉容量及铸机生产能力来确定。断面越大，生产能力越高，对于大型炼钢炉一定要配大断面连铸机或多流连铸机。

表 7-2 铸坯断面与轧机的配合

轧机规格	铸坯断面/mm × mm
高速线材轧机	方坯：（100×100）～（140×140）
400/250 轧机	方坯：（90×90）～（120×120） 扁坯：＜100×150
500/350 轧机	方坯：（120×120）～（150×150） 扁坯：＜150×180
650 轧机	方坯：（140×140）～（200×200） 扁坯：＜160×280
2300 中板轧机	板坯：（120～200）×（700～1000）
4200 中厚板轧机	板坯：300×（1900～2200）
4800 中厚板轧机	板坯：350×2400
1700 热连轧机	板坯：（200～250）×（700～1600）
2050 热连轧机	板坯：（210～250）×（900～1930）

现用连铸机可以生产的铸坯断面范围大致是：方坯 50mm×50mm～450mm×450mm；矩形坯和板坯 50mm×108mm～400mm×560mm，最大为 310mm×2500mm；圆坯 ϕ40～450mm；异形坯 120mm×240mm（椭圆），ϕ450mm/ϕ100mm（中空形），460mm×400mm×120mm，356mm×775mm×100mm（工字形）。

7.4.2 拉坯速度

拉坯速度是指连铸机每分钟拉出铸坯的长度，用 m/min 表示。显然拉速增大，铸机浇铸速度也提高，生产能力增大，为此希望连铸机的拉速要高。

7.4.2.1 工作拉速的确定

拉速高，铸机产量高。但操作中拉速过高，出结晶器的坯壳太薄，容易产生拉漏。设计连铸机时，或制订操作规程时都根据浇注的钢种，铸坯断面确定工作拉速范围。

（1）由凝固定律确定拉速：

$$v = \left(\frac{\eta}{\delta}\right)^2 L_m \tag{7-1}$$

式中 v——拉坯速度，mm/min；

δ——结晶器出口处的坯壳厚度，mm；

η——结晶器凝固系数，$(mm/min)^{1/2}$，一般取 20～24 $(mm/min)^{1/2}$；

L_m——结晶器的有效长度，$L_m = L - 0.1$，L 为结晶器长度，mm。

为确保出结晶器下口坯壳的强度，防止坯壳破裂漏钢，出结晶器下口的坯壳必须有足够的厚度。根据经验和以钢液静压力分析，一般情况下小方坯的坯壳厚度必须大于 8 ~ 12mm，板坯的坯壳厚度必须大于 12 ~ 15mm，对于高效连铸机，由于整个系统采取了措施，其凝固壳厚度还可取得更小。也就是说大断面铸坯的拉速要慢一些。对于有裂纹倾向性的钢种来讲，为增加坯壳强度，防止漏钢，必须增加坯壳厚度，这样也必须降低工作拉速。

（2）由经验公式确定拉速：

$$v = K\frac{l}{S} \tag{7-2}$$

式中 K——速度换算系数，m · mm/min，一般小方坯为 65 ~ 75，板坯为 55 ~ 80，圆坯为 45 ~ 60，小断面铸坯取上限，大断面取下限。必须指出，对于宽厚比较大的板坯，数据有偏差；

l——铸坯断面周长，mm；

S——铸坯断面面积，mm^2。

7.4.2.2 铸机最大拉速确定

（1）当出结晶器下口的坯壳为最小厚度时，称安全厚度（δ_{min}），此时，对应的拉速为最大拉速。

$$v_{max} = \left(\frac{\eta}{\delta_{min}}\right)^2 L_m \tag{7-3}$$

（2）当完全凝固正好选在矫直点上，此时的液相穴深度为铸机的冶金长度，对应的速度为最大拉速。

$$v_{max} = \frac{4\eta_{综}^2 L_{冶}}{D^2} \tag{7-4}$$

式中 $L_{冶}$——铸机冶金长度，m；

D——铸坯厚度，mm；

v_{max}——拉坯速度，m/min；

$\eta_{综}$——综合凝固系数，$(mm/min)^{1/2}$。

影响拉速的因素较多，主要包括钢种、铸坯断面形状及尺寸、质量要求、结晶器导热能力、注温及钢中硫磷含量、拉坯力的限制、结晶器振动、保护渣性能、二冷强度等对拉速也有一定的影响。

7.4.3 液相穴深度和冶金长度

铸坯的液相穴深度又称液芯长度，是指铸坯从结晶器钢液面开始到铸坯中心液相完全凝固点的长度。它是确定二冷区长度和弧形连铸机弧形半径的一个重要参数。

液相穴深度可根据凝固平方根定律计算如下：

$$\frac{D}{2} = \eta_{综}\sqrt{t}$$

而

$$L_{液} = vt$$

故

$$L_{液} = \frac{D^2 v}{4\eta_{综}^2} \tag{7-5}$$

式中 $L_{液}$——铸坯的液相穴深度，m；

D——铸坯厚度，mm；

v——拉坯速度，m/min；

t——铸坯完全凝固所需要的时间，min；

$\eta_{综}$——综合凝固系数，$(mm/min)^{1/2}$。

铸机的综合凝固系数（即平均的凝固系数）是包括结晶器在内的全区域的平均凝固系数。

由式（7-5）可见，铸坯的液相穴深度与铸坯厚度、拉坯速度和冷却强度有关。铸坯越厚，拉速越快，液相穴深度就越大。在一定范围内，增加冷却强度有助于缩短液相穴深度，但是冷却强度的变化对液相穴深度的影响幅度小。同时，对一些合金钢来说，过分增加冷却强度是不允许的。

在式（7-5）中，当拉坯速度为最大拉速时，所计算出的液相穴深度为连铸机的冶金长度。冶金长度是连铸机重要的结构参数，它决定了连铸机的生产能力。

7.4.4 弧形半径

连铸机的弧形半径是指铸坯弯曲时的外弧半径，它是连铸机重要尺寸参数。它既影响连铸机总高度和设备质量，也影响铸坯质量。连铸机弧形半径 R 越小，铸机尺寸越小，但过小的弧形半径在矫直时由于伸长率过大而产生裂纹。即连铸机的弧形半径受到矫直时铸坯伸长率的限制。矫直的形式有两种，固相矫直和液相矫直。

7.4.4.1 固相矫直时弧形半径确定

弧形连铸机浇铸特殊钢，一般要求铸坯进入拉矫机前应完全凝固，这种情况称之为固相矫直。在确定铸机半径时必须满足：铸坯由矫直而产生的应变（伸长率）不应超过许用值；在矫直区铸坯必须全部凝固。

A 由应变（伸长率）确定铸机半径

铸坯被矫直时，内弧表面受拉，外弧表面受压。矫直时断面中心线长度 CC'（图 7-4）保持不变。内弧表面矫直后将延伸 AA'，外弧表面将压缩 AA'，铸坯内弧表面的应变（伸

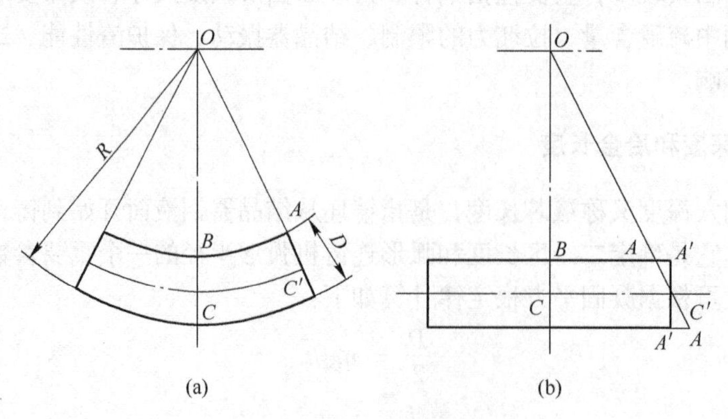

图 7-4 铸坯矫直变形示意图

（a）矫直前；（b）矫直后

长率）为：

$$\varepsilon = \frac{AA'}{AB} \times 100\% \tag{7-6}$$

由于$\triangle OAB \backsim \triangle AA'C'$，则得：

$$\varepsilon = \frac{AA'}{AB} \times 100\% = \frac{A'C'}{OB} \times 100\% = \frac{0.5D}{R-D} \times 100\% \approx \frac{0.5D}{R} \times 100\% \tag{7-7}$$

矫直时铸坯内弧表面应变（伸长率）ε 必须小于铸坯表面允许的伸长率 $[\varepsilon]_1$，即 $\varepsilon \leqslant [\varepsilon]_1$。所以

$$R \geqslant \frac{0.5D}{[\varepsilon]_1} \tag{7-8}$$

式中的铸坯表面伸长率 $[\varepsilon]_1$ 主要取决于钢种、铸坯温度及对铸坯表面质量的要求等，根据经验，普碳钢或低合金钢可取 $[\varepsilon]_1 = 1.5\% \sim 2.0\%$。

B　按矫直前铸坯完全凝固确定铸机半径

对弧形半径为 R 的连铸机，从结晶器液面到矫直辊切点，铸坯中线距离 $L_{中}$为：

$$L_{中} = \frac{\pi}{2}\left(R - \frac{D}{2}\right) + \frac{L_m}{2} \tag{7-9}$$

对固相矫直连铸机必须要求铸坯进入矫直机完全凝固。为使铸坯进入矫直区全部凝固，必须使 $L_{液} \geqslant L_{中}$，所以

$$R \leqslant \frac{2}{\pi}\left(\frac{D^2}{4\eta_{综}^2}v - \frac{L_m}{2}\right) + \frac{D}{2} \tag{7-10}$$

7.4.4.2　液相矫直时弧形半径确定

为了实现高拉速，提高铸机的生产能力，在20世纪80年代开始出现液相矫直的方法。

A　液相一点矫直

带液相矫直易出现裂纹部位为内弧坯壳两相区，该处坯壳强度极低，为防止矫裂，液相矫直时内弧坯壳两相区的许用伸长率 $[\varepsilon]_2 = 0.15\% \sim 0.2\%$，远远低于固相矫直时的 $[\varepsilon]_1 = 1.5\% \sim 2.0\%$。因此液相一点矫直仍然会出现铸机半径很大，达不到减小半径又可提高拉速的目的。所以在高拉速条件下，采用液相一点矫直是不可能的，于是提出液相多点矫直。

B　液相多点矫直

如前所述，在有液相情况下，采用一次矫直必然会产生过大的应变，出现内裂。如将一次矫直改为多次矫直，只要每次矫直应变量 $[\varepsilon]_i \leqslant [\varepsilon]_2$ 就可以防止内裂。

每矫直一次，铸机弧形半径大一次，直到矫直为止，因而在矫直过程中采用多个半径：R_1，R_2，…，R_n趋向∞。

如假定经 n 次矫直，铸坯由弯变直，则其中由 K 次矫直到 $K+1$ 次时，铸坯曲率变化情况如图 7-5 所示。

第 K 次时铸坯中心线半径为 R_K，经矫直到 $K+1$ 次时，中心线半径为 R_{K+1}，此时铸

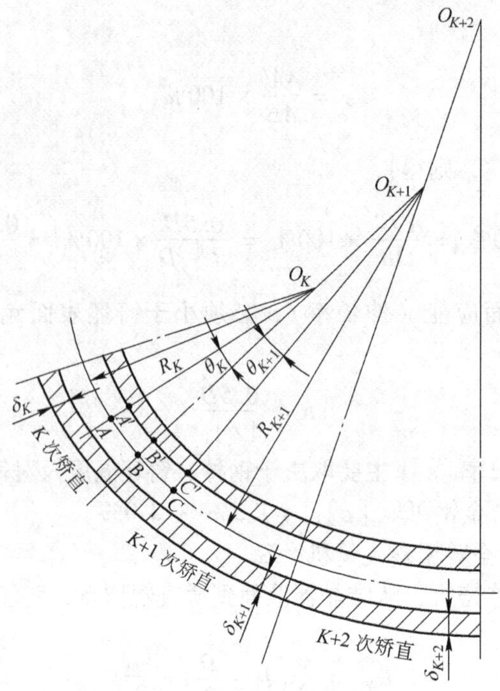

图 7-5　多点矫直计算模型

坯内弧坯壳两相区的应变（伸长率）为：

$$\varepsilon_{K+1} = \frac{\widehat{B'C'} - \widehat{A'B'}}{\widehat{A'B'}} \times 100\%$$

而

$$\widehat{A'B'} = \left(R_K - \frac{D}{2} + \delta_K\right)\theta_K$$

$$\widehat{B'C'} = \left(R_{K+1} - \frac{D}{2} + \delta_{K+1}\right)\theta_{K+1}$$

矫直过程中，中心线长度不变，则：

$$\theta_K R_K = \theta_{K+1} R_{K+1}$$

将以上三式代入应变公式得

$$\varepsilon_{K+1} = \frac{\left(1 - \frac{R_K}{R_{K+1}}\right)\left(\frac{H}{2} - \delta_{K+1}\right)}{R_K - \frac{H}{2} - \delta_K}$$

由于 $R_K >> \left(\frac{H}{2} - \delta_K\right)$，在分母中略去$\left(\frac{H}{2} - \delta_K\right)$，则

$$\varepsilon_{K+1} = \left(\frac{1}{R_K} - \frac{1}{R_{K+1}}\right)\left(\frac{H}{2} - \delta_{K+1}\right)$$

或

$$\varepsilon_{K+1} = \left(\frac{1}{R_K} - \frac{1}{R_{K+1}}\right)\left(\frac{H}{2} - \eta\sqrt{\frac{L_{K+1}}{V}}\right)$$

式中　L_{K+1}——从结晶器液面到 $K+1$ 段距离，mm；

δ_K，δ_{K+1}——分别为第 K 段和第 $K+1$ 段坯壳厚度，mm。

取 $\varepsilon_{K+1} \leqslant [\varepsilon]_2 = 0.15\% \sim 0.2\%$，则由 R_K 矫直到 R_{K+1} 时，弧形半径 R_{K+1} 按下式求出。

$$R_{K+1} \leqslant \frac{1}{\dfrac{1}{R_K} - \dfrac{[\varepsilon]_2}{\dfrac{D}{2} - \delta_{K+1}}} \tag{7-11}$$

如铸坯在进入矫直区前铸坯中线半径为 R_0，则由 R_0 矫到平直的 R_∞，其总的应变 Σ 为：

$$\Sigma = \frac{\dfrac{D}{2} - \delta}{R_0} \tag{7-12}$$

矫直次数为：

$$n = \frac{\Sigma}{[\varepsilon]_2} \tag{7-13}$$

在实际计算时，先预选 R_0，然后逐段计算各区段铸机半径 $R_0 \to R_1 \to R_2 \to \cdots \to R_{n-1} \to R_n$，如图 7-6 所示，直至式（7-11）的分母小于零才矫直结束，共经过 n 次矫直，称 n 点矫直。矫直次数 n 一般取 3 ~ 5 次即可。

由于以上计算的矫直半径皆为铸坯中线半径，最后还应将以上各 R_i 加上 $D/2$ 用外弧半径表示。

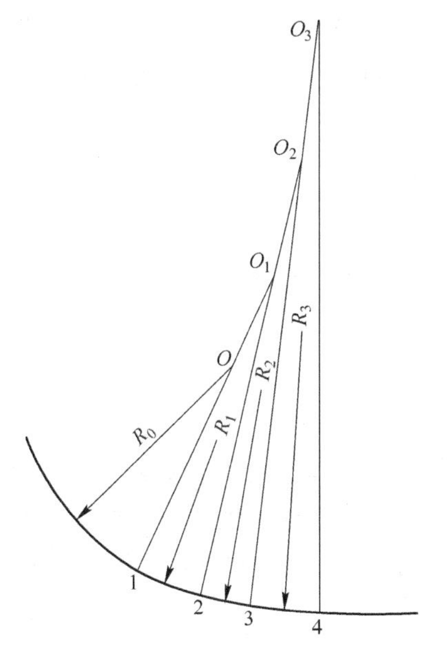

图 7-6　多点矫直模型

7.4.4.3　多点顶弯时弧形半径的确定

采用直结晶器的弧形连铸机，必须使出结晶器的直铸坯经过顶弯过渡到弧形段才能进入二冷区。为了防止在顶弯铸坯时，外弧坯壳两相区内层表面受拉而产生裂纹，要求控制该处的拉应变（伸长率）不得超过许用值。顶弯过程如图 7-7 所示。

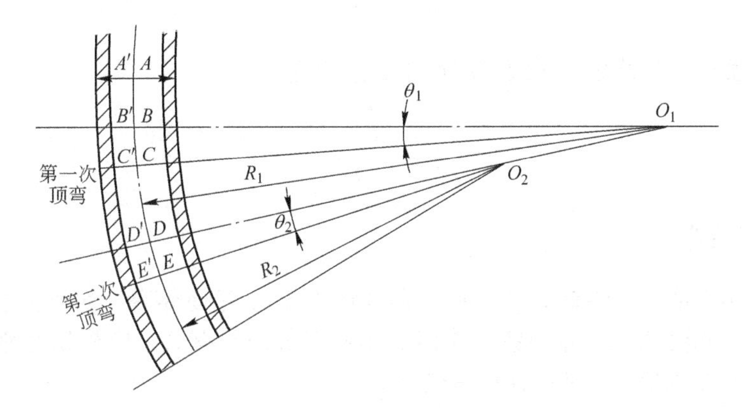

图 7-7　多点顶弯过程图

第一次顶弯为由直顶到弧形半径 R_1，外弧坯壳内表面拉应变为：

$$\varepsilon = \frac{\frac{D}{2} - \delta_1}{R_1}$$

式中　δ_1 ——弧形半径 R_1 处的铸坯凝固壳厚度，mm。

若取 $[\varepsilon] \leqslant [\varepsilon]_2$ 时，第一次顶弯的弧形半径 R_1 为：

$$R_1 \geqslant \frac{\frac{D}{2} - \delta_1}{[\varepsilon]_2} \tag{7-14}$$

第二次顶弯为由 R_1 顶到 R_2，同理求得：

$$R_2 \geqslant \frac{R_1\left(\frac{D}{2} - \delta_2\right)}{[\varepsilon]_2 R_1 + ([\varepsilon]_2 + 1)\left(\frac{D}{2} - \delta_1\right)}$$

当 $[\varepsilon]_2 + 1 \approx 1$，$\delta_1 = \delta_2 = \delta$ 时，则：

$$R_2 \geqslant \frac{1}{\frac{1}{R_1} + \frac{[\varepsilon]_2}{\frac{D}{2} - \delta}} = \frac{R_1}{2} \tag{7-15}$$

第 n 次顶弯 R_n 为：

$$R_n \geqslant \frac{1}{\frac{1}{R_{n-1}} + \frac{[\varepsilon]_2}{\frac{D}{2} - \delta}} = \frac{R_1}{n} \tag{7-16}$$

当 $R_n \leqslant R$ 时，顶弯结束，此时 R_n 取 R。

应用上式计算顶弯半径极为方便，只要求出 R_1，再除以顶弯次数即等于该次顶弯的半径，那么第 i 次顶弯铸机半径 R_i 为：

$$R_i = \frac{R_1}{i} \tag{7-17}$$

顶弯次数可由下式计算：

$$n = \frac{\varepsilon}{[\varepsilon]_2} \tag{7-18}$$

ε 为由直顶弯至 R 外弧坯壳两相区产生的总应变：

$$\varepsilon = \frac{\frac{D}{2} - \delta}{R} \tag{7-19}$$

7.4.5　连铸机生产能力

连铸机的生产能力与炼钢炉（类别、容量和座数）、冶炼钢种、炉外处理工艺、铸坯断面、铸机台数和流数、连浇炉数、连铸机作业率等因素有关，应根据炼钢厂的实际情况，参考设计一般原则，作具体计算后确定。

7.4.5.1　连铸机与炼钢炉的合理匹配和台数的确定

一般情况下，大容量的炼钢炉与大板坯、大方坯、大圆坯连铸机相配合（当然也可以与多流小方坯连铸机相配合），小容量的炼钢炉配中小板坯、小方坯或小圆坯连铸机，这样容易使冶炼周期（及炉外处理周期）和连铸浇注周期相配合，有利于实现多炉连浇，提高车间年产量。实现多炉连浇的主要条件是：

（1）严格控制所要求的钢水成分、温度和质量（氧化性、洁净度等），并保持稳定，为此，必须配置相应的炉外钢水处理设备。

（2）炼钢炉冶炼周期（及炉外处理周期）与连铸机的浇注周期时间上应保持协调配合。为此，要求严密的生产管理和质量保障体系，既充分发挥设备生产能力，又使炉机有效地协调匹配。

（3）连铸机小时生产能力应与炼钢炉小时出钢量相平衡（一般连铸机应有10%～20%的富余）。设计时，可从铸坯断面、拉坯速度、连铸机流数等方面调整。

（4）钢包、中间包和浸入式水口等寿命要长，更换迅速。应采用优质耐火材料，采取快速更换措施。

（5）连铸的后步工序如出坯、铸坯精整以及运输能力等要能满足多炉连浇要求。

连铸机台数的确定：按车间所规定的铸坯年产量和所选连铸机的实际产量，就可以求出车间应配置的连铸机的台数。

7.4.5.2　连铸浇注周期计算

连铸浇注周期包括浇注时间和准备时间：

$$T = t_1 + Nt_2 \tag{7-20}$$

式中　T——浇注周期，min；

t_1——准备时间，min，指从上一连铸炉次中间包浇完至下一连铸炉次开浇的间隔；

N——平均连浇炉数；

t_2——单炉浇注时间，min。

单炉浇注时间按下式计算：

$$t_2 = \frac{G}{BD\rho vn} \tag{7-21}$$

式中　G——平均每炉产钢水量，t；

B——铸坯宽度，m；

D——铸坯厚度，m；

ρ——铸坯密度，t/m^3；

v——工作拉速，m/min；

n——流数。

7.4.5.3　连铸机的作业率

连铸机的作业率直接影响到连铸机的产量、每吨铸坯的操作费用和投资费用的利用率。欲获得较高的作业率，必须采用多炉连浇。作业率按下式计算：

$$c = \frac{T_1 + T_2}{T_0} = \frac{T_0 - T_3}{T_0} \tag{7-22}$$

式中　c——连铸机年作业率，%；

T_1——连铸机年准备工作时间，h；

T_2——连铸机年浇注时间，h；

T_3——连铸机年非作业时间，h；

T_0——年日历时间，8760h。

连铸机作业率一般为：小方坯连铸机 60% ~80%，大方坯连铸机 60% ~85%，板坯连铸机 70% ~85%。特殊钢连铸机作业率值可偏低一些。

7.4.5.4　连铸坯收得率

在连铸生产过程中，从钢水到合格铸坯有各种金属损失，包括钢包和中间包的残钢、铸坯的切头切尾、氧化铁皮、短尺和缺陷铸坯的报废等。通过多炉连浇可以减少金属损失，提高铸坯收得率。计算式如下：

$$y_1 = \frac{W_1}{G} \times 100\% \tag{7-23}$$

$$y_2 = \frac{W_2}{W_1} \times 100\% \tag{7-24}$$

$$y = y_1 y_2 = \frac{W_2}{G} \times 100\% \tag{7-25}$$

式中　y_1——铸坯成坯率，%；

W_1——未经检验精整的铸坯量，t；

G——钢水质量，t；

y_2——铸坯合格率，%；

W_2——合格铸坯量，t；

y——连铸坯收得率，%。

连铸坯收得率一般按年统计。铸坯成坯率和合格率均可达 98% 左右。连铸坯收得率单炉浇注约 96%，两炉连浇约 97%，三炉以上连浇约 98% 左右。

7.4.5.5　连铸生产能力的计算

连铸机的生产能力包括小时生产能力和年生产能力。小时生产能力代表连铸机理论上可达到的浇注能力，而年生产能力则受钢水供应条件、连铸机作业率及浇铸准备时间等因素影响。

（1）连铸机的理论小时产量：

$$Q_{小时} = 60nBDv\rho \tag{7-26}$$

式中　$Q_{小时}$——连铸机理论小时产量，t/h；

n——流数；

B——铸坯宽度，m；

D——铸坯厚度，m；

v——工作拉速，m/min；

ρ——铸坯密度，t/m³。

（2）连铸机年生产能力：

$$Q_{年} = 8760Q_{小时}yc \tag{7-27}$$

式中，8760 = 365 × 24，为年日历小时数。

复习思考题

7-1 连铸机的主体设备有哪些？

7-2 连铸生产的优越性有哪些？

7-3 连铸机的机型有哪些，各有什么特点？

7-4 连铸机的主要参数有哪些，如何计算？

浇铸设备 PPT

8　浇铸设备

浇铸设备包括钢包和钢包回转台、中间包和中间包小车等。钢包载着炼钢炉炼出的合格钢水，经精炼后运送到浇铸平台钢包回转台上，按工艺要求将钢水注入中间包。

8.1　钢包回转台

钢包回转台动画

如图 8-1 所示，钢包回转台是现代连铸中应用最普遍的运载和承托钢包进行浇铸的设备，通常设置于钢水接收跨与浇铸跨柱列之间。所设计的钢包旋转半径，使得浇钢时钢包水口处于中间包上面的规定位置。用钢水接收跨一侧的吊车将钢包放在回转台上，通过回转台回转，使钢包停在中间包上方供给其钢水。浇铸完的空包则通过回转台回转，再运回钢水接收跨。

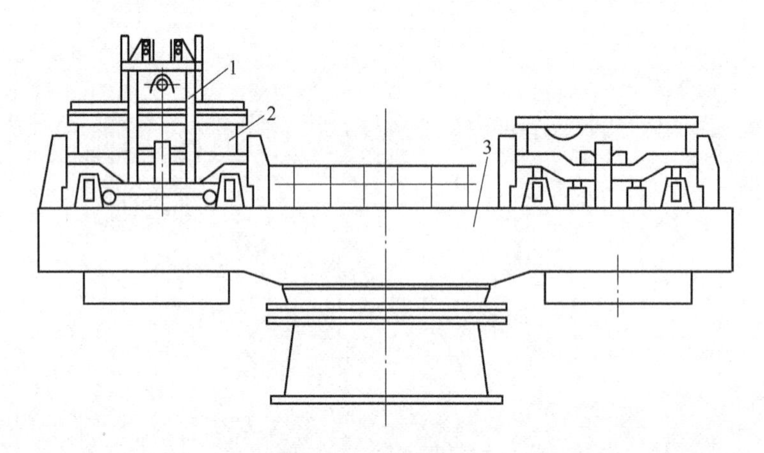

图 8-1　钢包回转台

1—保温盖走行装置；2—钢包；3—回转台

回转台是定轴旋转，占用连铸操作平台面积小，易于定位，便于远距离操作。其控制线路及液压管线都可装设在旋转台内，比较安全可靠。其缺点是它的旋转半径有限，一个回转台只能为一台铸机服务。由于钢包不在铸锭吊车工作范围以内，除了回转台没有其他搬运设备替代，因此要求回转台工作有高的可靠性，即使停电也能借助于备用电源、液压或气动装置进行旋转。

钢包回转台按转臂旋转方式不同，可以分为两大类：一类是两个转臂可各自作单独旋转；另一类是两臂不能单独旋转。按臂的结构形式可分为直臂式和双臂式两种。

因此，钢包回转台有：直臂整体旋转整体升降式（如图 8-2（a）所示）；直臂整体旋转单独升降式；双臂整体旋转单独升降式（如图 8-2（b）所示）和双臂单独旋转单独升降式（如图 8-2（c）所示）等形式；还有一种可承放多个钢包的支撑架，也称为钢包移动车。

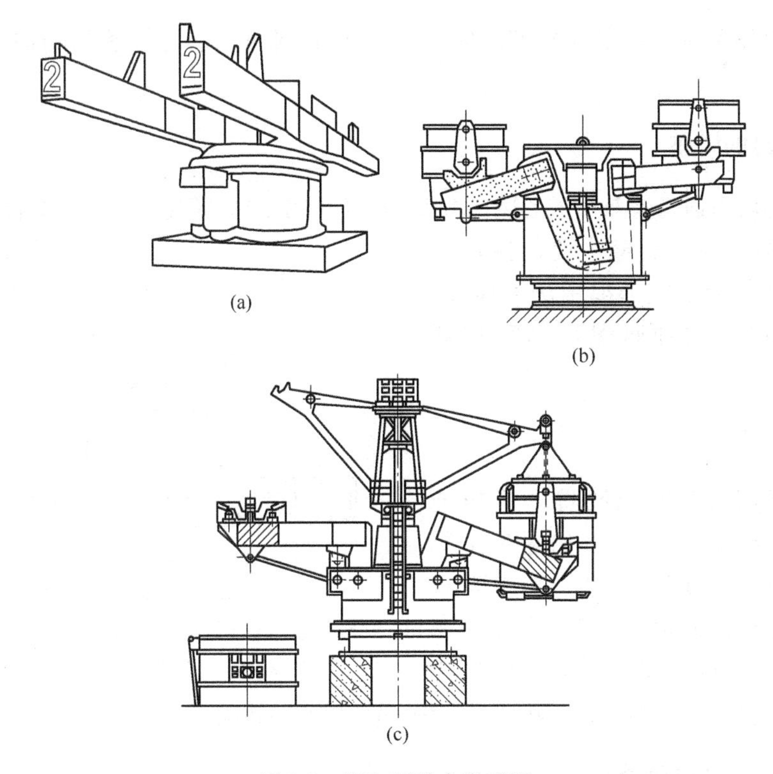

(a)

(b)

(c)

图 8-2　钢包回转台类型图

（a）直臂整体旋转整体升降式；（b）双臂整体旋转单独升降式；（c）双臂单独旋转单独升降式

回转台主要由转臂推力轴承、塔座、回转装置、升降装置、称量装置、润滑装置以及事故驱动装置等组成。

8.1.1　回转台的转臂

回转台的转臂是一叉形的悬臂梁结构，由钢板焊接，用以承托钢包，要有足够的强度和刚度。在回转臂两端上部设置了升降框架和升降装置。

8.1.2　回转台的推力轴承

为了承受钢包及转臂自重所产生的压力以及转臂两端负荷不平衡所产生的倾翻力矩，在回转台上，设有推力轴承，如图 8-3 所示。推力轴承对旋转运动起定心及轴向约束作用。它由内圈、外圈及辊子构成（内圈为剖分式），内圈用高强度螺栓固定在塔座上，外圈经高强度螺栓与转臂相连。在推力轴承内圈，还有一圈径向定心滚子，安装检修时，测量推力轴承的轴向、径向

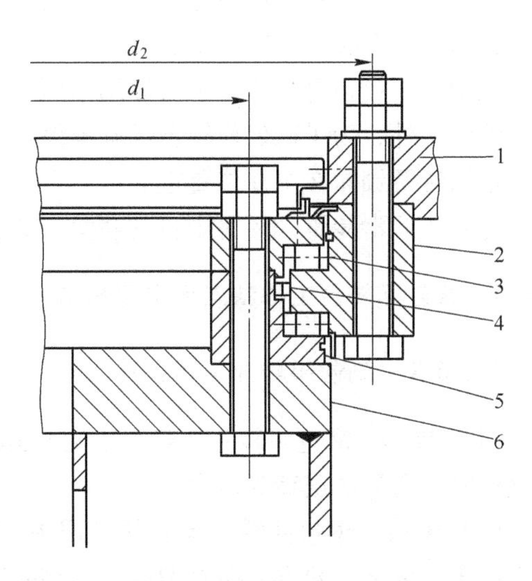

图 8-3　旋转台的推力轴承

1—转臂；2—推力轴承外圈；3—推力轴承滚子；4—径向定心轴承滚子；5—推力轴承内圈；6—塔座

间隙，调整内外圈的直线度水平度，使其在允差范围内。推力轴承的轴向间隙一般为0.3～0.5mm。

8.1.3　回转台的塔座

回转台的塔座通常是双层同心圆筒并用筋板连接的结构形式，外层筒壁较厚，用以承受大部分负荷，内层筒壁主要起稳定作用。两层筒壁的上下端部都用法兰连接。下法兰通过高强度地脚螺栓固定在基础上。

8.1.4　回转装置

回转装置用来驱动转臂旋转，回转装置固定在回转台的机座上。如图8-4所示，回转装置是通过电动机5、减速箱3、小齿轮2驱动柱销齿轮，使转臂转动。在事故停电时通过备用电源或气动马达使转臂转到事故钢包上方。事故时，转臂只能做一次180°的转动。

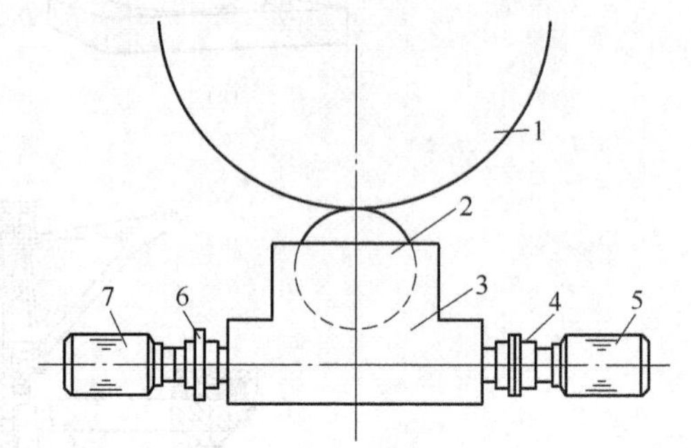

图8-4　回转驱动装置

1—柱销齿轮；2—小齿轮；3—大速比减速箱；4—联轴器；5—电动机；6—气动离合器；7—空气马达

8.1.5　钢包升降和称量装置

为了防止钢水二次氧化，实现保护浇铸，须在钢包和中间罐之间安装长水口，要求钢包能在回转台上做升降运动。为了控制浇注速度，掌握浇注时钢包内的钢水量，在回转臂的升降框架下设置了四个称量传感器。称量传感器应受到保护，为避免接受钢包时受到冲击，一般框架在上升位置时接收钢包，然后慢慢下降坐落在称量传感器上。另外，当钢包水口打不开时，利用升降装置将钢包升起，便于操作工用氧气烧水口。

如图8-5所示，钢包升降运动通过电动机3，经减速箱4带动八个蜗轮千斤顶2使升降框架动作。钢包升降运动也可以用液压缸同步推动。

除此之外，为了确保回转台准确地停在浇注或受钢位置，还设有主令控制器和锁定装置，把回转臂锁紧在浇注位置上。

另外，润滑装置采用集中自动润滑方式，将润滑油注入轴承和柱销齿轮等部件润滑。

8.1.6　钢包回转台工作特点和主要参数

8.1.6.1　钢包回转台工作特点

（1）重载。钢包回转台承载几十吨到几百吨的钢包，当两个转臂都承托着盛满钢水的钢包时，所受的载荷为最大。

（2）偏载。钢包回转台承载的工况有以下几种：两边满载、一满一空、一满一无、一空一无、两无、两空。最大偏载出现在一满一无的工况，此时钢包回转台会承受最大的倾翻力矩。

（3）冲击。由于钢包的安放、移去都是用起重机完成的，因此在安放移动钢包时产

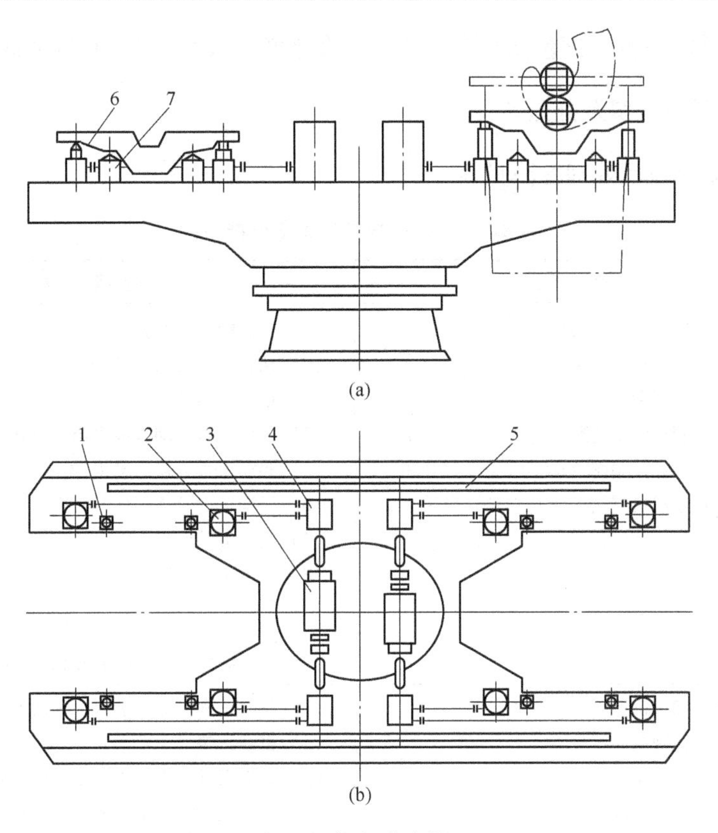

图 8-5 钢包升降装置

(a) 侧视图；(b) 顶视图

1—称量传感器；2—蜗轮千斤顶；3—电动机；4—减速箱；

5—保温盖移动走行轨道；6—升降框架；7—称量传感器

生冲击，这种冲击使回转台的零部件承受动载荷。

(4) 高温。钢包中的高温钢水会对回转台产生热辐射，从而使钢包回转台承受附加的热应力；另外浇注时飞溅的钢水也会给回转台带来火警隐患。

8.1.6.2 钢包回转台的主要参数

(1) 承载能力。钢包回转台的承载能力是按转臂两端承载满包钢水的工况进行确定，例如一个 300t 钢包，满载时总重为 440t，则回转台承载能力为 440t ×2。另外，还应考虑承接钢包的一侧，在加载时的垂直冲击引起的动载荷系数。

(2) 回转速度。钢包回转台的回转转速不宜过快，否则会造成钢包内的钢水液面波动，严重时会溢出钢包外，引发事故。一般钢包回转台的回转转速为 1r/min。

(3) 回转半径。钢包回转台的回转半径是指回转台中心到钢包中心之间的距离。回转半径一般根据钢包的起吊条件确定。

(4) 钢包升降行程。钢包在回转台转臂上的升降行程，是为进行钢包长水口的装卸与浇注操作所需空间服务的，一般钢包都是在升降行程的低位进行浇注，在高位进行旋转或受包、吊包；钢包在低位浇注可以降低钢水对中间包的冲击，但不能与中间包装置相碰撞。通常钢包升降行程为 600 ~800mm。

（5）钢包升降速度。钢包回转台转臂的升降速度一般为1.2～1.8m/min。

8.1.7 回转台常见故障及处理方法

回转台常见故障及处理方法见表8-1。

表8-1 回转台常见故障及处理方法

故障现象	故障原因	处理办法
噪声和振动	（1）固定螺丝或螺栓松动； （2）空气进入管道； （3）阀爆裂； （4）旋转设备情况（电机、齿轮、马达）； （5）支撑件情况（轴承、垫及其外壳）； （6）传送装置情况（连接件、接手）； （7）中央油脂设备动力故障； （8）超负荷工作	（1）拧紧螺丝和螺栓； （2）从管道中排出空气； （3）更换磨损件； （4）正确润滑转动部件平衡，重新调整转动部件； （5）润滑正常更换易磨损件； （6）润滑正常发生损坏时更换； （7）查有关手册； （8）依照预定负荷量重新输入
温度过高	（1）电机情况	（1） 1）检查输入电机的电源，更换损坏和磨损件； 2）检查电气线路有无损坏，更换损坏和磨损件
	（2）轴承情况； （3）抱闸调整不好； （4）垫片情况； （5）齿轮情况	（2）润滑正常，重新输入规定的工作负荷； （3）重新调整； （4）润滑正常，重新输入预定的正确负荷； （5）润滑正常，重新输入预定的正确负荷
压力不足	（1）管道内滴漏； （2）最大减压阀情况； （3）过滤器状况； （4）压缩空气供给	（1）对管路逐段寻找故障并修理； （2）如有磨损，重新校正检查阀或更换； （3）清洗或更换泵的吸油/出油侧过滤器芯； （4）检查与压缩空气网的连接
流量不足	（1）管道滴漏； （2）法兰接头螺丝或螺栓转动； （3）垫圈情况	（1）逐段寻找故障并修理； （2）拧紧螺丝和螺栓； （3）更换损坏部分，保证安装正确
	（4）手动电磁阀情况	（4） 1）清洗或更换磨损件； 2）检查电气供给是否正确； 3）更换损坏电磁阀
	（5）过滤器情况	（5）清洗或更换过滤器芯
设备停止	低压开关柜的电源中断	逐段检查线路，修理损坏处

8.1.8 钢包回转台的使用及维护要点

钢包回转台使用和维护要点如下：

（1）回转台可以正反360°角任意旋转，但必须在钢包升到一定高度时，才能开始旋转。

（2）当回转台朝一个方向旋转未完全停止时，不允许反方向操作。

（3）在坐包时，应该小心操作避免对回转台产生过大的冲击。抱闸应处于打开状态。

（4）定期检查各润滑点的润滑是否正常。

（5）不定期检查各钢结构，发现有开裂或变形等缺陷时，要及时处理。对主要焊缝应每年进行超声波或射线探伤，对有缺陷的焊缝应进行跟踪检查，密切注意其是否有扩展趋势。

（6）定期检查各紧固件的螺栓有无松动现象，特别是预应力地脚螺栓要每年进行抽检，发现问题及时处理。

（7）定期检查升降液压缸及液压接头是否漏油，动作是否正常，其球面推力轴承是否严重磨损和损坏。

（8）定期检查各传动部位以及各活动部位运作是否灵活正常。

（9）定期试运转事故驱动装置，检查气动马达的运转及气压等情况。

（10）要定期检查气动夹紧装置有无磨损、损坏现象，动作是否灵活、正常。

8.2 中 间 包

中间包是介于钢包和结晶器之间的一个中间容器，中间包首先接受钢包中的钢水，然后钢水通过中间包水口注入结晶器中。它可以确保其内的钢水有稳定的液面深度，从而保证钢水能在较小而稳定的压力下，平稳地注入结晶器，减少钢流冲击引起的飞溅、紊流和结晶器的液面波动；钢水在中间包内停留过程中，由于静压力减小，有利于非金属夹杂物上浮，提高钢水的纯净度；在多流连铸机上中间包可以分流；在多炉连浇的情况下，中间包还可以贮存一定量的钢水，以保证换钢包期间不断流。随着对铸坯质量要求的进一步提高，中间包也可作为一个连续的冶金反应容器。可见，中间包的主要作用是：减压、稳流、除夹杂、分流、贮钢等。

中间包的形状应具有最小的散热面积，良好的保温性能。同时保证钢液在中间包内不旋流。一般常用的类型按其形状可分断面形状为圆形、椭圆形、三角形、矩形和T字形等，如图8-6所示。

中间包的形状力求简单，以便于吊装、存放、砌筑、清理等操作。按其水口流数可分单流、多流等，中间包的水口流数一般为1～4流。

中间包由包壳、包盖、内衬、水口及水口控制机构（滑动水口机构、塞棒机构）、挡渣墙等装置组成，如图8-7所示。

连铸中间包系统动画

8.2.1 包壳、包盖

包壳一般用12～20mm的钢板焊成，并钻有若干小孔，以便耐火材料透气。包壳有一定倒锥度，上口有溢流槽，下边缘呈斜角，包身和包底焊有加强筋，包盖和包壳上有吊钩。中间包盖的作用是保温和防溅，还可以减少炽热钢水对钢包底部的辐射烘烤。它也是钢板焊接结构，内衬采用耐火混凝土捣打而成。包盖上留有预热用孔，塞棒用孔及中间一个钢包浇注用孔。

8.2.2 内衬

中间包耐火衬由工作层、永久层和绝热层等组成。其中绝热层用石棉板、保温砖砌筑或轻质浇注料砌筑而成，绝热层紧贴包壳钢板，以减少散热；永久层用黏土砖砌筑或用浇注料整体浇注成型；工作层与钢液直接接触，可用高铝砖、镁质砖砌筑；也可用硅质绝热板、镁质绝热板或镁橄榄石质绝热板组装砌筑；还可以在工作层砌砖表面喷涂10～30mm

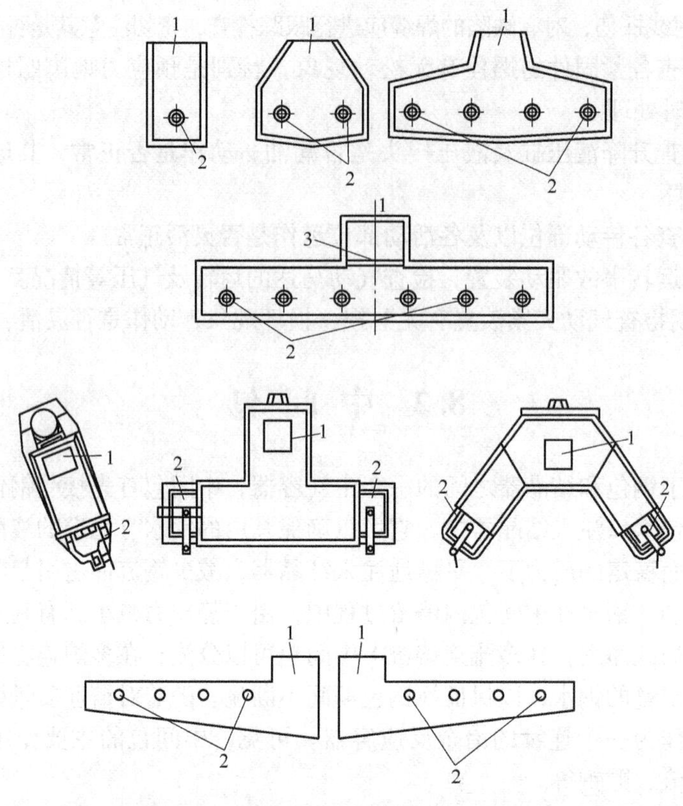

图 8-6　中间包断面的各种形状示意图

1—钢包注流位置；2—中间包水口；3—挡渣墙

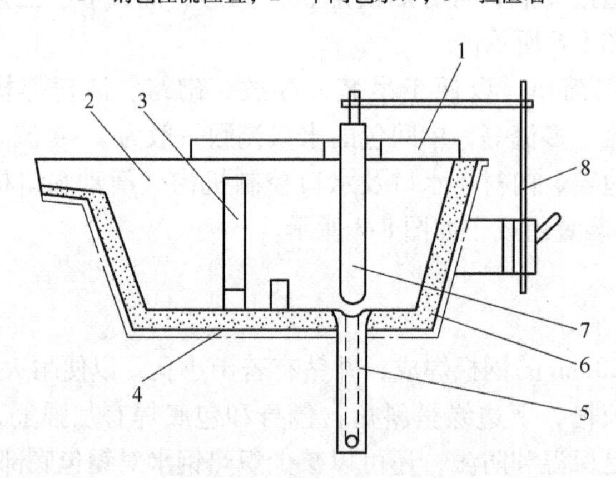

图 8-7　中间包构造示意图

1—包盖；2—溢流槽；3—挡渣墙；4—包壳；5—水口；
6—内衬；7—塞棒；8—塞棒控制机构

的一层涂料。中间包内衬喷涂涂料主要是用做工作层，它的优点是：

（1）涂料耐钢液和钢渣的侵蚀，使用寿命长。

（2）施工方便，更换迅速。

（3）便于清理残余涂料层和残渣，且不损坏砌砖层，相对降低了耐火材料的消耗。

用涂层的中间包在维护干燥后，使用前需烘烤。

如使用绝热板砌筑，在绝热板与永久层之间要填充河砂，其目的是缓冲中间包内衬受热的膨胀压力，其次可起到一定的绝热作用，并便于拆卸内衬。

硅质绝热板主要成分是 SiO_2，适于浇注碳素钢、普通低合金钢和碳素结构钢；而镁质绝热板主要成分是 MgO，适用于浇注特殊钢和一些质量要求高的钢种。镁质绝热板比硅质绝热板对钢液污染小。使用绝热板中间包的优点：

可以冷包使用，据统计，使用冷包后，每 1t 钢能节省 2kg 标准燃料；加快了中间包的周转，周转周期由 16h 降至 8h；提高中间包的使用寿命，减少了永久层的耐火材料消耗；保温性能好，为此出钢温度可降低 10℃ 左右，有利于连铸生产管理；便于清理和砌筑。

在出钢孔处砌筑座砖和水口砖。在大容量中间包的耐火衬中还设置矮挡墙和挡渣墙，主要可隔离钢包的注流对中间包内钢水的扰动，使中间包内钢水的流动更趋合理，更有利于钢水中非金属夹杂物的上浮，从而提高钢水的纯净度。

8.2.3 挡渣墙

中间包挡渣墙的作用是可改变包内钢水的流动状态，消除中间包底部的死区，使钢水中的夹杂物容易从钢水中分离出来，同时可使中间包的传热过程和温度分布更趋平均，以利于对浇注钢水温度的控制。挡渣墙的形状如图 8-8 所示。

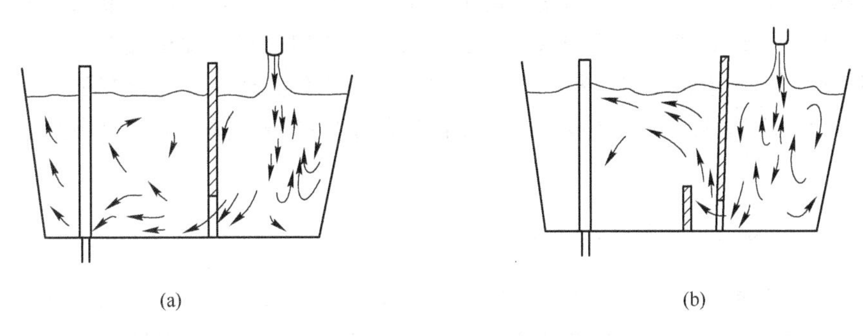

图 8-8 挡渣墙示意图
(a) 隧道型挡渣墙；(b) 隧道加坝型挡渣墙

8.2.4 滑动水口

8.2.4.1 滑动水口的作用和种类

滑动水口的作用是在浇注过程中用来开放、关闭和控制从盛钢桶或中间包流出的钢水流量。它和塞棒水口浇注相比，安全可靠，能精确控制钢流，有利于实现自动化。滑动水口机构安装在中间包或盛钢桶底部，工作条件得到改善，另外插入式和旋转式滑动水口在浇注过程中可更换滑板，使中间包连续使用，有利于实现多炉连浇。滑动水口驱动方式有液压、电动和手动三种。国内最常见的为液压驱动。

滑动水口依滑板活动方式不同有插入式（见图 8-9）、往复式（见图 8-10）和旋转式滑动水口三种形式。它们都是采用三块耐火材料滑板，上下两块为带流钢孔的固定滑板，中间加一块活动滑板以控制钢流。插入式滑动水口是按所需程序，将滑板由一侧推入

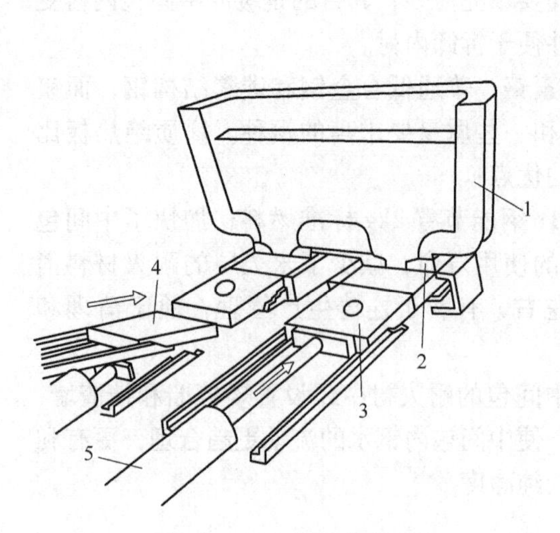

图 8-9　插入式滑动水口

1—中间包；2—固定滑板；3—带水口活动滑板；4—无水口活动滑板；5—液压缸

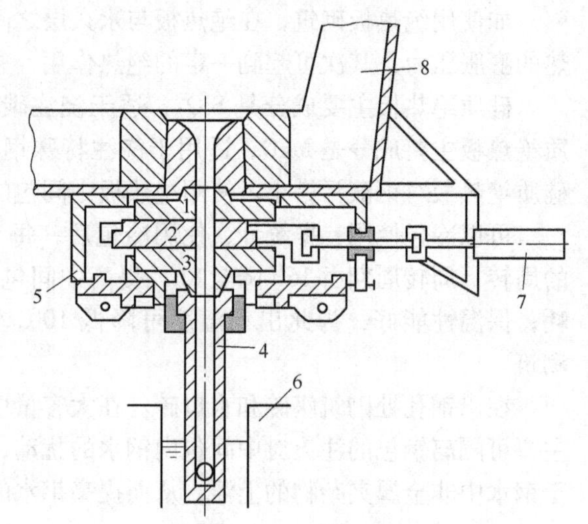

图 8-10　往复式滑动水口

1—上固定滑板；2—活动滑板；3—下固定滑板；4—浸入式水口；5—滑动水口箱体；6—结晶器；7—液压缸；8—中间包

两固定滑板之间，而从另一侧推出用过的活动滑板。往复式滑动水口的带孔滑板通过液压传动作往复运动，达到控制钢流的目的。旋转式滑动水口是在一旋转托盘上装有八块活动滑板以替换使用。调节钢流时，托盘缓慢转动以实现水口的开关及钢流控制。

滑动水口上下滑板之间用特殊耐热合金制造的螺旋弹簧压紧，浇注时弹簧用压缩空气冷却。

8.2.4.2　滑动水口控制机构的安装

根据滑动水口控制机构结构不同，安装方法也有所不同。从安装区域来分，可分离线安装和在线安装两种。离线安装指液压缸在滑板安装区域即安装在钢包或中间包上，在连铸平台上仅需接上液压管快速接头；在线安装指钢包或中间包在浇注位时，整体安装上液压缸和液压管，其优点是液压缸使用条件改善，管路不易污染，缺点是安装不很方便。

（1）正确选择滑板砖，上、下滑板砖的磨光面经研磨后，要用塞尺测量其配合面之间的间隙，如浇注镇静钢，其配合间隙应不大于 0.15mm。另外要检查上、下滑板砖的质量，不得有缺角、缺棱和肉眼可见的裂纹等缺陷。

（2）所用的耐火泥要调和均匀、干稀适当，呈糊状，泥中不能有结块、石粒、渣块等硬物。

（3）在安装上滑板砖之前，要清理干净固定盒的上滑板槽，上、下水口内及上、下水口砖接触面之间的残钢、残渣。

（4）上滑板砖的一面要涂上足够的耐火泥，然后装配到上水口砖上，两者之间在安装时要求接触严密，并用调整装置进行压紧校平，无明显的倾斜。

（5）在安装下滑板砖之前，应检查、清理滑动盒内的拖板驱动机构，并加油润滑；必须保证拖板驱动机构完好无损、调节灵活。

(6) 下滑板砖的一面要涂上耐火泥，然后装配到下水口砖上，两者之间在安装时要求接触严密，并进行压紧校平，使下滑板砖的四周与拖板的上沿距离相等。

(7) 在组装滑板砖之前，应在下滑板砖的磨光面上涂石墨油，接着将装有下滑板砖的拖板放入滑动盒的导向槽内，然后关闭滑动盒，锁定固定盒的活扣装置，使滑动盒扣紧在固定盒上，并使上、下滑板砖之间产生预定的工作压力。

(8) 将滑动水口机构的驱动液压缸及传动装置安装、连接到位，然后对滑动水口机构进行滑动校核试验，以检验、确认滑动水口机构的动作是否平稳、灵活、无异声、无松紧现象。

(9) 最后将上、下水口内挤入的残余耐火泥及垃圾清理干净。

8.2.4.3 滑动水口控制机构的检查、调整

在浇注结束后中间包的滑动水口机构随中间包一起吊运到中间包维修区，在那里完成滑动水口机构的拆卸，解除滑板之间面压、更换滑板砖、施加面压组装并安装在中间包上等维修作业，然后随已修砌的中间包一起等待烘烤使用。此时连铸操作人员须对中间包的滑动水口机构做好以下例行检查、连接、调整等工作：

(1) 严格检查滑动水口机构的面压数值，如不合格切不可使用，并将该滑动水口机构随中间包退回中间包维修区重新进行拆卸。检查机构的整体安装问题、弹簧的预紧力或零部件变形、滑板砖厚度等。

(2) 滑动水口机构与中间包本体之间应正确安装、联结牢固，没有异常状况。

(3) 滑动水口机构与驱动液压缸之间应正确安装、联结牢固，液压缸及其液压管接头处无漏油现象。

(4) 将滑动水口机构上的气冷、气封软管连接到位，并作通气检验，以确认压缩空气和氩气等供应到位，同时检查接头处，应无气体泄漏。

(5) 操作滑动水口的操纵盘，使滑动水口的液压站卸压，然后通过快速接头将两根液压软管与液压缸对应连接到位；另外通过接插器，将液压缸位置检测器的电缆线与液压缸连接到位。

(6) 操作滑动水口的操纵盘，反复使滑动水口机构作打开、关闭试验，以检查滑动水口机构动作的灵活性、平稳性，检查有无异常的声响；同时通过开口度指示器确认水口打开与关闭的极限位置，并对液压缸的位置检测器作水口关闭时的零点位置确认操作。

(7) 按下滑动水口操纵盘的“紧急关闭”电钮，并检查确认滑动水口机构关闭动作到位情况。

(8) 使滑动水口液压站处于卸压，滑动水口机构恢复至全开状态。

待上述各项中间包滑动水口机构的检查、连接、调整工作全部结束，确认到位后，则可将该新砌的中间包进行烘烤，准备使用。

8.2.5 中间包的主要参数

8.2.5.1 中间包容量

中间包的容量一般取盛钢桶容量的 20% ~40%，甚至 50%。大容量钢包取中下值，

小容量钢包取中上值。容量过大，钢水在包内停留时间过长，容易降温，出事故时包内残存钢水也多。容量过小，无法满足工艺要求。在多炉连浇的情况下，中间包的容量应大于更换盛钢桶时浇注所需钢水量，此时中间包容量 G 应为：

$$G = 1.3Av\rho tn \tag{8-1}$$

式中　A——铸坯断面积，m^2；
　　v——平均拉速，m/min；
　　ρ——钢水密度，t/m^3；
　　t——更换钢包时间，min；
　　n——流数。

中间包内钢液面深度一般不小于400～450mm，钢包采用浸入式水口时，钢水深度要加大到600～1000mm。更换钢包时包内最低液面深度不能小于300mm，以免浮渣卷入结晶器内。包内钢液面到中间包上口的距离应留有200mm左右。包壁带有10%～20%的倒锥度。

8.2.5.2　水口直径

水口直径要保证连铸机在最大拉速情况下所需要的钢流量。水口直径过大，浇注时必须经常控制水口开度，过小又会限制拉速，水口也易冻结。可按经验公式计算：

$$d^2 = 330 \times \frac{Q}{\sqrt{H}} \tag{8-2}$$

式中　Q——一个水口全开时钢水流量，t/h；
　　H——中间包钢液深度，mm。

例如：浇注铸坯断面为150mm×150mm，最大拉速为1.5m/min，中间包钢水深度为450mm，确定其水口直径。

$$Q = 60Av\rho = 60 \times 0.15 \times 0.15 \times 1.5 \times 7.6 = 15.39 t/h$$

$$d = \sqrt{330 \times \frac{15.39}{\sqrt{450}}} = \sqrt{239.4} = 15.47mm$$

取水口直径16mm。

8.3　中间包车

中间包车是中间包的运载设备，在浇注前将烘烤好的中间包运至结晶器上方并对准浇注位置，浇注完毕或发生事故时，将中间包从结晶器上方运走。生产工艺要求中间包小车能迅速更换中间包，停位准确，容易使中间包水口对准结晶器。为方便装卸浸入式水口，中间包应能升降。

8.3.1　中间包车的类型

中间包车按中间包水口在中间包车的主梁、轨道的位置，可分为门式和悬吊式两种类型。

（1）门式（门型、半门型）中间包车。门型中间包车的轨道布置在结晶器的两侧，重心处于车框中，安全可靠（图 8-11）。门型中间包车适用于大型连铸机。但由于门型中间包车是骑跨在结晶器上方，使操作人员的操作视野范围受到一定限制。

半门型中间包车如图 8-12 所示。它与门型中间包车的最大区别是布置在靠近结晶器内弧侧，浇注平台上方的钢结构轨道上。

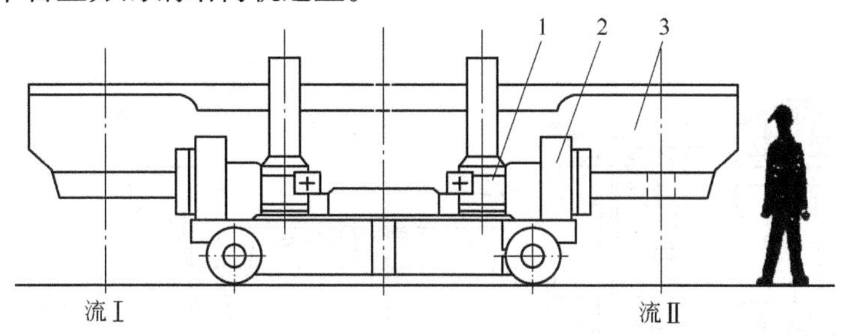

图 8-11　门型中间包车

1—升降机构；2—走行机构；3—中间包

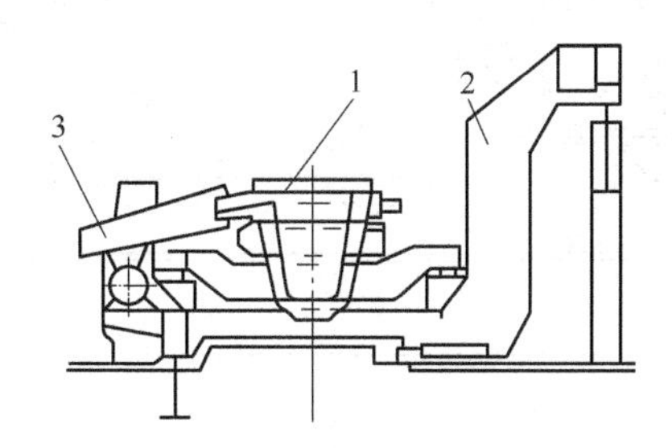

图 8-12　半门型中间包车

1—中间包；2—中间包车；3—溢流槽

（2）悬吊式（悬臂型、悬挂型）中间包车。悬臂型中间包车，中间包水口伸出车体之外，浇注时车位于结晶器的外弧侧；其结构是一根轨道在高架梁上，另一根轨道在地面上，如图 8-13 所示。车行走迅速，同时结晶器上面供操作的空间和视线范围大，便于观察结晶器内钢液面，操作方便；为保证车的稳定性，应在车上设置平衡装置或在外侧车轮上增设护轨。

悬挂型中间包车的特点是两根轨道都在高架梁上，如图 8-14 所示，对浇注平台的影响最小，操作方便。

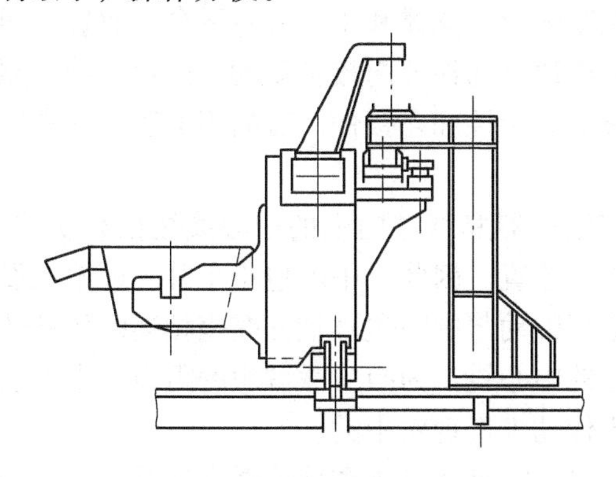

图 8-13　悬臂型中间包车

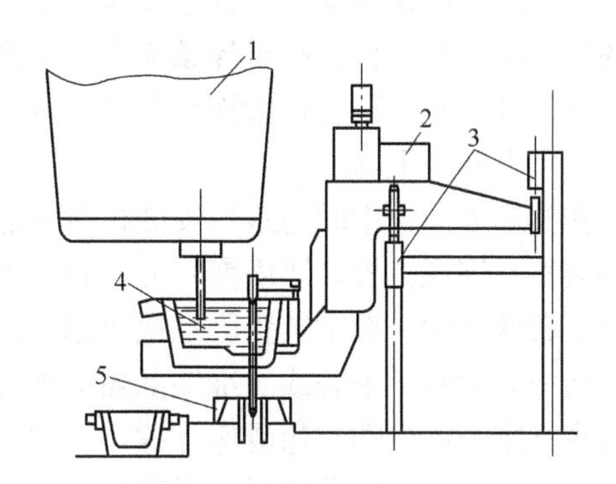

图 8-14　悬挂型中间包车

1—钢包；2—悬挂型中间包车；3—轨道梁及支架；4—中间包；5—结晶器

悬臂型和悬挂型中间包车只适用于生产小断面铸坯的连铸机。

8.3.2 中间包车的结构

中间包小车结构如图8-15所示，由车架行走装置、升降装置、对中装置及称量装置等组成。

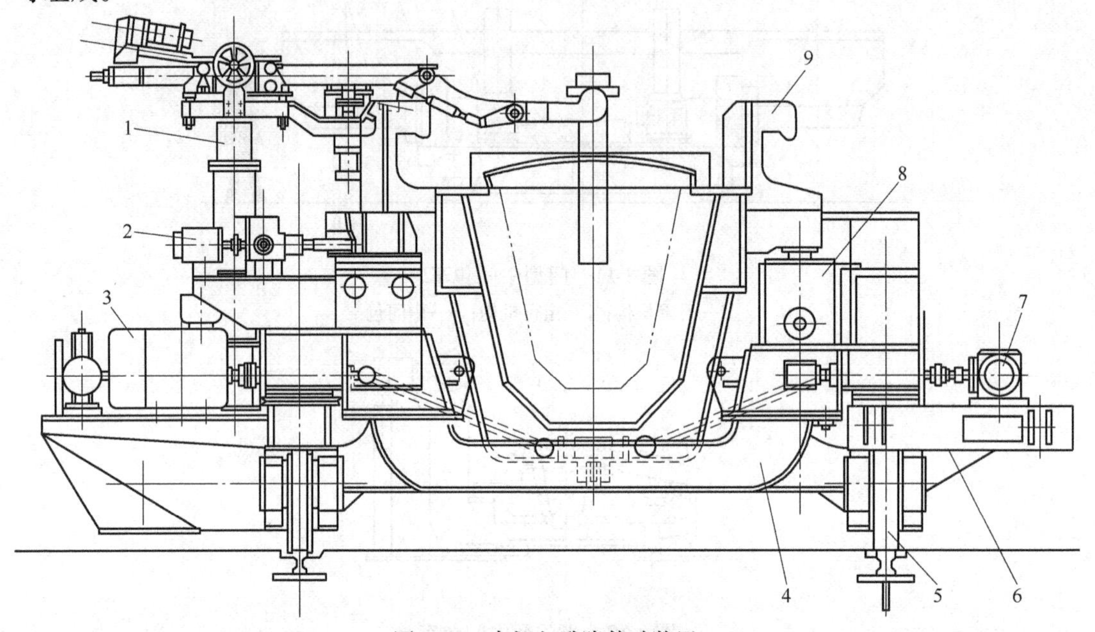

图8-15 中间包升降传动装置

1—长水口安装装置；2—对中微调驱动装置；3—升降驱动电动机；4—升降框架；5—行走车轮；6—中间包车车架；7—升降传动伞齿轮箱；8—称量装置；9—中间包专用吊具

车架是钢板焊接的鞍形框架，这种结构使得中间包浸入式水口周围具有足够的空间，便于操作人员靠近结晶器进行观察、取样、加保护渣及去除结晶器内钢液面残渣。

车架行走装置是由快、慢速两台电动机通过行星差动减速器驱动一侧车轮作双速运转，它设置在车体的底部。通过中间齿轮及横穿包底的中间接轴驱动另一侧车轮。四个车轮中两个为主动车轮。在操作侧的两个车轮为双轮缘，相对一侧车轮无轮缘。

升降装置能使中间包上升、下降。它设置在车体上，支撑和驱动升降平台。放置中间包的升降框架由四台丝杆千斤顶支撑，由两台电机通过两根万向接轴驱动。两组电动机驱动系统用锥齿轮箱和连接轴连接起来，具有良好的同步性和自锁性。有的用液压传动来实现中间包上升、下降。

在拉坯方向，中间包水口安装位置中心线与结晶器厚度方向上的中心线往往有误差，需要调整；当浇铸板坯厚度变化时，也要调整水口位置。因此，中间包小车升降框架上设有对中微调机构。对中装置驱动电机通过蜗轮蜗杆带动与中间包耳轴支撑座相连的丝杆转动，使中间包水口中心线对准结晶器厚度方向上的中心线。为减少微调中的阻力，中间包耳轴支撑座为球面和滚轮滑座支撑。有的用液压传动来实现对中的。

在中间包耳轴支撑座下面设有中间包称量装置，它是通过4个传感器来显示的。在中间包小车上还设有长水口安装装置，将钢包的长水口安装在钢包的滑动水口上，并将其紧紧压住。

8.3.3 中间包车常见故障及处理方法

中间包车常见故障及处理方法见表8-2。

表8-2 中间包车常见故障及处理方法

故障现象	故障原因	处理方法
微调系统不动作	丝杆或轴承坏及滑道周围有钢渣卡阻	检查更换丝杆或轴承并清理钢渣
中间包车无升降	(1) 电气故障; (2) 减速机损坏; (3) 升降丝母脱落或损坏; (4) 升降行程超过工作极限; (5) 升降丝杆断裂	(1) 电工检查处理; (2) 更换减速机; (3) 检查更换丝母; (4) 检查处理; (5) 更换丝杆
中间包车无行走	(1) 电气故障; (2) 电机与减速机的联轴器损坏	(1) 电工检查处理; (2) 检查更换联轴器
中间包车溜车	电机制动器松动	调整制动器
中间包行走打滑	(1) 轨道不平整或轨道上有异物; (2) 电气故障	(1) 检查处理，调整轨道; (2) 检查处理

8.3.4 中间包车的使用和维护要点

中间包车的使用和维护要点如下：

(1) 坐中间包之前，中间包车应处于下降位。当用吊车往中间包车上放中间包时，不要直接放到位，应在放到离中间包车一定高度时，操作中间包车上升接住中间包。

(2) 当中间包车朝一个方向运行未完全停车时，不允许反方向操作。

(3) 对稀油润滑的部位，要定期检查油位高度及检验油质清洁度，如低于规定油位应及时补充，发现油质异常应及时更换。对于油润滑部位应定期加油。

(4) 各运行部位的滚动轴承要定期检查，发现异常应及时更换或修理。

(5) 定期检查各传动部位连接处螺丝是否松动，如发现异常情况应及时拧紧或更换。

(6) 定期检查升降装置的限位行程开关动作是否准确，如发现异常应及时调整或更换。

(7) 检查长水口机械手各气动和液压元件及管线是否有泄漏、各活动部位是否有卡阻现象，连接部位有无螺栓松动现象，如发现异常应及时处理，要及时清洗气动过滤器。

复习思考题

8-1 浇注设备有哪些?

8-2 钢包回转台的作用，有哪几种类型，工作特点?

8-3 钢包回转台的结构?

8-4 钢包回转台常见故障有哪些，如何处理?

8-5 中间包的作用有哪些?

8-6 滑动水口的形式有几种?

8-7 中间包小车的结构如何?

9 结晶器和结晶器振动设备

结晶器及其振动设备 PPT

结晶器及其振动装备动画

由中间包流出的钢水注入结晶器内，经强制水冷使钢水初步凝固，形成与结晶器内腔尺寸相同的一定厚度的均匀坯壳。当钢液在结晶器内上升到一定高度后，结晶器开始振动，同时铸坯连续不断地从结晶器下口拉出。

9.1 结晶器

结晶器是连铸机主体设备中一个关键的部件，它类似于一个强制水冷的无底钢锭模。它的作用是使钢液逐渐凝固成所需规格、形状的坯壳，且使坯壳不被拉断、漏钢及不产生歪扭和裂纹等缺陷，保证坯壳均匀稳定地成长。

中间包内钢水连续注入结晶器的过程中，结晶器受到钢水静压力、摩擦力、钢水的热量等因素影响，工作条件较差，为了保证坯壳质量、连铸生产顺利进行，结晶器应具备以下基本要求：

（1）结晶器内壁应具有良好的导热性和耐磨性。

（2）结晶器应具有一定的刚度，以满足巨大温差和各种力作用引起的变形，从而保证铸坯精确的断面形状。

（3）结晶器的结构应简单，易于制造、装拆和调试。

（4）结晶器的重量要轻，以减少振动时产生的惯性力，振动平稳可靠。

结晶器类型按其内壁形状，可分直形及弧形等；按铸坯规格和形状，可分圆坯、矩形坯、方坯、板坯及异型坯等；按其结构形式，可分整体式、套管式及组合式等。

9.1.1 结晶器的主要参数

结晶器的主要参数包括：结晶器的断面形状和尺寸、结晶器的倒锥度、长度及水缝面积等。

9.1.1.1 结晶器的断面形状和尺寸

它是根据铸坯的公称断面尺寸来确定的，公称断面是指冷坯的实际断面尺寸。由于结晶器内的坯壳在冷却过程中会逐渐收缩，及考虑矫直变形的影响，所以结晶器的断面尺寸确定应比铸坯的断面尺寸大2%~3%。结晶器的断面形状确定应与铸坯的断面形状相一致，根据铸坯的断面形状可采用正方坯、板坯、矩形坯、圆坯及异形坯结晶器。

9.1.1.2 结晶器的倒锥度

钢液在结晶器内冷却凝固生成坯壳，进而收缩脱离结晶器壁，产生气隙。因而导热性能大大降低，由此造成铸坯的冷却不均匀；为了减小气隙，加速坯壳生长，结晶器的下口要比上口断面略小，称为结晶器倒锥度。可用下式表示：

$$e_1 = \frac{S_{下} - S_{上}}{S_{上} L} \times 100\% \tag{9-1}$$

式中 e_1——结晶器每米长度的倒锥度，%/m；

$S_{下}$——结晶器下口断面积，mm^2；

$S_{上}$——结晶器上口断面积，mm^2；

L——结晶器的长度，m。

对于矩形坯或板坯连铸机来说，厚度方向的凝固收缩比宽度方向收缩要小得多。其锥度按下式计算：

$$e_1 = \frac{B_{下} - B_{上}}{B_{上} l_m} \times 100\% \tag{9-2}$$

式中 $B_{下}$——结晶器下口宽边或窄边长度，mm；

$B_{上}$——结晶器上口宽边或窄边长度，mm。

倒锥度的选择十分重要，选择过小，坯壳会过早脱离结晶器内壁，严重影响冷却效果，使坯壳在钢水静压力作用下产生鼓肚变形，甚至发生漏钢。选择过大，会增加拉坯阻力，加速结晶器内壁的磨损。

为选择合适的倒锥度，设计结晶器时，要对高温状态下各种钢的收缩系数有全面的实验研究。根据实践，一般套管式结晶器的倒锥度，依据钢种不同，应取（0.4~0.9）%/m。对于板坯结晶器，一般都是宽面相互平行或有较小的倒锥度，使窄面有（0.9~1.3）%/m的倒锥度。通常小断面的结晶器上下口尺寸可不改变。

9.1.1.3 结晶器的长度

结晶器的长度是保证铸坯出结晶器时，能否具有足够坯壳厚度的重要因素。若坯壳厚度较薄，铸坯就容易出现鼓肚，甚至拉漏，这是不允许的。根据实践，结晶器的长度应保证铸坯出结晶器下口的坯壳厚度大于或等于10~25mm。通常，生产小断面铸坯时取下限，而生产大断面时，应取上限。结晶器长度可按下式计算：

$$L_m = \left(\frac{\delta}{\eta}\right)^2 v \quad \text{(mm)} \tag{9-3}$$

式中 L_m——结晶器的有效长度，mm；

δ——结晶器出口处的坯壳厚度，mm；

η——结晶器凝固系数，$(mm/min)^{1/2}$，一般取20~24 $(mm/min)^{1/2}$；

v——拉坯速度，mm/min。

考虑到钢液面到结晶器上口应有80~120mm的高度，故结晶器的实际长度应为：

$$L = L_m + (80 \sim 120)\ \text{mm}$$

根据国内的实际情况，结晶器长度一般为700~900mm。小方坯及薄板坯连铸机由于拉速高也常取1000~1100mm。长度过长的结晶器加工困难并增加拉坯阻力，降低结晶器使用寿命，使铸坯表面出现裂纹甚至被拉漏，一般高拉速，应取较长的结晶器。

9.1.1.4 结晶器的水缝面积

钢水在结晶器内形成坯壳的过程中，其放出的热量96%是通过热传导由冷却水带走。

在单位时间内，单位面积铸坯被带走的热量称为冷却强度。影响结晶器冷却强度的因素，主要是结晶器内壁的导热性能和结晶器内冷却水的流速和流量。必须合理确定结晶器的水缝总面积 A。

$$A = \frac{10000}{36} \times \frac{QL}{v_{水}} \tag{9-4}$$

式中　Q——结晶器每米周边长耗水量，$m^3/(h \cdot m)$；

L——结晶器周边长度，m；

$v_{水}$——冷却水流速，m/s。

结晶器内冷却水量过大，铸坯会产生裂纹，过小又易造成鼓肚变形或漏钢。结晶器的冷却水槽形式如图 9-1 所示。

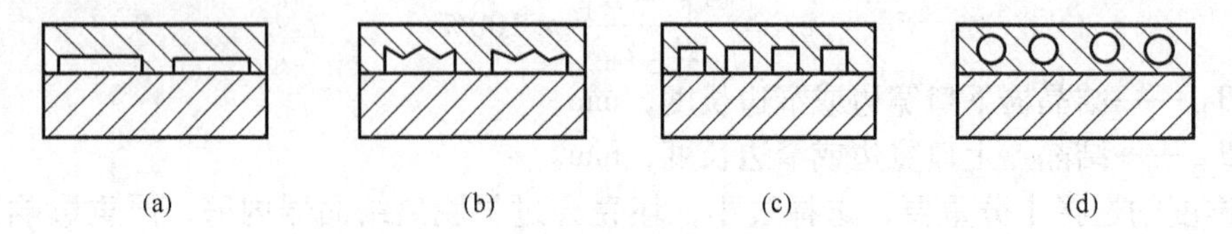

图 9-1　结晶器的冷却水槽形式

（a）一字形；（b）山字形；（c）沟槽式（15mm×5mm）；（d）钻孔式

由于结晶器内壁直接与高温钢水接触，所以内壁材料应具有以下性能：导热性好、足够的强度、耐磨性、塑性及可加工性。

结晶器内壁使用的材质主要有以下几种：

（1）铜：结晶器的内壁材料一般由紫铜、黄铜制作，因为它具有导热性好、易加工、价格便宜等优点，但耐磨性差，使用寿命较短。

（2）铜合金：结晶器的内壁采用铜合金材料，可以提高结晶器的强度、耐磨性、延长结晶器的使用寿命。

（3）铜板镀层：为了提高结晶器的使用寿命，减少结晶器内壁的磨损，防止铸坯产生星状裂纹，可对结晶器的工作面进行镀铬或镀镍等电镀技术。

9.1.2　结晶器的结构

结晶器的结构形式有整体式、管式和组合式三种。主要由内壁、外壳、冷却水装置及支撑框架等零部件组成。整体式由于耗铜量很多、制造成本较高，维修困难，因而应用少。管式广泛用于小方坯连铸机。组合式广泛用于板坯连铸机。

9.1.2.1　管式结晶器

管式结晶器结构如图 9-2 所示。结晶器的外壳是圆筒形。管式铜管 4 作为结晶器的内壁与外套钢质内水套 2 之间形成 7mm 的冷却水缝。内外水套之间利用上下两个法兰把铜管压紧。上法兰与外水套的连接螺栓上装有碟形弹簧，使结晶器在冷态下不会漏水，在受热膨胀时弹簧所产生的压应力不超过铜管的许用应力。结晶器的冷却水工作压力为 0.4 ~ 0.6MPa。冷却水从给水管 8 进入下水室，以 6 ~ 8m/s 的速度流经水缝进入上水室，由排水管排出。水缝上部留有排气装置，排出因过热而产生的少量水蒸气，提高导热效率和安

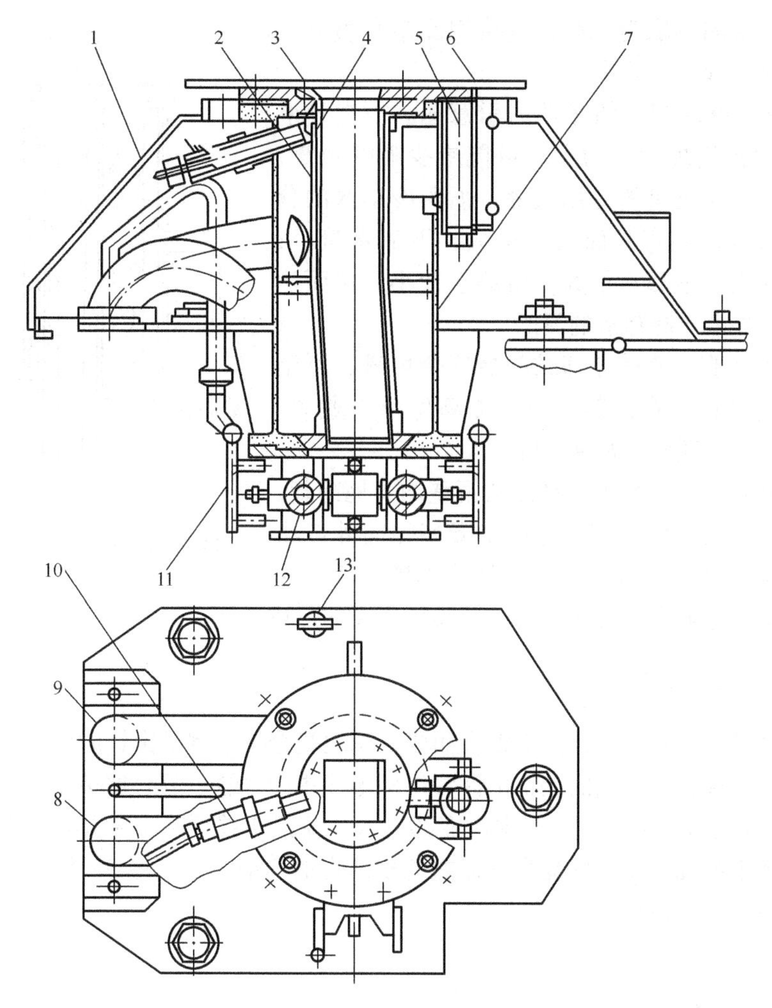

图 9-2 管式结晶器

1—结晶器外罩；2—内水套；3—润滑油盖；4—结晶器铜管；5—放射源容器；6—盖板；7—外水套；8—给水管；9—排水管；10—接收装置；11—水环；12—足辊；13—定位销

全性能。

结晶器的外水套为圆筒形，中部焊有底脚板，将结晶器固定在振动台架上。底脚板上有两处定位销孔和 3 个螺栓孔，保证安装时以外弧为基准与二次冷却导辊对中。冷却水管的接口及给、排水和足辊 12 的冷却水管都汇集在底脚板上。当结晶器锚固在振动台上时，这些水管也都同时接通并紧固好。

水套上部装有^{60}Co 或^{137}Cs 放射源容器 5 及信号接收装置 10，自动指示并控制结晶器内钢液面。放射源^{60}Co 或^{137}Cs 棒偏心地插在一个可转动的小铅筒内，小铅筒又偏心地装在一个大铅筒内，不工作时将小铅筒内的^{60}Co 棒转动到大铅筒中心位置，四周都得到较好的屏蔽，是安全存放位置。浇钢时，小铅筒转 180°，使^{60}Co 或^{137}Cs 棒转到最左面靠近钢液位置。对应于放射部位的水套上装了一个隔水室，以减少射线损失。在放射源的对面装一倾斜圆筒，内装计数器接收装置。

这种结晶器结构简单，易于制造和维护，多用于浇铸小方坯或方坯。

如将管式结晶器取消水缝，直接用冷却水喷淋冷却，则为喷淋式管式结晶器。

图9-3是喷淋冷却式结晶器的示意图。根据喷淋结晶器铜管的传热规律及为了尽可能减少喷嘴数量，采用了大角度、大流量的专用喷嘴。喷嘴冷却水的分布是沿铜管方向，在弯月面处水量大，下部水量小；沿结晶器横断面，中部水量大，角部水量小。从而达到传热效率高并节省冷却水的目的。

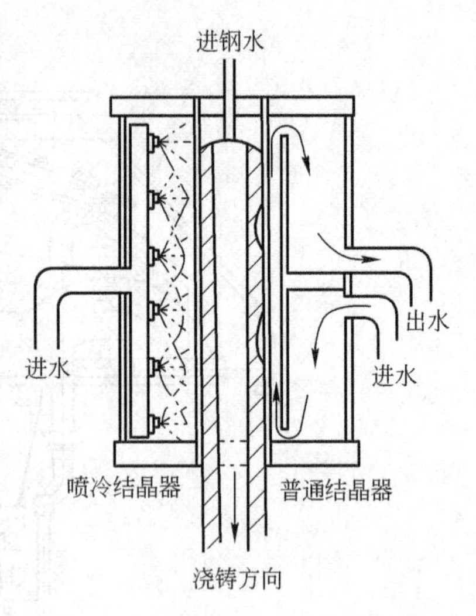

图9-3　喷淋冷却式结晶器示意图

生产实践证明，喷淋冷却结晶器安全可靠，可延长铜管的使用寿命，降低漏钢率，提高生产作业率，并使结晶器冷却水耗量大幅度下降。

采用喷淋式冷却技术可使结晶器铜壁均衡地冷却，减小铜壁和铸坯之间的间隙，可使初凝坯壳向外传热速度增加30% ~50%，特别是在结晶器传热量最大的弯月区提高了冷却强度，明显地助长了铸坯坯壳的形成。

9.1.2.2　组合式结晶器

组合式结晶器由4块复合壁板组合而成。每块复合壁板都是由铜质内壁和钢质外壳组成的。在与钢壳接触的铜板面上铣出许多沟槽形成中间水缝。复合壁板用双头螺栓连接固定，如图9-4和图9-5所示。冷却水从下部进入，流经水缝后从上部排出。4块壁板有各自独立的冷却水系统。在4块复合壁板内壁相结合的角部，垫上厚3 ~5mm并带45°倒角的铜片，以防止铸坯角裂。

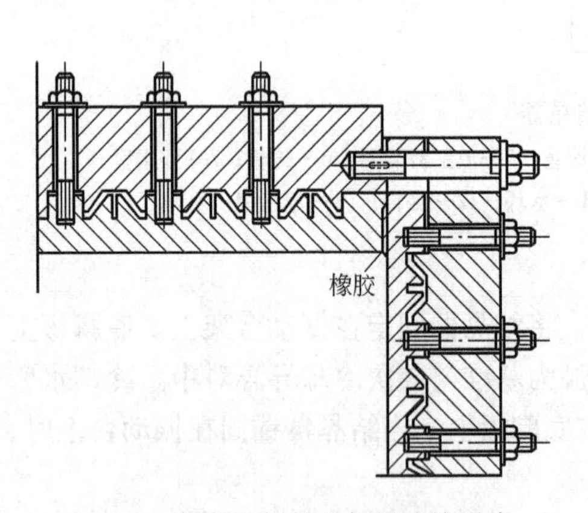

图9-4　铜板和钢板的螺钉连接形式

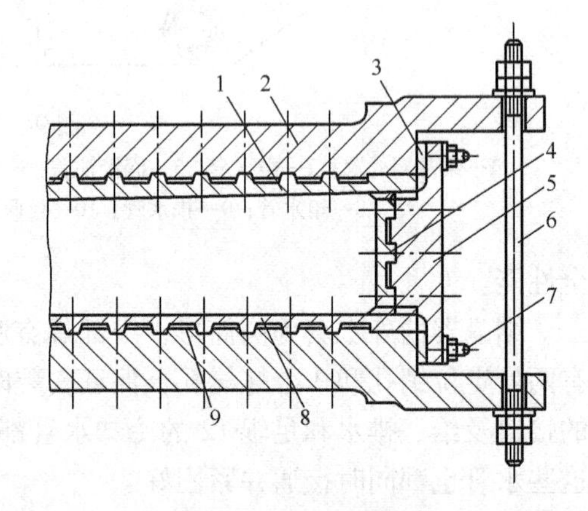

图9-5　组合式结晶器

1—外弧内壁；2—外弧外壁；3—调节垫块；4—侧内壁；5—侧外壁；6—双头螺栓；7—螺栓；8—内弧内壁；9—一字形水缝

组合式结晶器改变结晶器的宽度可以在不浇钢时离线调整，也可以在浇铸过程中进行在线自动调整。可用手动、电动或液压驱动调节结晶器的宽度。当浇铸中进行调宽操作时，首先用液压油缸压缩碟形弹簧使与螺栓相连的宽面框架和壁板向外弧侧松开，消除结

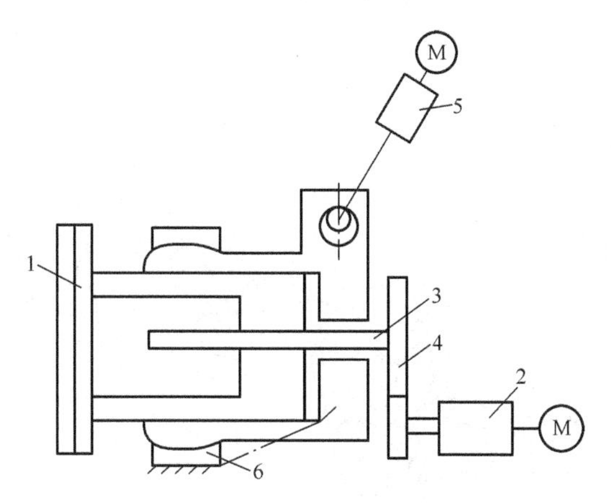

图 9-6 结晶器调宽装置示意图

1—窄面支撑板；2—调宽驱动装置；3—丝杆；4—齿轮；
5—调锥驱动装置；6—球面座

晶器两宽面对窄面的夹紧力，使窄面能够移动。再经过调宽驱动装置，如图 9-6 所示，经螺旋转动带着结晶器窄面壁板前进或后退，实现结晶器宽度的变化。通过调锥驱动装置 5 的电机驱动偏心轴，使调宽度部分整体地沿着球面座 6 上下带动窄面支撑板 1 摆动，实现结晶器锥度的调整。调宽完毕，卸去液压缸顶紧力，碟形弹簧又重新夹紧。

通常在紧挨结晶器的下口装有足辊或保护栅板，保证以外弧为基准与二冷支导装置的导辊严格对中，从而保护好结晶器下口，避免其过早过快磨损。

内壁铜板厚度在 20 ~ 50mm，磨损后可加工修复，但最薄不能小于 10mm。对弧形结晶器来说，两块侧面复合板是平的，内外弧复合板做成弧形的。而直形结晶器四面壁板都是平面状的。

影响结晶器使用寿命的因素很多，如材质、横断面大小、形状、振动方式、冷却条件以及钢流偏心冲刷、润滑不良、多次拉漏等。结晶器断面越大，长度越长，寿命越低。结晶器下口导辊与二冷支导装置的对弧精度对使用寿命影响很大。对弧公差一般为 0. 5mm，对弧应用专用弧形样板以结晶器的外弧为基准进行检查。

9.1.3 结晶器宽度及锥度的调整、锁定

9.1.3.1 结晶器锥度调整装置

结晶器在浇注过程中，由于高温钢水的冲刷，铸坯与结晶器内壁之间的磨损，结晶器的锥度会发生变化，因此要设置结晶器锥度调整装置，可对结晶器的锥度进行在线调整，并用锥度测量仪进行定期测量。这样才能保证连铸坯均匀冷却，获得良好的表面质量和内部质量。

结晶器锥度调整装置，如图 9-7 所示。它主要由电动机、减速器、联轴器、偏心轴、轴承及平移装置等零部件组成。整个装置安装在结晶器支承框架的专用槽孔内。一般锥度调整范围为 3 ~ 16mm。

9.1.3.2 结晶器锥度仪的使用

如果结晶器的锥度状态设置不正确或锥度状态锁定不住，将直接影响铸坯边角部区域的

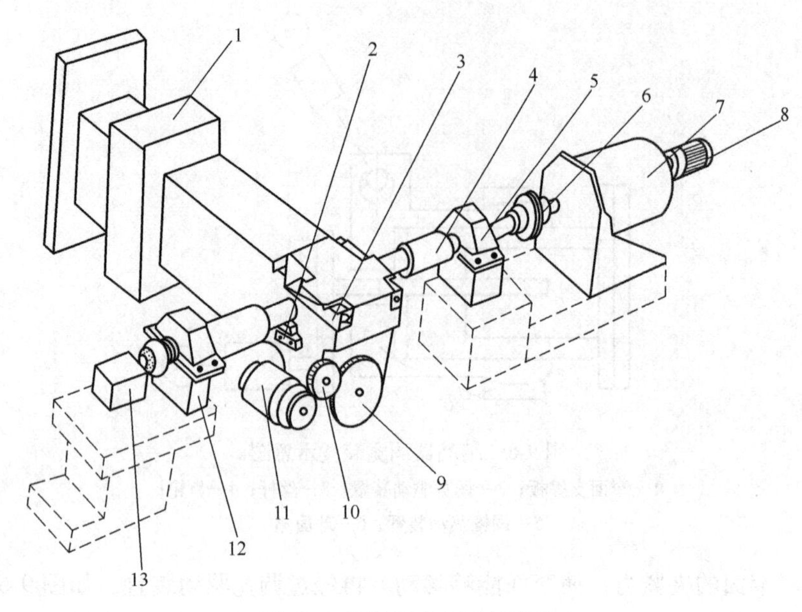

图 9-7　结晶器锥度调整装置

1—平移装置；2—下垫块；3—上垫块；4—偏心轴；5，12—轴承座；6—联轴器；7—减速器；8—锥度调整用电动机；9，10—开式齿轮传动；11—平移用电动机；13—回转角检测器

坯形、铸坯质量、连浇炉数。因此必须定期对结晶器的锥度实施测量、调整和锁定操作。

结晶器锥度仪的种类和形式较多，但一般常用的是手提数字显示电子锥度仪。

结晶器锥度仪的使用方法，通常应遵循以下操作步骤及注意事项：

（1）检查、调整锥度仪的横搁杆长度，以确保能将锥度仪搁置在结晶器的上口处。

（2）将锥度仪杆身放入结晶器内，并通过其横搁杆使锥度仪搁置在结晶器的上口处。

（3）使锥度仪的垂直面 3 个支点与结晶器内铜板相接触，且保持一个支点稳定、牢固、轻柔的压力接触。

（4）调整锥度仪表头的水平状态，使水平气泡位于中心部位。

（5）按下锥度仪的电源开关使锥度仪显示锥度数值，一般锥度仪显示的数值在初始的几秒钟内会不断地变换，然后稳定在一个数值上。

（6）锥度仪显示锥度数值约 10min 后会自动关闭电源。如果锥度测量尚未完成，这时可再次按下开关电钮，继续进行锥度测量。

（7）如果锥度仪的电池能量已基本消耗，会在其表头显示器上出现报警信号，此时应立即更换新的电池。

（8）锥度仪是一种精密的检测仪器，在使用过程中应当小心轻放，避免磕碰、摔打，不用时应当妥善存放，切不能将其放置在高温、潮湿的环境中。

（9）每隔半年时间，锥度仪应进行一次测量精度的校验与标定测试。

9.1.3.3　结晶器宽度及锥度的调整、锁定

板坯连铸机组合式结晶器的窄面板调宽和调锥度装置的形式可分在线停机调整和在线不停机调整两种类型。

结晶器在线调宽、调锥度装置的调整方式都是采用电动粗调、手动精调等操作，通常应遵循以下操作要点：

（1）结晶器在线停机调整、调锥度装置只能在停机后的准备模式状态下进行调宽、调锥度操作，在其他模式状态下不允许操作。

（2）在实施结晶器调宽、调锥度前，必须先将夹紧窄面板的宽面板松开，并检查和清除积在窄面板与宽面板缝隙内的粘渣、垃圾等异物，以避免划伤宽面板铜板的镀层。

（3）根据结晶器所需调整宽度的尺寸，分别启动结晶器左、右两侧的窄面板调宽、调锥度装置驱动电动机，使结晶器两侧的窄面板分别作整体向前或向后移动，结晶器窄面板在整体调宽移动过程中，其原始的锥度保持不变。

（4）以结晶器上口中心线为基准，使用直尺分别测量结晶器左右两侧窄面板上口的宽度尺寸，以检查结晶器的宽度尺寸是否达到要求。

（5）结晶器宽度进行电动粗调操作后，接着进行手动精调的调锥度、调宽调整操作。

（6）使用结晶器锥度仪对结晶器窄面板的锥度进行测量，然后根据设定的锥度值与实际测量数值的差值，通过手动调节手轮进行微调，并使之达到设定的锥度位置状态。

（7）结晶器左右两侧窄面板的锥度状态经手动调整到位后，需对结晶器上口的宽度尺寸作复测和调整。

（8）结晶器窄面板的手动调锥、调宽的操作全部结束后，可将调节手轮拔下、回收。

（9）最后将处于松开状态的结晶器宽面板重新收紧，以夹住窄面板使其锁定。

9.1.4 结晶器检查与维护

9.1.4.1 工具准备

（1）足够长的带毫米刻度的钢直尺一把。

（2）与结晶器尺寸配套的千分卡尺一把。

（3）普通内、外卡规一副。

（4）锥度仪一套。

（5）塞尺一副。

（6）结晶器对中用的有足够长的弧度板、直板各一块。板度、直线必须经过校验。

（7）低压照明灯一套。

（8）水质分析仪一套。

9.1.4.2 结晶器检查

（1）结晶器内壁检查：

1）用肉眼检查结晶器内表面损坏情况，重点在于镀层（或铜板）的磨损、凹坑、裂纹等缺陷。

2）用卡规、千分卡、直尺检查结晶器上、下口断面尺寸。

3）用锥度仪检查结晶器侧面锥度。

4）对组合式结晶器，需用塞尺检查宽面和窄面铜板之间的缝隙。

（2）用弧度板、直板检查结晶器与二冷段的对中。

（3）结晶器冷却水开通后，检查结晶器装置是否有渗、漏水。

（4）检查结晶器进水温度、压力、流量，在浇注过程中观察结晶器进、出水温差。

9.1.4.3　结晶器的维护

（1）使用中应避免各种不当操作对结晶器内壁的损坏。

（2）结晶器水槽应定期进行清理、除污，密封件应定期调换。

（3）定期、定时分析结晶器冷却水水质，保证符合要求。

（4）结晶器检修调换时应对进出水管路进行冲洗。

9.2　结晶器振动设备

结晶器振动装置的作用是使其内壁获得良好的润滑、防止初生坯壳与结晶器内壁的黏结；当发生黏结时，通过振动能强制脱模，消除黏结，防止因坯壳的黏结而造成拉漏事故；有利于改善铸坯表面质量，形成表面光滑的铸坯；当结晶器内的坯壳被拉断，通过结晶器和铸坯的同步振动得到压合。

对结晶器振动装置振动运动的基本要求是：

（1）振动装置应当严格按照所需求的振动曲线运动，整个振动框架的 4 个角部位置，均应同时上升到达上止点或同时下降到达下止点，在振动时整个振动框架不允许出现前后、左右方向的偏移与晃动现象。

（2）设备的制造、安装和维护方便，便于处理事故，传动系统要有足够的安全性能。

（3）振动装置在振动时应保持平稳、柔和、有弹性，不应产生冲击、抖动、僵硬现象。

9.2.1　振动规律

结晶器的振动规律是指振动时，结晶器的运动速度与时间之间变化规律。如图 9-8 和图 9-9 所示，结晶器的振动规律有同步振动、负滑动振动、正弦振动和非正弦振动。

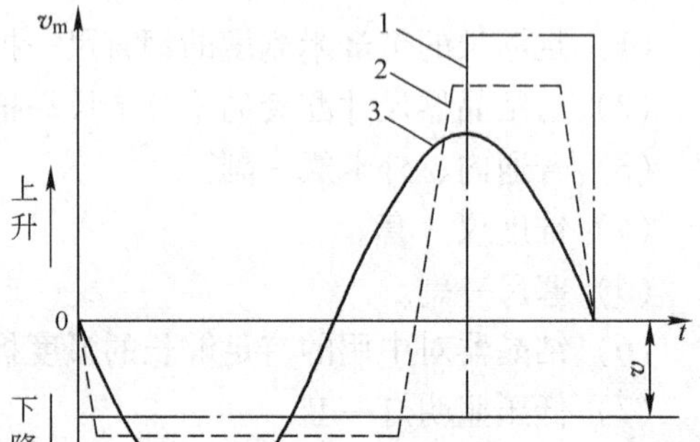

图 9-8　振动特性曲线
1—同步振动；2—负滑动振动；3—正弦振动

9.2.1.1　同步振动

振动装置工作时，结晶器的下降速度与拉坯速度相同，即称同步，然后结晶器以三倍的拉坯速度上升。由于结晶器在下降转为上升阶段，加速度很大，会引起较大冲击力，影响振动的平稳性及铸坯质量。

9.2.1.2　负滑动振动（也称为梯速振动）

振动装置工作时，结晶器的下降速度稍高于铸坯的拉坯速度，即称负滑动，这样有利于强制脱模及断裂坯壳的压合，然后结晶器以 2~3 倍的拉坯速度上升。由于结晶器在上升或下降过程都有一段稳定运动的时间，这样有利于振动的平稳和坯壳的生成，但需用一套凸轮机构，必须保证振动机构与拉坯机构联锁。

9.2.1.3 正弦振动

正弦振动的特点是它的运动速度按正弦规律变化，结晶器上下振动的时间和速度相同，在整个振动周期中，结晶器和铸坯间均存在相对运动。是普遍采用的振动方式，它有如下特点：

(1) 结晶器下降过程中，有一小段负滑脱阶段，可防止和消除坯壳与器壁的黏结，有利于脱模。

(2) 结晶器的运动速度按正弦规律变化，其加速度必然按余弦规律变化，过渡比较平稳，冲击也小。

(3) 由于加速度较小，可以提高振动频率，采用高频率小振幅振动有利于消除黏结，提高脱模作用，减小铸坯上振痕的深度。

(4) 正弦振动可以通过偏心轴或曲柄连杆机构来实现，不需要凸轮机构，制造比较容易。

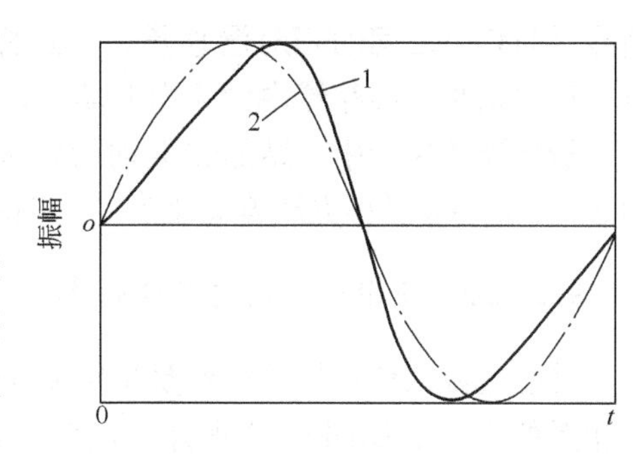

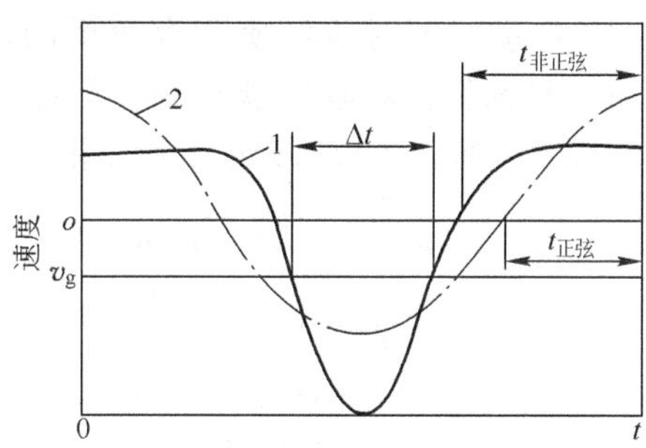

图 9-9 非正弦振动和正弦振动曲线的比较
1—非正弦振动曲线；2—正弦振动曲线

(5) 由于结晶器和铸坯之间没有严格的速度关系，振动机构和拉坯机构间不需要采用速度连锁系统，因而简化了驱动系统。

9.2.1.4 非正弦振动

结晶器的非正弦振动规律。振动装置工作时，结晶器的下降速度较大，负滑动时间较短，结晶器的上升振动时间较长。采用液压伺服系统和连杆机构改变相位来实现。

非正弦振动的效果包括：

(1) 铸坯表面质量变化不大。理论和实践均表明，在一定范围内，结晶器振动的负滑脱时间越短，铸坯表面振痕就越浅。在相同拉速下，非正弦振动的负滑脱时间较正弦振动短，但变化较小，因此铸坯表面质量没有大的变化。

(2) 拉漏率降低。非正弦振动的正滑动时间较正弦有明显增加，可增大保护渣消耗改善结晶器润滑，有助于减少黏结漏钢与提高铸机拉速。采用非正弦振动的拉漏率有明显降低。

(3) 设备运行平稳故障率低。表明非正弦振动所产生的加速度没有引起过大的冲击力，缓冲弹簧刚度的设计适当。

9.2.2 振动参数

结晶器振动装置的主要参数包括振幅、频率、负滑动时间和负滑动率等。

9.2.2.1 振幅与频率

结晶器振动装置的振幅和频率是互相关联的，一般频率越高，振幅越小。如频率高，结晶器与坯壳之间的相对滑移量大，这样有利于强制脱模，防止黏结和提高铸坯表面质量。如振幅小，结晶器内钢液面波动小，这样容易控制浇注技术，使铸坯表面较光滑。

板坯连铸生产中，结晶器振动的频率为49～90次/min，有时可达400次/min；振幅为3.5～5.7mm。小方坯连铸生产中，频率为75～240次/min，振幅为3mm。

9.2.2.2　负滑动时间与负滑动率

结晶器振动装置的负滑动是指结晶器下降振动速度大于拉坯速度时，铸坯作与拉坯方向相反的运动。如图9-10所示，t_m为负滑动时间。负滑动时间对铸坯质量有重要的影响，负滑动时间越长，对脱模越有利，但振痕深度越深，裂纹增加。负滑动大小常用负滑动率表示：

$$\varepsilon = \frac{v_{下} - v_{拉}}{v_{拉}} \times 100\% \tag{9-5}$$

式中　ε——负滑动率，%，生产中，一般取5%～10%；

$v_{下}$——结晶器的下降速度，m/min；

$v_{拉}$——连铸机的拉坯速度，m/min。

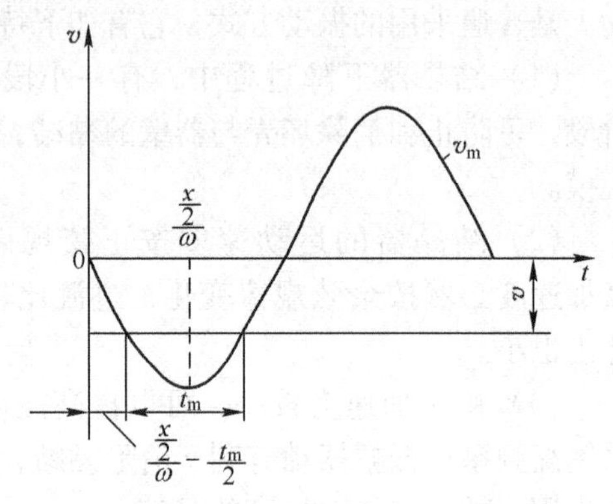

图9-10　结晶器振动负滑动时间

为了保证生产的可靠性，结晶器下降时必须有一段负滑动。从这一点出发，结晶器的振幅频率选择应当根据拉坯速度来进行。它们之间的关系可用下式表示：

$$f = \frac{1000v_{拉}(1+\varepsilon)}{2\pi S} \tag{9-6}$$

式中　f——结晶器的振动频率，次/min；

ε——负滑动率，%；

S——结晶器的振幅，mm；

$v_{拉}$——连铸机的拉坯速度，m/min。

9.2.3　结晶器振动机构

结晶器振动机构是使结晶器按照一定的振动方式进行振动的装置。其作用是使结晶器产生具有一定规律的振动。它必须满足两个基本条件：结晶器要准确地沿着一定的轨迹运动，即沿着弧线或直线进行振动；结晶器按一定的规律振动，如按正弦或非正弦速度波形振动，使结晶器实现弧线运动轨迹的方式有长臂式、差动式、四连杆式、四偏心轮式和液压式等。目前常用的主要是四连杆式或四偏心轴式振动机构。

9.2.3.1　四连杆式振动机构

四连杆式振动机构又名双摇杆式或双短臂式振动机构。它是一种仿弧线的振动机构，常用于板坯或小方坯连铸机，其振动原理如图9-11所示。图中AD、BC是一端铰

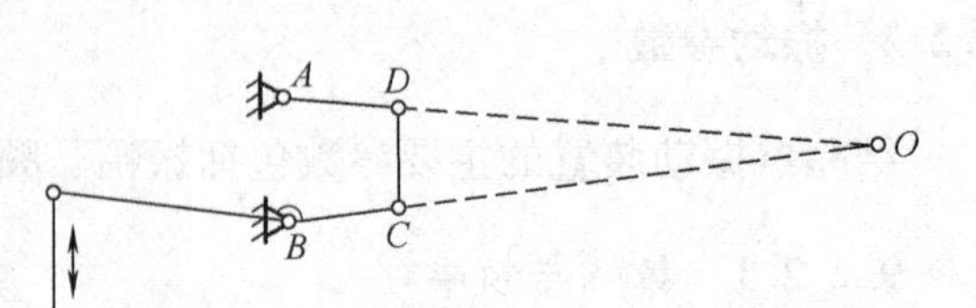

图9-11　四连杆式振动机构运动原理

接的两根摇杆，另一端是由连杆 DC 连接，DC 的位置即结晶器的位置。DC 在某一瞬时的运动是沿着以 O 为圆心，以 OD 和 OC 为半径的圆弧运动，OD 的长度就相当于弧形连铸机圆弧半径。这是一个瞬时运动，所以四连杆所实现的圆弧振动只是一个近似的圆弧轨迹，由于结晶器的振幅与连铸机圆弧半径相比是很小的，故结晶器弧形振动的误差不大于 0.1mm，可以忽略不计。在四连杆中，必须使 $AD=BC$，AD 和 BC 的延长线相交于圆弧中心 O 点。

图 9-12 是一种短摇臂仿弧振动机构，它的两个摇臂和传动装置都装设在内弧的一侧，适用于小方坯连铸机。因为小方坯连铸机的二冷装置比较简单，不经常维修，把振动装置装设在内弧一侧，使整个连铸设备比较紧凑。电动机 5 通过安全联轴器 4、无级变速器 3 驱动四连杆机构的振动臂 2，使振动台 1 作弧线振动。

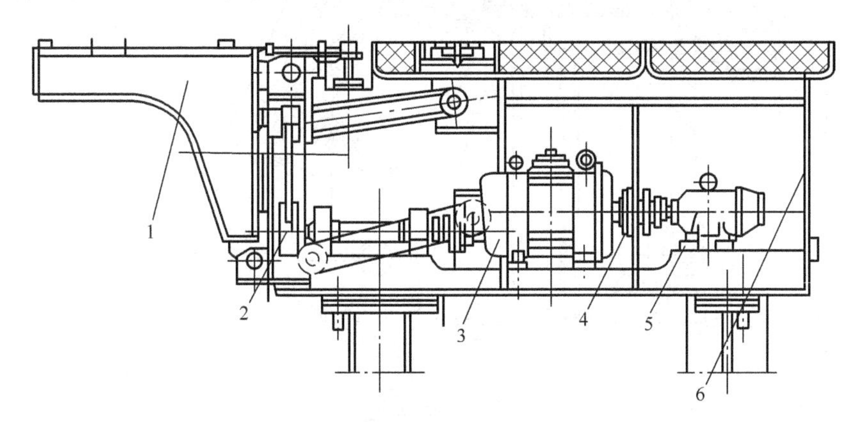

图 9-12 方坯连铸机用的四连杆振动机构

1—振动台；2—振动臂；3—无级变速器；4—安全联轴器；5—电动机；6—箱架

图 9-13 是板坯连铸机的四连杆振动机构，其摇臂和传动装置放在外弧侧，方便维修需经常拆装的二冷区扇形段夹辊。摇杆（即振动臂）较短，刚性好，不易变形。拉杆 4 内装有压缩弹簧可以防止拉杆过负荷。偏心轴外面装有偏心套，通过改变偏心轴与套的相对位置来改变偏心距，以调节振幅的大小，既准确，又不易变形，且振动误差也较小。双摇杆、振动框架、冷却格栅和二次冷却支导装置的第一段的支承，都放在一个共同的底座上。这样，无论是钢结构的热膨胀变形或是外部机械力都不会影响连铸机的对中，并且在振动框架上设有与结晶器自动定位和自动接通冷却水的装置。

由于这种振动机构运动轨迹较准确，结构简单，方便维修，所以得到广泛的应用。

9.2.3.2 四偏心轮式振动机构

四偏心轮式振动机构是 20 世纪 80 年代发展起来的一种振动机构，如图 9-14 所示。结晶器的弧线运动是利用两对偏心距不等的偏心轮及连杆机构而产生的。结晶器弧线运动的定中是利用两条板式弹簧 2 来实现的，板簧使振动台只作弧形摆动，不能产生前后左右的位移。适当选定弹簧长度，可以使运动轨迹的误差不大于 0.2mm。振动台 4 是钢结构件，上面安装着结晶器及其冷却水快速接头。振动台的下部基座上，安装着振动机构的驱动装置及头段二冷夹辊，整个振动台可以整体吊运，快速更换，更换时间不超过 1h。

从图 9-14 看出，在振动台下左右两侧，各有一根通轴，轴的两端装有偏心距不同的两个偏心轮及连杆，用以推动振动台，使之作弧线运动。每根通轴的外弧端，装有蜗轮减

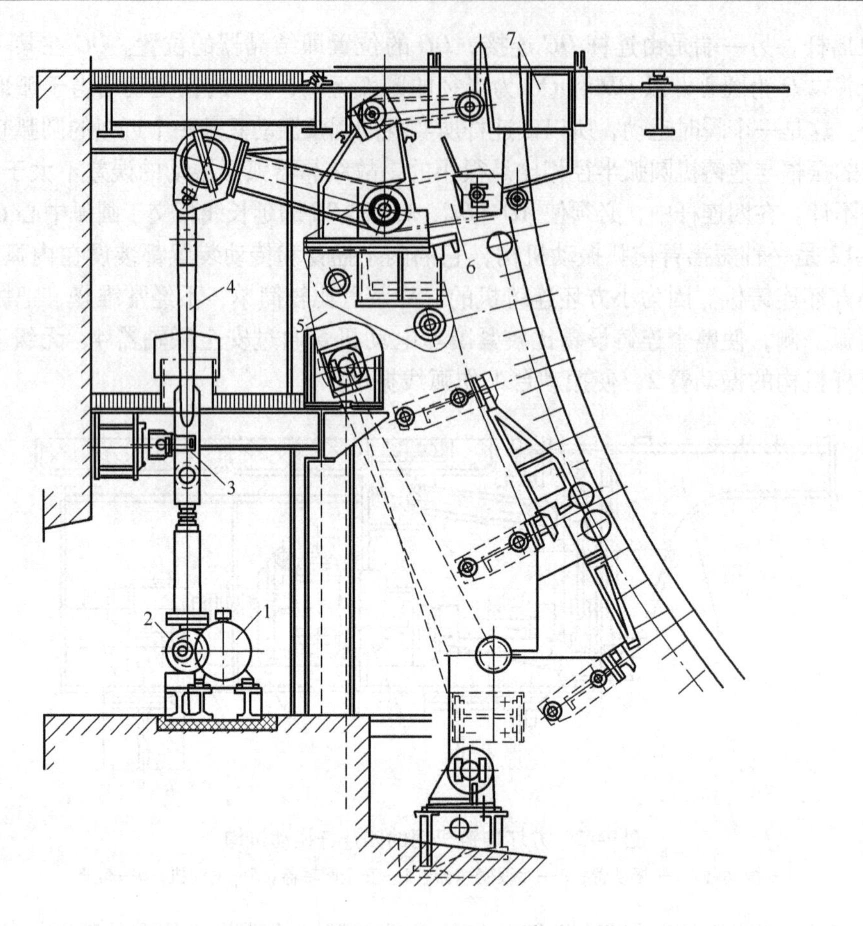

图 9-13 装在外弧侧的四连杆振动机构

1—电机及减速机；2—偏心轴；3—导向部件；4—拉杆；5—座架；6—摇杆；7—结晶器鞍座

速机 5，共用一个电动机 6 来驱动，使两根通轴作同步转动。通轴中心线的延长线通过铸机的圆弧中心。由于结晶器的振幅不大，也可以把通轴水平安装，不会引起明显误差。在偏心轮连杆上端，使用了特制的球面橡胶轴承，振动噪声很小，而寿命很长。

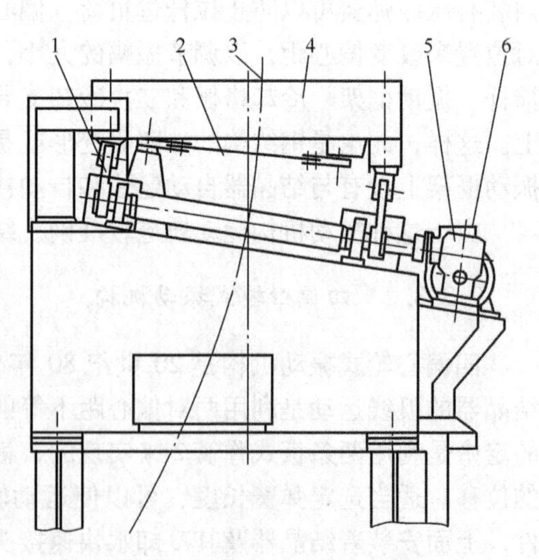

图 9-14 四偏心轮式振动机构

1—偏心轮及连杆；2—定中心弹簧板；3—铸坯外弧；4—振动台；5—蜗轮减速机；6—电动机

四偏心振动装置具有以下 4 个优点：

（1）可对结晶器振动从 4 个角部位置上进行支撑，因而结晶器振动平稳而无摆动现象。

（2）振动曲线与浇铸弧形线同属一个圆心，无任何卡阻现象，不影响铸流的顺利前移。

（3）结构稳定，适合于高频小振幅技术的应用。

（4）该振动机构中，除结晶振动台的四角

外，不使用短行程轴承，因使用平弹簧组件导向，而无需导辊导向。

9.2.4 振动状况检测

结晶器振动装置在线振动状况的检测方法有分币检测法、一碗水检测法及百分表检测法等。这些检测方法的主要特点是简单、方便、实用，并且适合于直结晶器垂直振动装置的振动状况检测。

9.2.4.1 分币检测法

分币检测法的操作方法是在无风状态下将2分或5分硬币垂直放置在结晶器振动装置上，或放在振动框架的4个角部位置或结晶器内、外弧水平面的位置上。硬币放的位置表面应光滑、清洁无油污。如果分币能较长时间随振动装置一起振动而不移动或倒下，则认为该振动装置的振动状态是良好，能满足振动精度要求。分币检测法能综合检测振动装置的前后、左右、垂直等方向的偏移、晃动、冲击、颤动现象。

9.2.4.2 一碗水检测法

一碗水检测法的操作方法是将一只装有大半碗水的平底碗放置在结晶器的内弧侧水箱或外弧侧水箱上，观察这碗水中液面的波动及波纹的变化情况，来判定结晶器振动装置振动状况的优、劣水平。如果检测用水碗液面的波动是基本静止的，没有明显的前后、左右等方向晃动，则可认为该振动装置在振动时的偏移与晃动量是基本受控的；如果其液面的波动有明显的晃动，则说明该振动装置的振动状态是比较差的。如果其液面在振动过程中基本保持平静，没有明显的波纹产生，则可认为该振动装置的振动状况是比较好的；如果其液面有明显的向心波纹产生，则可认为该振动装置存在垂直方向上的冲击或颤动，其振动状况是较差的。一碗水检测法能综合检测振动装置的振动状况，观察简易直观，效果明显，检测用的平底碗应稳定地置放在振动装置上。

9.2.4.3 百分表检测法

百分表检测法的操作按其检测的内容可分侧向偏移与晃动量的检测及垂直方向的振动状态检测等。

A 侧向偏移与晃动量的检测

侧向偏移与晃动量检测的操作方法是将百分表的表座稳定吸附在振动装置吊板或浇注平台框架等固定物件上，然后将百分表安装在表座上，将其测头垂直贴靠在振动框架前后偏移测量点的加工平面上，或左右偏移测量点的加工平面上，并做好百分表零点位置的调整，接着启动振动装置并测量百分表指针的摆动数值。对于垂直振动的结晶器振动装置的前后偏移量不大于±0.2mm，左右偏移量为不大于±0.15mm；如果经百分表的检测，振动框架的侧向偏移量在上述标准范围内，则可认为该振动装置的振动侧向偏移状况是比较好、能够满足连铸浇注的振动精度要求，否则可认为该振动装置的振动侧向偏移状况是比较差。

B 垂直方向的振动状态检测

垂直方向振动状态检测的操作方法是将百分表表座稳定吸附在振动装置吊板或浇注平

台框架等固定物件上，然后将百分表安装在表座上，将其测头垂直贴靠在振动框架四个角部位置振幅、波形测量点加工平面上，并做好百分表零点位置的调整，接着启动振动装置并测量百分表指针的摆动变化数值。如果百分表指针的摆动变化随着振动框架的振动起伏而连续、有节律的进行，则认为这一测量点的垂直振动状态是比较好的；如果百分表指针的摆动变化出现不连续、没有节律的状态，则说明这一测量点的垂直振动状态是比较差。百分表检测法能精确检测振动装置的侧向偏移与晃动量以及垂直方向振动状况。

9.2.5　结晶器振动装置常见故障及处理方法

结晶器振动装置常见故障及处理方法见表9-1。

表9-1　结晶器振动装置常见故障及处理方法

故　障	故障原因	处理方法
振动不起来	（1）电气故障：交流电机、电气系统、控制系统； （2）传动机构：减速机、联轴器、偏心装置、调节螺杆、四连杆及振动台的机械损坏、变形、润滑不好	（1）检查处理； （2）检修更换
振动不稳	（1）振动台和平台结构间有障碍物； （2）四连杆机构变形或损坏； （3）各铰接点销轴、轴承损坏； （4）板簧断裂； （5）平衡弹簧断裂或变形	（1）排除； （2）检修更换； （3）更换； （4）更换板簧； （5）更换调整
减速机有杂音	齿轮传动间隙大	检修更换调整
集中润滑管接头松动，掉头	松动	换头、拧固
连杆铰点，偏心装置、减速机内的轴承损坏	润滑不好	检修润滑系统保证及时供油，清洗更换

9.2.6　振动装置的检查及维护

9.2.6.1　振动装置的检查

（1）检查振动装置的润滑系统，确保运行正常。

（2）解除振动和拉矫机的电气控制联锁，开动振动机构，把振动频率调到与最高工作拉速相配的最高工作频率。

（3）观察和倾听振动机构的整个传动过程，确保没有异声。

（4）用秒表或手表，检查振频，确保在工艺要求误差范围内（$\pm 1\mathrm{min}^{-1}$）。

（5）用直尺检查振幅，确保在工艺要求的误差范围内（±0.5mm）。

（6）观察振动装置的平衡性，如有异常，应要求钳工做进一步的检查。

（7）把振频调到与平均工作拉速相匹配的工作频率，然后进行上述(3)～(6)项的检查，确保正常。

（8）把振频调到与最低工作拉速相匹配的工作频率，再做上述(3)~(6)项的检查，确保正常。

（9）振频不变的铸机可作单一频率的振动检查。

9.2.6.2 振动装置的维护

（1）浇注结束，必须清除结晶器、振动装置、与振动装置同步振动的结晶器辊等设备周围的保护渣、钢渣等垃圾，保证清洁。

（2）浇注结束，检查集中润滑装置，保证系统正常。特别要注意钢液压管和接头连接正常。

（3）需人工加油的润滑点，按工艺要求的间隔时间做人工加油。

（4）按点检要求，按时检查保养振动装置所附属的防护装置（用于防止钢液飞溅），确保正常。

复习思考题

9-1 结晶器的主要参数有哪些，内壁材质有几种？
9-2 常用结晶器的结构有几种，有何特点？
9-3 结晶器宽度和锥度如何调整和锁定？
9-4 结晶器锥度仪如何使用？
9-5 组合式结晶器如何维护检修？
9-6 结晶器振动规律有几种，主要参数有哪些？
9-7 常见振动机构有几种，有何特点？
9-8 如何检验振动机构在线振动状况？

10 铸坯导向、冷却及拉矫设备

铸坯导向、冷却及拉矫设备 PPT

铸坯从结晶器下口拉出时，表面仅凝结成一层 10～15mm 的坯壳，内部仍为液态钢水。为了顺利拉出铸坯，加快钢液凝固，并将弧形铸坯矫直，需设置铸坯的导向、冷却及拉矫设备。设置它的主要作用是：对带有液芯的初凝铸坯直接喷水、冷却，促使其快速凝固；给铸坯和引锭杆以必需的支撑引导，防止铸坯产生变形、引锭杆跑偏；将弧形铸坯矫直，并在开浇前把引锭杆送入结晶器下口。从结晶器下口到矫直辊这段距离称为二次冷却区。

小方坯连铸机由于铸坯断面小，冷却快，在钢水静压力作用下不易产生鼓肚变形，而且铸坯在完全凝固状态下矫直，故二冷支导及拉矫设备的结构都比较简单。

大方坯和板坯连铸机铸坯断面尺寸大，在钢水静压力作用下，初凝坯壳容易产生鼓肚变形，采用多点液芯拉矫和压缩浇注，都要求铸坯导向设备上设置密排夹辊，结构较为复杂。

10.1 小方坯连铸机铸坯导向及拉矫设备

10.1.1 小方坯铸坯导向设备

图 10-1 是德马克小方坯连铸机的铸坯导向设备，它只设少量夹辊和导向辊，原因是小方坯浇注过程不易产生鼓肚。它的夹辊支架用三段无缝钢管制作，Ⅰa 段和Ⅰ段用螺栓连成一体，由上部和中部两点吊挂，下部承托在基础上。Ⅱ段的两端都支撑在基础上。导向设备上共有 4 对夹辊，5 对侧导辊，12 个导板和 14 个喷水环，都安装在无缝钢管支架上，管内通水冷却，防止受热变形。

导向夹辊用铸铁制作，下导辊的上表面与铸坯的下表面留有一定的间隙。夹辊仅在铸坯发生较大变形时起作用。夹辊的辊缝可用垫片调节，以适应不同厚度铸坯。12 块导向板与铸坯下表面的间隙为 5mm。

在图 10-1 的右上方还表示了供水总管、喷水环管及导向设备支架的安装位置。在喷水环管上有 4 个喷嘴，分别向铸坯四周喷水。供水总管与导向支架间用可调支架联结，当变更铸坯断面时，可调节环管的高度，使 4 个喷嘴到铸坯表面的距离相等。

10.1.2 小方坯拉坯矫直设备

小方坯连铸机是在铸坯完全凝固后进行拉矫，且拉坯阻力小，常采用 4～5 辊拉矫机进行拉矫。

图 10-2 是德马克公司设计的小方坯五辊拉矫机。它由结构相同的两组二辊钳式机架和一个下辊及底座组成，前后两对为拉辊，中间为矫直辊。第一对拉辊布置在弧线的切点上，其余 3 个辊子布置在水平线上，3 个下辊为从动辊，上辊为主动辊。

机架和横梁均为箱形结构，内部通水冷却。上横梁上装有上辊及其传动设备，一端和

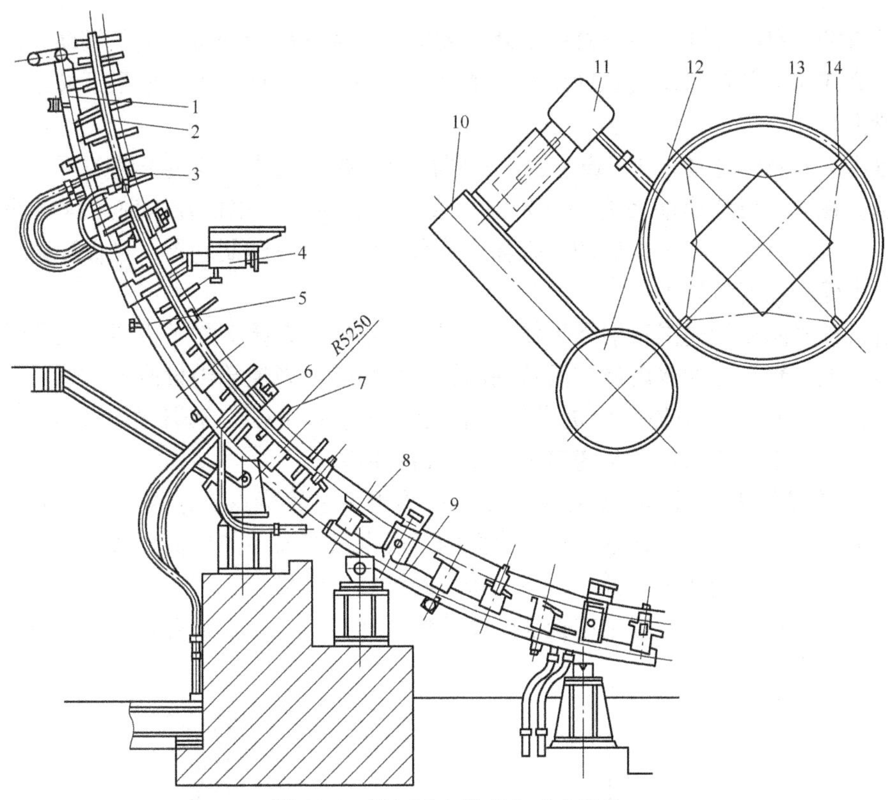

图 10-1　铸坯导向设备和喷水设备

1—Ⅰa 段；2—供水管；3—侧导辊；4—吊挂；5—Ⅰ段；6—夹辊；7—喷水环管；8—导板；9—Ⅱ段；10—总管支架；11—供水总管；12—导向支架；13—环管；14—喷嘴

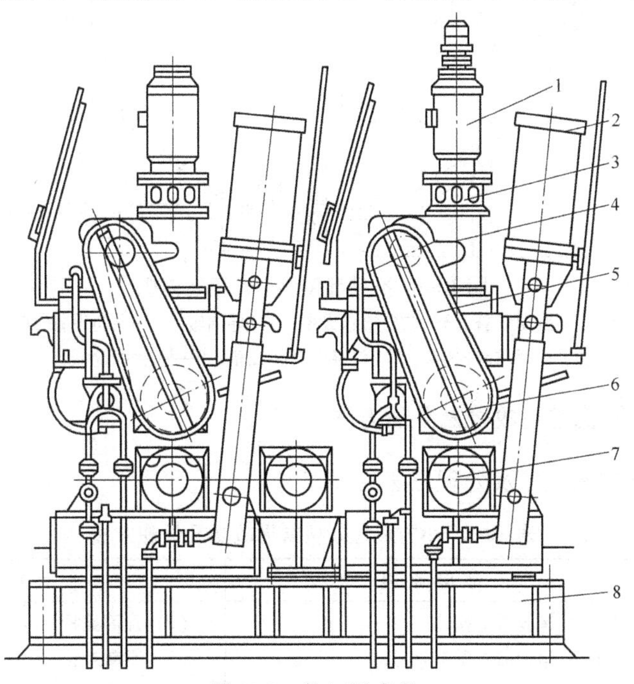

图 10-2　拉坯矫直机

1—立式直流电动机；2—压下气缸；3—制动器；4—齿轮箱；5—传动链；6—上辊；7—下辊；8—底座

机架立柱铰接，另一端与压下气缸的活塞杆铰接，由活塞杆带动可以上下摆动，使上辊压紧铸坯，完成拉坯及矫直。气缸联结在一个可以摆动的水冷框架上，框架下端铰接在机架的下横梁上。

上辊由立式直流电动机1，通过圆锥—圆柱齿轮减速机及双排滚子链条驱动，可实行无级调速。在电动机伸出端装有测速发电机或脉冲发生器，用以控制前后拉辊的同步运动，并测量拉坯长度。在减速机的二级轴上装有摩擦盘式电磁制动器，可保证铸坯或引锭链在运行中停在任何位置上。

拉矫机长时间处于高温辐射下工作，有四路通水冷却系统。除了机架、横梁通水冷却处，其他如上下辊子也通水内冷，两端轴承加水套防热，减速箱内设冷却水管。

拉矫机的气缸由专用的空压机供气，输出压力为1MPa，工作压力为0.4～0.6MPa，调压系统可调整空气压力以满足浇铸不同断面铸坯需要。

图10-3是结构更为简单的罗可普小方坯连铸机。它的特点是采用了刚性引锭杆，在二冷区的上段不设支承导向设备，在二冷区的下段也只有简单的导板，从而为铸坯的均匀冷却及处理漏钢事故创造了条件，减少了铸机的维修工作量，有利于铸坯质量的提高。其拉矫机仅有3个辊子，一对拉辊布置在弧线的切点处，另一个上矫直辊在驱动设备的传动下完成压下矫直任务。

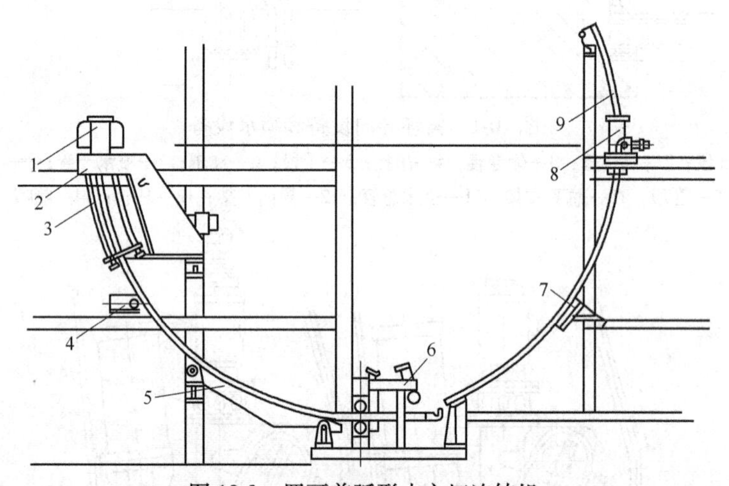

图10-3　罗可普弧形小方坯连铸机

1—结晶器；2—振动设备；3—二冷喷水设备；4—导向辊；5—导向设备；6—拉矫机；7—引锭杆托架；8—引锭杆悬挂设备；9—刚性引锭杆

10.1.3　小方坯拉矫机常见故障及处理方法

小方坯拉矫机常见故障及处理方法见表10-1。

表10-1　小方坯拉矫机常见故障及处理方法

故　障	故障原因	处理方法
振　动	（1）螺栓螺母松动； （2）运动部件没有对正； （3）超负荷运行； （4）固定基座或部件的螺母、螺栓运动	（1）加固螺栓，拧紧螺母； （2）重新对正； （3）恢复正常工作负荷； （4）加固螺栓，拧紧螺母

续表 10-1

故　障	故障原因	处理方法
噪　声	轴承与轴承间隙	（1）部件对正； （2）平衡转动部件
	齿轮及齿轮间隙	（1）适当润滑； （2）调整齿间距； （3）平衡传动部件
过　热	轴承及轴承间隙	（1）适当润滑； （2）恢复正常工作负荷
	衬套及衬套间隙	（1）适当润滑； （2）恢复正常工作负荷
	齿轮及齿轮间隙	（1）适当润滑； （2）调整齿轮间隙
设备停车	（1）电机不工作； （2）错误铸坯速度	（1）维修电机或电路； （2）校正铸坯速度，作必要的调整
堆　钢	（1）铸坯导向通道没有对正； （2）辊轴没有对正	（1）对正； （2）对正
辊对液压缸振动	液压系统漏油	维修或更换损坏部件
	液压缸内压力不够	（1）检查供油线，中央单元； （2）请参见有关手册
	辊磨损	修复辊或更换
	辊筒内有异物（润滑剂、水、渣）	清扫辊筒表面
铸坯不规则运动和打滑	电动机速度不同	（1）重新设定电动机的速度； （2）适当润滑
	齿轮入齿轮间隙	（1）调整齿间距； （2）平衡旋转部件
	液压缸内压力不足	（1）检查液压系统中心单元； （2）参见有关手册
	焊接问题或缝隙	重新焊接
冷却流体泄漏	密封不好	更换损坏的密封垫、套管、连接件、软管
润滑剂泄漏	（1）密封垫损坏； （2）密封座损坏； （3）滤渣干燥或变硬	（1）维修或更换； （2）涂一层密封剂； （3）用硅质干油，抗高温干油，人造润滑剂或抗氧化润滑剂

10.2 大方坯连铸机铸坯导向及拉矫设备

10.2.1 大方坯铸坯导向设备

大方坯连铸机二次冷却各区段应有良好的调整性能，以便浇铸不同规格的铸坯。同时对弧要简便准确，便于快速更换。在结晶器以下 1.5 ~ 2m 的二次冷却区内，须设置四面装有夹辊的导向设备，防止铸坯的鼓肚变形。

图 10-4 为二冷支导设备第一段结构图。沿铸坯上下水平布置若干对夹辊 1 给铸坯以支承和导向，若干对侧导辊 2 可防止铸坯偏移。夹辊箱体 4 通过滑块 5 支撑在导轨 6 上；可从侧面整体拉出快速更换。辊式结构的主要优点是它与铸坯间摩擦力小，但是受工作条件和尺寸限制易出现辊子变形、轴承卡住不转等故障，使得维修不便，工作不够可靠。

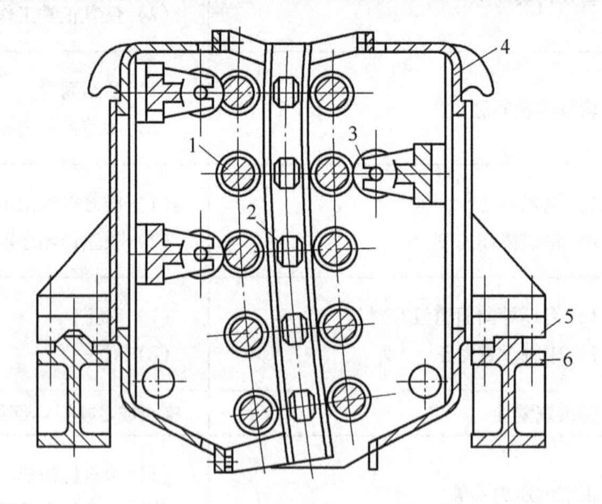

图 10-4 二冷支导设备第一段

1—夹辊；2—侧导辊；3—支撑辊；4—箱体；5—滑块；6—导轨

图 10-5 是另一种大方坯连铸机第一段导向设备。它是由四根立柱组成的框架结构，内外弧和侧面的夹辊交错布置在框架内，夹辊的通轴贯穿在框架立柱上的轴衬内，轴衬的润滑油由辊轴的中心孔导入。这种导向设备的刚度很大，可以有效地防止铸坯的鼓肚和脱方。

在二次冷却区的下部，铸坯具有较厚的坯壳，不易产生鼓肚变形，只需在铸坯下部配置少量托辊即可。

10.2.2 大方坯拉坯矫直设备

大方坯在二冷区内的运行阻力大于小方坯，其拉矫设备应有较大拉力。在铸坯带液芯拉矫时，辊子的压力不能太大，应采用较多的拉矫辊。

图 10-6 是早期生产的四辊拉矫机，用在大方坯和板坯连铸机上。拉矫辊 6、7 布置在弧线以内，主要起拉坯作用。铸坯矫直是由上拉矫辊 6 和上下矫直辊 10、9 所构造成的最简单的三辊矫直来完成。上矫直辊 10 由偏心连杆机构 11 通过曲柄连杆机构或液压缸推动使其上下运动。过引锭杆时，上矫直辊 10 停在最高位置，当连铸坯前端在引锭杆牵引下到达上矫直辊 10 时，辊子压下，对铸坯进行矫直。

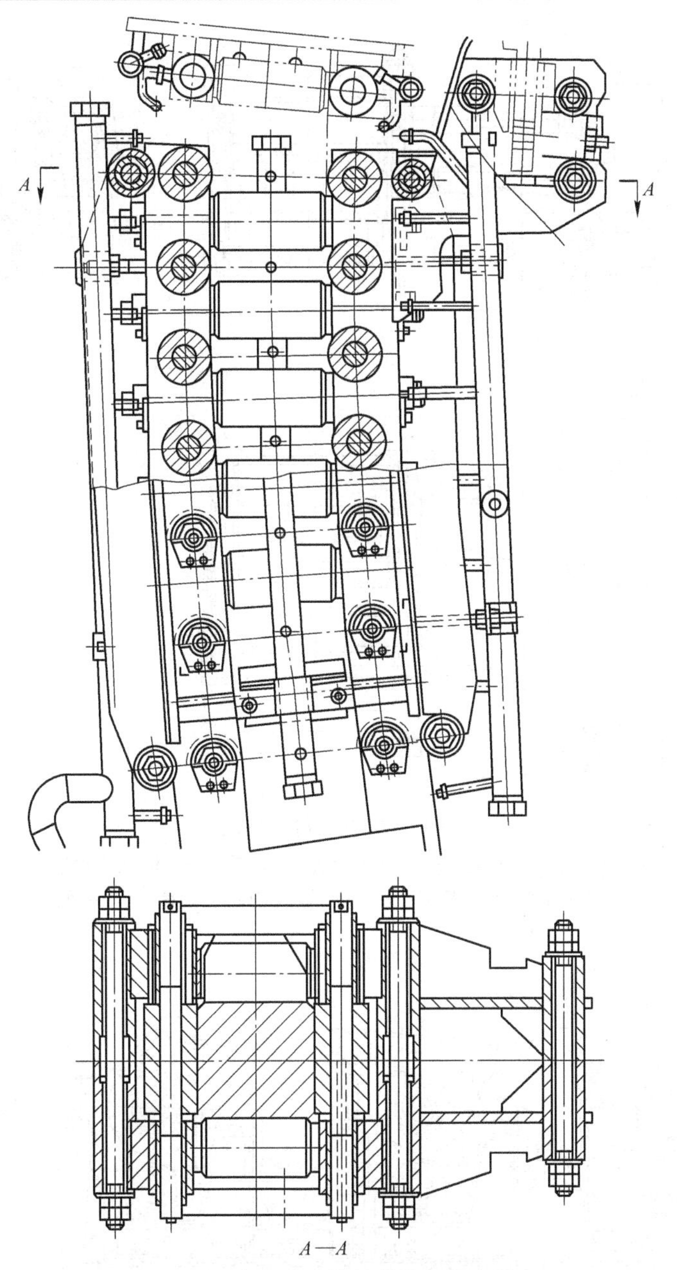

图 10-5 大方坯连铸机的铸坯导向设备

两拉辊布置在弧线以内，是为了下装大节距引锭时能顺利通过。由于拉辊布置在弧线内，上矫直辊直径应略小于下矫直辊。四辊拉矫机机架采用牌坊——钳式结构，具有结构简单，重量轻，对大节距引锭杆易于脱锭等优点。但是要求作用在一对拉辊上正压力大，要求铸坯进入拉矫机前必须完全凝固，这就限制了拉速的提高。

图 10-7 是康卡斯特公司设计的七辊拉矫机，用于多流大方坯弧形连铸机上。其左边第一对拉辊布置在弧线区内，第二对拉辊布置在弧线的切点上，右边的 3 个辊子布置在直线段上。为了减小流间距离，拉矫机的驱动设备放置在拉矫机的顶上，上辊驱动，上辊采用液压压下。

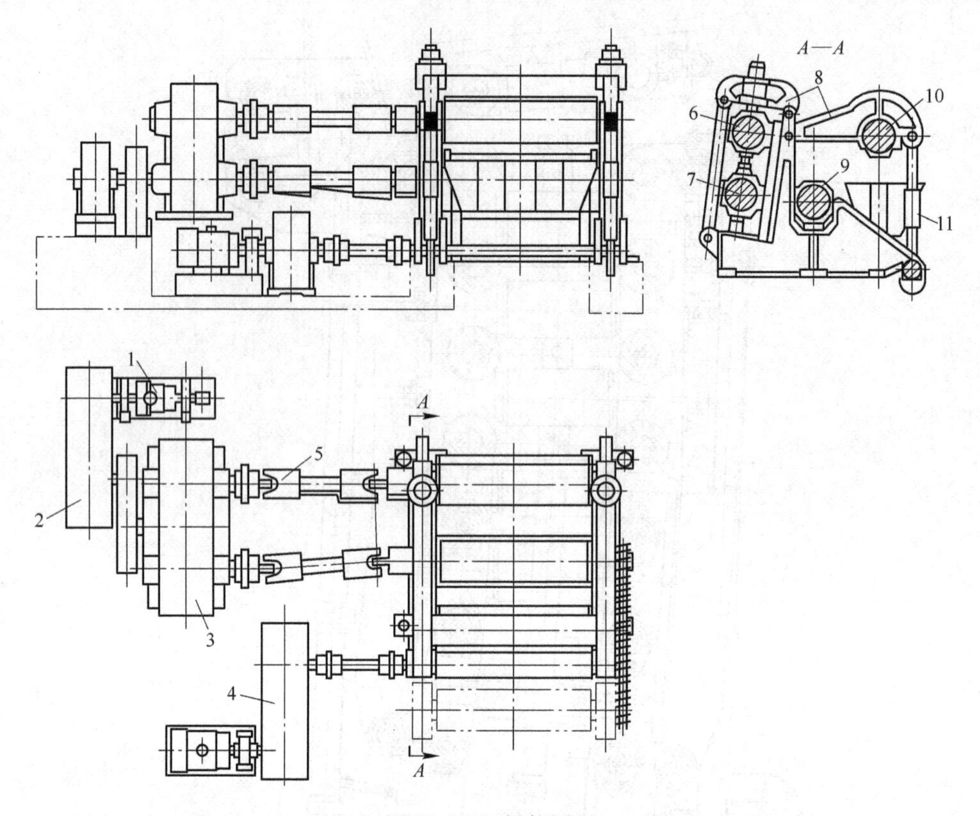

图 10-6　四辊拉矫机

1—电动机；2—减速器；3—齿轮座；4—上矫直辊压下驱动系统；5—万向接轴；6—上拉矫辊
7—下拉矫辊；8—牌坊—钳式机架；9—下矫直辊；10—上矫直辊；11—偏心连杆机构

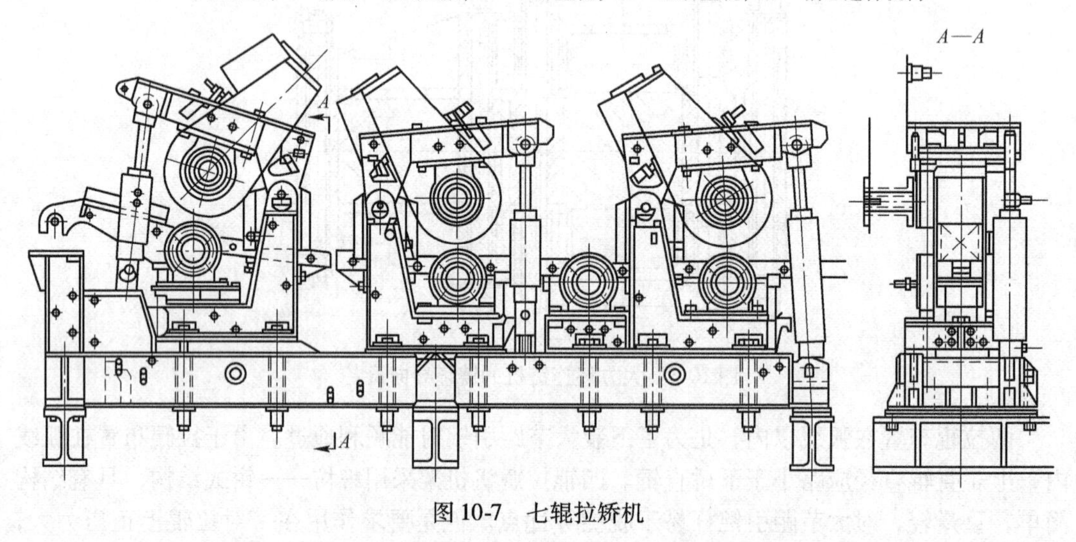

图 10-7　七辊拉矫机

10.3　板坯连铸机铸坯导向及拉矫设备

板坯的宽度和断面尺寸较大，极易产生鼓肚变形，在铸坯的导向和拉矫设备上全部安装了密排的夹辊和拉辊。

10.3.1　板坯铸坯导向设备

板坯连铸机的导向设备，一般分为两个部分。第一部分位于结晶器以下，二次冷却区的最上端，称为第一段二冷夹辊（扇形段0）。因为刚出结晶器的坯壳较薄，容易受钢水的静压力作用而变形，所以它的四边都须加以扶持。在第一段之后，坯壳渐厚，窄面可以不装夹辊，一般都是把导向设备的第二部分做成4～10个夹辊的若干扇形段。近年来，某些板坯连铸机上没有专门的拉矫机，而是将拉辊分布在各个扇形段之中，矫直区内的扇形段采用多点矫直和压缩浇铸技术。

10.3.1.1　第一段导向夹辊

某厂超低头板坯连铸机扇形段0是铸坯导向的第一段，对铸坯起导向支承作用。在此段对铸坯强制冷却，使刚从结晶器出来的初生坯壳得以快速增厚，防止铸坯在钢水静压力作用下鼓肚变形。扇形段0安装在快速更换台内，其对弧可事先在对弧台上进行，以利快速更换离线检修，缩短在线维修时间。

扇形段0由外弧、内弧、左侧、右侧4个框架和辊子装配支承设备及气水雾化冷却系统等部分组成，如图10-8所示。

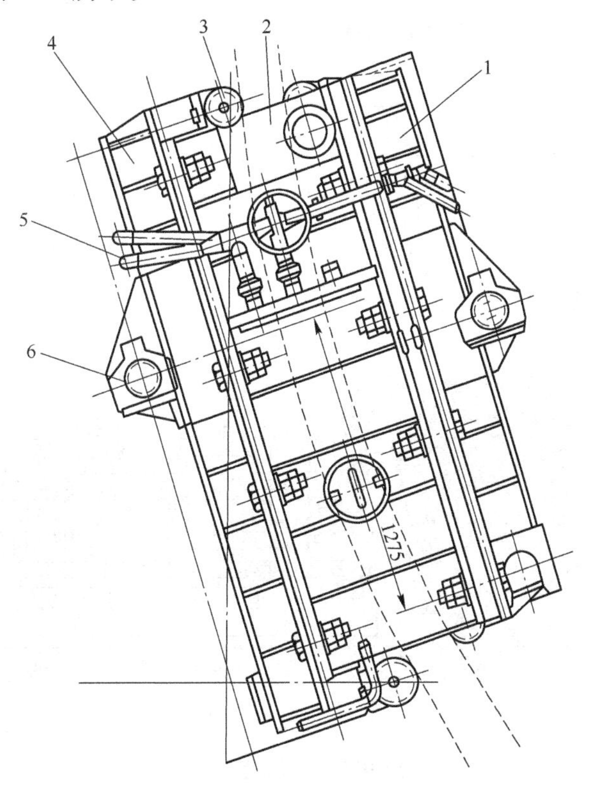

图10-8　扇形段0

1—内弧框架；2—左右侧框架；3—辊子装配；4—外弧框架；5—气水雾化冷却系统；6—支撑设备

4个框架均为钢板焊接而成。外侧框架不动，内侧框架可根据不同铸坯厚度，通过更换垫板的方式进行调整。4个框架是靠键定位，螺栓紧固。左右侧框架为水冷结构。在内外弧框架上固定有12对实心辊子。辊子支撑轴承采用双列向心球面滚子轴承，轴承一端固定，另一端浮动。

扇形段0支撑在结晶器振动设备的支架上，在内外弧框架上分别设置两个支撑座。在左右侧框架上各设有一快速接水板，当扇形段0安放到快速更换台上时，其气水雾化冷却水管，压缩空气管就自动接通，气水分别由各自的管路供给，并在喷嘴里混合后喷出，对铸坯和框架进行气水雾化冷却。喷嘴到铸坯表面的距离为160mm，喷射角度为120°，每个辊子间布置3~4只喷嘴。

10.3.1.2　扇形段

板坯连铸机的扇形段为六组统一结构组合机架，如图10-9所示。机架多为整体且可以互换。扇形段1~6包括铸坯导向段和拉矫机，其作用是引导从扇形段0拉出铸坯进一步加以冷却，并将弧形铸坯矫直拉出。每段有6对辊子，1~3段为自由辊，4~6段每段都有1对传动辊。每个扇形段都是以4个板楔销钉锚固，分别安装在3个弧形基础底座上，这种板楔连接安装可靠，拆卸方便。前底座支撑在两个支座上，下部为固定支座，上部为浮动支座，以适应由热应力引起的伸长。扇形段1、2、4和6分别支撑在快速更换台下面的第一、二、三支座上；而扇形段3和5是跨在相邻的两支座上，这样可以减少因支座沉降量的不同而造成连铸机基准弧的误差。

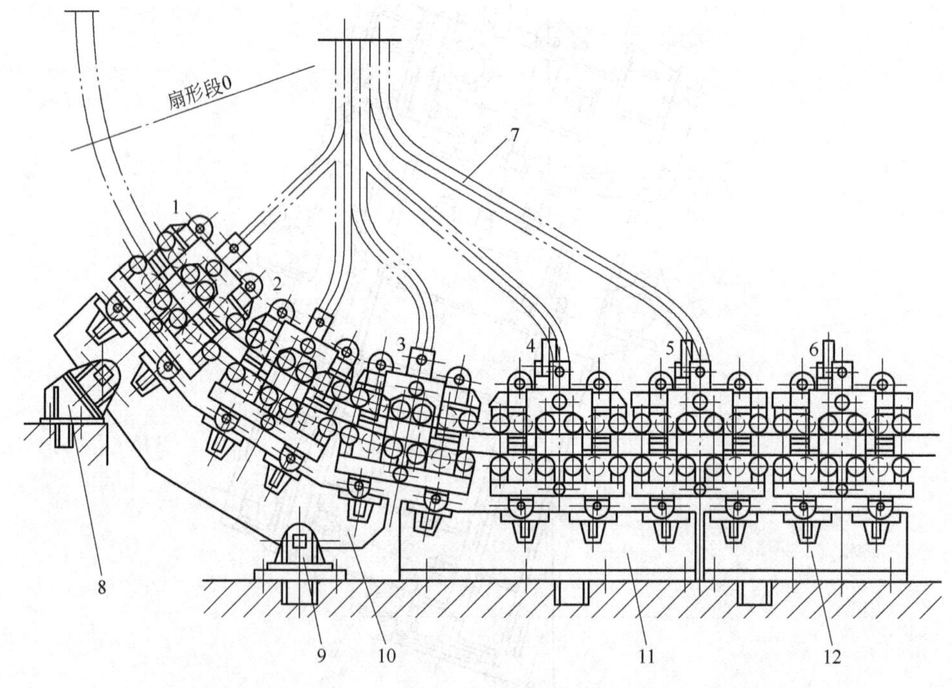

图10-9　扇形段1~6

1~6—扇形段；7—更换导轨；8—浮动支座；9—固定支座；10~12—底座

每个扇形段由辊子、调整设备、导向设备、框架缸和框架等组成。带传动辊的扇形段内还有传动和压下设备，如图10-10所示。每个扇形段上还装有机械冷却、喷雾冷却、液压和干油润滑配管等。

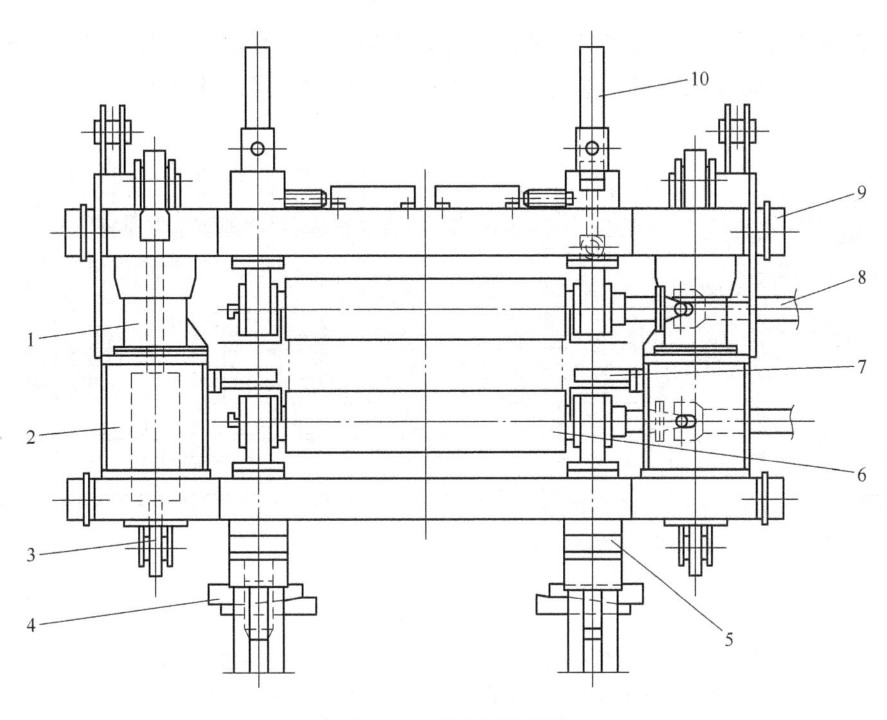

图 10-10　扇形段装配图

1—调整设备；2—边框；3—框架缸；4—斜楔；5—固定设备；6—辊子；
7—引锭杆导向设备；8—传动设备；9—导向设备；10—压下设备

辊子分传动辊和自由辊，均为统一结构，可以互换，辊身为整体辊，中间钻孔，通水冷却。自由辊的两端支撑在双列向心球面滚子轴承上，辊子一端轴承固定，另一端轴承浮动，以适应辊身挠度变化的需要。上传动辊子的每端支撑在两个轴承上，一个是双列向心球面滚子轴承，另一个是单列向心滚子轴承，辊子每端有两个轴承，可使轴承不起调心作用，这样上传动辊由夹紧缸带动作上下垂直升降运动时，轴承不至于产生阻卡现象。辊子轴承座与上下框架用螺栓联结，键定位，用垫片调整辊子高度。

主动辊由电动机，行星减速器通过万向接轴传动。电机轴上装有测速电机和脉冲发生器，以测量铸坯和引锭杆的运行速度和行程。下传动辊的传动机构中安装有制动器，使引锭头部准确地停在结晶器内，并防止引锭杆下滑。

10.3.2　有牌坊机架的拉矫机

图 10-11 所示为板坯连铸机的牌坊机架多辊拉矫机。它由三段组成，分别固定在基础上。图中辊子中心带有圆的是驱动辊。在第一段上有 7 个驱动辊，第二、三两段的上辊全不驱动，第二段上有 3 个驱动的下辊，第三段的下辊全部驱动。第一段装在铸机弧线部分，第二、三段装在水平线上。在圆弧的下切点处，安装了一个直径较大的支撑辊 10，用以承受较大的矫直力。在其轴承座下装有测力传感器，当矫直力达到一定时发出警报，并使液压系统自动卸压。多对拉辊上部都有压下液压缸 3，在一、二段的下辊下面，装有限制拉辊压力的液压缸 9，在第一段上还装有一个行程较大的液压缸 11，以便在发生漏钢事故时，把该下辊放到最低位置，便于清除溢出的凝钢。每段机架的上端两侧用连接横梁

2 把各个立柱连接起来，以增强机架的稳固性。在第一、二段的上下拉辊之间，装有定辊缝的垫块 1，用以防止拉辊对尚未完全凝固的铸坯施加超过静压的压力。

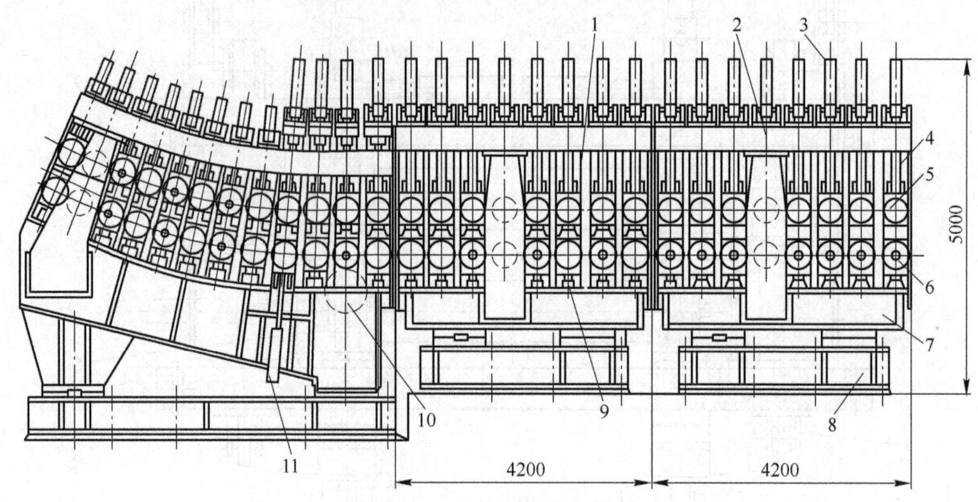

图 10-11　牌坊机架的拉矫机

1—辊缝垫块；2—纵向联结梁；3—压下液压缸；4—压杆；5—上拉辊；6—下拉辊；7—机架；8—地脚板；9—下液压缸；10—支撑辊；11—大行程液压缸

拉矫机主要由传动系统和工作系统两大部分组成。传动系统主要包括电动机、行星减速器及万向接轴等，拉矫辊通过电动机、行星减速器及万向接轴驱动。拉矫机在工作中，拉矫辊有较大的调节距离，采用万向接轴能在较大倾角下平稳地传递扭矩。工作系统主要包括机架、拉矫辊及轴承、压下设备等。拉矫辊一般采用 45 号钢制造，为提高寿命，也可选用热疲劳强度较高的合金钢制造，一般都采用滚动轴承支承，轴承通过轴承座安装在机架内，其轴承座一端固定，另一端做成自由端，允许辊子沿轴线胀缩。辊子有实心辊和通水内冷的空心辊，上下辊子安装要求严格平行和对中。压下设备通常有电动和液压两种。液压压下结构既简单又可靠。

多辊拉矫机一部分辊子布置在弧形区，另一部分辊子布置在直线区。其所有上辊均成组或单个采用液压压下或机械压下。在直线段各辊应有足够的、逐次增加的升程，以供因事故等情况下尚未矫直的钢坯通过，在弧形区的拉矫辊中有几个辊子的传动系统中设置有制动器，以保证开浇前引锭杆送入结晶器停住时及时制动。

拉矫机长期在高温条件下连续工作，为保证其工作的可靠性，除机体本身必须具备的强度和刚度条件外，良好的冷却和充分的润滑也十分重要。冷却有两种方法：一是外部喷水冷却，即外冷法；另一种是在机架内部和拉矫辊辊身内通水冷却，即内冷法。润滑有分散和集中两种方式，现代连铸机，特别是大、中型连铸机，都采用集中润滑系统。

拉矫机都设有必要的防护和安全措施，多辊拉矫机则要求这类措施更为完备。例如，为防止轴承受热，要在轴承座和钢坯间装上挡热板；有的挡热板甚至要用镀锌板包起来的石棉板制成。又如，在矫直钢坯过程中，连铸机弧线拐点处下拉辊的矫直反力最大，故在下辊的下边装设支承辊，以增加其承载能力，同时还可在下支承辊的轴承座下安装测力传感器，当矫直反力大到一定程度时可报警，使拉矫机停止运转或液压缸自动卸压，防止设备损坏。

10.3.3　板坯拉矫机维护和检修

10.3.3.1　日常维护

拉矫机的日常维护、检查工作主要有以下四项：

（1）每班应检查轴承座处隔热板是否损坏，是否齐全，活动定距块是否灵活，极限位置是否正确，固定和活动定距块是否有氧化铁皮、渣子等异物；液压设备有无“跑”“冒”“漏”现象。如果有不良情况就应及时处理，以免小问题转化为大故障。

（2）定期检查减速器有无异常杂音，轴头是否漏油，制动器工作是否正常，各导向块磨损是否严重，液压缸耳轴螺栓有否松动，上辊轴承座与牌坊滑动面是否有油润滑；电机接手的弹性芯子是否损坏等。

（3）拉矫机的传动系统应定期进行清扫、擦抹。

（4）摩擦部位，如辊子轴承，支撑辊轴承、万向接轴、液压缸耳轴关节轴承等，应按润滑的技术要求进行加油或换轴。

10.3.3.2　拉矫机的常见故障

（1）拉矫辊子不转动。主要原因是辊子滚动轴承损坏，减速器损坏，或电机与减速器的接手损坏。要查出故障的实际原因进行修复或更换。

（2）引锭杆送入结晶器后下滑。主要原因是制动器的闸瓦间隙调节太大，或制动器各关节处润滑不良，摩擦制动力矩不够。处理方法是调整制动器闸瓦间隙或对各关节进行良好润滑。

（3）拉矫机运行时有异常杂音。常见的原因是辊子间有异物，轴承磨损过大从而使间隙增大。处理方法：根据检查出的原因，清除异物，或根据轴承磨损情况进行调整或更换。

（4）送引锭杆时拉矫机跳电闸。主要原因是辊子间有异物；液压压下太紧，辊子轴承或减速器损坏定距块失落及电气故障等；处理方法，清除异物。调整压下量，修复轴承或减速器损的部位或更换、配好定距块。

10.3.3.3　拉矫机的检修

拉矫机在使用一定的时间以后或者在日常维护中发现某零部件失常而影响运转，就必须进行检修。

A　拉矫辊的检修

拉矫辊有上辊和下辊两种，均布设于弧线段和直线段。为了便于检修时拆装，上下辊多组装成组件形式，以便进行整体吊装。

拉矫辊组装件的常见损坏部位和形式及处理方法如下：

（1）辊子磨损。若最小辊径超过规定值，则应更换。

（2）辊子弯曲。若弯曲度超出规定范围，可车削消除，若加工后超过最小辊径也应更换。

（3）轴承座导向块磨损。若磨损量超过规定值，就要更换导向块。

（4）滚动轴承磨损，有点蚀、发蓝现象。若磨损后间隙（间隙不可调轴承）超过规定值就要更换。有点蚀、发蓝的也应更换新轴承。

拉矫辊的组装内容如下：

（1）组装前应检查辊子的弯曲度，其值应小于规定值，对安装轴承的部位，要认真检查其尺寸公差，确认符合图纸要求，才能进行装配。

（2）按图纸的要求装配辊子上的有关零部件，如定距环、轴承盖、滚动轴承等。注意各零部件的位置不能装错，轴承必须靠紧轴肩，轴承盖必须密封完好。

（3）装配轴承座，装好后用手转动时不出现卡紧、窜动过大等不良现象。

（4）装冷却设备的有关零件。装前须将空辊芯内部的铁屑、杂物等清理干净，连接必须严密。

（5）装上轴承座的隔热板。

将拉矫辊组件安装于牌坊式机架的方法是：用专用吊具把下拉矫辊组件吊装到牌坊内，放入下辊上面的定距块，再吊装上拉矫辊组件到下辊的上面。最后连接冷却水管的有关接头及安装压下设备等部分。

B　*传动系统的检修*

拉矫机的传动系统是使驱动辊转动的一组设备：电机经减速器、万向接轴传动驱动辊。如前所述在弧形区的拉坯辊中有几个传动系统中在减速器前还设有制动器。

传动系统的检修工作步骤是拆卸、清洗、检查、更换（或修复）磨损零件、装配、调整。在这些工作中重点是减速器的检测和调整、制动器的检查调整以及减速器和电机同轴度的调整。

拉矫机的减速器，在检修时应注意以下几点：

（1）拆开减速器时，要按照原装配位置在零件上作出标记，但不得在配合面上打印，以免装配时引起错乱。

（2）检查齿轮磨损情况，若磨损量超过齿厚的20%必须更换。

（3）装配前要检查轴承的情况，如有点蚀、间隙不可调轴承的间隙超过允许范围，必须更换新轴承。

（4）装配后要检查轴承的间隙，若是间隙可调的轴承，则应调整到合适的间隙；若是间隙不可调的轴承，其间隙超出标准则要更换。

（5）装配后要检查齿轮的啮合情况，如间隙、接触面积和接触位置，应符合规定的要求。

（6）装配后的减速器必须加入润滑油，加入的油量应足够。

（7）减速器合盖后，在未用螺栓紧固前，应用0.05～0.1mm塞尺检查接缝，塞尺塞入深度不能大于剖分面宽度的1/3。

（8）减速器合盖后，用螺栓紧固局部、间隙。若仍大于0.05mm，则应重新研刮剖分面。

制动器的检查和调整内容如下：

（1）检查制动器制动瓦（闸瓦）的磨损情况，磨损厚度超过厚度的1/3，就要更换。

（2）制动器的安装要在减速器与电机的同轴度调整好以后才进行。

（3）安装后的制动器要调整制动瓦和制动轮的间隙，使其达到合适值，且两侧间隙要相等。

万向接轴的检查：主要是检查连接部分的摩擦副间的间隙及连接螺栓紧固情况。间隙若超出允许值，则要进行修复或更换有关零件。

减速器和电机同轴度的调整：减速器的位置是根据拉矫辊的位置（轴心线）找正的，使其在万向接轴允许的范围内。电机的位置则按减速器的位置来找正，使电机轴与减速器的输入轴的同轴度不大于允许值（一般为0.10mm）。

传动系统检修完毕后，还要再次检查各连接部位的连接情况是否完好，润滑部位是否都已按要求加入润滑油。然后可单机试运转。

C　拉矫机检修质量标准

（1）拉矫机检修完毕，其开口度的公差应符合要求。

（2）拉矫机的直线段的直线度误差和弧线段的弧线度误差应符合要求。

（3）冷却水系统的水套应无泄漏。

（4）各轴承的径向间隙不能超过允许值。

（5）各润滑部位的润滑良好。

10.4　二冷区冷却设备

铸坯二次冷却好坏直接影响铸坯表面和内部质量，尤其是对裂纹敏感的钢种对铸坯的喷水冷却要求更高。总的来说铸坯二次冷却有以下技术要求：

（1）能把冷却水雾化得很细而又有较高的喷射速度，使喷射到铸坯表面的冷却水易于蒸发散热。

（2）喷到铸坯上的射流覆盖面积要大而均匀。

（3）在铸坯表面未被蒸发的冷却水聚集的要少，停留的时间要短。

10.4.1　喷嘴类型

冷却设备的主要组成部分是喷嘴。好的喷嘴可使冷却水充分雾化，水滴小又具有一定的喷射速度，能够穿透沿铸坯表面上升的水蒸气而均匀分布于铸坯表面。同时喷嘴结构简单，不易堵塞，耗铜量少。常用喷嘴的类型有压力喷嘴和气-水雾化喷嘴。

10.4.1.1　压力喷嘴

压力喷嘴的原理是依靠水的压力，通过喷嘴将冷却水雾化，并均匀地喷射到铸坯表面，使其凝固。压力喷嘴的结构较简单、雾化程度良好、耗铜量少；但雾化喷射面积较小，分布不均，冷却水消耗较大，喷嘴口易被杂质堵塞。

如图10-12所示，常用的压力喷嘴形式有实心或空心圆锥喷嘴及广角扁平喷嘴，冷却水直接喷射到铸坯表面。这种方式使得未蒸发的冷却水容易聚集在夹辊与铸坯形成的楔形沟内，并沿坯角流下，造成铸坯表面积水。使得被积水覆盖的面积得不到很好冷却，温度有较大回升。

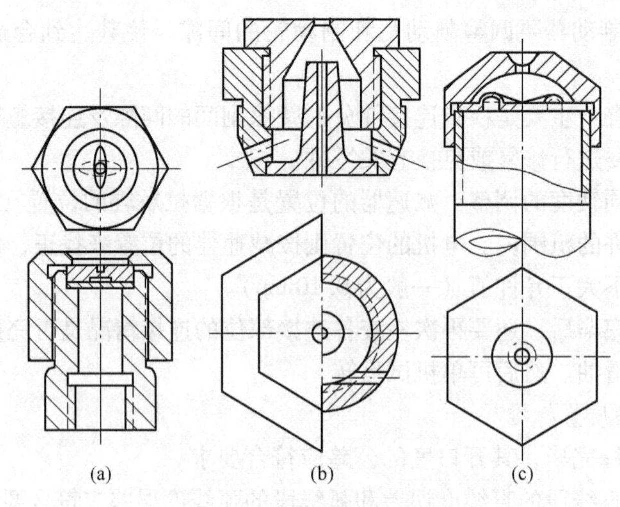

图 10-12　几种喷嘴结构形式

（a）扁喷嘴；（b）圆锥喷嘴；（c）薄片式喷嘴

10.4.1.2　气－水雾化喷嘴

气－水雾化喷嘴是用高压空气和水从不同的方向进入喷嘴内或在喷嘴外汇合，利用高压空气的能量将水雾化成极细小的水滴。这是一种高效冷却喷嘴，有单孔型和双孔型两种，如图 10-13 所示。

气－水雾化喷嘴雾化水滴的直径小于 50μm。在喷淋铸坯时还有 20% ~30% 的水分蒸发，因而冷却效率高，冷却均匀，铸坯表面温度回升较小为 50 ~80℃/m，所以对铸坯质量很有好处，同时还可节约冷却水近 50%，但结构比较复杂。由于气－水雾化喷嘴的冷却效率高，喷嘴的数量可以减少，因而近些年来在板坯、大方坯连铸机上得到应用。

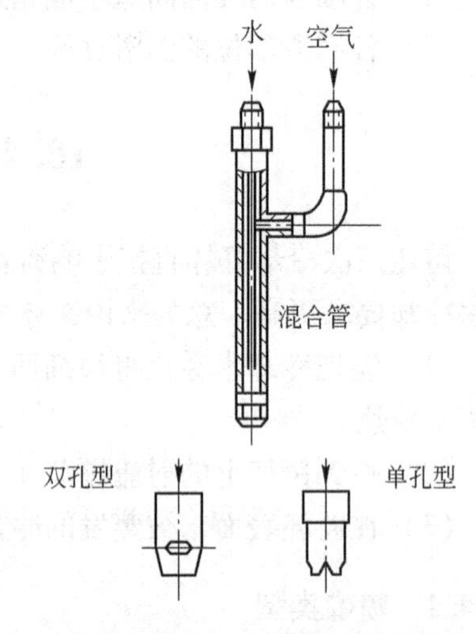

图 10-13　气－水雾化喷嘴结构

10.4.2　喷嘴的布置

二冷区的铸坯坯壳厚度随时间的平方根而增加，而冷却强度则随坯壳厚度的增加而降低。当拉坯速度一定时，各冷却段的给水量应与各段距钢液面平均距离成反比，也就是离结晶器液面越远，给水量也越少。生产中还应根据机型、浇注断面、钢种、拉速等因素加以调整。

喷嘴的布置应以铸坯受到均匀冷却为原则，喷嘴的数量沿铸坯长度方向由多到少。喷嘴的选用按机型不同布置如下：

（1）方坯连铸机普遍采用压力喷嘴。其足辊部位多采用扁平喷嘴；喷淋段则采用实心圆锥形喷嘴；二冷区后段可用空心圆锥喷嘴。其喷嘴布置如图 10-14 所示。

（2）大方坯连铸机可用单孔气－水雾化喷嘴冷却，但必须用多喷嘴喷淋。

（3）大板坯连铸机多采用双孔气－水雾化喷嘴单喷嘴布置如图 10-15 所示。

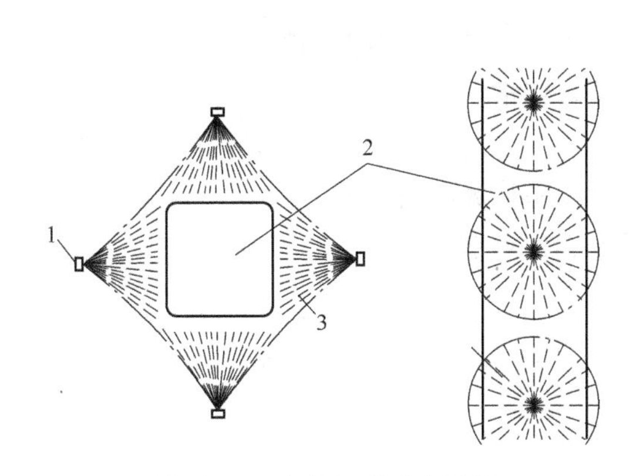

图 10-14 小方坯喷嘴布置图

1—喷嘴；2—方坯；3—充满圆锥的喷雾形式

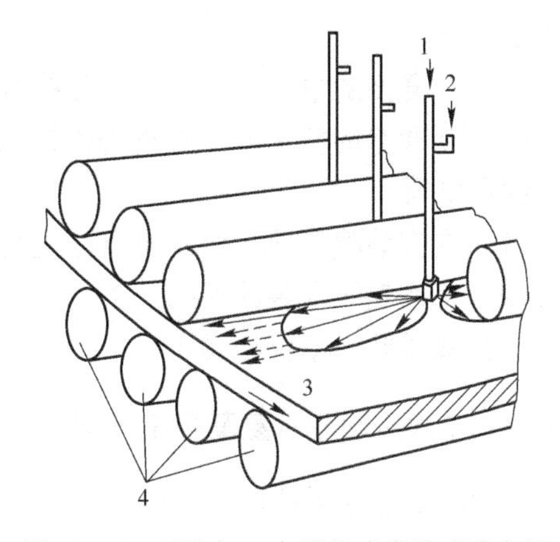

图 10-15 双孔气－水雾化喷嘴单喷嘴布置

1—水；2—空气；3—板坯；4—夹辊

板坯连铸机若采用压力喷嘴，其布置如图 10-16 所示。

对于某些裂纹敏感的合金钢或者热送铸坯，还可采用干式冷却；即二冷区不喷水，仅靠支撑辊及空气冷却铸坯。夹辊采用小辊径密排列以防铸坯鼓肚变形。

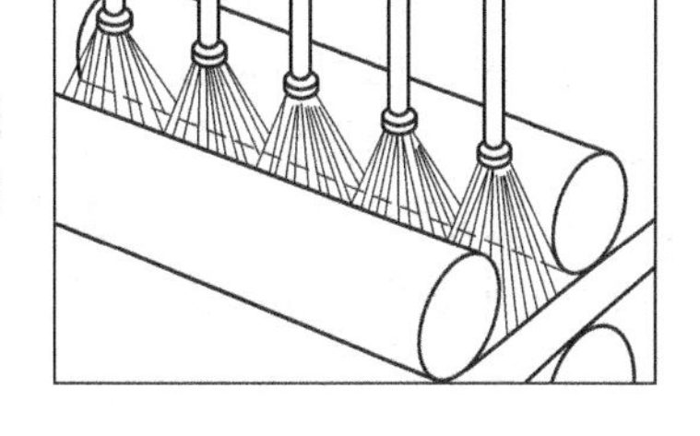

图 10-16 二冷区多喷嘴系统

10.4.3 二冷喷嘴状态的维护和检查

（1）喷嘴安装前的检查：

1）旧喷嘴要保证外形完整无损。

2）旧喷嘴要定期清除结垢，保证外形尺寸和喷淋效果。有时需在微酸溶液中清洗后经清水漂洗后才能使用。

3）新喷嘴要用卡尺、塞尺或专门量具等对部分喷嘴外形尺寸抽查，保证符合图纸尺寸。特别要注意喷嘴喷射口和喷射角大小的检查。

4）在喷淋试验台上抽查部分喷嘴，确保喷嘴的冷态特性（流量、水密度分布、水雾直径、速度、喷射面积等）。

（2）喷嘴安装后的检查：

1）检查喷嘴是否安装牢固和密封。

2）检查喷嘴本身安装的角度是否正确，确保喷嘴的喷射面积不落到二冷辊上。

3）检查喷嘴射流方向是否与铸坯表面垂直。

4）检查喷嘴与喷嘴之间的尺寸是否符合工艺要求。

5）检查喷嘴与铸坯之间的距离是否正确。

6）检查喷嘴型号是否与该二冷区要求的型号一致。

7）上述检查可以在线（机上）检查，也可离线（在扇形段调试台上）检查。

（3）检查二冷供水系统，保证冷、热水池水位。对水质进行抽查，开启水泵确保水泵正常运转等（按点检条例进行检查）。

（4）开启水泵，调节二冷各项控制阀门（根据浇注要求模拟手动或自动），确保压力和流量正常。

（5）在通水的情况下，检查二冷控制室、机上、机旁喷淋管路系统的渗漏情况。

（6）在通水的情况下，检查铸机排水状态是否正常。

注意事项：

（1）在安装喷嘴前，应先对管路进行冲洗，以防垃圾堵塞喷嘴。

（2）采用离线安装的喷嘴，上机前必须符合工艺要求。

（3）喷淋状态不符合要求，不得进行浇注。

10.4.4　二次冷却总水量及各段分配

二次冷却的总水量：

$$Q = KG \tag{10-1}$$

式中　Q——二冷区水量，m^3/h；

K——二冷区冷却强度，m^3/t；

G——连铸机理论小时产量，t/h。

二次冷却区的冷却强度，一般用比水量来表示。比水量的定义是：所消耗的冷却水量与通过二冷区的铸坯重量的比值，单位为 kg(水)/kg(钢)或 L(水)/kg(钢)。比水量与铸机类型、断面尺寸、钢种等因素有关。比水量参数选择比较复杂，考虑因素较多。钢种与冷却强度大致关系可见表 10-2。

表 10-2　不同钢种的冷却强度

钢　种	冷却强度/$L \cdot kg^{-1}$
普通钢	1.0～1.2
中高碳钢、合金钢	0.6～0.8
裂纹敏感性强的钢（管线、低合金钢）	0.4～0.6
高速钢	0.1～0.3

二冷各段水量分配主要是根据钢种、铸坯断面、钢的高温状态的力学性能等并通过实践确定的。分配的原则是既要使铸坯较快地冷却凝固，又要防止急冷时使坯壳产生过大的热应力。

实际生产中对二冷区水量的分配主要采用分段按比例递减的方法。把二冷区分成若干段，各段有自己的给水系统，可分别控制给水量，按照水量由上至下递减的原则进行控制。铸坯液芯在二冷区内的凝固速度与时间的平方根成反比。因而冷却水量也大致按铸坯通过二冷各段时间平方根的倒数比例递减。当拉速一定时，时间与拉出铸坯长度成正比。所以二冷区各段冷却水量的分配，可参照式（10-2）～式(10-4）计算。

$$Q_1 : Q_2 : \cdots : Q_i : \cdots : Q_n = \frac{1}{\sqrt{l_1}} : \frac{1}{\sqrt{l_2}} : \cdots : \frac{1}{\sqrt{l_i}} : \cdots : \frac{1}{\sqrt{l_n}} \tag{10-2}$$

$$Q_1 + Q_2 + \cdots + Q_i + \cdots + Q_n = Q \tag{10-3}$$

联立求解上两式，可求得任意一段冷却水量 Q_i。

$$Q_i = Q \frac{\frac{1}{\sqrt{l_i}}}{\frac{1}{\sqrt{l_1}} + \frac{1}{\sqrt{l_2}} + \cdots + \frac{1}{\sqrt{l_i}} + \cdots + \frac{1}{\sqrt{l_n}}} \tag{10-4}$$

式中　Q_1，Q_2，…，Q_i，…，Q_n——分别为各段冷却水量，t/h；

l_1，l_2，…，l_i，…，l_n——分别为各段中点至结晶器下口距离，m。

按照上述原则计算出的二冷各段冷却水比例，如图 10-17 所示。

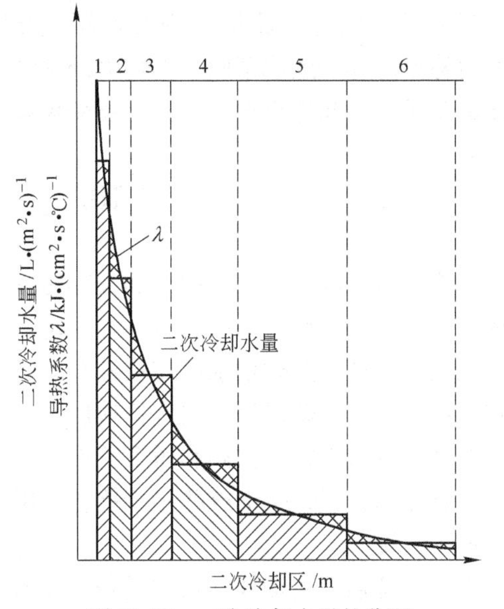

图 10-17　二次冷却水量的分配

这种方案的优点是冷却水的利用率高、操作方便，并能有效控制铸坯表面温度的回升，从而防止铸坯鼓肚和内部裂纹。

弧形铸机内外弧的冷却条件有很大区别。当刚出结晶器时，因冷却段接近于垂直布置，因此，内外弧冷却水量分配应该相同。随着远离结晶器，对于内弧来说，那部分没有汽化的水会往下流继续起冷却作用，而外弧的喷淋水没有汽化部分则因重力作用而即刻离开铸坯。随着铸坯趋于水平，差别越来越大。为此内外弧的水量一般作 1：1 到 1：1.5 的比例变化。

10.4.4.1　拉速、断面与二次冷却水量关系

比水量是以铸机通过铸坯质量来考虑的，拉速越快，单位时间通过铸坯质量越多，单位时间供水量也应越大。反之，水量则减小。

（1）起步拉坯，拉速为起步拉速，速度较低，二冷供水量小。

（2）正常拉坯，拉速为工作拉速，二冷供水量较大。

（3）最高拉坯，拉速为最高拉速，二冷供水量最大。

（4）尾坯封顶，拉速减慢直至停止拉坯，二冷供水量相应减小。

断面与冷却水量的关系：

（1）方坯断面较小，其二冷水量小，随断面增大其供水量逐渐增大。

（2）板坯断面较大，其二冷水量也大，随断面增大其供水量逐渐增大。

10.4.4.2　二次冷却与铸机产量和铸坯质量密切相关

在其他工艺条件不变时，二冷强度增加，拉速增大，则铸机生产率提高；同时，二次冷却对铸坯质量也有重要影响，与二次冷却有关的铸坯缺陷有以下四种：

（1）内部裂纹。在二冷区，如果各段之间的冷却不均匀，就会导致铸坯表面温度呈现周期性的回升。回温引起坯壳膨胀，当施加到凝固前沿的张应力超过钢的高温允许强度和临界应变时，铸坯表面和中心之间就会出现中间裂纹。而温度周期性变化会导致凝固壳

发生反复相变，是铸坯皮下裂纹形成的原因。

（2）表面裂纹。由于二冷不当，矫直时铸坯表面温度低于900℃，刚好位于“脆性区”，再有AlN、Nb(CN)等质点在晶界析出降低钢的延性，因此在矫直力作用下，就会在振痕波谷处出现表面横裂纹。

（3）铸坯鼓肚。如二次冷却太弱，铸坯表面温度过高。钢的高温强度较低，在钢水静压力作用下，凝固壳就会发生蠕变而产生鼓肚。

（4）铸坯菱变（脱方）。菱变起源于结晶器坯壳生长不均匀性。二冷区内铸坯4个面的非对称性冷却，造成某两个面比另外两个面冷却得更快。铸坯收缩时在冷面产生了沿对角线的张应力，会加重铸坯扭曲。菱变现象在方坯连铸中尤为明显。

10.5　引锭设备

在连铸机开浇之前，引锭杆的头部堵住结晶器的下口，临时形成结晶器的底，不使钢水漏出，钢水和引锭杆的头部凝结在一起。当钢水高度达到一定的高度时，通过拉辊开始向下拉动引锭杆，此时钢水已在引锭杆的头部凝固，铸坯随着引锭杆渐渐被拉出，经过二冷支导设备进入拉矫机后，引锭杆完成引坯作用，此时脱引锭设备把铸坯和引锭杆头部脱离，拉矫机进入正常的拉坯和矫直工作状态。引锭杆运至存放处，留待下次浇注时使用。

在浇注前，引锭头上放些碎废钢，并用石棉绳塞好间隙，使得铸坯和引锭头既连接牢靠又利于脱锭。

引锭设备包括引锭杆（由引锭杆本体和引锭头两部分组成）、引锭杆存放设备、脱引锭设备。

10.5.1　引锭杆

10.5.1.1　大节距引锭杆

如图10-18所示，大节距引锭杆本身是弧形的，其外弧半径等于连铸机曲率半径。当铸坯1头部经过拉辊2以后，上矫直辊4下压到正常矫直位置，引锭杆第一段受到杠杆作用，其钩头向上而自动与铸坯脱钩。大节距引锭杆需有加工大半径弧面的专用机床，链的第一节弧形杆要有足够的强度和刚度，以免脱锭时受压变形。

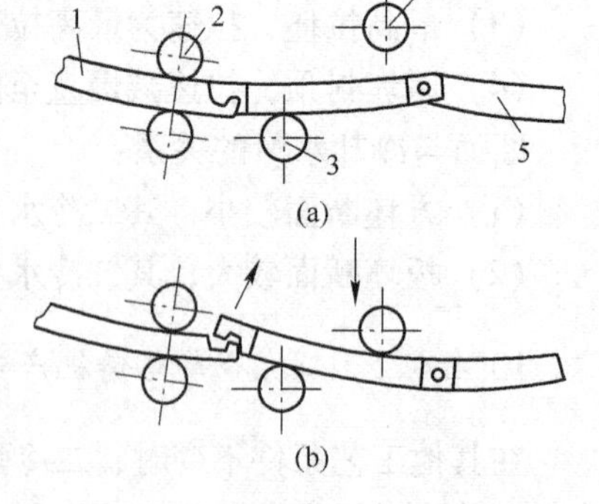

图10-18　大节距引锭杆的脱钩
(a) 铸坯进入拉矫机；(b) 引锭杆脱钩
1—铸坯；2—拉辊；3—下矫直辊；
4—上矫直辊；5—引锭链

10.5.1.2　小节距引锭杆

这种引锭杆节距较小，只能向一个方向弯曲。图10-19是板坯连铸机的引锭杆。它由主链节3、辅链节4、引锭杆头连接链1和尾链节5等构成。连接链节可与不同宽度的引锭头相连接，而引锭杆本体的宽度则保持不变。链节可加工成直线形，加工方法简单，得到广泛应用。如图10-20所示，装在出坯辊道下方的液压缸顶头向上冲击，可使钩形引锭头和铸坯迅速分离。在引锭杆上还设有二冷区的辊缝测量设备 2，浇钢时可边拉坯边进行辊缝测量。

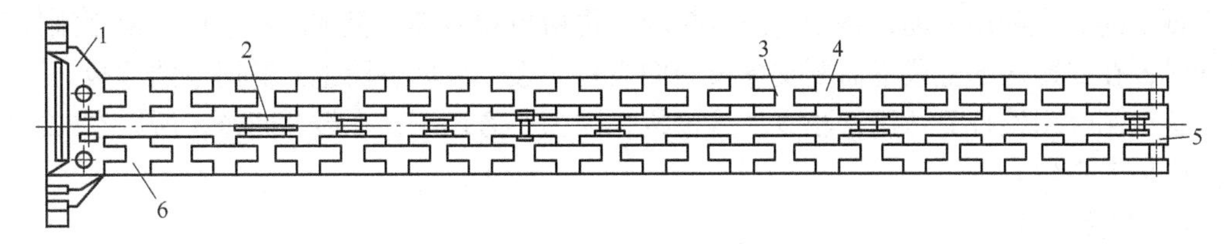

图 10-19 小节距引锭杆

1—引锭杆头连接链；2—辊缝测量设备；3—主链节；4—辅链节；5—尾链节；6—连接链节

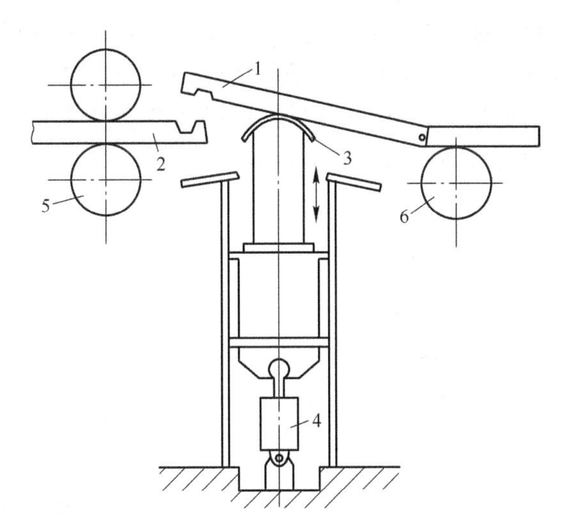

图 10-20 液压式脱引锭设备

1—引锭头；2—铸坯；3—顶头；4—液压缸；5—拉矫辊；6—辊道

图 10-21 是小方坯连铸机用小节距链式引锭杆。为了满足多种断面的需要，需更换引锭头而不换引锭链环。引锭链环为铸钢件，链节用销轴贯联。引锭头用耐热的铬钼钢制作，其断面尺寸应略小于结晶器下口尺寸。当引锭头装入结晶器时，其四周约有 3 ~4mm 间隙，可用石棉绳及耐火泥塞紧。

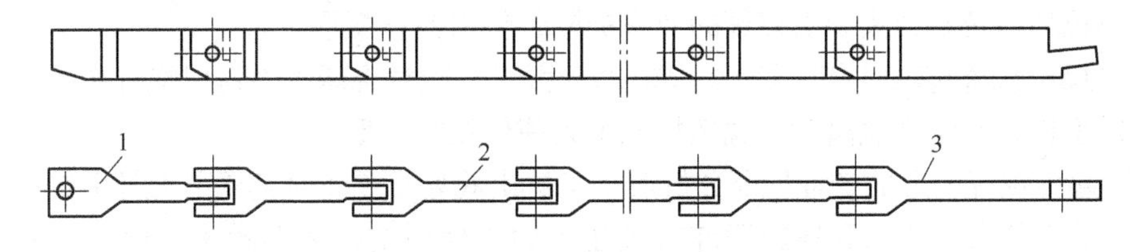

图 10-21 小方坯连铸机用的链式引锭杆

1—引锭头；2—引锭杆链环；3—引锭杆尾

10.5.1.3 刚性引锭杆

A 结构

在罗可普小方坯连铸机上使用了一种刚性引锭杆，它是用整条钢棒做成的弧形引锭杆，如图 10-22 所示。这种形式的引锭杆是由三段组成，每两段引锭杆用螺栓连接，两段引锭杆间不能转动。当它引导铸坯走出拉矫辊，即与铸坯脱钩，停放在出坯辊道的上方。在浇钢之前，先利用驱动设备把它送入拉辊，再由拉辊将其送至结晶器下口。使用刚性引锭杆时，在二冷区的上段不需要支撑及导向设备，在二冷区下段也只需简单的导板。

这种刚性引锭杆只适用于小方坯连铸机，因为小方坯不存在鼓肚问题，所以在二冷区不需要导向夹辊。

B　常见故障

在使用过程中发现引锭杆有变形现象。将变形后的引锭杆放在 *R*5.25m 对弧样板上，如图 10-23 所示。由图可看出引锭杆变形段是第 2、第 3 段。同时还发现引锭杆第 2、第 3 段外弧面有卷边现象，且越往引锭头处卷边现象越严重，根据引锭杆工作环境来看，因引锭杆第 2、第 3 段离热坯近，长期受热坯的热辐射作用，并且越往引锭头处的引锭杆，离热坯越近，所受的热辐射也越多，引锭杆内部的组织结构发生变化，强度减小，在外力作用下变形，在上下拉矫辊的压力作用下发生卷边。

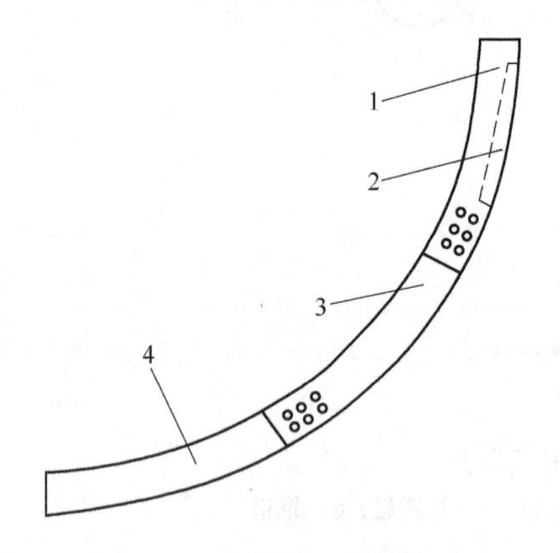

图 10-22　*R*5.25m 铸机引锭杆的结构示意图
1—引锭杆 1；2—齿条；
3—引锭杆 2；4—引锭杆 3

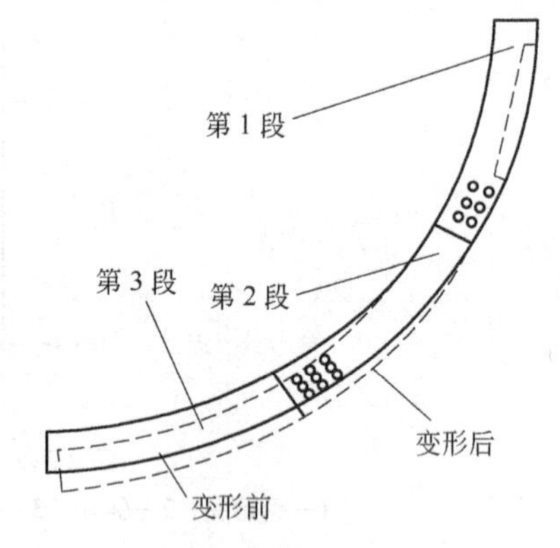

图 10-23　变形后的引锭杆与 *R*5.25m 对弧样板对比后示意图

引起引锭杆产生这种变形的原因可能有 3 个：

（1）拉坯时拉矫力大于引锭杆的屈服极限，使引锭杆变形。

（2）拉矫机矫直辊所在位置不在 *R*5.25m 弧上，拉矫辊压下力使引锭杆变形。

（3）引锭杆与铸坯脱离时，脱坯辊压下力使引锭杆变形。

对引起引锭杆变形的三种情况分析后，可看出脱坯辊脱坯时其压下力是引锭杆所受三个力中的最大的力，所以脱坯辊脱坯时其压下力是使引锭杆变形的主要原因。从引锭杆 2、3 段外弧有卷边，且越往引锭头处卷边现象越严重，并结合引锭杆处工作环境可知，引锭杆 2、3 段长期处于铸坯热辐射下，内部组织变化，强度降低，在拉矫辊压力下发生卷边，脱坯辊脱坯时脱坯压下力使引锭杆变形。

C　改进措施

考虑到实心引锭杆散热性差，受热辐射严重时易产生热变形，所以将引锭杆加工成散热效果好的焊接式框架结构，因 16Mn 钢板相对于其他常用钢板具有较好的耐热性、较高的强度及较好的焊接性等优点，所以用16Mn钢板焊制引锭杆。综合考虑引锭杆的强度及保证焊接工艺，采用$\delta=30$mm厚的钢板焊制。

此结构通风效果好，冷却效果好。因引锭杆是2、3段变形，1段不变形，且引锭杆1段结构由引锭杆存放机构结构决定，若改造1段，则要改引锭杆存放机构，投资大，不易实施，故只改造引锭杆2、3段比较合理。考虑到引锭杆用的时间长易变形，弧度变大，因此将引锭杆分段制作，每两段用圆柱销连接，可互相转动，当引锭杆某段变形时，其余各段可在导向段上导向辊的导向下补偿变形，顺利串引锭。经校核此引锭杆的抗弯强度、抗压强度均满足要求。

10.5.1.4 引锭头

引锭头主要是在开浇前将结晶器下口堵住，使钢液不会漏下，并使浇入的钢液有足够的时间在结晶器内凝固成坯头，同时，引锭头牢固地将铸坯坯头与引锭杆本体连接起来，以使铸坯能够连续不断地从结晶器里拉出来。根据引锭设备的作用，引锭头既要与铸坯连接牢固，又要易于与铸坯脱开。

A 引锭头结构

（1）燕尾槽式引锭头。该引锭头结构如图10-24所示。将引锭设备的头部加工成燕尾槽。这样在开浇时，注入结晶器的钢水会充满槽内外，待冷却后使二者凝结在一起；与铸坯脱开时，操作人员需把销轴拆卸。

（2）钩头式引锭头。该引锭头结构如图10-25所示。将引锭设备的头部加工成钩子形。注入结晶器的钢水凝固后，与引锭头之间成为挂钩式连接；引锭头与铸坯之间会自动脱开。

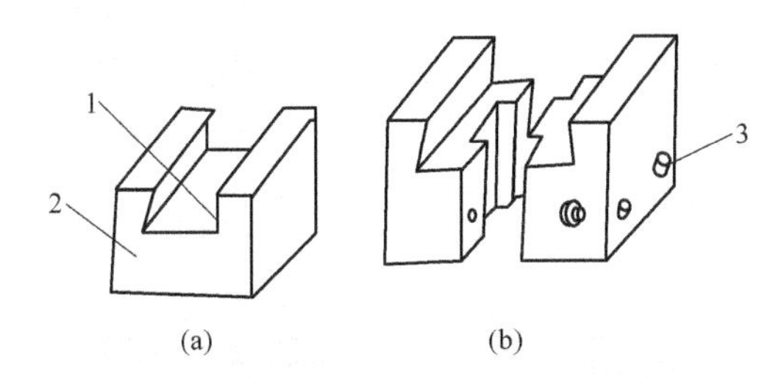

图10-24 燕尾槽式引锭头简图
（a）整体式；（b）可拆式
1—燕尾槽；2—引锭头；3—销孔

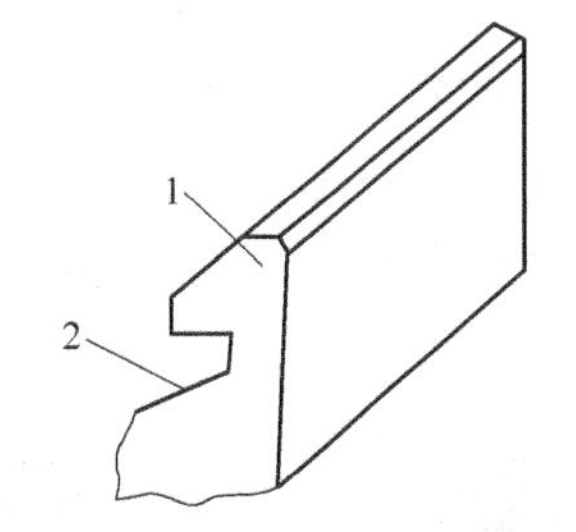

图10-25 钩头式引锭头简图
1—引锭头；2—钩头槽

B 引锭头断面尺寸

引锭头断面一般小于所拉铸坯的断面尺寸，引锭头的尺寸随铸坯断面尺寸而变化。厚度一般比结晶器的下口小5mm，宽度比结晶器的下口小10～20mm。

引锭头伸入结晶器与器壁间必然存在缝隙，在开浇前必须用石棉绳将这些缝隙塞紧，以防止漏钢。更换新断面时，只换引锭头，而不换引锭杆身。

C 引锭头维护

（1）塞引锭头前，必须保证头部无水滴存在，即干燥和干净，否则用压缩空气吹扫或用干布或干回丝擦干。

（2）引锭头无变形、卷边。使引锭头四周与结晶器铜板的间隙符合要求，并大致相同。

（3）保护板放于铜板表面，以免送引锭时划伤铜板。

（4）检查是否有裂纹、毛刺等。

（5）检查引锭头几何尺寸要保证内外弧平行度、粗糙度、端面与弧面垂直度。

10.5.2 引锭杆存放设备

引锭杆存放设备的作用是在引锭杆与铸坯脱离后，及时把引锭杆收存起来，并在下一次浇注前，通过与铸机拉辊配合，把引锭杆送入结晶器内。引锭杆存放设备应满足的要求为：准备时间短；引锭杆插入结晶器时不跑偏；在检修铸机本体设备时有足够的空间；更换引锭头和宽度调整块时要有良好的作业环境。

引锭杆存放设备与引锭杆的装入方式有关，引锭杆装入结晶器的方式有两种，即上装式和下装式。因此，总体上讲引锭杆的存放设备也分为两大类。

10.5.2.1 下装式存放设备

引锭杆是从结晶器下口装入，通过拉坯辊反向运转输送引锭杆。其设备简单，但浇钢前的准备时间较长。

下装式引锭杆存放设备有：侧移式、升降式、摆动斜桥式、卷取式等。常用侧移式、升降式。

A 侧移式

引锭杆的侧移设备如图 10-26 所示。它的主体是一根长轴 2，在轴上安装了 6 个拨杆，用以拨动 6 个双槽移动架 1。为了使移动架在运动中不倾翻，采用了平行四连杆机构。长轴 2 用气缸通过连杆驱动，使之摆动。开始浇钢时，双槽移动架的右槽停放在出坯辊道的中心位置，用以接收引锭杆，当引锭杆将铸坯拉出铸机并与铸坯分离后，开动气缸，把引锭杆托起并移动到辊道旁边的台架上。

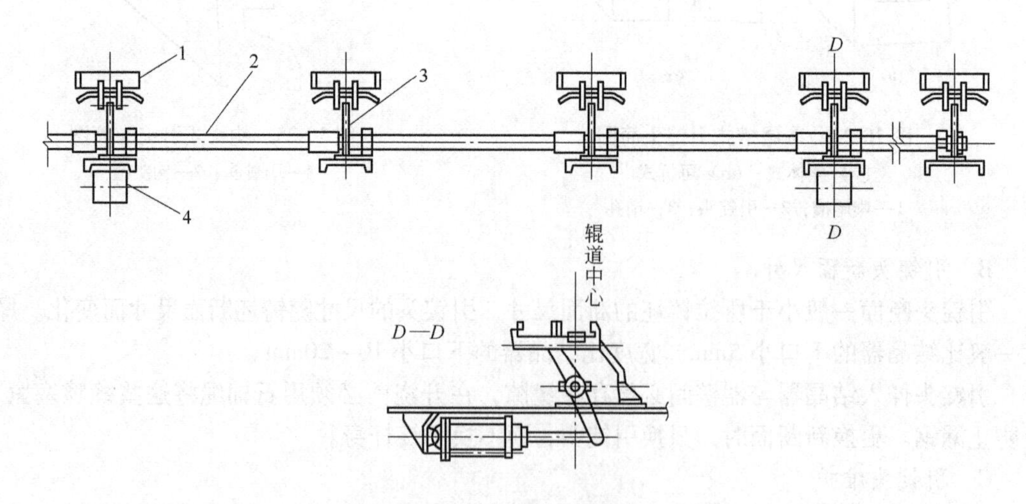

图 10-26 引锭杆侧移设备

1—移动架；2—长轴；3—拨杆；4—气缸

这种形式的存放设备结构简单，各相关设备具有良好的维修条件，对处理事故铸坯和检修辊道均没有影响。缺点是必须等到最后一块铸坯送出辊道后，才能进行下一次的引锭杆插入，因此浇注准备时间长。

B 升降式

升降式存放设备是在输送辊道上方布置一个升降吊架，浇注时，把升降吊架放下接收脱锭后的引锭杆，然后升起让铸坯通过，下一次浇注前，放下吊架使引锭杆落在辊道上。吊架的升降，可以是电动的，也可以是液压的，但必须有足够的提升高度，避免铸坯辐射热的烘烤。这种形式由于是布置在辊道上方，对切割机与辊道的检修有影响。

例如某厂采用升降式存放设备。吊架的升降，采用液压驱动。液压缸直径为 ϕ70/ϕ125mm，数量 2 个，行程 360mm。

C 摆动斜桥式

摆动斜桥式结构如图 10-27 所示。摆动架可绕尾部铰链点摆动，浇注前摆动架头部落在拉矫机出口处，浇注开始后，拉矫机把引锭杆推上摆动架。引锭杆通过拉矫机后，由牵引卷扬按拉坯速度继续向上拉，直到脱锭后全部拉上为止。开动提升设备把摆动架头部升起，让铸坯沿辊道通过，浇注完毕后落下摆动架，引锭杆靠自重进入拉矫机，由拉矫机把引锭杆送入结晶器。

摆动斜桥式存放设备由于布置在切割辊道上方，不占用车间面积，但斜桥下面的一次切割机和切割辊道检修困难。

D 卷取式

卷取式引锭杆存放设备如图 10-28 所示，这种形式是侧移式的改型。拉矫机送出的引锭杆被卷绕在一个卷筒上，脱锭后，卷筒带着引锭杆整体移出作业线，使铸坯通过。这种形式占用车间面积小。

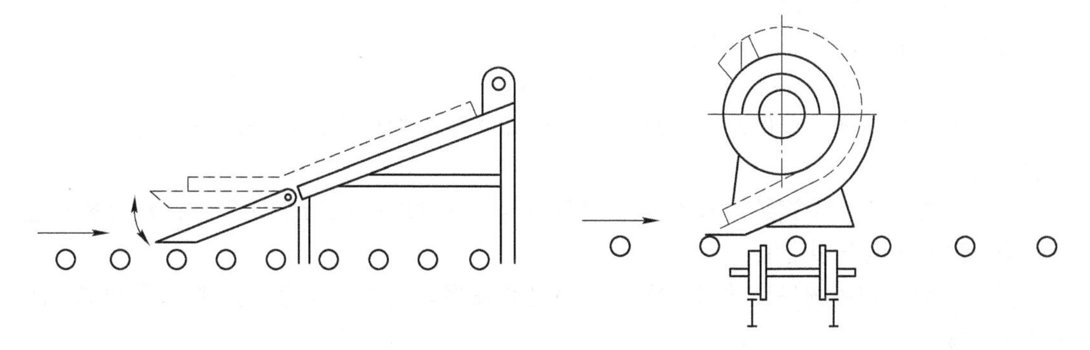

图 10-27 摆动斜桥式引锭杆存放设备　　图 10-28 卷取式引锭杆存放设备

10.5.2.2 上装式存放设备

为了缩短送引锭杆时间，提高连铸机作业率，有些板坯连铸机，采用了把引锭杆从结晶器上口装入的办法，称为上装引锭杆。

A 工作原理

如图 10-29 所示，当引锭杆从拉矫机出来后，用卷扬机 3 将引锭杆上吊到浇铸平台的专用小车 2 上。待浇铸完毕后，移开中间包小车，把专用小车开到结晶器 1 的上方，由小车上的传动设备把引锭杆从结晶器的上口装入。为了保护结晶器内壁不被擦伤，在装引锭杆之前，需在结晶器内装入一薄壁铝制套筒。当引锭头出拉矫机后，脱锭设备的顶头上升，顶在引锭头上，使引锭杆与铸坯脱钩。

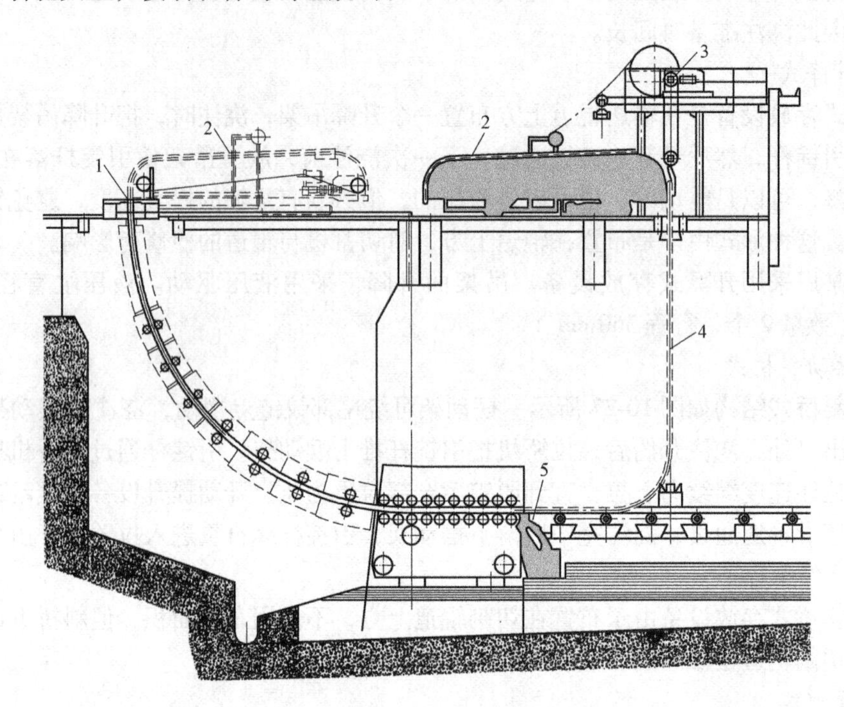

图 10-29　上装引锭杆设备

1—结晶器；2—引锭杆小车；3—卷扬机；4—引锭杆；5—引锭杆脱钩设备

B　引锭设备维护要点

引锭杆系统的维护要点如下：

（1）送引锭杆之前，必须确认结晶器已经打开。

（2）当引锭杆送入扇形段一定距离时，应确认相应的扇形段已经压下方可从引锭杆车上脱钩。

（3）定期检查系统钢结构有无变形损坏情况，并及时采取措施处理，特别是提升卷扬吊钩不得有结构开裂现象。

（4）定期检查系统各运动部位润滑情况是否良好，有无不正常响声或卡阻现象，磨损是否超规定。

（5）定期检查液压、润滑管路有无泄漏，压力是否正常。

（6）定期检查固定联结螺栓、螺母有无松动现象并及时紧固。

（7）定期检查钢丝绳是否有磨损超标和断丝，并注意加油保护；如有损坏超标要坚决予以更换。

（8）经常检查各制动器是否好用，闸片磨损是否严重，特别是引锭杆车链传动，提升卷扬制动器。

（9）经常检查行程极限是否准确、动作是否灵活，并注意及时调整。

（10）定期检查卷筒轴承声音、温度是否正常，并及时采取措施维修。

复习思考题

10-1 德马克连铸机的导向设备、拉矫设备是何结构?

10-2 罗可普连铸机的导向设备、拉矫设备是何结构?

10-3 板坯连铸机和小方坯的导向设备、拉矫设备主要区别是什么?

10-4 大方坯连铸机和小方坯的导向设备、拉矫设备主要区别是什么?

10-5 二冷喷嘴有几种形式?

10-6 二冷喷水量如何分配?

10-7 引锭杆有几种形式，引锭头有几种形状?

10-8 下装引锭杆存放设备有几种?

11　铸坯切割设备

铸坯切割设备 PPT

连续浇注出的铸坯若不切割，会给后道工序带来一系列的问题，如运输、存放、轧制时的加热等。为此可根据成品的规格及后道工序的要求，将连铸坯切成定尺长度，因而，在连铸机的末端设置切割设备。

11.1　火焰切割机

火焰切割机是用氧气和各种燃气的燃烧火焰来切割铸坯。火焰切割的主要特点是：投资少，切割设备的外形尺寸较小，切缝比较平整，并不受铸坯温度和断面大小的限制，特别是大断面的铸坯其优越性越明显，适合多流连铸机。但切割时间长、切缝宽、切口处的金属损耗严重，污染严重。切割时产生的烟雾和熔渣污染环境，需要繁重的清渣工作。金属损失大，约为铸坯重的1%～1.5%；在切割时产生氧化铁、废气和热量，需必要的运渣设备和除尘设施；当切割短定尺时需要增加二次切割；消耗大量的氧和燃气。

火焰切割原则上可以用于切割各种断面和温度的铸坯，但是就经济性而言，铸坯越厚，相应成本费用越低。因此，目前火焰切割广泛用于切割大断面铸坯。通常对坯厚在200mm以上的铸坯，几乎都采用火焰切割法切割。

火焰切割机动画

生产中用的燃气多为煤气。切割不锈钢或某些高合金铸坯时，还需向火焰中喷入铁粉、铝粉或镁粉等材料，使之氧化形成高温，以利于切割。

11.1.1　火焰切割机的结构

火焰切割机由切割机构、同步机构、返回机构、定尺机构、端面检测器及供电、供乙炔的管道系统等部分组成。如图11-1所示，火焰切割设备一般做成小车形式，故也称为切割小车。在切割铸坯时，同步机构夹住铸坯，铸坯带动切割小车同步运行并切割铸坯。切割完毕，夹持器松开，返回机构使小车快速返回。切割速度随铸坯温度及厚度而调整。

切割车动画

11.1.1.1　切割机构

切割机构是火焰切割设备的关键部分。它主要由切割枪和传动机构两部分组成。切割枪能沿整个铸坯宽度方向和垂直方向移动。

切割枪切割时先把铸坯预热到熔点，再用高速氧气流把熔化的金属吹去，形成切缝。切割枪是火焰切割设备的主体部件。它直接影响切缝质量、切割速度和操作的稳定与可靠性。如图11-2所示，切割枪由枪体和切割嘴两部分组成。

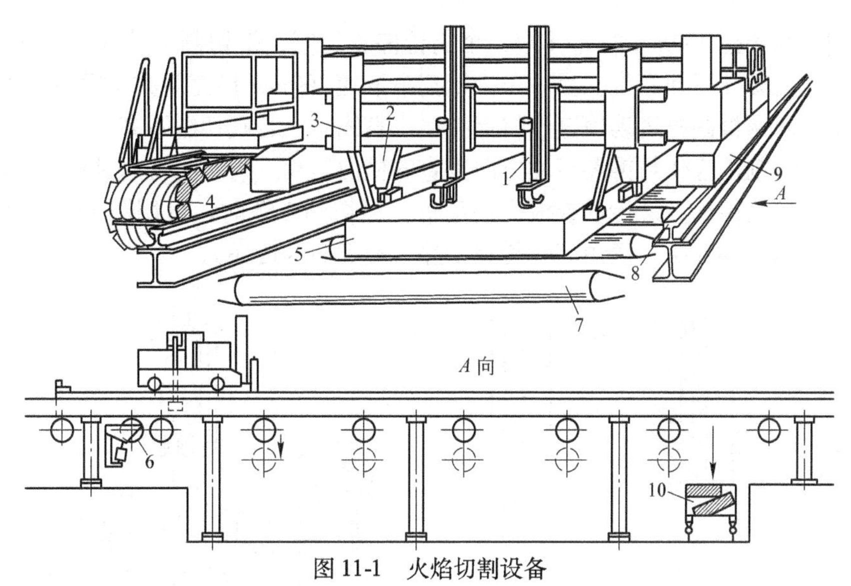

图 11-1　火焰切割设备

1—切割枪；2—同步机构；3—端面检测器；4—软管盘；5—铸坯；6—定尺机构；7—辊道；8—轨道；9—切割小车；10—切头收集车

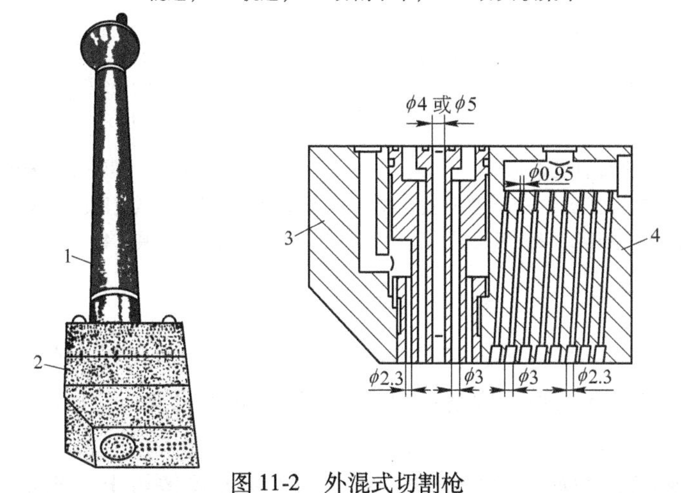

图 11-2　外混式切割枪

1—枪体；2—枪头；3—切割喷嘴部分；4—预热喷嘴部分

切割嘴依预热氧及预热燃气混合位置的不同可以分为以下三种形式（见图 11-3）：

（1）枪内混合式。预热氧气和燃气在切割枪内混合，喷出后燃烧。

（2）嘴内混合式。预热氧气和燃气在喷嘴内混合，喷出后燃烧。

（3）嘴外混合式。预热氧气和燃气在喷嘴外混合燃烧。

前两种切割枪的火焰内有短的白色焰心，只有充分接近铸坯时才能切割。外混式切割枪其火焰的焰心为白色长线状，一般切割嘴距铸坯 50mm 左右便可切割。这种切割枪长时间使用割嘴不会过热；切缝小而且切缝表面平整，金属损耗少；因预热氧和燃气喷出后在空气中混合燃烧，不会产生回火，灭火，工作安全可靠，并且长时间使用切割嘴也不会产生过热。常用于切割 100 ~ 1200mm 厚的铸坯。

根据铸坯宽度的大小，可采用单枪切割或双枪切割。铸坯宽度小于 600mm 时可用单枪切割，大于 600mm 的板坯须用并排的两个切割枪，以缩短切割时间，如图 11-1 两个割枪向内切割，当相距200mm时，其中一个割枪停止切割，把切割火焰变成引火火焰或熄灭，而后迅速提升并返回原位，另一个割枪把余下的200mm切完后亦返回原始工作位置。切割过程中要求两根割枪运动轨迹严格保持在一直线上，否则切缝不齐。

切割时，切割枪应作与铸坯运动方向垂直的横向运动。为了实现这种横移运动，可采用齿条传动、螺旋传动、链传动或液压传动等。当切割方坯时，可用图11-4所示的摆动切割枪，切割从角部开始，使角部先得到预热，易于切入铸坯。

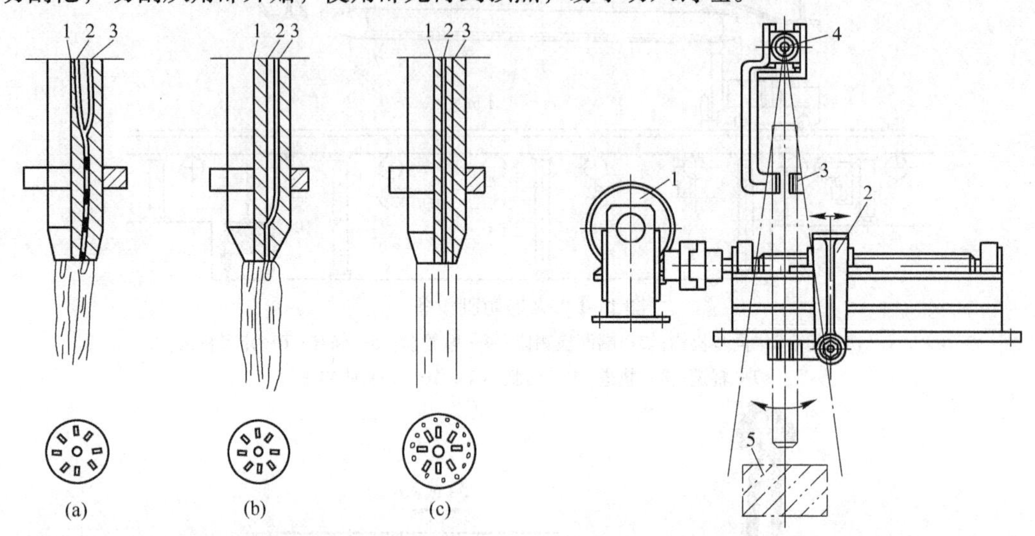

图11-3　切割嘴的三种形式
（a）枪内混合式；（b）嘴内混合式；（c）嘴外混合式
1—切割枪；2—预热氧；3—丙烷

图11-4　摆动切割枪传动简图
1—电动机及蜗轮蜗杆减速器；2—切割枪下支架与螺旋传动；3—切割枪及枪夹；4—切割枪上支点；5—铸坯

11.1.1.2　同步机构

同步机构是指切割小车与连铸坯同步运行的机构。切割小车在与铸坯无相对运动的条件下切断铸坯。机械夹坯同步机构是一种简单可靠的同步机构，应用广泛。

A　夹钳式同步机构

图11-5是一种可调的夹钳同步机构，它适用于板坯连铸机上。当运行的连铸坯碰到自动定尺设备后，行程开关发出信号，电磁阀控制气缸2动作，推动夹头3，夹住铸坯4，使小车与铸坯同步运行，同时开始切割。铸坯切断后，松开夹头，小车返回原位。在夹头上镶有耐热铸铁块，磨损后可予更换。夹头架3的两钳距离，可用螺旋传动1来调节，以适应宽度不同的板坯。

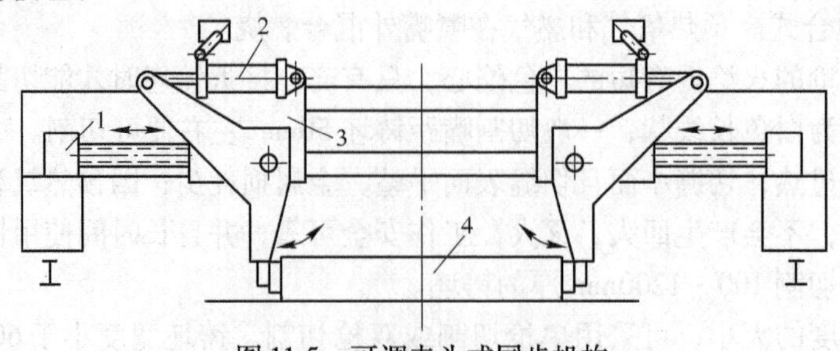

图11-5　可调夹头式同步机构
1—螺旋传动；2—气缸；3—夹头；4—铸坯

B　钩式同步机构

在一机多流或铸坯断面变化较频繁的连铸机中，如铸坯的定尺长度不太大时，可采用钩式同步机构。如图 11-6 所示，在切割小车上有一个用电磁铁 2 控制的钩式挡板 1，需要切坯时放下挡板，连铸坯 5 的端部顶着挡板并带动切割小车同步运行进行切坯。铸坯切断后，抬起挡板，小车快速返回原始位置。钩杆的长度是可调的，以适应不同定尺长度的需要。这种机构简单轻便，不占用流间面积，对铸坯断面的改变和流数变化适应性强；所切定尺长度也比较准确。但当铸坯的断面不太平整时，工作可靠性差，若铸坯未被切断，则将无法继续进行切割操作。

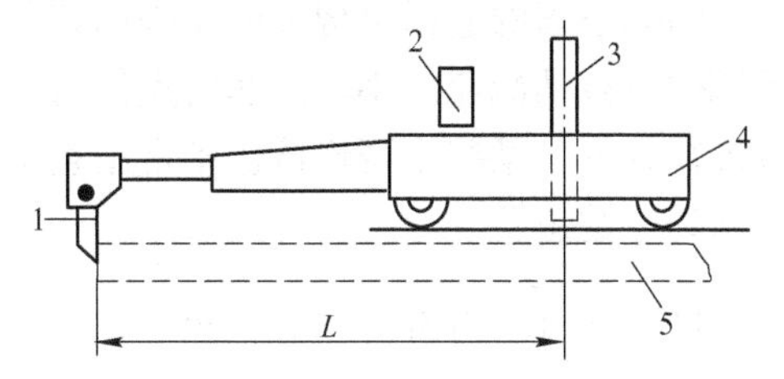

图 11-6　钩式同步机构

1—钩式挡板；2—电磁铁；3—切割枪；4—切割小车；5—连铸坯

C　坐骑式同步机构

图 11-7 所示为大角度切割机坐骑式同步机构，同步机构的特点是在切坯时使切割小车直接骑坐在连铸坯上，实现两者的同步。

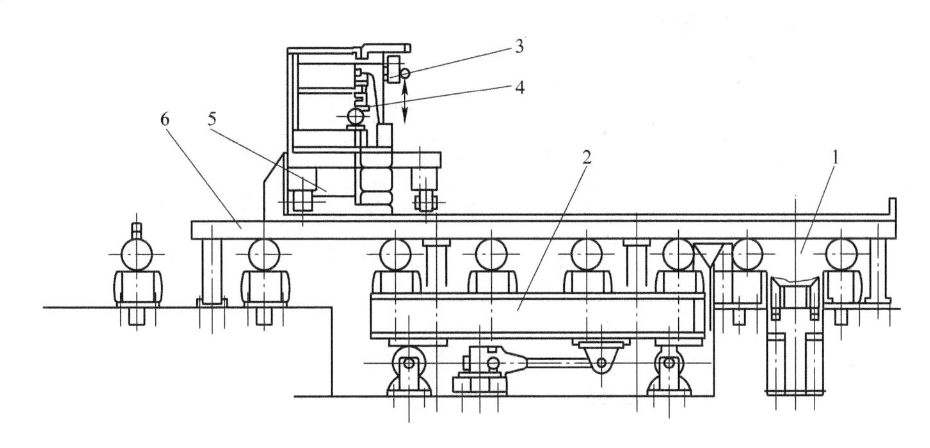

图 11-7　火焰切割机坐骑式同步机构

1—切头输出设备；2—窜动辊道；3—切割嘴小车；4—切割嘴小车升降机构；5—切割车；6—切割机座

切割车上装有车位信号发生器，发出脉冲表示切割车所处位置，还装有切割枪小车横梁引导设备和横梁升降设备。交流电动机通过传动轴同时传动两套蜗杆、丝杆提升设备，使切割小车横梁升降。横梁上装有两台切割枪小车，切割枪高度测量设备及同步压杆。当达到规定的切割长度时，车位信号发生器发出脉冲信号，横梁下降，使同步压杆压在铸坯上，并将切割车驱动轮抬起，此时切割车与铸坯同步运行。同时高度测量设备发出切割枪下降到位信号，两切割枪小车开始快速相向移动。当板坯侧面检测器测出边缘位置后，发出信号开启预热燃气，进而开启切割氧气进行切割，这时切割枪小车也从快速转为切割速度。

铸坯切断后，横梁回升，切割枪升起，同步压杆离开铸坯，切割车驱动轮仍落到轨道上，这时可开动驱动设备快速返回原位，准备下一次切割。切割区的窜动辊道可避免切割火焰切坏辊道，当切割枪接近辊道时，辊道可以快速避开。

11.1.1.3 返回机构

切割小车的返回机构一般是采用普通小车运行机构，配备有自动变速设备，以便在接近原位时自动减速。小车到达终点位置由缓冲气缸缓冲停车，再由气缸把小车推到原始位置进行定位。某些小型连铸机则常用重锤式返回机构，靠重锤的重量经钢绳滑轮组把小车拉回到原始位置。

11.1.1.4 侧面（端面）检测器

如图 11-8 所示，由于所浇铸坯宽度不同及拉出的铸坯中心线与连铸机的中心线可能不一致等原因，在切割小车上必须安装侧面检测器，使切割枪能准确的从侧面开始切割。在进入切割之前，侧面检测器和切割枪一起向铸坯侧面靠拢，当检测器触头与铸坯的侧面接触后，切割枪立即下降，夹头也夹紧铸坯，随即开始切割。与此同时，侧面检测器退回到距侧面 200mm 处自动停止。

铸坯侧面检测器可确保切割枪自动的从铸坯侧面开始切割，切断铸坯后还将控制切割枪的切割行程终点。这不但节省了空行程时间，而且也缩短了切割周期，同时还能有效地防止因误操作造成设备的损坏。

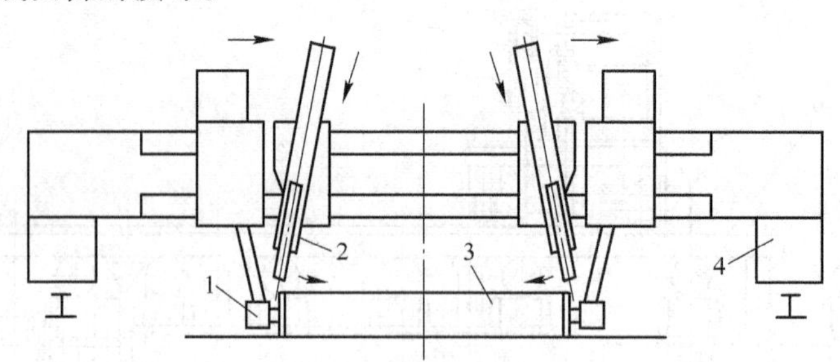

图 11-8 端面检测器的配置

1—检测器触头；2—切割枪；3—铸坯；4—切割小车

11.1.1.5 自动定尺设备

为把铸坯切割成规定的定尺长度，在切割小车中装有自动定尺设备。定尺机构是由过程控制计算机进行控制。图 11-9 是用于板坯连铸机的定尺机构。气缸推动测量辊，使之顶在铸坯下面，靠摩擦力使之转动。利用脉冲发生器发出脉冲信号，换算出铸坯长度，达到规定长度时，计数器发出脉冲信号，开始切割铸坯。

另外，为了防止在切割铸坯时把下面的输送辊道烧坏，必须采用能升降或移动的辊道，以避开割枪。铸坯切口下面的粘渣及毛刺要用高速旋转的一组尖角锤头打掉，如图 11-10 所示，避免轧制时损坏轧辊和影响钢材质量。

11.1.2 火焰切割机的维护

11.1.2.1 日常检查和维护

（1）每班应作如下项目的检查、调整或处理：

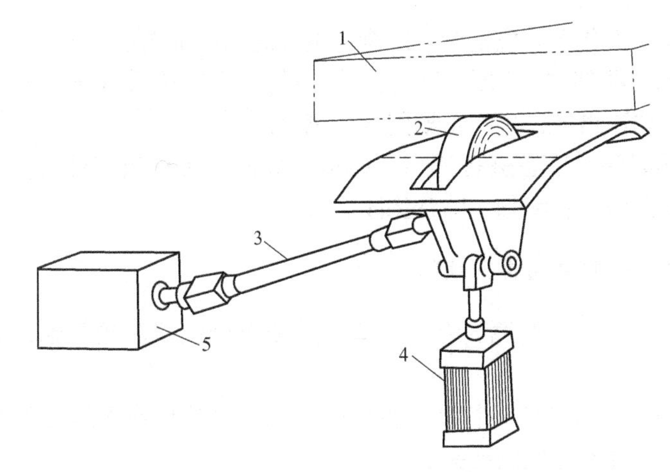

图 11-9 自动定尺设备简图

1—铸坯；2—测量辊；3—万向联轴器；4—气缸；5—脉冲发生器

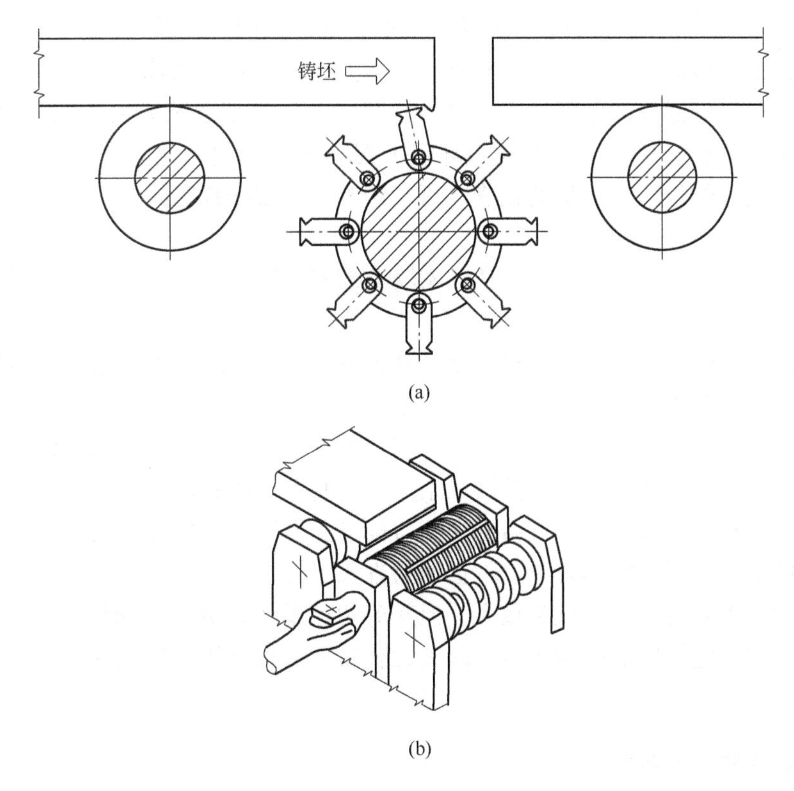

图 11-10 旋锤式打毛刺设备

（a）工作状况；（b）组装图

1）检查能源介质泄露情况，如有泄漏应及时处理，检查压力与流量是否正常，并检查电气程序控制元件的工作情况。

2）检查小车走行情况，若有卡住、受阻现象，及时调整走行轮和导向轮，或检修。

3）检查切割枪升降机构、同步机构的大夹臂和夹头的工作情况及火焰是否正常。

（2）对润滑部位，如小车走行减速器、车轮轴承、切割枪升降减速器、横向移动减速器、导向轮、齿轮齿条等，应定期、定量、按规定的润滑剂进行润滑（加油或换油）。

（3）对设备的某些部位，如走行车轮、导向轮、切割枪升降导向轮的位置和间隙以及能源介质的压力与流量等，进行定期测试或调整。

（4）按规定的时间对设备进行清扫。如每周清扫一次积灰和油污，清除杂物，做到设备见本色；每次大修彻底清扫，除锈涂漆。

11.1.2.2　火焰切割机的常见故障

（1）小车运行受阻。主要原因有：小车轨道变形错位使车轮受卡，减速器损坏或电气故障等。

（2）同步机构夹头与铸坯间打滑。主要有：轨道错位使小车运行受阻；缸或管道漏气或换向阀失灵，使缸不能控制夹头。

（3）切割枪横向移动受阻。主要原因有：走行轮的轴承损坏。走行轨道上有异物，轨道变形；减速器损坏，离合器损坏或打滑不能带动后面传动件运动；电气故障。

（4）切割枪垂直移动（升降）不灵或不稳。主要原因有：减速器损坏；升降夹紧轮损坏或受阻；螺旋传动机构的螺母和丝杠间隙太大，或松脱；联轴器连接部分松脱。

以上主要是机械部分的常见故障。另外切割机的水冷却系统会发生无冷却水的故障，这应从进出水管是否有堵，阀门有无损坏等方面去查找原因；还会有钢坯切割不断的问题，则应从切割枪的位置、火焰的长度、氧气量等方面去查找原因。

11.2　机械剪切机

剪切连续铸坯的机械剪切机，按其驱动动力有电动和液压两种类型；按其与铸坯同步运动方式有摆动式和平行移动式两种；按剪机布置方式可分为卧式、立式和45°倾斜式三种。卧式剪切机用于立式连铸机，立式、倾斜式剪切机用于水平出坯的各类连铸机。

液压剪的主体设备比较简单，但液压站及其控制系统比较复杂。电动剪切机的重量较大，但操纵及维护比较简单。机械剪和液压剪都是用上下平行的刀片做相对运动来完成对运行中铸坯的剪切，只是驱动刀片上下运动的方式不同。

机械剪切的主要特点是：设备较大，但其剪切速度快，剪切时间只需2~4s，定尺精度高，特别是生产定尺较短的铸坯时，因其无金属损耗且操作方便，在小方坯连铸机上应用较为广泛。

11.2.1　电动摆动式剪切机

在弧形连铸机上使用的电动摆动式剪切机，如图11-11所示。它是下切式剪切机，下部剪刃能绕主轴中心线作回转摆动。

11.2.1.1　传动机构

电动摆动式剪切机的主传动机构是蜗轮副，电机装在蜗轮减速机上面，可使铸机流间距减小到900mm，适于多流小方坯连铸机。剪切机的双偏心轮使剪机产生剪切运动。蜗轮装在偏心轴上，在蜗轮两侧各有两个对称的偏心轴销，其中一个连接下刀台两边连杆的

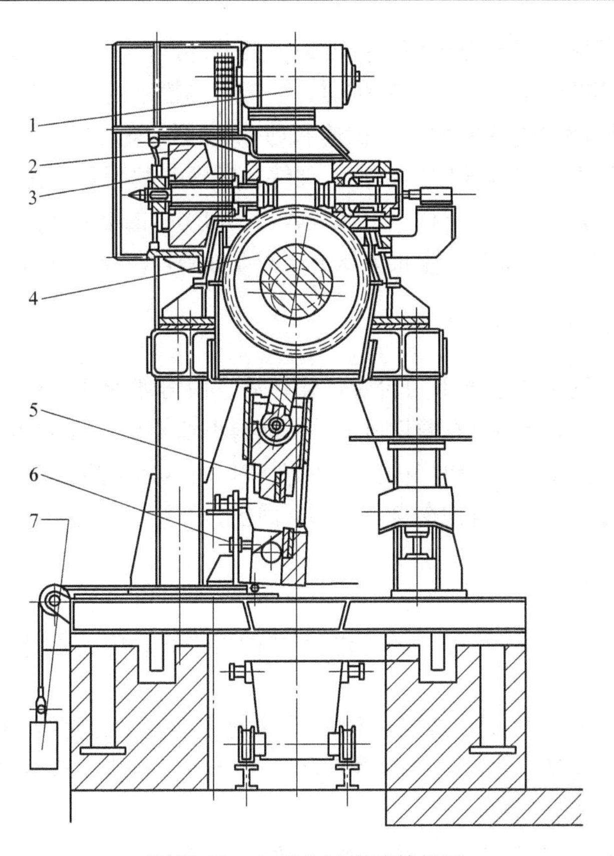

图 11-11　立式电动摆动剪切机

1—交流电动机；2—飞轮；3—气动制动离合器；4—蜗轮；5—剪刃；6—水平运动机构；7—平衡锤

偏心距为 85mm，另一对连接上刀台两边连杆的偏心距为 25mm，使得下剪刃行程为 90mm，上剪刃行程为 50mm。上剪刃的刀台是在下刀台连杆的导槽中滑动。剪机采用了槽形剪刃，可减少铸坯切口的变形。

采用蜗轮副传动虽然结构紧凑，但其材质及加工精度要求较高。蜗轮及盘式离合器易磨损。

剪切机通过气动制动离合器来控制剪切动作。

11.2.1.2　剪切机构

图 11-12 为机械飞剪工作原理图，剪切机构是由曲柄连杆机构，下刀台通过连杆与偏心轴连接，上、下刀台均由偏心轴带动，在导槽内沿垂直方向运动。当偏心轴处于 0°时，剪刀张开；当其转动 180°，剪刀进行剪切；当偏心轴继续转动时，上、下刀台分离，直到转动 360°时，使上、下刀台回到原位，完成一次剪切。

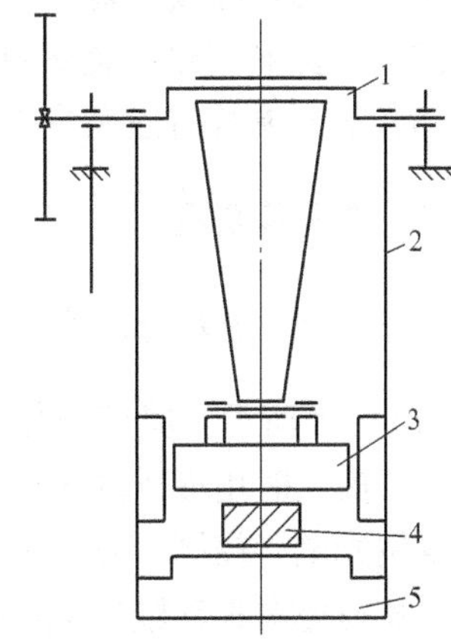

图 11-12　机械飞剪原理图

1—偏心轴；2—拉杆；3—上刀台；4—铸坯；5—下刀台

在剪切过程中拉杆摆动一个角度才能与铸坯同步，因而拉杆长度应从摆动角度需要来考虑，但不宜过大。在剪切铸坯时，剪切机构要被铸坯推动一段距离，剪切机构就会摆动一定角度，同时把铸坯抬离轨道，使铸坯产生上弯。铸坯推动剪切机构在水平方向摆动的距离相同的情况下，连杆越短，剪切机构摆动的角度就越大，铸坯的弯曲越大。另外，剪切机构摆动角度的大小与拉速和剪切速度有关。拉速越快，剪切速度越慢，剪切机构摆动角度越大。连杆长度的确定，要综合考虑各种因素。这种剪切机称为摆动式剪切机；剪切可以上切，也可以下切。上切式剪切，剪切机的下刀台固定不动，由上刀台下降完成剪切，因此剪切时对辊道产生很大压力，需要在剪切段安装一段能上下升降的辊道。

11.2.1.3 同步摆动及复位机构

机械剪的同步摆动是通过上下刀台咬住铸坯后，由铸坯带动实现的。复位是靠刀台和拉杆自重，以及一端用销钉固定在剪切机上另一端与小轴的两端相连的两根连杆，使小轴通过滑块与弹簧的压紧或放松。当剪切机构咬住铸坯时，剪切机构发生摆动，角度越大，弹簧压得越紧。铸坯切断后，剪切机构在自重作用下回摆，弹簧加快复位。

11.2.1.4 剪切机的检查维护

为保证剪切机的正常工作，剪切机的维护是很重要的。从工艺要求出发，剪切机的维护要注意以下几点：

（1）为保证剪切机事故少，加强稀油和干油润滑都是十分重要的，特别是稀油要定期检查化验其黏度、夹杂、水分、酸性和色相，不合格者必须立即换油，否则将会影响蜗轮的寿命和剪切机的顺利工作。

（2）气动制动离合器的摩擦片要定期检查，定期更换。新装摩擦片间隙不得大于1mm，磨损后间隙不大于2mm，4块摩擦片总磨损量不得大于4mm。

（3）上下剪刃重叠时的间隙应小于0.2mm。

（4）经常检查剪切机干油润滑点，保证润滑良好。

（5）定期检查同步摆动和复位机构，维护好为同步摆动而设置的斜块，调整好斜度，确保摆动与拉速同步。

（6）剪刃磨损要有规定，要做到定期更换。

（7）油路和气路系统要做到不跑漏。

（8）要经常检查三角皮带的张紧状况，要定期调整和更换。

11.2.2 液压剪切机

11.2.2.1 液压剪结构

图11-13所示为剪切小方坯用的下切式平行移动液压剪切机。剪切机装在可移动的小车3上，剪切时用液压缸6推动，使之随坯移动，移动最大距离为1.5m。所切铸坯的定尺长度用光电管控制，可在1.5～3m范围内调节。在剪切机小车后面有一段用来承托和输送剪断铸坯的移动辊道4，和小车3联在一起。辊道上有8个辊子，其最后3个辊子用链条连接，后退时可沿倾斜轨道8下降，以免与后面的固定出坯辊道相碰。为了防止剪断后的铸坯冲击辊道，在第二与第三辊子间安装了一个气动缓冲器5。

图11-14所示为液压摆动式剪切机。剪切机主体吊挂在横跨出坯辊道上方的横梁1

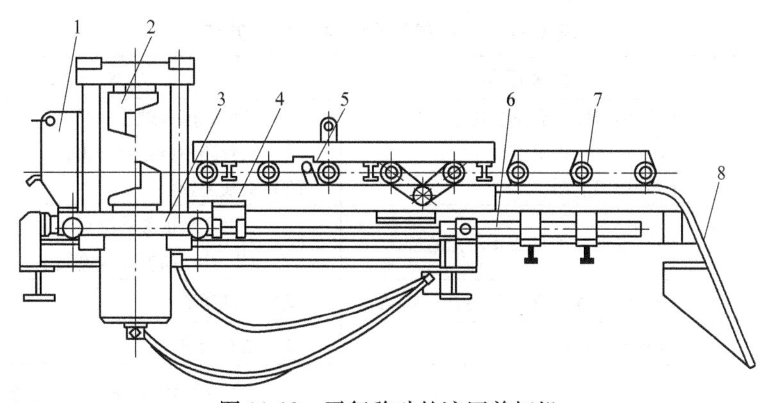

图 11-13　平行移动的液压剪切机

1—铸坯进口导板；2—剪切机；3—小车；4—移动辊道；5—缓冲设备；6—移动液压缸；7—下降辊道；8—倾斜轨道

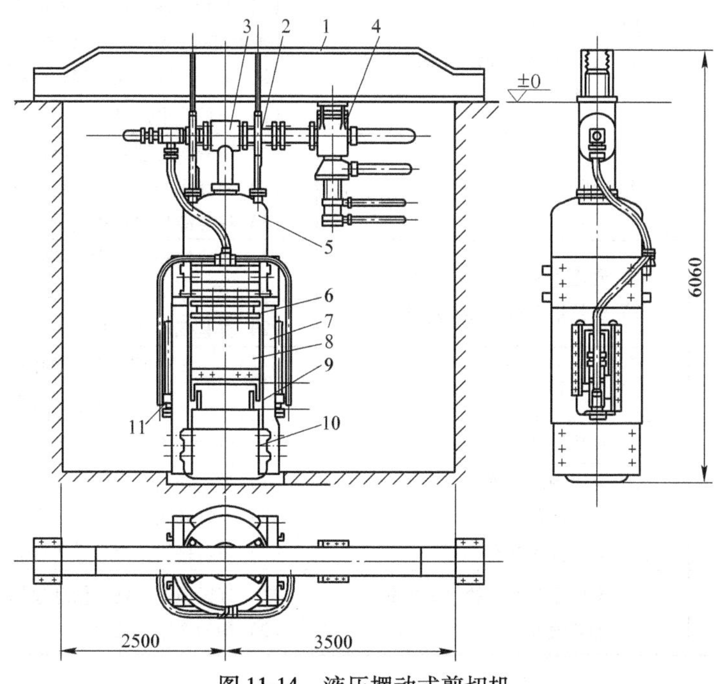

图 11-14　液压摆动式剪切机

1—横梁；2—销轴；3—活动接头；4—充液阀；5—液压缸；6—柱塞；7—机架；8—上刀台；9—护板；10—下刀座；11—回升液压缸

上，在剪切铸坯时剪切机在铸坯推力作用下可绕悬挂点自由摆动。其主液压缸 5 及回程液压缸的高压水管通过剪切机悬挂枢轴中心，所以不影响剪切机的摆动。在主液压缸柱塞和上刀台 8 之间装有球面垫，在下刀台上装有可调宽导板，用以防止剪切机产生明显的偏心负荷。

液压剪是上切式，上刀台回升液压缸装在立柱窗口内。为了减小剪切机宽度，采用了特殊结构的机架。用主液压缸体 5 作为机架的上横梁，用下刀台作为机架的立柱，立柱的上下两端用键或螺栓与上下横梁相连接。为了降温，机架立柱和上下刀台都淋水冷却。

11.2.2.2　液压剪常见故障及处理方法

液压剪常见故障及处理方法见表 11-1。

表 11-1 液压剪常见故障及处理方法

故障	故障原因	处理方法
杂声和振动	（1）固定螺丝和螺栓松动； （2）空气进入管道； （3）阀门泄漏	（1）拧紧螺丝和螺栓； （2）从管路中将空气排出； （3）更换磨损件
	（4）轴承和轴衬及其外壳的情况	（4）1）正确润滑； 2）如损坏应更换
	（5）传动件（接头和接管）状况	（5）正确润滑
温度过高	（1）轴承情况	（1）正确润滑
	（2）液压油状况	（2）1）重新校准，如有必要应更换恒温器； 2）检查热交换器的效应； 3）检查循环设备的效应
压力不足	（1）管道滴漏； （2）最大压力阀和止回阀的状况； （3）过滤器状况	（1）对管子逐段检查寻找故障并修理，如进行焊接或更换部件，参见“特殊维修”； （2）重新校准，如磨损则更换； （3）清洗或更换泵的回油过滤器芯
冷却效果低	冷却水供水	（1）检查水处理泵的性能； （2）检查水处理高位水箱的功能； （3）检查冷却水管的接头
流量不足	（1）管道滴漏； （2）法兰培养接头螺丝或螺栓松动	（1）逐段检查，寻找故障修理损坏处，如进行焊接更换管子，请参见“特殊维修”； （2）拧紧螺丝和螺栓
	（3）密封状态	（3）1）更换有问题的密封件保证安装正确； 2）清洗阀体，如磨损则更换
	（4）过滤器情况	（4）清洗或更换过滤器芯
连接设备错误动作	（1）管路中压力不足； （2）电气设备状况； （3）电气接线断开	（1）见“压力不足”项； （2）恢复其效能，如损坏则更换； （3）重新接线，检查是否接通
机器停车	（1）至低压开关柜的电源中断； （2）油箱缺油	（1）逐段检查线路，修理损坏处，如更换部件； （2）加油至正常液位

复习思考题

11-1 连铸坯切割设备的作用有哪些？
11-2 火焰切割设备有什么特点？
11-3 火焰切割设备由哪些机构组成？
11-4 切割嘴的类型有哪些？
11-5 火焰切割设备的同步机构有几种类型？
11-6 机械剪切有几种类型？

12　铸坯输出设备

铸坯输出设备PPT

铸坯输出设备的任务是把切成定尺的铸坯冷却、精整、出坯，以保证连铸机的连铸生产。由于钢种、产量、铸坯断面尺寸和定尺长度以及对铸坯质量要求的不同，输出设备也不同。

一般情况下，输出设备主要包括输送辊道、铸坯的横移设备、铸坯的冷却设备等。

12.1　输送辊道

在连铸设备中，辊道是输送铸坯并把各工序连接起来必不可少的设备。迅速准确而平稳地输送铸坯是辊道的基本任务。

12.1.1　输送辊道结构

输送辊道的辊面标高，一般与拉矫机的下辊辊面持平，呈水平布置。当拉矫机的辊面标高低于车间地面标高而需要把铸坯送到一定高度堆台时，输出辊道则向上倾斜布置。辊道的支撑部件通常用刚性较好，加工比较精确的工字钢或槽钢，以便辊子的安装和调整。

铸坯切割区的辊道大多采用浮动式。对于采用火焰切割的连铸机来说，为了防止火焰切割损坏辊子，在切割过程中，当火焰切割枪运动到辊子处时，通过行程开关使辊子自动向下移动，避开切割的火焰，待切割枪通过后，辊子自动回升到原来的位置，如图12-1所示。

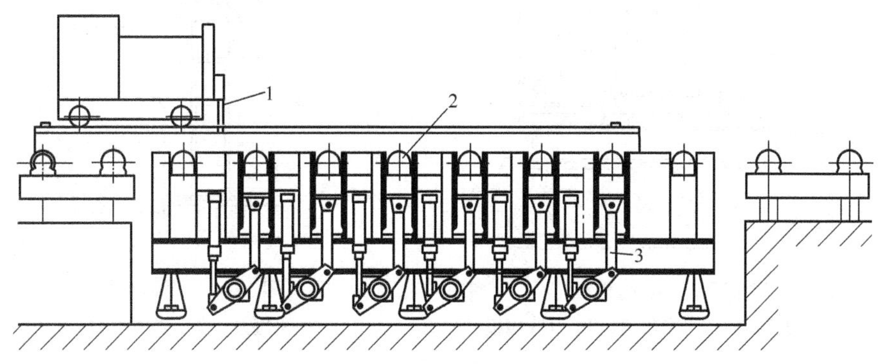

图12-1　升降辊道

1—切割小车；2—升降辊子；3—辊子连杆

对于采用机械剪切的连铸机来说，当上刀片向下剪断铸坯时，剪后辊道要能够随铸坯一起向下移动，当完成剪切动作后，上刀片返回原来的位置，剪后辊道也跟着向上浮到原来的位置。

输送辊道的辊子形状一般是圆柱形光面辊子，也有采用凹凸形辊面或分节辊子的。输送辊道的结构如图 12-2 所示。后两种辊子用于输送板坯。辊道的驱动可分为分组驱动（通过电动机、减速箱和链传动设备）和单独驱动（每个辊使用一个电动机）两种。单独驱动轮的灵活性较大，检修时容易更换，但电气部分配线复杂。分组驱动辊恰好相反。因此在输送较长定尺的板坯时通常采用单独驱动辊，而输送较短定尺的铸坯时采用分组驱动辊。

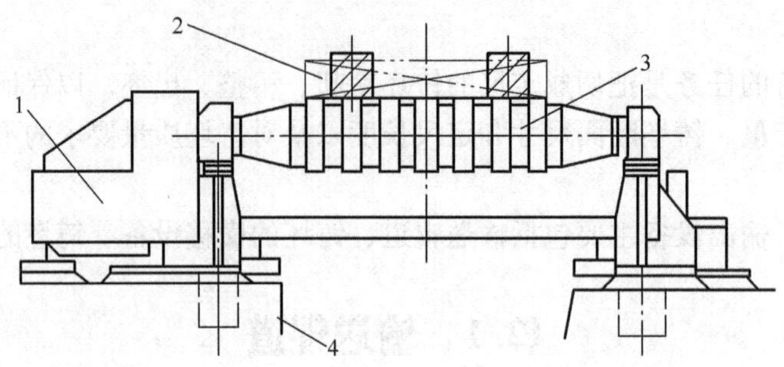

图 12-2　输送辊道简图

1—悬挂减速器；2—铸坯；3—盘形辊；4—冲渣沟

输送辊道上要设置挡板，以阻挡在辊道上运行的铸坯，使其准确地停在辊道上。挡板分为活动挡板和固定挡板两种。图 12-3 所示为活动挡板的结构形式。这种挡板一般设置在输送辊道中间，利用气缸或液压缸作为摆体的动力。图 12-4 为固定挡板的结构，它一般设置在输送辊道的末端。

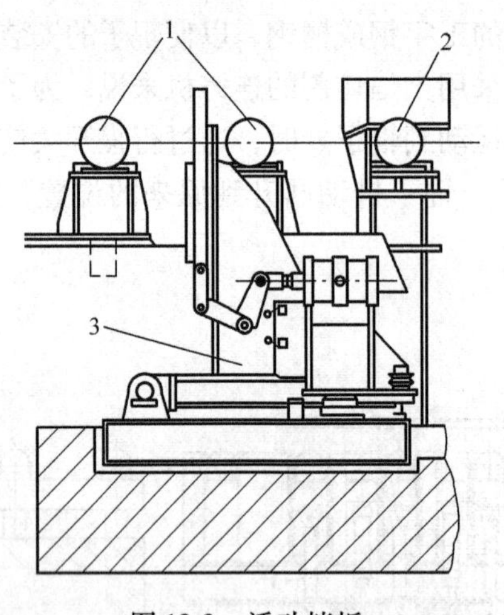

图 12-3　活动挡板

1—盘形辊道；2—平辊道；3—升降挡板

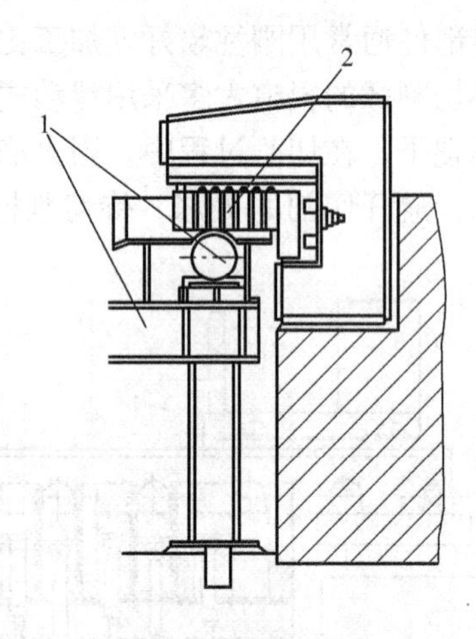

图 12-4　固定挡板

1—平辊及支架；2—固定挡板

另外，对于小方坯铸机，输送辊道的两侧需要设立用钢板制作的导向板，以防止铸坯在输送过程中跑偏。

输送辊道的主要参数是辊径、辊长、辊距和辊道速度。

12.1.2　输送辊道维护

（1）辊子。辊子有无变形，辊面上不准有黏钢和渣子等杂物，辊面的伤口不能大于

10mm × 14mm，辊子转动是否平稳。辊子直径磨损超过直径的 10%，辊径磨损超过 1.5%，要报废。

（2）轴承座。不能有开裂和开焊现象，无严重锈蚀。底脚螺栓齐全紧固，轴承盖紧固螺栓无松动。

（3）减速机。地脚螺栓是否齐全紧固，运转有无异常声音，轴承油温不高于 60～70℃，润滑油不得变质，油位符合游标刻度要求，不得漏油，外壳不能有裂纹或其他损伤。

（4）盖板。检查是否牢固结实。

12.1.3 输送辊道常见故障及处理方法

输送辊道常见故障及处理方法见表 12-1。

表 12-1 输送辊道常见故障及处理方法

故障	故障原因	处理方法
辊子不转	（1）伞齿轮掉牙； （2）辊子轴脖断； （3）减速器断轴或齿轮掉牙	（1）更换伞齿轮； （2）更换辊子； （3）更换轴或齿轮
辊子振动	（1）辊子两端瓦盖螺栓松动； （2）减速器轴瓦盖螺栓松动； （3）辊子严重磨损或断裂； （4）辊子两端轴承损坏或间隙过大； （5）伞齿轮掉牙或间隙过大	（1）紧固螺栓并采取防松措施； （2）紧固螺栓并采取防松措施； （3）更换辊子； （4）调整间隙或换轴承； （5）调整或更换伞齿轮
辊道座及上盖振动	（1）基础螺丝折断或丝扣损坏； （2）底座裂纹或开焊； （3）轴承损坏挤住； （4）镗孔严重磨损； （5）齿轮掉牙并挤住	（1）处理基础螺丝； （2）处理裂纹或焊缝； （3）更换轴承； （4）处理镗孔； （5）更换齿轮
传动系统噪声	（1）齿轮严重磨损或胶合； （2）轴承损坏或间隙过大	（1）更换齿轮； （2）更换轴承或调整间隙
传动系统轴承温升	（1）润滑不良； （2）轴承进水或进氧化铁皮	（1）改善润滑状况； （2）清除并防止进水或进氧化铁皮

12.2 横移设备

铸坯的横移设备用于横向移动铸坯，主要有推钢机和拉钢机。

12.2.1 推钢机

12.2.1.1 推钢机结构

推钢机有液压传动和电传动两种形式。液压推钢机设备动作平稳，但不便于维护，易泄漏，造成环境污染。电动推钢机体积大，设备重，但易于维护。目前广泛采用液压推钢机。

图 12-5 所示为摆动杠杆式液压推钢机。它是由推头小车、摆杆同步轴和液压缸组成。液压缸布置在负荷与支撑之间，在行程上起放大作用；在推力上由于摆杆的杠杆作用，使受力也相应减少。推头的行程可以通过行程开关来调节。

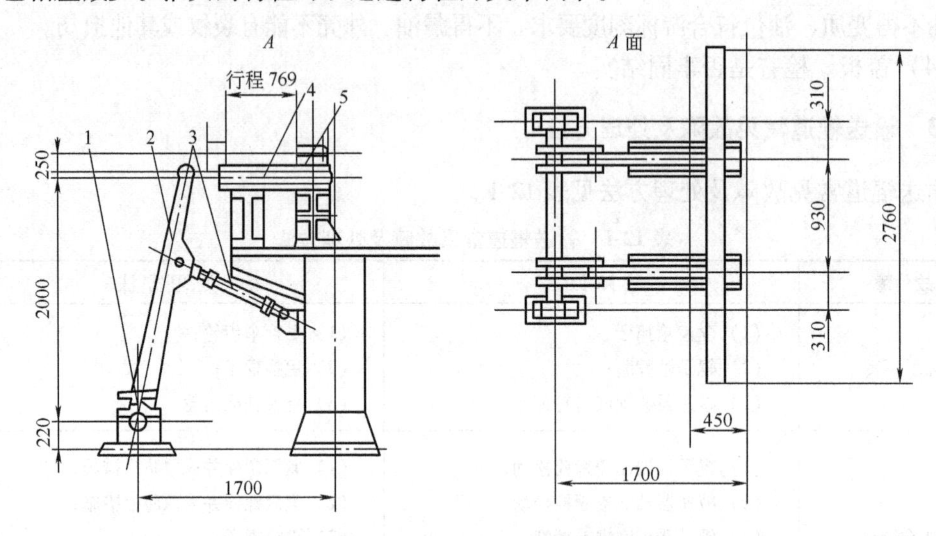

图 12-5　摆动杠杆式液压推钢机

1—轴承；2—摆杆；3—液压缸；4—导轨；5—推头小车

12.2.1.2　推钢机检查维护

A　电动机

(1) 机体完整无损。

(2) 地脚螺栓应无松动。

(3) 滚动轴承润滑良好无过热。

(4) 电机引线、定子转子绕组线圈及电机接地是否符合规定。

B　制动器

(1) 抱闸轮固定牢靠无松动，表面应光滑无严重磨损及勾刺。

(2) 抱闸架结构是否完整、零件齐全、无严重磨损、转动灵活。

(3) 闸瓦是否完整、损坏是否超过规定值。

(4) 电磁铁结构完整，固定可靠铁心无损坏开裂，线圈固定良好，动磁铁工作灵活，静磁铁固定牢靠无异常噪声。

C　减速器

(1) 机体地脚螺钉是否完整齐全、紧固。

(2) 运转应无异常声音，轴承温度不高于 60～70℃。

(3) 润滑油是否变质、油位符合油标刻度要求，不得漏油。

D　轴承座

(1) 固定螺栓是否松动脱落，润滑是否良好。

(2) 运转是否有异常响声和振动，温度状况是否正常。

E　推钢大梁及小车链轮

(1) 结构是否变形。

(2) 推钢头高度是否合适。

(3) 联结销轴是否松动变形。

(4) 小车车轮是否运转灵活。

(5) 链轮是否磨损严重和有无裂纹。

另外，主要故障是推钢机无动作。原因有：电气故障、联轴器柱销切断、减速器故障等。

12.2.2　拉钢机

拉钢机有钢绳传动和链传动两种。图 12-6 所示为一常见的拉钢机示意图。它是由电动机、减速器、钢绳和拨爪组成。拨爪安装在钢绳上，通过电动机带动减速器，减速器带动滚筒，钢绳被缠绕在滚筒上的过程中，牵引铸坯运动。调节拨爪的距离可以改变一次拉出的铸坯个数。推钢机和拉钢机一般都与冷床配合使用。

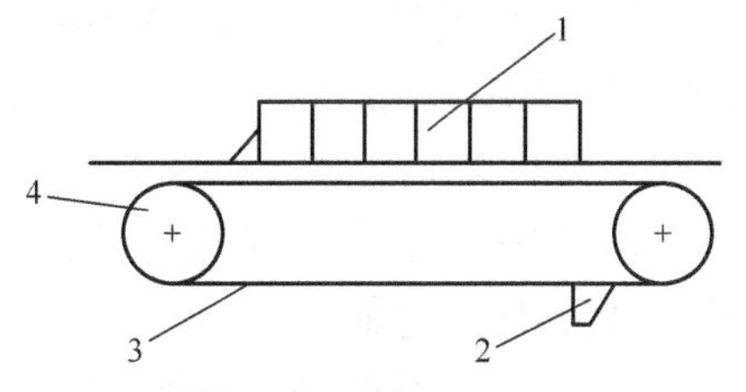

图 12-6　拉钢机示意图

1—铸坯；2—拨爪；3—钢绳；4—滚筒

12.3　冷　床

冷床是一个收集和冷却铸坯的平台。当铸坯冷却到一定程度时，就可以用吊机和吊具把铸坯吊装到堆放处。冷床的类型有滑轨冷床和翻转冷床两种。

12.3.1　滑轨冷床

如图 12-7 所示，滑轨冷床是由支柱、纵梁和滑轨等部分组成。滑轨可以用钢轨或方钢制造，滑轨上铸坯的移动由推钢机来完成。

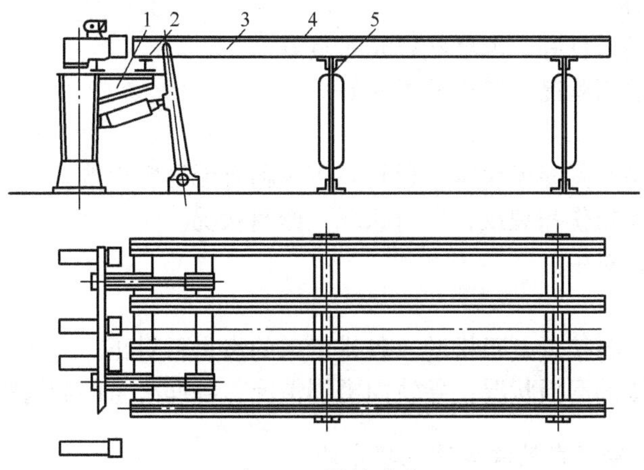

图 12-7　滑轨冷床

1—支柱；2—横梁；3—纵梁；4—滑轨；5—支架

12.3.2　翻转冷床

如图 12-8 所示，反转冷床是步进式冷床。铸坯每移动一步即翻动 90°，冷却均匀。它能够均匀地冷却铸坯，而且冷却速度较快。

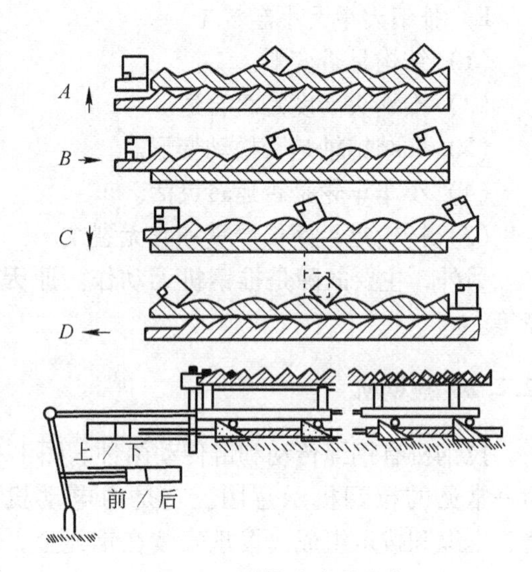

图 12-8　翻转式步进冷床

12.3.2.1　翻转冷床维护

A　电机

（1）机体完整无损。

（2）地脚螺栓应无松动。

（3）滚动轴承润滑良好无过热。

（4）电机引线、定子转子绕组线圈及电机接地是否符合规定。

B　制动器

（1）抱闸轮固定牢靠无松动，表面应光滑无严重磨损及勾刺。

（2）抱闸架结构是否完整、零件齐全、无严重磨损、转动灵活。

（3）闸瓦是否完整、损坏不超过规定值。

（4）电磁铁结构完整，固定可靠铁心无损坏开裂，线圈固定良好，动磁铁工作灵活，静磁铁固定牢靠无异常噪声。

C　减速器

（1）机体地脚螺钉是否完整齐全、紧固。

（2）运转应无异常声音，轴承温度不高于 60～70℃。

（3）润滑油是否变质、油位符合油标刻度要求，不得漏油。

D　轴承座

（1）固定螺栓是否松动脱落，润滑是否良好。

（2）运转是否有异常响声和振动，温度状况是否正常。

E　偏心连杆机构

（1）润滑状况是否良好，温度状况是否良好。

（2）偏心轴套磨损状况，结构是否完好。

F　联轴节

（1）连接螺栓是否紧固无脱落，运转是否平稳有无异常声响。

（2）结构体有无损伤和裂纹，润滑状况，密封状况。

（3）中心线是否对中。

G　结构框架

（1）是否变形，各接点是否松动，各排齿条的齿是否对正。

（2）支架托轮辊的磨损状况，导轨面磨损情况，各润滑点的润滑情况。

12.3.2.2　翻转冷床常见故障及处理方法

翻转冷床常见故障及处理方法见表 12-2。

表 12-2 翻转冷床常见故障及处理方法

故 障	故 障 原 因	处 理 方 法
冷床无动作	(1) 储坯台积坯过多; (2) 电气故障	(1) 减少积坯; (2) 检查处理
铸坯翻转不平稳	传动极限和制动器问题	调整传动极限和制动器
结构框架下溜车	(1) 制动轮上是否有油污; (2) 旋转凸轮开关坏或不精确	(1) 清除油污; (2) 检查旋转凸轮开关并调整
制动轮磨损严重	制动要求不适合	检查制动要求，调节自动化程序，更换新制动轮
轴瓦或偏心衬套裂	润滑差	加强润滑，更换轴瓦或衬套
运行部位有杂音	润滑差	加油润滑处理

复习思考题

12-1 输出辊道如何维护?

12-2 铸坯横移设备有几种?

12-3 推钢机如何维护?

12-4 冷床分几种?

13 连铸机的安装与维护

13.1 连铸机的安装

13.1.1 弧形连铸机的安装特点

现代化炼钢工厂的弧形连铸机是将大量的机器组装在一条连续作业线上，在安装时应保证在该作业线上相关联的设备，都要有很精确的安装位置。

由于连续浇铸的工艺特点及其高度自动化的生产过程，对连铸机的安装提出了较严格的要求。要保证安装质量，必须的要求如下。

制定完善、精确的安装测量控制组；拟定合理的安装程序；对设备的关键部位要有进行检测的手段；设备制造厂应提供专用的测量销及测弧样板，并有指导性的说明文件；设备的安装精度应符合 YBJ 202—83 冶金机械安装工程施工及验收规范《炼钢设备》第 4.1 条的规定。安装时推荐坐浆法放置垫板，用无收缩混凝土进行二次灌浆。

13.1.2 安装测量控制网的设置

在弧形连铸机的安装过程中，测量工作始终是一个重要环节。安装测量网合理布局，精确投设，对安装的精度起决定作用。因此在连铸机安装前，首先要制定完善的测量控制网，以此为基准，指导整个安装工程。测量控制网由纵横基准线和标高基准点组成。

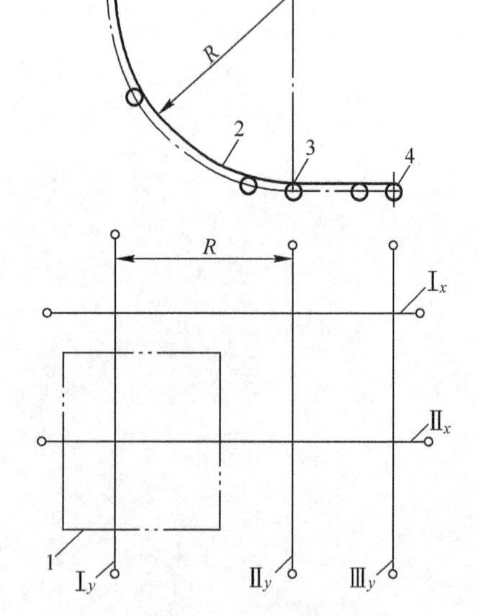

图 13-1 连铸机安装基准线

I_x，II_x—纵向基准线；I_y，II_y，III_y—横向基准线；1—冷却室；2—铸流外弧；3—拉矫机切点辊；4—输送辊道起始辊

13.1.2.1 纵、横基准线的布置（见图 13-1）

（1）纵向基准线 I_x。其与连铸机铸流方向平行，位于冷却室外侧。该线邻靠拉矫机传动设备一侧，距连铸机中心线的距离，可根据车间地形及测量需要任意选定。线上应有下述三个位置的标志：表示铸机外弧起始点的标志；表示铸机外弧切点的标志；表示铸机末端，输送辊道首辊轴线的标志。

（2）横向基准线 I_y。其与连铸机切点辊轴线重合。该线上应有连铸机各流设备纵向中心线位置的标志。

上述两条纵横基准线应从工厂的测量控制网

引出，设定后，在整个安装期间保持不变，投产后也要妥善保留下来。

（3）纵向基准线II_x。根据铸机流数设定的一条或多条铸机铸流设备中心线。

（4）横向基准线II_y。即铸流外弧面与铅垂面的切线，与横向基准线I_y平行，其水平距离等于铸流半径R。

（5）横向基准线III_y。即输送辊道起始辊的轴线。

根据安装需要，还可增设几条横向基准线，并用经纬仪复查是否与纵向基准线直角正交。

为确保基准线的精确性，每条基准线的中心标板应埋设在同块基础砌体内。在中心标板上设点定线，其误差不得大于0.5mm。在冷却室内，纵、横基准线上的测点不得少于3个。

13.1.2.2 标高基准点的埋设

标高基准点应埋设在以下部位：在拉矫机第一个驱动辊传动设备侧的基础内埋设一个基准点；在连铸机各层标高的基础内各埋设一个基准点；在浇铸平台上埋设一个基准点；在输出辊道、铸坯切断区域埋设一个基准点。

以上所埋设的各基准点标高，应从工厂测量控制网的标高控制点引出。需长期保留的基准点宜用铜材制作。在设备重量集中的部位，还应埋设沉降观测点。埋设的标高基准点，测量误差不得大于0.5mm。

13.1.3 弧形连铸机的安装程序

弧形连铸机在安装前已建立了完整、精确的测量控制网，其安装程序可根据施工现场的条件、设备到达的先后以及工期的要求等具体情况确定。

比较合理的安装程序是以拉矫机为定位设备，并以它的切点辊定位。首先安装拉矫机曲线段，将曲线段切点辊轴线对准横向基准线，切点辊顶面标高为±0（出坯辊顶面标高）。拉矫机曲线段定位后，可分两条主要作业线同时进行安装工作。一条作业线是逆铸流方向，自下而上进行，依次是：二冷设备的下框架、上框架、上横梁、扇形段更换设备、扇形段、结晶器振动台架及传动设备、过渡段、结晶器。一条作业线是按出坯方向进行，首先是拉矫机直线段，然后是输出辊道、引锭台架及脱引锭设备、切割设备等。

连铸机主体部分安装完后，即应进行各种冷却水管、喷淋水管、液压管线、干油润滑管等的配管施工。

浇铸平台上的钢水包回转台及中间罐车行走设备等，也应与连铸机平行施工。

13.1.4 板坯弧形连铸机弧形段空间位置的检测与调整

13.1.4.1 板坯连铸机弧形段空间位置测定

板坯弧形连铸机的弧形段是由许多大型机架组合，积木式叠加而成，具有空间立体安装的特点。首先要将巨大的上下框架固定，再将扇形段逐一插入框架滑道内，最后才能将各扇形段的辊道顶面形成圆滑、正确的圆弧半径。因此，要确保各部位的空间尺寸正确，必然使得安装定位工作显得非常困难。为此，必须掌握它的安装、测定和调整方法。同时，设备制造厂应提供为设备安装专用的、高精度的测量销及测量样板。这样，可使空间安装及调整工作大大简化。

（1）控制上、下框架四个部位的尺寸，即可确定弧形段的圆弧半径，如图 13-2 所示。

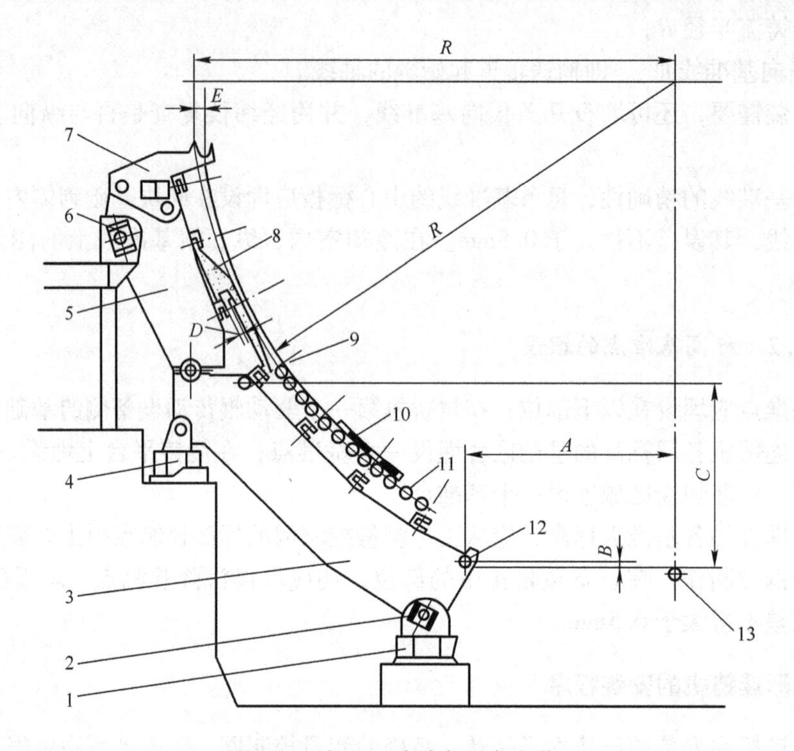

图 13-2　板坯二次冷却设备安装

1—下底座；2—下支撑座滑槽；3—下框架；4—中底座；5—上框架；6—上支撑座滑槽；7—上横梁；8—专用样机；9，12—专用测量销；10—弧形样板；11—扇形段辊子；13—拉矫机切点辊

下框架空间位置由 3 个部位尺寸控制。

A——下测量销与切点辊的中心距。可按照尺寸 *A* 在基础上作辅助中心标板，用经纬仪投到测量销中心测得。

B——下测量销轴线与切点辊顶面的高差。

C——上测量销轴线与切点辊顶面的高差。

尺寸 *B*、*C* 可通过精密水平仪测得相应点对基准点的标高后计算得到。

D——专用测隙样板的测量面与滑道顶面之间的间隙。

检测以上四个控制尺寸都要符合安装图纸上规定数值，其允许误差见表 13-1。

（2）对 *A*、*B*、*C*、*D* 尺寸确认后，再复核下列两处。

检查上、下支撑滑块是否位于滑槽中央，其偏差不大于 2mm，且偏向热膨胀相反方向；

检查上横梁支撑叉口中心与铸机外弧之间的距离 *E* 是否符合安装图纸上所计算的尺寸，其误差如果超过 0.5mm，需检查原因。如不是制造原因所造成，应重新调整尺寸 *A*、*B*、*C*、*D*。

检测控制尺寸 *A*、*B*、*C*、*D*，要在设备的左右侧同时进行。

表 13-1 板坯二次冷却设备安装要求

<table>
<tr><th colspan="2" rowspan="3">名 称</th><th colspan="6">极限偏差/mm</th><th colspan="2">公 差</th></tr>
<tr><th rowspan="2">纵向
中心线</th><th colspan="5">定 位 尺 寸</th><th rowspan="2">对弧
/mm</th><th rowspan="2">横向水平度</th></tr>
<tr><th>A</th><th>B</th><th>C</th><th>D</th><th>E</th></tr>
<tr><td rowspan="2">板坯二次
冷却设备</td><td>上下框架，
上横梁</td><td rowspan="2">±1</td><td>±0.50</td><td>±0.20</td><td>±0.50</td><td>±0.10</td><td>±0.50</td><td>—</td><td rowspan="4">0.2/1000</td></tr>
<tr><td>扇形段、
过渡段</td><td colspan="5">—</td><td>0.50</td></tr>
<tr><td rowspan="2">方坯二次
冷却设备</td><td>支撑座</td><td rowspan="2">±0.50</td><td colspan="5">±0.50</td><td>—</td></tr>
<tr><td>弧形段</td><td colspan="5">—</td><td>0.30</td></tr>
</table>

13.1.4.2 弧形连铸机弧形段圆弧尺寸检测

弧形连铸机安装后，弧形段所有的辊子顶面是否能形成圆滑正确的弧形，其弧形半径是否符合安装图上的尺寸，是对设备制造精度、安装质量的综合考验，也是将来生产时能否顺利连续浇铸，不拉漏、不拉断铸流的关键所在。因此，连铸机安装后要用弧形样板在辊子两侧顶面，检测其弧形误差是否在容许范围之内。弧形样板由连铸机制造厂随机提供，样板测量面的弧形半径应符合安装图的规定。样板要妥善保存，防止锈蚀、变形。初次使用时应对其弧形半径进行复检。

用弧形样板检测圆弧曲线，应从切点辊开始，逆铸流而上，依次步进。每步的重叠长度不少于两个辊子轴线间的距离。检测过程中，要使样板的弧面接触测量范围内的每个辊子，还要样板位置不变，且与辊子轴线直角正交。

用塞尺检测样板弧面与未接触辊子之间的间隙。对于板坯连铸机，其间隙不应大于0.5mm；对于方坯连铸机，其间隙不应大于0.3mm。

检测板坯连铸机的结晶器与过渡段之间弧形及方坯连铸机的结晶器与足辊之间弧形时，都应以结晶器的弧面为基准。

13.1.5 弧形连铸机冷态联动试运转

在弧形连铸机完成了单体试运转，液压、气动、润滑系统运转，各工作功能试验，电气控制系统调整，模拟试验以后，按照编制的冷态联动试运转方案，严密组织连铸机的冷态联动试运转。

13.1.5.1 连铸机冷态联动试运转

连铸机冷态联动试运转要达到以下目的：

（1）在“送引锭”及“浇铸”过程中，检验全套动作是否配合、协调，液压、气动设备动作是否可靠，引锭杆走过程中是否“跑偏”或“擦边”。

（2）电气控制程序是否按照设计所规定的时间完成各个程序的动作。

（3）进一步检测机械、电气、仪表、液压、气动系统的设备和元件工作是否可靠。

13.1.5.2 连铸机冷态联动试运转程序

连铸机冷态联动试运转就是模拟的浇注程序试运转。试运转时，除浇铸平台上的设备如钢包回转台、钢水包、中间罐及其运载小车、结晶器等要进行单独操作外，在送引锭、浇铸和尾坯运出过程中，都是由引锭杆跟踪系统自动跟踪控制的。通过数字控制系统发出与行程有关的指令，控制液压系统，并按程序给液压缸以“接通”“压紧”“打开”的相应指令。

冷态联动试运转的程序逻辑如下：

送引锭准备程序；送引锭程序；浇铸准备程序；浇铸、出坯、定尺切割程序；尾坯运出程序。

上述各程序如果准确、无误地完成，经过连续三次，没有出现任何差错和故障，冷态联动试运转即认为结束。

13.2 连铸机的点检和维护

13.2.1 连铸机点检要点

连铸机在浇注运转过程中会不断产生设备隐患和缺陷，为及时发现这些设备隐患和缺陷，使设备检修人员能及时、有效的进行处理和排除，要求连铸操作人员必须参与连铸设备的日常点检活动，因为它是全员参与设备管理工作的基础，是围绕连铸设备构筑的第一道点检保护防线。

连铸设备日常点检要点如下：

(1) 每班连铸操作人员应按分工内容、点检标准严格实施日常点检，认真填写点检表并签字确认，对设备的运转状况做到心中有数。

(2) 日常点检的检查线路可按先上后下、从前到后的循环顺序进行，即钢包回转台→中间罐车→结晶器→结晶器振动设备→拉矫驱动设备→脱锭设备→引锭杆回收、存放设备→排蒸气风机→切割设备→输送辊道设备→去毛刺机、喷印机→推钢机、垛板台→液压站→集中润滑站→配水、配气阀站→二冷喷淋设备等。

(3) 对点检过程中发现的设备异常或故障问题，须及时向有关部门反映予以处理，并通知生产调度部门作出停机检修处理。

(4) 点检盖板、框架、轨道、管道、平台、梁、柱等支撑类设备部件时，只需注意它们的焊缝处是否有脱焊现象、连接螺栓是否松动、密封处是否有介质泄漏、外观是否有变形、破损等。点检齿轮箱、联轴器、制动器、驱动辊、工作辊、轴承、电动机、液压缸等运动类设备部件时，要重点检查结晶器振动设备、拉矫驱动设备、脱锭设备、工作辊升降设备等在运转过程中是否平稳、是否有异常的振动、冲击、窜动、发热、噪声、异味等现象存在，要观察连接螺栓是否齐全，是否有松动现象，各制动器在设备运转时是否处在正常打开状态，要检查各齿轮箱的油位高度是否在规定范围内，检查集中润滑站中各干油润滑泵机组是否正常运行、定时供油等。点检行程控制限位开关、挡块、测速发电机、光电管控制器及各种电缆线等控制类设备部件时，要注意各部件安装、连接是否稳固、可靠，测速发电机的联轴器是否连接可靠，光电管控制器的通光信号指示灯是否亮着，冷却水进、出水的软管是否安装完好，各种铺设的电缆线是否有破损、其热防护层是否完好，固定行程限位设备是否松动、其周围是否堆有杂物、垃圾等。

（5）对连铸设备的日常点检活动必须持之以恒，在实践中不断地积累经验，巩固提高，努力促使其规范化、正常化，更好地为连铸生产出力。

13.2.2 连铸设备的维护要求

连铸设备的日常维护是与日常点检同步实施，即在维护过程中进行点检，在点检过程中进行维护，点检是手段，维护是目的，从而使连铸设备能够保持良好的设备技术状况。

连铸设备进行日常维护的过程中，应注意如下事项和要求：

（1）连铸生产的工作环境特点是粉尘污染特别严重、在浇注平台作业区域内存在大量废弃物，例如大量的保护渣、包装袋、冷却铁皮块、密封嵌条、测温头纸管、取样器纸管及模片、推渣棒、挑渣棒、碎钢块等，连铸坯表面的氧化铁皮、渣皮会大量剥落，并堆积在外弧工作辊之间，将二次冷却的喷嘴全部覆盖，在连铸机上下、内外各平台、走道、设备上还遗留检修后的各种污物、废弃物。因此针对这些连铸生产的特点，连铸操作人员必须对浇注平台作业区域、结晶器振动传动设备、拉矫驱动传动设备、引锭杆回收传动设备、切割机传动设备等处进行清扫，还要清除中间罐车轨道及行程限位设备周围的各种废弃物、垃圾，定期检查、清除内外弧工作辊之间的氧化铁皮、渣皮的堆积。

（2）连铸设备的加油作业，一定要确保各传动系统润滑点的润滑材料到位，否则会造成轴承缺油，拉坯阻力陡然增大、拉矫电流居高不下，铸坯内、外弧表面产生擦伤，结晶器振动传动设备的振动电流上升、振动精度下降。连铸设备的加油作业分稀油加油和干油加油等两大类。稀油加油就是定期检查连铸设备需用稀油润滑设备的油位、油质、泄漏情况，并按给油标准进行补油、换油作业；干油加油就是通过集中润滑泵站对设备各干油润滑点自动、定时加脂，对站内干油泵的储油筒应定期加入、补充润滑干油，并检查泄漏。干油加油也可用手动加油器对设备各干油润滑点定期进行手动加油作业。

（3）对设备各个运动类部件的螺栓、螺母等紧固件进行系统的防松检查，一旦发现有松动现象就应及时予以紧固并采取必要的防松措施。

（4）操作人员要经常对设备进行必要的调整作业，例如结晶器窄面板锥度的测量、调整，引锭杆车终点限位开关位置的调整，引锭杆的对中操作调整，切割机的割矩对中调整等。通过这些调整可以使设备处于一种良好的工作运转状态，确保浇注生产正常进行，防止设备发生不必要的意外损伤。

（5）连铸浇注平台浇注作业区要确保照明充足、视野良好，在行走通道上无障碍物，各种生产、作业的必需物品要有序摆放在指定区域，中间罐车的各种测温枪必须有序摆放在规定位置。

（6）连铸设备在完成各个浇注周期运转后，经常利用转换准备进行小修理，使设备及时得到恢复、调整至良好的设备状态，然后再投入到下一个周期的浇注运转生产中。

复习思考题

13-1　弧形连铸机的安装有什么特点？

13-2　弧形连铸机安装测量网如何布局？

13-3　连铸机冷态联动试运转程序如何？

13-4　连铸机点检要点有哪些？

13-5　连铸设备的维护要求有哪些？

14 冶金故事汇

北京科技大学牢记嘱托，努力培养新时代的钢铁脊梁

——百炼成钢攀高峰

（资料来源：《中国教育报》2023-07-24 第一版）

回信时间：2022 年 4 月 21 日　收信人：北京科技大学的老教授们

习近平总书记强调：民族复兴迫切需要培养造就一大批德才兼备的人才。希望你们继续发扬严谨治学、甘为人梯的精神，坚持特色、争创一流，培养更多听党话、跟党走、有理想、有本领、具有为国奉献钢筋铁骨的高素质人才，促进钢铁产业创新发展、绿色低碳发展，为铸就科技强国、制造强国的钢铁脊梁做出新的更大的贡献！

因钢而生、依钢而兴、靠钢而强。寥寥 12 字，是对北京科技大学七十余载办学历史的生动注解。

“如今，中国已经成为世界上当之无愧的钢铁强国，北科大对此贡献很大。我们 15 位老教授联名写信，就是想把好成绩和新发展汇报给习近平总书记。”谈及在建校七十周年之际给习近平总书记写信的缘由，中国工程院院士、北京科技大学老教授蔡美峰脸上露出了笑容。“我们最大的愿望是继续为中国钢铁事业做出更大贡献，培养更多人才，培养出一批栋梁之材、领军之才。”

2022 年 4 月 21 日，习近平总书记给老教授们回信，希望老教授们继续发扬严谨治学、甘为人梯的精神，坚持特色、争创一流，培养更多听党话、跟党走、有理想、有本领、具有为国奉献钢筋铁骨的高素质人才，促进钢铁产业创新发展、绿色低碳发展，为铸就科技强国、制造强国的钢铁脊梁做出新的更大的贡献！

嘱托牢牢记心间，北科大聚焦习近平总书记回信中提到的“铸就科技强国、制造强国的钢铁脊梁”的时代课题，切实承担起为党育人、为国育才的历史使命，在服务高水平科技自立自强的道路上不断实现新跨越。

钢铁雄心：为国而生，兴钢铁之大业

“北京科技大学自成立以来，为我国钢铁工业发展做出了积极贡献。”习近平总书记的充分肯定，有着深刻的历史背景。

“一辆汽车、一架飞机、一辆坦克、一辆拖拉机都不能造。”对于 1949 年诞生的新中国而言，要从落后的农业国变为强大的工业国，何其难。彼时，在工业化的赛道上，美英等西方国家已经遥遥领先，中国还在起点徘徊。

发展工业首先要发展钢铁工业。为培养专门冶金人才、服务新中国工业发展所需，

1952 年，北京科技大学（原北京钢铁工业学院）由天津大学、清华大学等高校的部分系科组建而成。由此，新中国第一所钢铁院校拔地而起。

这所应国家之需而生的高校，带着“举矿冶之星火，抚百年之国殇”的印记，注定要与中国的钢铁工业一同壮大变强。“‘为国而生、与国同行’是北科大自诞生之日起就不变的初心使命，‘钢铁强国、科教兴邦’也早已熔铸到每一位北科人的血脉。”北京科技大学校长杨仁树说。

七十余载日夜兼程、步履不停。一代代钢筋铁骨逐梦人，面向世界科技前沿，锚定国家重大需求，创造出一个个“第一”：研制发明世界第一台弧形连铸机，我国第一台大型电渣炉、第一台国产机器人、第一颗人造地球卫星“东方红一号”和第一枚洲际运载导弹的壳体材料……

七十余载立德树人、培育英才。北科大让一代代钢铁青年在“钢铁摇篮”中淬炼成长，为钢铁工业之崛起提供数十万名“钢小伙”“铁姑娘”，其中包括 41 位两院院士、一大批冶金企业总经理和总工程师，为国民经济建设尤其是冶金、材料行业的发展壮大立下不朽功劳。

抚今追昔，老教授蔡美峰感慨之余，更是心潮澎湃。“习近平总书记对北科大建校以来工作的肯定，是对我国钢铁工业的重视。我们很受鼓舞，决心在促进钢铁产业创新发展、绿色低碳发展等方面把钢铁工业做得更大、更强、更好。”

展望未来，年轻一代正接过时代的接力棒。北京科技大学冶金与生态工程学院大四学生吴晨豪表示，要奋勇前行，努力锤炼本领，为科技支撑碳达峰碳中和贡献力量。

钢铁脊梁：求实鼎新，奉科技以自强

“材料也有‘生老病死’，我们设法给材料‘延年益寿’。”北京科技大学国际合作与交流处处长、教授张达威喜欢将自己的工作概括为“给材料看病”。

“材料腐蚀问题严重危害着基础设施和工程装备‘安全服役’，不能等闲视之。”据张达威估算，材料腐蚀问题如建筑物的垮塌等各类安全事故，每年给中国造成的直接经济损失超过 GDP 的 3%。如果算上各类安全事故背后的间接次生灾害，损失可能更大。

针对“一带一路”倡议沿线区域高温、高湿、高盐、多雨等造成的材料腐蚀防护难题，张达威带领团队开展钢铁材料腐蚀与防护数据积累共享工作，为“中国制造”走出国门提供关键数据和技术支撑。“北科大是材料腐蚀研究的发源地之一，在这个关键领域我们已经做到世界领先。”张达威对此颇感自豪。

“促进钢铁产业创新发展、绿色低碳发展”，这是习近平总书记的殷切期望，也是新时代给北科大出的新课题。

如何回答新课题？答案就藏在北科大“求实鼎新”的校训里。在张达威看来，“求实”是根，意味着实用为先；“鼎新”为魂，意味着创新为要。

立足于解决实际问题，“求实”的北科人坚持把论文写在中国大地上。在北科大，学生随便侃几句都能切到学科中的实际问题，进而延伸到学术的交流探讨；在北科大，许多教授的科研项目，瞄准的就是我国关键领域的“卡脖子”难题。

面对各类亟待解决的科研问题，北科人不墨守成规，而是与时俱进、革故鼎新。北京科技大学材料科学与工程学院 2020 级博士研究生汪鑫聚焦国家“双碳”目标，参与研发了适配我国能源产业的新型迭代催化制氢装备。而他的导师张跃教授则瞄准关键基础材料领域的“卡脖子”问题，紧抓后摩尔时代集成电路发展的重要机遇，致力于建立与硅基技术融合的新型关键基础材料发展技术路线，推动我国集成电路关键材料产业从受制于人向战略反制变革性发展。

“求实鼎新”更体现在北科大的学科建设方向上。学校面向国家战略和行业发展明确科研方向，主动承担重大科研任务，面向新兴行业和重点领域实体化成立智能科学与技术学院、矿产资源战略研究院等机构。积极布局“新工科”建设，凝练智能采矿、低碳智慧冶金、新材料、智能制造等学科交叉方向。

为鼓励科研人员勇挑重担，北科大还持续完善“评晋聘”三位一体的职称职级岗聘体系，对承担关键核心技术攻关任务，取得重大基础研究和前沿技术突破，解决重大工程技术难题，促进钢铁产业创新发展、绿色低碳发展的教师，允许破格参加职称评聘。目前，有 19 位 35 岁以下青年教师破格晋升正高级专业技术职务。

钢铁摇篮：立德树人，育强国之栋梁

北京科技大学牢记习近平总书记嘱托，坚持特色、争创一流，努力培养更多听党话、跟党走、有理想、有本领、具有为国奉献钢筋铁骨的高素质人才。

今年 6 月，北京科技大学材料科学与工程学院大四学生刘旭东毕业，在校期间，他积极参与和科研相关竞赛并多次获奖。谈及参与科研的起点，刘旭东认为是大二参加的大学生科研训练计划（SRTP）让自己“小试牛刀”，尝到了做科研的甜头。

刘旭东在本科生导师郑裕东的指导下，申报“可注射型壳聚糖基复合水凝胶的制备改性与性能调控”项目，制备一种可治疗牙髓感染的根管填充材料。“导师郑裕东对我的指导，让我亲身感受到科研从理论变成实践的魅力。”刘旭东说。

郑裕东是刘旭东的本科生导师，不仅指导科研训练，还帮助他规划成长路径。北京科技大学材料科学与工程学院党委副书记王进表示，学院通过辅导员、班主任、本科生导师、引航学长“四位一体”的育人模式，实现全程育人。其中，本科生导师队伍是最贴近学生的育人力量。

本科生全程导师制是北科大常态化推进“三全育人”综合改革的“关键一招”。每名本科生从入学开始，就配备有一位全程导师，围绕学生生涯规划、学业辅导、创新能力等进行全程指导，引导本科生早进课题组、早进实验室、早进科研团队，尽早明确学业发展目标、提升学术科研能力。

打造“钢铁摇篮”，培育更多的栋梁之材，需要一支“严谨治学、甘为人梯”的高水平教师队伍。北京科技大学坚持“两手抓”：一是抓实师德师风建设，将“严谨治学、甘为人梯”精神作为北科大教师精神风范，将其融入教师荣誉表彰体系，积极选树师德先进典型；二是抓好高层次教师队伍建设，坚持引育并举，延揽钢铁行业技术领军人才加盟学校，同时长期稳定支持在钢铁冶金等领域取得标志性成果和突出业绩的优秀青年教师。

为让人才培养更好服务于国家发展所需，学校深化产教融合，实施“一生双师百企千人”人才培养模式改革，拓宽行业企业与学校的双向人才交流渠道。同时，学校加快推进“新工科”建设和卓越工程师培养，为钢铁行业关键核心领域培养急需紧缺的高层次人才。

深挖“钢筋铁骨”内涵，北科大还深化以“大国钢铁”公开课、学科论坛、课程思政示范课为主的3个层次课程思政育人体系建设，组建学生党员、辅导员和校友宣讲团，开展老教授精神系列寻访活动，对学生开展立体式的思想政治教育。

新时代新征程，北科大正砥砺奋进。“北京科技大学将以习近平新时代中国特色社会主义思想和习近平总书记重要回信精神为指引，心怀‘国之大者’，抓好‘立德树人、科教兴邦’具体实践，促进钢铁产业创新发展、绿色低碳发展，为实现中华民族伟大复兴的中国梦作出新贡献。”北京科技大学党委书记武贵龙说。

春秋战国钢铁的冶炼

（资料来源：百度文库）

春秋时代是我国由奴隶社会向封建社会转变的阶段。促成这一社会变革的物质因素，是社会生产力的发展。

劳动工具是社会生产力发展的重要标志。铁制工具的广泛使用，促进了我国由奴隶制向封建制的过渡。商代用陨铁制作了铁刃铜钺，说明对铁的性质和锻打嵌铸的技术已经有了一定的认识和掌握，但当时尚不知人工炼铁。

春秋时期，铁器已经在农业、手工业生产中使用。农业生产中使用铁锄、铁斧等。铁器坚硬、锋利，胜过木石和青铜工具。晋国用铁铸刑鼎，铸鼎的铁是作为军赋向民间征收的，可见晋国民间铁已不少。在江苏六合县程桥、湖南长沙龙洞坡等地出土了春秋时的铁器。战国初或稍早已发明铸铁技术，这是我国劳动人民对冶金技术的重大贡献，比外国早一千八百年左右。河北兴隆县寿王坟出土了大量战国时的铁范，其中有较复杂的复合范和双型腔，还采用了难度较大的金属型芯，反映了当时的铸造工艺已有较高水平。战国时发明的用柔化退火制造可锻铸件的技术和多管鼓风技术是冶金技术的重要成就，比欧洲早两千年左右。战国时还掌握了块炼铁固态渗碳制钢的方法和淬火技术。

块炼铁的方法也就是“固体还原法”。由于块炼铁是铁矿石在较低温度下从固体状态被木炭还原的产物，所以质地疏松，还夹杂有许多来自矿石的氧化物，例如氧化亚铁和硅酸盐。这种块炼铁在一定温度下若经过反复锻打，便可将夹杂的氧化物挤出去，力学性能就改善了。从江苏六合县程桥东周墓出土的铁条，就是块炼铁的产品。春秋末期和战国初期的一些锻造铁器也是以块炼铁为材料。

在反复锻打块炼铁的实践中，人们又总结出块炼铁渗碳成钢的经验。从河北易县武阳台村的燕下都遗址44号墓中曾出土79件铁器，经分析鉴定，它们的大部分都是由块炼钢锻成的，这证明至迟在战国后期块炼渗碳钢的技术已在应用，块炼铁质柔不坚，块炼钢虽经渗碳处理，变得较坚硬，但在生产上仍嫌不足。人们在生产实践中又摸索出块炼钢的淬火工艺，这就进一步提高了块炼钢的力学性能。上述燕下都出土的锻钢件，大部分是经过淬火处理的，这又表明在当时，人们对淬火工艺也较熟悉了。

生铁的冶铸工艺，在原料、燃料上与块炼法基本一样。它们之间主要的差别在冶炼温度的不同。块炼法的炉温大约在1000℃，离纯铁的熔点（1534℃）相差很远，而生铁冶炼时，炉温达到了1100～1200℃。在冶炼中，被还原生成的固态铁会吸收碳，这种吸收随着温度的升高，速度就会加快。

另一方面吸收碳后，铁的熔点随之降低，当含碳量（质量分数）达到2.0%时，熔点降至1380℃；当含碳量（质量分数）达到4.3%时，熔点为最低，仅1146℃。在这种条件下，炉温就可使铁熔化，从而得到了液态的生铁。液态生铁就可以直接浇铸成器，冶铸过程简化了，就使铁器的生产有了大发展的可能。

江苏六合程桥东周墓出土的铁丸，洛阳出土的公元前5世纪的铁锛、铁铲都是生铁器物，这证明在块炼法的同时，我国已出现生铁冶铸工艺。生铁与块炼铁同时发展，是我国古代钢铁冶金技术发展的独特途径。世界上许多其他国家，从块炼铁发展到生铁，大约经历了上千年的时间。就拿欧洲一些国家来说，虽很早已有块炼铁，但出现生铁则在公元13世纪末和14世纪初。

生铁的生产效率高，铸造性能又较好，这为广泛使用铁器提供方便。在冶炼生铁的初期，由于温度还不够高，硅含量也较低，致使生铁中的碳在冷却凝固时不能成为石墨状态，而成为碳化三铁（Fe_3C），与奥氏体状态的铁在1146℃共晶。因此，炼出的生铁性脆而硬，铸造性能虽好，但强度不够，这种生铁，人们称它为白口铁，它只能铸造某些农具。从河北兴隆燕国矿冶遗址出土的大批锄、范等，就是由白口铁铸成的。

为了克服白口铁的脆性，在战国早期，人们就创造了白口铸铁柔化处理技术。所谓柔化处理就是将白口铸铁长时间加热，使碳化铁分解为铁和石墨，消除了大块的渗碳体，这对减少脆性、提高韧性可以起良好的作用。处理后的白口铁就变成了展性（韧性）铸铁。长沙出土的战国铁铲，辉县出土的战国中期铁带钩，易县燕下都出土的战国晚期铁镢、锄等，都是属于这种展性（韧性）铸铁。

独特的中国钢铁冶炼

（资料来源：百度文库）

东西方的冶铁技术是循着不同的途径发展的。如果说西方早期的铁器文化是一种锻铁的文化，那么中国早期的铁器文化是一种以铸铁为主的文化。

已知中国最早的铁器是河北出土的商代铁刃。后确认为是用含镍较高的陨铁锻成。另外有同时代的北京平谷的陨铁刃，河南商末的铜兵铁刃。这些说明，原始民族早期使用天然铁是具普遍性。

我国许多地区都有丰富的铁矿藏。特别是在中原地区，源远流长的古代青铜技术的故乡，也是中国古代冶铁工艺的摇篮。

在公元前6世纪前后，中国就发明了生铁冶炼技术。尤其是在春秋战国时期，块炼铁和生铁冶炼两种工艺，几乎是同时产生，这两种方法在我国历史上曾长期平行发展，在不同情况下发挥各自的作用。

块炼铁的方法即“固体还原法”。从江苏六合县程桥东周墓出土的铁条，就是块炼铁的产物。

在春秋末期和战国初期，以块炼铁为材料，在反复锻打块炼铁的实践中，人们又总结出块炼铁渗碳成钢的经验。因块炼铁质柔不坚，渗碳块炼钢又太坚硬，人们又发明了炼钢的淬火工艺，进一步提高了块炼钢的力学性能。在河北易县武阳台村的燕下都遗址出土的19件铁器，大部分就是经过淬火处理的。块炼铁的炉温大约1000℃，离纯铁的熔点（1534℃）相差甚远。生铁的冶铸工艺与块炼法的差异在于，它的炉温达到1100～1200℃。在这种炉温下，通过被还原生成的固态铁吸收碳，降低其熔点，从而得到液态的生铁，液态生铁可以直接浇铸成器。江苏东周墓出土的铁丸，洛阳出土的铁锛、铁铲等，都是那个时期的生铁器物。生铁的早期发明，是中国对世界冶金技术的杰出贡献。欧洲一些国家，虽很早出现块炼铁，但出现生铁则是公元13世纪末到14世纪初。

铁器的较多使用，标志着新一代社会生产力的形成，春秋战国之交中国已进入铁器时代。人们日常用语“陶冶”“就范”“范围”“模范”等也是由冶铸技术转变而来的，取得普遍意义，在中国文学中表现铁匠形象也甚多。

从战国到西汉，生熟铁并用平行发展。早期的铸铁都是白口铁，铸造性能较好。但碳是以化合碳的形式存在于铁中，导致生铁脆硬，不耐碰击。那么中国早期冶铁匠师就面临双重难题，一是如欧洲古代铁匠那样使柔软的块铁变硬，另外是设法使脆硬的白口铁变软。因此，在战国早期，人们就创造了白口铁柔化术。即通过长时间加热，将白口铁中的碳化铁分解为铁和石墨，消除大块的渗碳体，这对提高铁的柔性起了良好作用，而欧洲的铸铁柔化术是在17世纪晚期才出现的。

战国中期以后，铁器已取代铜器成为主要的生产工具。《管子·海王篇》说：“一女必有一针、一刀”“耕者必有一耒、一耜、一铫”。“不尔而成事者，天下无有。”正是铁器的普遍应用，才极大推动社会生产发展，使奴隶制向封建制转变，造就了战国时期经济繁荣，百家争鸣的昌盛局面。邯郸等地以冶铁致富，并设有专门管理炼铁的“铁官”，专门经营炼铁的“铁商”。

西汉，在块炼渗碳的基础上兴起了“百炼钢”技术。它的特点是增加了反复加热锻打的次数，这样既可加工成型，又使夹杂物减少、细化和均匀化，大大提高了钢的质量。如河北满城一号西汉墓出土的刘胜佩剑、钢剑和错金宝刀，就是“百炼钢”的产物。“百炼成钢”“千锤百炼”成语由此而来。西汉中期，又出现了炒钢，即将生铁炒到成为半液体半固体状态，并进行搅拌，利用铁矿物或空气中的氧进行脱碳，借以达到需要的含碳量，再反复热锻，打成钢制品。这省去了繁难的渗碳工序，又使钢的组织更加均匀。山东苍山县东汉墓出土的炼环首钢刀，就是用炒钢锻打而成的。炒钢的发明，也打破了先前生铁不能转为熟铁的界限，使原先各行其是的两个工艺系统得以沟通，成为统一的钢铁冶炼技术体系。这是继生铁冶铸之后，中国古代钢铁技术史上又一重大事件。

从古铁器分析中，中国科学工作者，陆续发现了汉魏时期的球状石墨的铸铁工具多件，引起了国内外学术界的重视，而球墨铸铁是现代科技的产物，是1949年由英美学者发明的。经测定，西汉时期的石墨性状铸铁不逊于现代球墨铸铁的同类材料，这是冶铸史上一件很有意义的事。

西晋南北朝时，新的灌钢技术出现。它是将生铁炒成熟铁，然后同生铁一起加热，由于生铁的熔点低，易于熔化，待生铁熔化后，它便“灌”入熟铁中，使熟铁增碳而得到钢。这种方法比生产炒钢容易掌握，也使钢铁技术较为完备，成为南北朝以后的主要方法。

在汉代，钢铁业的发展通过多方面展现。如炉型有了扩大，用石灰石作熔剂，风口也从一个发展到了多个，鼓风设备从以前的人力鼓风，畜力鼓风到创造了水力鼓风的“水排”。这项发明比欧洲早一千二百多年。

从唐代到明代，是古代钢铁技术全面发展和定型的时期。唐宋时期实现了农具从铸制改为锻制这一具有重大意义的历史性转变。以生铁冶炼—生铁炒炼熟铁—生、熟铁合炼成钢为主干的钢铁工业体系趋于定型。

到了明代，采用了“生铁淋口”法锻制生产工具。这种方法的原理是和灌相同的。这在宋应星的《天工开物》中有记载。另外，《天工开物》还描述了冶炼史上的半连续性系统，即把炼铁炉流出的铁水，直接流进炒铁炉里炒成熟铁，从而减少了再熔化的过程。这时，人们不仅懂得了炼焦，还用焦炭进行了冶炼。明代中叶到清末，传统钢铁技术继续缓慢发展，生铁年产量达数十万吨。炼铁竖炉高9m，佛山炼铁厂还采用装料机械（机车）代替人力加料。

总之，在18世纪中叶工业革命之前，中国冶铁工业的生产规模和技术水平与当时的英法等国相比并不逊色，各领风骚。中国的封建制度发展到明代已进入衰亡阶段，极端腐败的专制主义政治，庞大的官僚机构和腐朽的上层建筑，严重束缚了生产的发展。明末矿税之害迫使各阶层人民群起反抗，阶级矛盾异常尖锐。继起的清政府是镇压了农民起义和抗清斗争之后建立起来的，满汉地主阶级联合专政的专制政府。康熙、雍正和乾隆三朝号称盛世历时134年（公元1661—1795年）。但正在此时，西方爆发了工业革命，其工业、科技、军事实力却以封建制度无法想象的速度发展起来，在很短时期就把中国抛在后面。而清政府恰从雍正时代起顽固地实行闭关自守政策，自封天朝大国，对世界范围的重大变化茫然无知，更谈不上采取措施迎头赶上。在随后的帝国主义侵略和清廷卖国行径的内外夹攻下，旧有的手工业和传统技术随之衰落，濒于破产和失传，曾经独树一帜的中国冶炼工业也黯然失色，失去了建立独立的金属工业，使传统工艺发展为现代金属技术的可能性。

纵观五千年的中国冶金技术，它的发生和发展，进退和起落都是和中华民族的发生和发展、兴衰和荣辱息息相关的。

钢铁情谊，像多瑙河水永流长

（资料来源：《共产党员》2018年上半月第11期）

相知无远近，万里尚为邻。

2016年6月19日，习近平主席亲临河钢塞尔维亚公司（以下简称河钢塞钢）视察，并叮嘱：“中国同塞尔维亚传统友谊深厚，彼此怀有特殊感情，值得我们倍加珍视。”

穿过近千个风雨同行、携手共进的日日夜夜，有着不同肤色、说着不同语言，却有着相同使命、共同梦想的中塞两国人民，在河钢塞钢早已结下了浓得化不开的钢铁情谊。两年来，习近平主席所期待的“弘扬传统友谊，推动互利合作，造福两国人民，把中塞关系推到新的高度”，已经在这里变为现实。2018年上半年，实现销售收入5.7亿美元，利润接近上年全年水平，开创了企业发展的新纪元。

半年扭亏，打造中塞合作典范

“中国人讲言必信、行必果，一诺千金，我们所承诺的事情，一定要兑现。”2016 到 2018，两年时间或许很短，习近平主席情真意切的话语言犹在耳。

两年来，党和国家领导人深切关注。2016 年 7 月，习近平总书记在视察河北唐山期间，关切询问河钢塞钢项目进展情况，并再一次叮嘱河北一定要把这件事做好。2017 年 7 月，时任全国人大常委会委员长的张德江在访问塞尔维亚期间，专程前往河钢塞钢视察钢厂恢复情况。2017 年 10 月，中央政治局委员、全国人大常委会副委员长张春贤出访期间，再一次视察河钢塞钢。工业和信息化部、国家发展和改革委员会、商务部、中国驻塞使馆均从不同角度给予大力支持。

两年来，省委、省政府关怀备至，多次专门听取河钢集团党委书记、董事长于勇关于河钢塞钢生产经营和发展情况的汇报，对打造中塞合作典范进行指导。

两年来，河钢不遗余力，致力于将其打造成为欧洲最具竞争力钢铁企业。河钢先后派出 11 批次、近 200 人的技术管理团队，深入产线对各系统、各工序进行起底式专业诊断；组成国际专家团对该公司进行深度诊断和技术评估；组建银团为该公司提供低成本项目融资，降低企业资金压力；投入 1.58 亿欧元，相继启动热轧粗轧机、高炉热风炉、热轧加热炉等技改项目和高炉煤气回收柜、烧结机等新建项目；发挥河钢国际全球化采购铁矿石的规模优势及河钢德高在 110 多个国家开展商业活动的渠道优势，为河钢塞钢稳定原料供应、扩大产品出口提供了巨大平台。

与此同时，塞尔维亚政府也为项目建设和企业运行提供了最大力度的支持，为河钢塞钢创造了良好的经营发展环境。

“我相信，只要双方密切合作，充分发挥各自优势，提高企业竞争力，斯梅代雷沃钢厂就一定能够重现活力，为增加当地就业、提高人民生活水平、促进塞尔维亚经济发展发挥积极作用，成为中塞务实合作，以及中国和中东欧国家国际产能合作的样板。”两年前，习近平主席对河钢塞钢寄予了最高信任；两年后，河钢人将一个全新的河钢塞钢呈现在世人面前：

——2016 年 12 月，河钢塞钢成立仅仅半年，便结束了长达 7 年连续亏损的历史。

——2016 年下半年，铁、钢、材产量同比增长 50% 以上，实现产值 3.13 亿美元，同比增长 73%；高附加值产品冷轧板比上半年产量增长 112%。

——2016 年，产品出口美国、西欧、中欧、东南欧等国家和地区，一跃成为塞尔维亚第二大出口企业。

——2017 年，全年产钢 148 万吨、钢材 125 万吨，实现营业收入 7.5 亿美元，较上年增长 51.8%，对塞尔维亚 GDP 贡献率达到 1.8%。

——2018 年，预计产钢 180 万吨，将创建厂以来最高纪录。

而今的河钢塞钢，已经真正成为塞尔维亚的骄傲，频频获得中塞两国领导人点赞。2018 年 9 月 18 日，国家主席习近平在会见来华出席夏季达沃斯论坛的塞尔维亚总统武契奇时指出：我高兴地得知，中国河钢集团与塞尔维亚斯梅代雷沃钢厂的合作运营良好，已成为塞尔维亚第二大出口企业。7 月 6 日，李克强总理在会见塞尔维亚总理布尔纳比奇时指出：河钢斯梅代雷沃钢厂项目是中塞乃至中国与中东欧国家产能大项目合作的成功范例。塞尔维亚总统武契奇多次表示，河钢的收购让斯梅代雷沃钢厂获得成功和进步，斯梅代雷沃钢厂起死回生是个成功的典范。

汉代的钢铁冶炼技术

（资料来源：百度文库）

汉代的钢铁冶炼技术，在战国的基础上又有了长足的发展，勤劳的中国人民在这方面又有了不少的创造和发明。

汉代铁金属在工业、农业和军事中的作用愈显重要，官府对冶铁业的管理越加严格，汉武帝时任用孔仅为大农丞，将盐、铁、税利的巨业，收归官府经营管理，实行一系列严格措施，使冶铁业得到空前的发展。孔氏家族原本是梁国的冶铁商贾，素有经营冶铁的管理才能，所以他能在汉武帝时一跃而成为大司农丞要职，在任职的短短十余年间，从组织管理到冶铁技术和农具的推广，做出了巨大的努力，为汉武帝的雄才大略的扩展提供了雄厚的经济基础。

西汉时“百炼钢”的技术兴起，使钢的质量较前提高。这种初级阶段的百炼钢，是在战国晚期块炼渗碳钢的基础上直接发展起来的，二者所用原料和渗碳方法都相同，因而钢中都有较多的大块氧化铁 - 硅酸铁共晶夹杂物存在；但不同的是增多了反复加热锻打的次数。锻打在这里不仅起着加工成型的作用，同时也起着使夹杂物减少、细化和均匀化，晶粒细化的作用，显著地提高了钢的质量。

从河北满城一号西汉墓出土的刘胜佩剑、钢剑和错金宝刀，它们虽与易县燕下都钢剑所用的冶炼原料相同，但金相检查表明，钢的质量却有显著的提高，它正是“百炼钢”技术兴起的产物。

西汉中期以后，又出现炒钢。这是因为块炼铁虽然能制造渗碳钢，但产量不大，效率很低，不能适应当时封建社会生产发展的需要，“供不应求”即生产量与需要量的矛盾，促使出现了用生铁炒成为钢的新工艺。但是生铁的产量已相当大，用生铁作为制钢原料，是炼钢史上的一次飞跃发展，也是一次重大的技术革新。

炒钢的产生，即将生铁炒到成为半液体半固体状态，并进行搅拌，利用铁矿粉或空气中的氧，进行脱碳，借以达到需要的含碳量，再反复热锻，打成钢制品，利用这种新工艺炼钢，既省去了繁难的渗碳工序，又能使钢的组织更加均匀，消除了由块炼铁带来的严重影响性能的那种大共晶夹杂物，使质量大大提高。1974 年 7 月，山东苍山县东汉墓出土的东汉永初六年卅炼环首钢刀，经有关单位鉴定就是用炒钢为原料，反复锻打而成的。

与此同时，百炼钢的原料也由原来的块炼铁，发展到用生铁炒成的钢或熟铁作为原料，经过渗碳锻打而成。这样一来，原料的改变即铁基体有了变化，使钢的质量也随之大大提高，从而百炼钢也发展到成熟阶段。

百炼钢虽然是汉代风行一时的炼钢工艺，但固体渗碳工序费工费时；而在炒钢过程中控制钢的含碳量则是一个复杂的工艺，比较难以掌握控制。生产的发展，必然要求进一步发展工艺简单、保证质量而成本较低的炼钢方法。为此在两晋南北朝时期又出现了以灌钢为主的炼钢技术。

钢铁业在汉代的大发展，也从炼炉的形状及冶炼设备上反映出来。西汉时期炼铁的竖炉就已得到发展，炉型有了扩大。炼铁已用石灰石作为熔剂。为了适应竖炉加大的需要，对鼓风设备也进行了改革。早期开始用皮囊人力鼓风，既笨重又不适用，后来在长期的生产实践中，劳动人民不断总结经验，创造出新，采用畜力代替人力鼓风，出现了马排，但还远远不能满足高炉生产的需要。

公元31年，东汉后期南阳太守杜诗总结了南阳冶铁工人的实践经验，创造了水力鼓风的“水排”。利用“水排”鼓风生产钢铁，比用人力、畜力鼓风“用力少，见功多”。我国“水排”的出现比欧洲早一千二百多年。到魏晋时期，得到了更广泛的应用。

集结！坚决打赢关键核心技术攻坚战

——论深入学习贯彻党的二十大精神

《中国冶金报》评论员

（资料来源：《中国冶金报》2022年11月11期01版）

党的二十大报告再次强调“实施科教兴国战略，强化现代化建设人才支撑”，报告用一整个篇章对此做出部署，强调必须坚持科技是第一生产力、人才是第一资源、创新是第一动力，深入实施科教兴国战略、人才强国战略、创新驱动发展战略，加快建设教育强国、科技强国、人才强国，实现高水平科技自立自强，并对科技改革发展提出一系列新任务、新要求，这在我党历史上是第一次。

我们可以看到，党的十八大以来，党中央对科技创新做出了一系列谋划部署，从创新驱动发展战略到提出创新是引领发展的第一动力，再到加快实现高水平科技自立自强、建设世界科技强国，既一脉相承，又与时俱进。在党的指引下，钢铁行业在党的十八大以来的10年里致力于科技创新转型升级，如今已建立起基本完善的科技创新体系，科技实力和创新能力显著增强，装备现代化水平不断提升，为促进中国钢铁工业既大又强发展增添了强劲动力，为实现制造强国奠定了坚实基础。

今天，钢铁行业站在了新征程的新起点上，继续前行，支撑行业高质量发展的动力在哪里？如何不断塑造发展的新动能和新优势？党的二十大重申科教兴国战略，便为此指明了方向：集结！坚决打赢关键核心技术攻坚战。

坚决打赢关键核心技术攻坚战，就要以时不我待的紧迫感和埋头苦干的钉钉子精神突破发展瓶颈。我们要清醒地认识到，中国钢铁工业正面临着内有需求、外有压力的情况。从内在需求看，中国经济发展正从要素驱动转向创新驱动，对行业科创实力提出明确要求；从外部压力看，今天的中国已经“动了别人的奶酪”，对我国科技和经济发展进行打压的外部压力日趋常态化。在此背景下，提升钢铁科技实力迫在眉睫。当然，我们同时也要意识到，如今中国钢铁生产的国际先进水平的产品、技术不断涌现，已经完全有实力攻克“卡脖子”难题。对此，钢企一要找准科技创新的关键点和突破口，瞄准科技发展前沿，抢抓科技发展先机；二要下定决心、下大力气、下真功夫，真正在科技创新上加大资金、人才、时间投入力度，加强关键共性技术、前沿引领技术、颠覆性技术的创新，实现关键核心技术自主可控；三要强化标准的引领和支撑作用，对标学习世界标准化领域一流企业，以高标准引领钢铁行业高质量发展，提高关键核心技术标准创新能力，抢占科技创新制高点，为国际标准制定乃至全球技术治理提供“中国智慧”和“中国方案”，为建设制造强国贡献“钢铁智慧”。

坚决打赢关键核心技术攻坚战，就要增强问题意识，以反听内视的清醒理性发现问题、着力解决问题。作为钢铁产业关键核心技术攻坚主战场的钢企，近年来不断推进科技创新转型发展，但在长期存在的旧发展理念驱动下的一些行为方式仍有待彻底改变。比如，在一些科技项目研发领域，企业各自为战、重复投入，造成创新资源浪费；一些企业和科研院所仅瞄准效益好、见效快的短期项目发力，缺乏长期科研项目规划，造成某些关键基础性研究缺失；“一窝蜂”冲向时下热门项目，存在无序发展、浪费资源等隐忧。此外，面对实现高水平科技自立自强的任务，我们还面临着智能制造数据经验积累不足、科研体制机制等尚待改革重构、协同创新利益“藩篱”有待打破、知识产权保护意识有待增强等问题。钢企要以刀刃向内的勇气和自我革命的态度，正视问题、直面问题、解决问题，以新发展理念为统领，将打赢关键核心技术攻坚战落实到钢铁行业发展的战略层面，系统谋划，对症下药，扫清障碍，理顺机制，轻装前行，务求突破，真正一步一个脚印夯实行业科创基础。

坚决打赢关键核心技术攻坚战，就要笃定航向，探索好、建设好关键核心技术攻关新型举国体制的“钢铁路径”。一方面，钢铁行业要加快建立关键核心技术攻关的权威决策指挥体系，形成清晰的顶层架构，构建协同攻关的组织运行机制，尤其是跨企业、跨领域、跨学科、跨区域协同创新，高效配置科技力量和创新资源，健全关键核心技术人才体系建设，多措并举激发科技创新活力，营造突出原创、自由探索的创新氛围，形成关键核心技术攻关的强大合力。另一方面，要强化企业科技创新主体地位，聚焦并完善企业治理机制、用人机制、激励机制、创新机制；进一步发挥科技型骨干企业引领支撑作用，打造行业原创技术策源地、行业领军科技人才聚集地、科技成果转化和产业化培育地，蹄疾步稳走好钢铁行业科技创新转型发展之路。

身处百年未有之大变局，如何于变局中开新局、危机中育新机？我们看到，今年前三季度，钢企虽然经济效益同比大幅下降，但研发费用同比增长11.9%，足见钢铁行业科技创新转型发展笃定不移的决心和实实在在的行动。我们相信，在党的全面领导下，钢铁行业必将继续踔厉奋发、勇毅前行，以科技创新引领高质量发展，深入贯彻落实习近平总书记给北科大老教授们回信的重要指示精神，汇聚攻克关键核心技术的强大合力，以高水平科技自立自强的崭新面貌，为铸就科技强国、制造强国的钢铁脊梁做出新的更大贡献！

悉心浇铸祖国“钢铁脊梁”

（资料来源：矿冶网2020年11月）

有这样一批人，他们为新中国“钢铁脊梁”能够傲然挺立倾注毕生心血。作为学者，他们苦心钻研，助力国家从百废待兴走向钢铁强国；作为教师，他们甘为人梯，为我国钢铁事业能够稳步发展培养大批人才，育就桃李芬芳。他们就是新中国钢铁冶金专业的第一批博士生导师是林宗彩教授、朱觉教授、杨永宜教授、杜鹤桂教授、李文采教授。

林宗彩教授

林宗彩教授是我国著名的冶金学家、教育家，也是我国转炉炼钢技术研究和开发的先驱者之一，为我国转炉炼钢生产技术的完善和发展做出了重要的贡献。他领导的科研组针对我国独特的多组元共生铁矿资源的开发利用开展研究工作，在理论上和实践上都取得了重大成果。

林宗彩教授是我国早期的转炉炼钢技术推广者。1963 年底，我国第一座氧气顶吹转炉在石景山钢铁厂建成准备投产，林宗彩教授组织试验研究，为该转炉厂顺利投产做出了重要贡献，受到了冶金工业部的表扬。1970 年，他与校内其他同事合作，在北京钢铁学院建立了全国第一个喷枪试验室，从事氧气顶吹转炉用喷枪的三孔及多孔喷头性能的研究；之后连续许多年对全国许多炼钢厂的顶吹转炉用氧气喷枪喷头的性能进行测定，对不同的喷头设计提出改进意见，并在全国推广。

林宗彩教授在综合利用我国独特的多组元共生铁矿资源方面进行了长期的研究与开发。1975 年，他开始应用铁液中元素选择氧化的理论进行多组元共生铁矿资源的综合利用研究，任研究小组课题技术指导，在“铁水脱铬和半钢炼钢研究”项目中，阐述了碳、铬的选择性氧化特征，完成了脱铬后半钢的炼钢研究工作，该项目荣获 1978 年冶金工业部科技成果奖一等奖。

从 1987 年起，林宗彩教授开始研究从攀钢铁水和钒渣中提取金属元素镓，是中日政府间合作项目“攀枝花复合矿物中所含稀有元素有效利用的共同研究”中的提镓项目的中方负责人之一，该项目历时 5 年，进行了大量的理论探索和实验，系统地对镓元素在铁水、钒渣中的行为和各种提取方法中的去向进行了研究，中方的研究结果通过了冶金工业部组织的鉴定。

林宗彩教授也是我国高等院校冶金专业教育的开拓者之一，为培养中国的几代冶金人才倾注了毕生的心血。从教 50 多年来，林宗彩教授为我国培养了大批的冶金专门人才，这其中不乏国家各级政府部门的领导人，但更多学生成为了我国冶金领域生产、科研、教育部门的中坚力量。

朱觉教授

朱觉教授是我国电渣冶金的奠基人之一，创建了我国电冶金专业教育。在从事电冶金和特种熔炼的教学和科学研究工作的 40 余年中，朱觉教授取得了多项科研成果，培养了大批冶金科技人才，为我国的冶金教育事业和特殊钢工业的发展做出了重要贡献。

朱觉教授是我国电渣冶金的奠基人和开拓者，1959 年他最先在我国开展电渣重熔航空滚珠钢的研究，1960 年在北京钢铁学院建成了第一台工业性电渣重熔装置，并开展电渣重熔过程夹杂去除机理等理论研究，“电渣重熔合金钢工艺”的研究成果获得 1964 年国家发明奖。在他的大力倡导下，我国的电渣冶金技术得到成功应用和大发展，成为我国高品质特殊钢冶炼的必备技术。

此后，朱觉教授又提出了“有衬电渣炉”的设想，1960—1961 年，开发了“单相双极串联有衬电渣熔炼”技术和“三相有衬电渣熔炼”技术，其中的“单相双自耗极有衬电炉”获 1983 年国家四等发明奖；1965 年，与上海重型机器厂合作，建成第一台 100 吨电渣炉，经过八年反复试验，于1979年又建成200吨电渣炉，“200吨电渣炉及其重熔工艺”项目获1987年国家科技进步奖三等奖。

1982年11月，朱觉教授赴日本参加第七届国际真空和特种冶金会议，宣读关于我国电渣冶炼发展的学术论文，得到与会代表的好评。1988年在美国召开的第九届国际真空冶金会议上，北京钢铁学院作为对国际特种冶炼做出重大贡献的单位之一，朱觉教授作为对国际特种冶炼做出重大贡献的个人之一，受到了大会评奖委员会和美国真空冶金学会的表彰和奖励。

除了科研，朱觉教授坚持在三尺讲台上执教40余年，开设、讲授《钢铁冶金学》《铁合金》《金属材料》《采矿学》等课程，翻译了《电冶金学》（上、下册）《铁合金》《黑色电冶金学》（上册）苏联教材。为了解决没有我国自行编写的电冶金教材，他组织教研室教师编写了《电炉炼钢学》，还改革了铁合金的内容体系，提出“一原理三方法”——“选择还原原理，电热法，电硅热法，炉外法”，代替原来以铁合金品种为纲的繁杂体系，取得了很好的教学效果，为国家培养了众多的电冶金专门人才。

杨永宜教授

杨永宜教授是我国钢铁冶金专家，参与了首钢公司“高炉喷煤技术开发”及包钢“含氟稀土铁矿石冶炼”等攻关工作。在炼铁学及高炉过程数学模拟及自动控制等方面有重要贡献。

杨永宜教授是我国高炉冶炼新科技的试验开拓者。20世纪60年代，多项新理论、新技术在高炉冶炼上的应用提到了日程上。杨永宜教授发挥其特长，在多项新兴技术开发试验攻关中，作出了许多具有开拓性的贡献。在工业生产过程自控技术水平尚不发达的年代，高炉生产过程一向被认为是个“黑匣子”。杨永宜教授利用其深厚的数学基础，精细观察、深入分析，总结并发表了《高炉悬料力学机理的研究》《高炉气流压强梯度场的研究及其理论和实际意义》《高炉内煤气分布和炉料运动研究的新进展》以及《高炉风口回旋区及高炉下部煤气运动特性及分布的研究》等多篇高质量及高度理论性的论文，为高炉过程的自动控制打下了坚实的理论基础。

80年代初，在研究包头含氟复合稀土金属铁矿石的项目中，为了取得第一手资料，杨永宜教授作为高校代表参与了包头矿高炉冶炼的试验工作，发表了《含氟稀土渣的粘度》《碱金属及氟引起高炉结瘤的机理及防治结瘤的措施》等论文。并在实验室小型矿热炉及小型试验的基础上，发表了《高炉法冶炼稀土硅铁合金试验分析》和《碳化铌（NbC）滞留带的发现与研究》，为开发多种工艺对多金属多方面的综合利用指明了发展方向，开辟了新的途径。

杨永宜教授不仅是科研路上的开拓者，在教书育人方面也是桃李满天下。从1953年起，杨永宜教授就在北京钢铁学院冶金系任教，后被任命为炼铁教研室主任。为适应当时我国大力发展钢铁工业的形势需要，炼铁教研室部分成员和杨永宜教授的部分学生毕业后或是到全国各大钢铁生产基地支援，或是作为骨干奔赴到鞍山、马鞍山、武汉、包头、西安等十大冶金高等院校任教，为我国形成完整的冶金高等教育与生产相结合的完整体系作出重要贡献。

杜鹤桂教授

杜鹤桂教授是我国炼铁专家，高炉炼铁强化冶炼理论奠基人之一，曾参加建立高炉冶炼钒钛磁铁矿理论，完善了冶炼工艺。在富氧喷煤、高炉布料等技术研究及应用领域取得了令人瞩目的成就。

1959 年在总结我国高炉强化实践的基础上，杜鹤桂教授首次在世界上提出高炉“吹透强化”理论，认为强化冶炼首先要活跃炉缸中心，缩小死料柱，使高温煤气流吹透中心，维持炉缸工作均匀、活跃和稳定。高炉强化和下部调节理论，在当年全国高炉会议上得到肯定，并为此后 30 余年国内外大量生产实践和研究所验证，现已成为各国高炉工作者下部调节共同遵循的准则。

杜鹤桂教授也为攀钢的发展做出了重要贡献。高炉冶炼钒钛磁铁矿是世界性难题，由于含 TiO_2 炉渣在还原过程中会失去流动性，因此只得采用低炉温酸性渣冶炼，造成生铁质量和高炉顺行之间的严重矛盾。20 世纪 60 年代初，杜鹤桂教授作为技术主要负责人，在马钢 $300m^3$ 高炉上组织承德钒钛矿的冶炼试验，提出烧结矿高碱度，适宜炉温的操作方针，使高炉基本做到渣铁畅流、生铁合格，给承德钢铁厂生产带来生机。

为了进一步完善和提高攀枝花流程水平，杜鹤桂教授在试验室研究的基础上深入现场，亲自组织两次新技术攻关的冶炼试验。两次冶炼试验的成功促进了攀钢高炉技术的进步和生产的上升，给攀钢带来了十分显著的经济效益，这两次成果均已通过冶金部技术鉴定，攀钢为杜鹤桂分别发给科技进步奖一等奖荣誉证书。

杜鹤桂教授还开创了新的高炉装料法，摸清炉顶布料规律。为了改变高炉传统的层状装料法，1987 年他进行矿焦混装试验研究，在国内首次提出矿焦的布料理论基础和预期效果。1988 年主持了济南钢铁厂 $100m^3$ 高炉连续 9 个月的矿焦混装工业试验，取得了增产 6.3%，降焦 3.2% 的好效果。其中首创的矿焦混装方法和控制等工艺，为高炉装料技术开辟了新途径，经济效益显著，很快在国内同类高炉操作中得到推广。

在东北大学任教期间，杜鹤桂教授凭借其生动的授课风格，将理论联系实际，深受广大学生欢迎。从教 40 多年来，杜鹤桂教授为国家培养了数千钢铁技术人才，除大学本科生外，还先后培养了硕士、博士近百名，他们大多工作在国内外冶金行业中，其中很多已成为各级领导和技术骨干。

李文采教授

李文采教授是我国最早开展氧气顶吹转炉炼钢、连续铸钢、钢水真空处理和热压焦试验研究的组织者和参加者。他进行了直接用非炼焦煤与铁矿石冶炼铁水的试验和含碳球团熔融还原炼铁研究，提出了多项对钢铁工业具有较大意义的新工艺技术的研究，对指导我国钢铁冶金新工艺技术的开发做出了重要贡献。

李文采教授是我国现代炼钢技术的开拓者。1954 年，他出任钢铁工业试验所所长，两年后在所内建立了半吨级氧气顶吹试验转炉。当年 4 月起，他组织开展了我国首次半吨级氧气顶吹转炉试验，吹炼了 100 余炉次，获得了合格钢水，为首钢建设氧气顶吹转炉提供了技术参数和经验。之后与鞍钢合作进行了平炉氧气炼钢试验，又与抚顺钢厂合作进行了电炉氧气炼钢的试验，推动了我国用氧炼钢的发展。

在我国，李文采教授最早倡导和研究钢锭快速凝固和薄板坯连铸技术。1965 年李文采指导研究人员开展“钢锭的快速凝固”研究。当时模铸法占的比例很高，钢水因为凝固速度慢，内部存在许多缺陷且生产率低，需要研发钢水在铸模中快速凝固的方法。他组织了在锭模的钢水中加入冷铁粒或块的试验，可以减少钢水凝固过程中带来的中心偏析和疏松，改进铸锭的内在质量。此后国外也进行了类似的试验。

80 年代初，薄板坯连铸技术在有色金属行业得到了生产应用，1983 年李文采教授即指导博士研究生选定了“薄板坯连铸及其快速凝固机理研究”的课题，开展试验研究。由他培养的博士与攻关组一起，在“七五”完成了半工业性试验。

在培养人才上，李文采教授坚持言传身教。80 年代，他指导研究生开展熔融还原的原理及当时我国最大规模（3t/h）的含碳球团煤粉炼铁的半工业试验，取得了阶段成果和发明专利；1983 年，他指导博士研究生开展“薄板坯连铸及其快速凝固机理”的研究。除学术之外，他淡泊名利、胸襟开阔、真诚坦率的为人处世之道也在潜移默化地影响着学生，使之受益终身。

五位教授在科研上都获得了丰硕的成果，在教学上都为国家发展培养了栋梁之材。他们的贡献值得我们铭记，他们的精神更值得我们学习。

协同创新　推动钢铁工艺技术的进步

近年来，我国钢铁工业在经历了快速发展后，进入了调整结构、转型发展的阶段。钢铁企业努力消化引进技术，提高管理与生产操作水平，同时大力进行技术创新，着力开发绿色化、智能化的新技术、新工艺、新装备，不断开发新产品，以增强企业核心竞争力。一个个重要的关键、共性技术被攻克，一批批国家急需的重要产品源源不断地提供给国民经济各个部门，我国钢材自主供应能力得到极大提高。冶金工业规划研究院在钢铁行业的发展方向、策略、路线和技术等方面，承担并完成了大量艰巨而重要的研究任务，发挥着政府机构参谋部、行业发展引领者、企业规划智囊团的作用，为钢铁行业的可持续发展、企业转型、新技术的推广与应用做出了巨大贡献。

一、钢铁行业近年主要的工艺技术进步

（一）难选低品位矿选矿及尾矿处理

近年来，我国铁矿石的进口量急剧增加，2016 年我国铁矿石对外依存度高达 87. 3%以上。因此开发与利用我国复杂、难选铁矿资源，增加我国铁矿资源可利用储量，战略意义重大。东北大学 2011 协同创新中心资源与环境方向，基于矿石本身性质差异，分别提出了分步浮选—中矿深选、深度还原—高效分选、干式强磁预选等一系列技术，研发了干式强磁预选装备，成功解决了复杂、难选铁矿资源的利用难题，并将分步浮选—中矿深选技术成功应用于工业实践。针对我国复杂难选铁矿开发出悬浮焙烧技术，提出了复杂难选铁矿石“预氧化—蓄热还原—再氧化”悬浮焙烧理念，研发了位于四川峨眉的复杂难选铁矿石悬浮焙烧新型实验室及半工业装备。2014—2015 年，分别以东鞍山烧结厂正浮选

尾矿、眼前山磁滑轮尾矿经强磁选的精矿，酒钢粉矿、东鞍山原矿、鞍钢矿业公司东部尾矿为原料，进行了扩大连续试验，悬浮焙烧系统能够连续稳定地获得高质量焙烧产品，磁化焙烧产品经磁选后均得到了优异的指标。在此基础上，正在酒钢集团选烧厂、鞍钢集团矿业公司分别开始实施工业化生产。

（二）炼铁

1. 高炉大型化立方米高炉

高炉大型化是高炉炼铁技术的重要发展趋势，我国沙钢自主建设的5800m^3 高炉，从2009年10月20日点火开炉，于2010年5月达到设计指标，2011年1—10月沙钢高炉生产进入平稳期。首钢京唐公司1号和2号高炉均为5500m^3，1号高炉于2009年5月21日开炉点火，2012年4月实现了设计指标。在宝钢湛江项目中，中冶赛迪凭借自主设计和研发，实现了5000m^3 大型高炉装备的全自主集成，并且主要技术指标均达到国际一流水平，其高炉大型化技术还输出到海外，设计建设台塑越南河静 2 × 4350m^3 高炉、JSW 1号4323m^3 高炉和TATA KPO 2号5800m^3 高炉等具有重大国际影响力的项目，开创了我国特大型高炉技术向海外整套输出的新纪元。

2. 热压铁焦新型低碳炼铁炉料制备与应用

东北大学2011 协同创新中心炼铁—炼钢—连铸方向，将适宜粒度和质量比例的铁矿粉加热到一定温度后，与烟煤和无烟煤的混合物快速混合，再将矿煤混合物加热到设定的热压温度，随后使用热压机热压成型，并使用内热式炭化炉进行炭化干馏处理，最终经冷却得到热压铁焦。通过将热压铁焦制备与优化、热压铁焦反应性和反应后强度优化、高炉综合炉料配加热压铁焦低碳冶炼等，进行创新性组合，最终形成了热压铁焦新型低碳炼铁炉料制备与应用关键技术集成。研究结果表明，在炼焦过程中铁氧化物被还原成金属铁，起到催化作用，因而铁焦具有高反应性。生产铁焦用煤可以是弱黏结煤或非黏结煤，从而扩大了冶金炼焦用煤的范围，缓解了优质炼焦煤资源匮乏问题。高炉使用铁焦后，可降低高炉热储备区温度，降低焦比，提高冶炼效率，最终达到 CO_2 减排的目的，这对于我国煤炭工业和钢铁工业的可持续发展具有重要意义。研究工作得到国内钢铁企业的高度关注和评价，目前正与企业开展应用合作研究，在实验室研究的基础上进行热压和炭化处理工艺优化，以及关键装备选型设计工作，并开展深入的工业化试验，验证实际效果。本技术投资少，应用于实际高炉后节能减排和降低成本效果显著，将为我国低碳高炉炼铁起到推动作用。

3. 非高炉炼铁技术的探索

（1）熔融还原。宝钢率先进行了非高炉炼铁技术的引进和开发。2005年产铁量150万吨的罗泾1号COREX熔融还原工程，正式开工建设。随后在2007年又引进第二套。投产后，实现了连续4年顺行生产。但是，宝钢认为，COREX的能耗和生产成本高于高炉炼铁工艺，商业上缺乏竞争力。因此，2014年宝钢将COREX熔融还原炼铁工艺的资产，搬迁至新疆地区，利用新疆地区优良的矿石和煤炭资源条件，由新疆八一钢铁有限公司继续发展此项新工艺。2015年6月完成COREX（称为欧冶炉）的改造搬迁，在新疆八一钢铁有限公司点火投产，继续进行熔融还原技术的应用和开发。期望宝钢能够引进、消化、再创新，开发出切合我国实际、具有我国特色的熔融还原技术。

（2）气基竖炉直接还原。与其他炼铁工艺相比，气基竖炉直接还原法的优点是单套设备产量大、不消耗焦煤、低能耗、低 CO_2 排放，是直接还原无焦炼铁技术的一项主流技术。在过去20年间，煤气化技术获得较大发展，在缺乏焦煤而非焦煤资源丰富且廉价的地区，大型煤制气—竖炉海绵铁联合流程具有很强的竞争力。我国在煤制气方面已经有大量的工程实践，利用非焦煤制气在成本上已经具有一定竞争力。东北大学2011协同创新中心完成的“超级铁精矿与洁净钢基料短流程制备技术”研究，可以为气基竖炉直接还原低成本地提供合格的制球团用超级铁精矿粉，利用Consteel电炉连续热装直接还原铁炼钢及后续精炼技术也已经比较成熟。开发气基竖炉直接还原技术，生产高洁净钢基料，为制造业提供高端坯料，已经具备条件。因此，目前一些研究单位和高校的研究人员与有条件的企业合作，正在积极筹建煤制气—竖炉直接还原工程。

（三）炼钢与连铸

1. 洁净钢冶炼平台建立

近年来，我国各炼钢厂普遍建立了洁净钢生产平台。首钢总公司迁顺产线、京唐产线、首秦产线利用洁净钢生产平台，优化了KR铁水脱硫的生产工艺参数，理顺了“KR+转炉+RH+连铸”流程，生产低硫钢种（$w[S]\leqslant 0.0030\%$）；围绕转炉“全三脱”的特点进行高效低成本脱磷，控制增氮的工艺研究；开发了SGRS工艺，转炉炼钢石灰、轻烧白云石消耗降低30%以上；针对不同钢种的使用要求，采取相应措施，使钢中非金属夹杂物得到良好控制；开发了倒角结晶器技术，通过采用倒角结晶器，改善了铸坯冷却及受力状态，铸坯角部横裂纹发生率降低到0.4%左右；进行了高拉速连铸工艺研究，实现了拉速提升。开发了厚板坯防窄面鼓肚技术，对足辊区的足辊数量、排布方式、喷淋冷却进行优化设计，保证了400mm厚连铸坯的质量控制。

2. 倒角结晶器、曲面结晶器，解决微合金化钢连铸坯角部横裂纹问题

钢铁研究总院连铸中心采用带倒角的结晶器生产连铸坯，解决微合金化钢连铸坯角部横裂纹问题，同时微合金化钢宽厚板以及低碳、超低碳钢热轧带钢的边部直裂（或称翘皮），可以减少70%以上，为解决微合金钢板坯边部裂纹难题提供了一条途径。该项技术已应用于首钢京唐、重钢、华菱涟钢、济钢、邯钢、莱钢、武钢和鞍钢等企业。

针对微合金钢连铸过程频发铸坯角部裂纹缺陷，东北大学2011协同创新中心炼钢连铸方向开发了凸型曲面结晶器技术和铸坯二冷高温区晶粒超细化智能控冷新工艺与装备技术，从根源上消除了致使微合金钢连铸坯角部裂纹产生的脆化晶界及低塑性组织结构。该技术已成功应用于梅钢、唐钢等企业基础上，进一步推广至鞍钢、舞阳钢铁、河北敬业钢铁以及邯钢等企业，实现了含铌等微合金钢连铸坯批量化生产过程中角部裂纹的稳定控制。

3. 电弧炉炼钢复合吹炼技术

国内外通常采用超高功率供电、高强度化学能输入等技术，但未从根本上解决熔池搅拌强度不足和物质能量传递速度慢等问题；受炉内高温烟气流扰动影响，氧气利用率低，钢液过氧化严重。北京科技大学、钢铁研究总院等单位与企业合作，以电弧炉炼钢高效、低耗、节能、优质生产为目标，首次提出并研发了电弧炉炼钢复合吹炼技术。以集束供氧、同步长寿底吹搅拌、高效余热回收利用等新技术为核心，实现了电弧炉炼钢智能化吹

炼的技术集成。供电与多种集束供氧方式（埋入式、炉壁、炉顶）组合优化供能，气体和粉剂混合喷吹强化熔池搅拌，炉内供能与烟气余热回收实现动态控制。采用该技术后，吨钢平均冶炼电耗降低13kW·h，钢铁料消耗降低15.5kg，余热回收15.8kg标准煤，二氧化碳减排46.3kg，成本降低64.20元。项目推广到天津钢管集团股份有限公司等60余家国内外钢铁企业百余座电弧炉，相关技术及产品已出口至意大利、俄罗斯、韩国等国家。该成果提升了我国电弧炉炼钢工艺及装备制造水平，有利于我国高端装备制造业的发展，推动了电弧炉炼钢技术进步。

在传承与奋进中擦亮“冶金建设国家队”金字招牌

（资料来源：中国有色金属协会2020年10月8日）

沐浴着金秋的阳光，怀揣着丰收的喜悦，我们迎来了新中国成立71周年。71年波澜壮阔的变革，是一段我们共同见证和参与的岁月，也是一段正在发生的历史。回望中国钢铁工业恢宏壮丽的71年征程，从建立独立完整的冶金工业体系，到实现钢铁冶金工业现代化，再到迈入世界一流钢铁工业强国行列，中冶集团始终坚持以钢铁强国、国家富强、民族振兴为己任，心无旁骛聚焦冶金建设这一主责主业，数十年如一日用心铸造世界，创造了一个又一个冶金建设的伟大奇迹，谱写了一曲又一曲荡气回肠的奋进之歌。历经71年风风雨雨，“冶金建设国家队”这一品牌从来没有暗淡过。今天，让我们比历史上任何时期都更有底气、更有实力打造世界第一冶金建设国家队，也比历史上任何时期都更有信心、更有能力实现“聚焦中冶主业，建设美好中冶”的愿景目标。

打造冶金建设国家队是中冶忠党报国的“责任田”。冶金建设是中冶的天生禀赋和融入血脉的成长基因。作为共和国长子，从1948年投身“中国钢铁工业的摇篮”鞍钢的建设，到建设武钢、包钢、太钢、攀钢、宝钢等，中冶集团先后承担了国内几乎所有大中型钢铁企业主要生产设施的规划、勘察、设计和建设工程，用拳拳赤子之心构筑起新中国的“钢筋铁骨”。不管是新中国成立初期“三皇五帝”工业布局建设，还是“大三线”时期国防安全保障；不管是改革开放现代化腾飞，还是党的十八大以来绿色化智能化发展，中冶人始终以“骨子里的信念忠诚、激情澎湃的热血忠诚”干事创业，有力地支撑了钢铁工业每一阶段的发展与进步，为推进中国钢铁工业从站起来、富起来、强起来做出了卓越贡献。

打造冶金建设国家队是中冶稳健发展的“压舱石”。冶金建设是中冶集团最熟悉、最擅长、最拿手的看家本领，任何时候也不能舍弃，否则中冶不能称之为中冶，中冶的优势和特色将不复存在。我们的冶金建设业务稳占全球市场60%、国内市场90%，这一主责主业为中冶提供了几十年稳健发展的支撑和动力，解决了数十万中冶人的生存问题，并助力我们成为世界500强、成为全球最大最强的冶金建设承包商和冶金企业运营服务商。我们只有牢牢巩固冶金建设这一基础“存量”，才能创造新的“增量”发展空间。离开这一主责主业，中冶的大船就会偏离方向、脱离轨道，驶向未知的迷途。中冶恒通、中冶纸业、葫芦岛有色“三座大山”就是脱离主业的历史惨痛教训，为我们敲响了长鸣的警钟。

打造冶金建设国家队是中冶基业长青的“聚宝盆”。冶金建设是中冶的立足之本、根基之源，是中冶过去、现在、未来发展的不竭动力源泉；没有冶金的“立”与“升”，就没有其他业务的“生”与“扩”。我们只有紧紧聚焦“冶金建设”这一主责主业，以核心技术的迭代升级再拔尖、以全产业链集成整合优势再拔高、以持续不断的革新创新能力实现市场的内拓外展再创业，才能牢牢占据世界第一冶金建设国家队的地位，并稳步拓展40%全球冶金市场增长空间；只有将冶金领域的先天优势基因和资源禀赋合理地移植、转化到市场前景更广阔的基本建设和新兴产业领域，在地下综合管廊、大型体育场馆建设以及污水处理、垃圾焚烧、主题公园、钢结构等领域大展身手，才能创造新的增量发展空间，实现企业的转型换挡和持续稳定增长。特别是在当前机遇与挑战并存、风险与隐患叠加的新形势下，持续打造冶金建设国家队更是事关中冶集团基业长青、长富久安这一根本性问题。

“中国冶金建设从无到有、从小到大、从弱到强、从中国走向世界，打造冶金建设国家队也是一个不断运动提升、再认识再升级的过程。当前，面对世界百年未有之大变局，要努力在危机中育新机、于变局中开新局，打造冶金建设国家队升级版。”在2020年8月27日召开的中国五矿冶金建设国家队行动方案专题座谈会上，中国五矿总经理、党组副书记、中冶集团董事长国文清以恢宏的历史视野，深刻阐释打造冶金建设国家队的新方位、新特点，进一步为中冶集团打造冶金建设国家队指明了方向和路径。

打造世界第一冶金建设国家队的根魂在于“报国之忠”。怎么样把企业和国家命运、国家安全绑在一起，把企业战略与国家战略结合起来，是我们时刻萦绕于心的头号主题。当前，面对世界百年未有之大变局和国内国际双循环相互促进的新发展格局，我们必须深刻认识到打造冶金建设国家队的意义不同于以往，承担的国家责任不同于以往，必须进一步增强责任感和紧迫感，不仅不能有丝毫松懈，而且必须随着钢铁冶金不断地向前发展、乘势而上。要以“国家队”的自信、“国家队”的底气，矢志不渝推动冶金建设主责主业高质量发展；要以“引领和带动中国乃至世界钢铁工业发展”为使命担当，以科技创新引领为战略基点、以提升产业链控制力为关键，进一步加快补短板、锻长板，重塑新型高端供给体系，实现产业链基础能力和产业链现代化水平持续迭代升级，牢牢占据世界第一冶金建设国家队的地位，真正成为支撑中国钢铁强国的“国之重器”。

打造世界第一冶金建设国家队的本领在于“强国之能”。创新是高质量发展第一驱动力，大力推进科技创新是支撑引领新发展格局的大势所趋，也是冶金建设国家队无论在任何时候都要高高举起的旗帜。我们要紧密围绕钢铁发展的技术路线图加强攻关，将科技创新补短板、强基础和促提升统筹协调起来；要积极融入国家科技创新体系，主动牵头承担国家重大重点研发任务，体现国家队创新实力；要加强钢铁冶金前沿技术跟踪，加强钢铁产业发展趋势前瞻性研判，提前谋划应对之策；要切实提高成果转化成功率，加快打造示范钢铁基地和冶金装备产业园，把技术装进“保险盒”，把核心技术搭载在装备和产品的列车上，发向“一带一路”、发向世界各地；要不断改革科技人才队伍建设机制，加大对关键核心技术的研发支持，最大限度调动科研人员创造性。

打造世界第一冶金建设国家队的贡献在于“兴国之力”。能否构建安全稳定的产业链、供应链、价值链决定新时代的国家命运，特别是疫情过后全球产业链和供应链面临空前的危机，更是需要我们顺应全球产业技术变革大势，引领全球冶金建设产业链、供应链重构。我们要继续以打造千亿内部市场为牵引，强化自身产业链一体化价值创造；要以固链、强链、补链、延链为基础，持续做强核心业务，增强全产业链及关键环节的控制能力；要不断提升协同水平，加快体系化集成，实现第一梯队设计类与施工类子企业无缝对接；要合理解决利益分配平衡问题，保护好子企业打造冶金建设国家队的积极性。

打造世界第一冶金建设国家队的使命在于"扬国之威"。品牌是品质和品位的集中体现，也是产品、服务、企业在国际价值链中地位的反映。怎样持续提升"冶金建设国家队"的品牌影响力与竞争力，是中冶当前面临的迫切任务。我们要进一步提升品牌影响力，筛选50个目前正在合作的重点客户和50个正在开发的重点客户，建立高层对接机制，提供"点对点"优质服务；要与钢厂构建新型战略合作关系，把冶金建设各环节业务深度嵌入到钢厂全流程运营服务中；要以战略竞争的高度、以更大的魄力开展股权合作、项目合作，全力以赴确保国内钢铁市场第一的地位不动摇；要在行业内部、国家层面主动发声，以"国家队"的自信和底气充分展现服务国家战略的大担当、大贡献，不断擦亮"冶金建设国家队"金字招牌。

新时代有新的使命，也有新的考验。中冶集团将始终坚持以习近平新时代中国特色社会主义思想为指导，牢记初心使命、勇于担当负责，秉持"一天也不耽误、一天也不懈怠"的中冶精神，矢志不渝打造世界第一冶金建设国家队，为决胜全面建成小康社会、实现"两个一百年"奋斗目标做出新的更大贡献！

在建设现代化产业体系中挺起"钢铁脊梁"

谭成旭

（资料来源：《求是》2023 年 18 期）

党的二十大报告提出，"建设现代化产业体系"。习近平总书记在二十届中央财经委员会第一次会议上强调，"现代化产业体系是现代化国家的物质技术基础"，"加快建设以实体经济为支撑的现代化产业体系"。2023 年 9 月 7 日，习近平总书记主持召开新时代推动东北全面振兴座谈会强调，"加快构建具有东北特色优势的现代化产业体系"。钢铁作为国民经济建设最重要的基础材料之一，被称为"工业的粮食"。钢铁工业是我国现代化产业体系建设和制造强国建设的重要基石，也是我国最具全球竞争力的产业之一。鞍钢集团有限公司（以下简称"鞍钢集团"）是新中国最早建成的钢铁生产基地，被誉为"共和国钢铁工业的长子""新中国钢铁工业的摇篮"。在全面建设社会主义现代化国家新征程上，鞍钢集团深入贯彻落实习近平新时代中国特色社会主义思想和党中央决策部署，加快推进智能化、绿色化、融合化转型升级，在建设具有完整性、先进性、安全性的现代化产业体系中挺起钢铁脊梁。

一、筑牢实体经济根基

习近平总书记强调，"实体经济是一国经济的立身之本，是财富创造的根本源泉，是国家强盛的重要支柱""必须把发展经济的着力点放在实体经济上"。我国钢铁工业从弱到强的发展史，是一部党领导实体经济发展壮大的奋斗史。从新中国成立初期的"缺钢少铁"到粗钢产量稳居世界第一、全球占比50%以上，我国钢铁工业创造了世界钢铁发展史上的奇迹，有力支撑了国家基础设施建设、国防工业、装备制造等各项事业的稳步发展，为强国建设、民族复兴铸就了“钢筋铁骨”。

钢铁行业平稳运行的关键在于实现供需动态均衡。党的十八大以来，在党中央坚强领导下，钢铁行业坚决贯彻新发展理念，着力推动高质量发展，克服自身产能过剩、行业集中度低等痛点，以壮士断腕、刮骨疗伤的决心和勇气，大刀阔斧去产能、调结构，推动供给侧结构性改革。“十三五”期间，我国钢铁行业退出过剩产能超1.5亿吨，取缔“地条钢”产能1.4亿吨，产能利用率恢复到合理水平。钢铁企业加快结构调整和转型升级步伐，有力推动兼并重组。截至2022年，我国粗钢产量排名前10位的企业，合计产量占全国粗钢产量的43.4%，比“十三五”前的2015年提高了7.3个百分点，产业集中度大幅提升。通过持续深化供给侧结构性改革，钢铁行业发展格局得以重构，供给体系质量和效率明显提升，对现代化产业体系支撑更为有力。

鞍钢集团坚决贯彻党中央关于供给侧结构性改革部署，以强化战略重组促产业优化升级。2021年，成功实施鞍本（鞍钢集团和本钢集团）重组，重组后粗钢产能达到6300万吨，成为我国第二、世界第三大钢铁企业，形成“南有宝武、北有鞍钢”的钢铁产业新格局；2023年，与辽宁省朝阳市签署凌钢集团股权转让协议，成功参股凌钢，持续放大规模效应、协同效应、集聚效应。

进一步推动钢铁行业高质量发展，需要坚定不移巩固去产能成果，加快创建新发展环境下钢铁产能治理新机制，使钢铁产能按照市场需求合理释放，促进优胜劣汰、供需平衡。要把实施扩大内需战略同深化供给侧结构性改革有机结合，加快推进钢材应用拓展计划，密切关注下游行业转型升级新需求，加强产业链合作，确保行业供需保持动态平衡。鞍钢集团将聚焦钢铁主业，持续推进鞍本整合融合和区域重组整合，朝着粗钢产能7000万吨级目标迈进，推动构建钢铁产业新格局，提高企业核心竞争力，增强核心功能，加快建设具有国际竞争力的世界一流企业，坚持壮大发展实体经济，锻造高质量发展的“硬核实力”。

二、坚持科技自立自强

中国式现代化关键在科技现代化。建设现代化产业体系从根本上讲，就是要建设由科技创新支撑引领的产业体系，以先进生产技术和现代化生产组织方式推动产业质量变革、效率变革、动力变革。科技创新是推动钢铁行业高质量发展的核心驱动力，也是钢铁材料助力制造业迈向产业链中高端的有力支撑。党的十八大以来，习近平总书记多次考察钢铁企业，强调“产品和技术是企业安身立命之本”“加强新材料新技术研发，开发生产更多技术含量高、附加值高的新产品，增强市场竞争力”，为钢铁行业推动科技创新提供了科学指引。

我国钢铁行业深入实施创新驱动发展战略，不断在品种开发、流程优化、工艺创新、装备升级等方面加大研发投入力度，加快锻造自主创新能力。中国钢铁工业协会数据显示，2022年，重点统计会员钢铁企业在改进工艺、提高产品质量、研发新产品方面投资同比增长14.0%，占固定资产投资额的31.2%。钢铁产品更加高端，自主可控能力更强，汽车用钢、大型变压器用电工钢、高性能长输管线用钢、高速钢轨等钢铁产品进入国际第一梯队，第三代高强度汽车钢、高等级管线钢板、宽幅超薄精密不锈带钢等高端产品实现由“跟跑”向“领跑”的跨越。我国22类钢铁产品自给率超过99%，其中19类达到100%。鞍钢集团坚持把科技创新摆在突出位置，近3年平均研发经费投入强度达3.8%以上，持续加大关键核心技术攻关力度，“鞍钢制造”广泛应用于“华龙一号”核电站、“蓝鲸一号”超深水钻井平台、港珠澳大桥、神舟系列等国家重大工程，挺起了大国重器的钢铁脊梁。鞍钢钢轨独家供货中国高铁“海外首单”印尼雅万高铁，在“一带一路”建设中助推中国制造美名远扬。

智能制造是实现我国从制造大国走向制造强国战略目标的重要路径，必须以智能制造为主攻方向推动产业技术变革和优化升级，推动制造业产业模式和企业形态根本性转变。我国钢铁工业抢抓数字蝶变机遇，大力推动数字技术和钢铁场景深度融合，第五代移动通信技术（5G）、工业互联网、人工智能等新一代信息技术为钢铁工业注入新型生产力，鞍钢集团等企业建立起“黑灯工厂”、智能车间，多家钢企投入一键炼钢系统，我国钢铁工业关键工序数控化率达到70.1%，引领工业领域智能化升级。鞍钢集团连续多年将“数字鞍钢”建设列入工作重点，聚力数字化转型，以数据赋能，为场景赋智，近5年累计投资64.5亿元，实施463个数字化智能化项目。鞍钢股份鲅鱼圈分公司打造新冶金流程智慧透明工厂，产线自控化率100%，5500mm厚板产线全流程数字化车间入选工信部“智能制造试点示范”项目。

当前，我国钢铁行业正处在从“并跑”到“领跑”的新征程上，要形成布局结构合理、资源供应稳定、技术装备先进、质量品牌突出、智能化水平高、全球竞争力强、绿色低碳可持续的高质量发展格局，离不开技术创新的推动。促进钢铁工业高质量发展，必须把增强创新发展能力作为首要任务。鞍钢集团将一以贯之把科技创新作为“头号任务”，在践行新型举国体制中强化企业创新主体地位，坚持以国家战略需求为导向，集中力量开展原创性引领性科技攻关，持之以恒打造原创技术策源地，加快锻造国家战略科技钢铁力量。

三、着力维护产业安全

习近平总书记强调，“打造自主可控、安全可靠、竞争力强的现代化产业体系”。在世界百年未有之大变局加速演化背景下，必须充分认识到维护产业安全的极端重要性，在关系安全发展的领域加快补齐短板，提升战略性资源供应保障能力。

钢铁是工业的粮食，铁矿石是钢铁的粮食。我国每年铁矿石消费量超过14亿吨。铁矿石资源供应不足、高度依赖进口，是影响我国钢铁行业产业链供应链安全的核心问题。为防止钢铁产业被“卡脖子”，我国已将铁矿石列为国家战略矿产资源，全面启动新一轮战略性矿产国内找矿行动，正式启动“基石计划”，提升资源保障能力，取得明显成效。2022年，全国采矿业固定资产投资增长4.5%，其中黑色金属矿采选业固定资产投资增长33.3%，投资增长位居采矿业之首，增速比上年扩大6.4个百分点，部分重点项目加快推进。

鞍钢集团拥有铁矿石资源储量140亿吨，占全国的16%，是国内最具铁矿石资源开发优势的企业。鞍钢集团以保障产业链供应链安全为己任，确定了钢铁、矿业“双核”发展战略，对辽宁和四川地区铁矿石资源进行系统规划，成立鞍钢资源有限公司，实施产能稳定化、生产柔性化、矿山绿色化、管控智能化、产品市场化、资产证券化的世界级矿山建设路径，加快建设世界一流资源开发企业。铁精矿产量近年来连创历史最好水平，2022 年达到 5260 万吨，其中国内 4528 万吨，占全国产量的 15.8%，铁精矿规模保持国内第一、居世界第五，有力发挥了自有资源对提升战略性资源供应保障能力的基础性、关键性作用。全力推动“基石计划”，18 个项目入选该计划，6 个已开工建设，其中西鞍山铁矿建设刷新了国内新建矿山项目要件办理时间最快纪录，建成投产后有望成为技术领先、绿色、智能、无废、无扰动的世界一流地下铁矿山，可增加千万吨级铁精矿产量。

面对严峻复杂的国际环境，我国钢铁行业必须加快建设更具韧性的供应体系。要增强国内矿产资源基础保障能力，稳定和提升国内矿石供应能力，提升铁矿石自给率。积极探索海外矿产资源利用方式，降低铁矿石供应集中度。同时，扩大废钢替代产品应用，进一步完善废钢加工配送体系建设，充分利用国际国内废钢资源，从源头上减少铁矿石需求。鞍钢集团将坚定不移推进“双核”战略，以打造“世界级成本、世界级产品、世界级规模”为目标，加快建设具有全球竞争力的矿产资源企业，加快实施“基石计划”，确保到 2025 年铁精矿产量比 2020 年增长 20%，2030 年实现翻一番，打造保障我国钢铁产业链供应链安全的“压舱石”，构筑国家发展安全的钢铁屏障。

四、推动绿色低碳转型

党的二十大报告提出，要“加快发展方式绿色转型”“实施全面节约战略”“发展绿色低碳产业”。绿色化是现代化产业体系的基本特征之一。钢铁行业作为典型的资源和能源密集型产业，能源消费总量约占全国能源消费总量的 11%，碳排放量约占全国碳排放总量的 15%，是节能减排的“主战场”。在“双碳”目标指引下，推动钢铁产业体系绿色化，是钢铁行业高质量发展的内在要求。

党的十八大以来，我国钢铁工业持续践行绿色发展理念，以节能、减污、降碳为重点突破方向，持续推动绿色低碳转型，成为引领世界钢铁绿色低碳发展的重要力量。在节能方面，极致能效工程深入推进，通过技术、结构、管理系统优化，2022 年重点统计会员钢铁企业总能耗同比下降 2.5%，主要工序能耗持续下降。在减污方面，执行全球最严格的污染物超低排放标准，截至 2023 年 6 月 30 日，全国已有 62 家钢铁企业 3.14 亿吨粗钢产能完成全流程超低排放改造并公示，重点统计会员钢铁企业大气污染物排放强度已基本低于国际先进钢铁企业。在降碳方面，以能源结构、工艺结构和材料技术迭代推动产业链协同降碳，2022 年我国钢铁行业吨钢碳排放量相较于 2000 年下降约 40%。

鞍钢集团努力走生态优先、绿色低碳高质量发展道路。长期以来，我国钢铁行业以高炉—转炉长流程工艺为主，2021 年我国长流程钢企吨钢二氧化碳排放量约为 1.8t（碳排放核算边界到钢坯工序），其中炼铁环节碳排放占约 70% 以上。鞍钢集团积极发展低碳炼铁新技术，以氢气作为燃料和还原剂，使炼铁过程摆脱对化石能源的依赖，从源头上解决碳排放问题。2022 年 9 月，全球首套绿氢零碳流化床高效炼铁新技术示范项目在鞍钢集团开工，将形成万吨级流化床氢气炼铁工程示范。近年来，鞍钢集团在节能、减污、降碳方面取得一系列新进展：制定绿电发展实施方案，充分利用自有厂区及矿山闲置土地、厂房屋顶等自有资源开发光伏及风电，提升绿色竞争力；“基于低碱高硅球团的低碳排放高炉炉料解决方案及其应用”获世界钢铁协会低碳生产卓越成就奖；鞍钢集团矿山绿化复垦保持国内同行业领先水平，累计完成绿化复垦面积 3800 余公顷，复垦率达 91.6%；

等等。

未来10年是中国钢铁产业发展由“大”到“强”的关键期。钢铁行业需要强化以绿色低碳需求为创新导向，加大创新资源投入，重点围绕氢冶金、低碳冶金、薄带铸轧、极致能效、绿色环保等领域关键共性技术，形成一批前瞻性、突破性、颠覆性技术，打造世界钢铁绿色低碳原创技术策源地。鞍钢集团将坚定不移把绿色低碳转型作为驱动高质量发展的重要引擎，积极参与全球低碳冶金创新联盟等平台，加快研发应用低碳冶金技术，深挖节能降碳潜力，让绿色成为高质量发展的鲜亮底色，为建设现代化产业体系、建设美丽中国贡献钢铁力量。

中国合金钢与铁合金生产的奠基人之一——周志宏

（资料来源：九三学社中央委员会2009年9月22日）

周志宏（1897年12月28日—1991年2月13日），出生于江苏扬州。冶金学家、冶金教育家。1955年当选为中国科学院学部委员（院士）。1953年加入九三学社。

周志宏出生于扬州市一个普通银行职员家庭。1913年从两淮小学毕业，考入扬州中学。1917年毕业后，考入天津北洋大学。1923年毕业，获工学院学士学位。1924年去美国南芝加哥炼钢厂工作，积累了丰富的实践经验。1925年秋，他进入美国匹兹堡卡内基理工学院，1926年获冶金硕士学位。他的毕业论文《中锰钢结构研究》（The Study on the Structure of Medium Manganese Steel），引起了正在匹兹堡讲学的被誉为美国冶金之父的苏佛（Sauveur）的重视，要他去哈佛大学攻读博士学位。在苏佛教授的指导下，周志宏于1927年提前完成了博士论文。在《高速冷却对纯金属马氏体组织的形成》的研究论文中，周志宏解决了在尚无真空冶炼设备的条件下，防止纯金属从高温状态冷却到低温过程中被氧化的难题，为马氏体相变研究奠定了基础。哈佛大学教授会议第一年即授予他冶金工程师学位，并为他申请到了海林-介林（Henning-Jenning）奖学金。1928年，他获得了科学博士学位。随后，经苏佛推荐，他到美国国家钢管公司劳伦钢铁厂任研究员。厂方给了他一个不易解决的课题——消除钢管表面缺陷。不久，厂方主管工程师意外地收到了周志宏的研究报告，惊愕不已，立即给他加了工薪，表示从优续聘。周志宏思乡回国心切，婉言谢绝了。

周志宏是我国合金钢与铁合金生产的奠基人之一。1929年秋，周志宏回到祖国，任南京国民政府兵工署兵工研究委员会助理委员。1930年出任兵工署下属的上海炼钢厂厂长。在周志宏主持下，上海炼钢厂不仅供应兵器用材，还承担了当时一些重要工程的大型设备的生产。他为钱塘江大桥设计和制造的大型桥座钢铸件，经受了半个多世纪的风浪冲击。他还主持了南京龙潭水泥厂转窑的6吨大直径齿轮、逸仙舰主轴的浇铸和大量军工铸、锻件的生产。

周志宏是我国第一位飞机炸弹制作者。在国外，炸弹是压制出来的。我国由于没有大型设备，周志宏因地制宜首创用铸造方法来制造。由于他严格进行冶炼成分的控制和炉后理化检验，产品质量有可靠保证。他试验用我国丰富的锰和钼代替或部分代替贵重的镍铬以冶炼高强度合金钢，使上海炼钢厂的产品能与美国、德国的名牌产品竞争，为民族钢铁工业做出了杰出的贡献。

1935年，周志宏被派往欧洲检验进口钢材及考察钢铁工业。1937年，“七七事变”发生，他立即返回祖国，受命筹备汉阳铁厂复工。当时兵工署在重庆成立了材料试验处，他任该处技正（总工程师）兼处长。1942年，兵工署第28厂成立，周志宏又兼任厂长。他领导研制和生产合金钢厂的产品不仅解决了兵工生产和民用生产之急需，而且把中国冶金技术的发展推向了新阶段。当时在政府战时生产局工作的美国专家格雷罕姆（Graham）和哈里（Harry）等先后参观了材料试验处和合金钢厂，给予高度评价，并代表美国南芝加哥钢厂钢铁协会聘请周志宏为荣誉会员。

在重庆8年间，周志宏还担任重庆大学教授。他十分重视对青年的教育培养，带领和造就出了一批冶金专家、学者，这些人在我国冶金界中发挥了重要作用。

1947年年底，周志宏由重庆到南京，接受交通部聘请，筹备交通部研究所。1948年，周志宏由南京回到上海，等待解放。

中华人民共和国成立后，周志宏在上海大同大学担任机械系主任。1951年周志宏在第二次钢铁会议上，提出了加强理化检验的建议，并接受重工业部委托，在上海办了一个钢铁理化检验培训班，为全国输送了一批检验技术干部。

1952年高等学校院系调整后，周志宏先后任上海交通大学机械系主任、金属热处理教研室主任、冶金系主任、副校长，上海交通大学分校校长、名誉校长。他创办金属学及热处理专业，建成了具有中间生产规模的热处理实验室。经过不断努力，上海交通大学由当初的金属热处理教研室发展为两个系和四个专业研究所，周志宏为此倾注了大量的心血。在培养我国金属材料和热处理专业人才、发展我国热处理事业方面，周志宏做出了不可磨灭的贡献。

1958年，上海交通大学成立冶金系，他亲自带研究生从事专题学术研究。过去所使用的显微镜是静态的，他很想有一台动态的高温金相显微设备。1957年他赴苏联、捷克参观访问时，曾用心考察这种设备，可是没有找到。1962年，他与研究生一起设计，研制成我国第一台高温金相显微镜。样品可以在显微镜的镜头下进行加热、冷却和保温，以观察或拍下温度变化过程中金属的相变过程和组织结构的照片，为动态研究创造了条件。

这台设备经过研究生、青年教师的不断改进，定型为JD-1型高温金相显微镜。周志宏的《亚共析钢中魏氏组织长大速率》和《贝氏体相变的动力学特征》，便是在这台高温显微镜下取得的科研成果。1979年，美国材料科学访华讲学团来上海交通大学讲学时，饶有兴趣地观看了这台显微镜下金属相变的动态，给予了高度评价。

周志宏为我国氧气顶吹转炉、顶底复合吹炼和直接还原炼钢等技术做出了重要贡献。1958年以后，周志宏把主要精力投向氧气炼钢技术的研究与实践上。当我国还沉浸在全民大炼钢铁的狂热中，正在推广小型蜗鼓型侧吹转炉时，他却从1956年奥地利林茨钢厂发明的氧气顶吹转炉炼钢法中敏锐地觉察到一场炼钢工艺的革命已经开始了。周志宏撰文介绍氧气炼钢的优越性。他作为第二届全国人大代表，曾在代表大会上提出在我国开展氧气炼钢的建议，获得周恩来总理的肯定和支持。

周志宏率先在上海交通大学冶金系建立了我国第一个氧气炼钢实验室，指导研究生和青年教师开展了一系列氧气转炉炼钢法的试验研究，在水力学模拟试验、热模拟试验、烟气除尘和回收方面取得了一批研究成果。在他的指导和上海市工业生产委员会的具体组织下，上海冶金设计院与上海第一钢铁厂合作，于 1962 年把一座 5t 侧吹转炉改建为氧气顶吹转炉的试验炉。通过一系列中间试验，取得了大量的数据，促使该厂三车间在上海兴建起第一座年产 30 万吨钢的氧气顶吹转炉。以后又陆续改造了两座转炉，使三车间成为年产 100 万吨钢的氧气转炉炼钢车间。氧气转炉炼钢技术已在我国普遍应用，周志宏是最有力、最积极的播种者。

1976 年，周志宏教授直接领导氧气炼钢研究组，深入实验室指导开展氧气底吹炼钢的基础研究，并把顶底双吹氧气转炉炼钢工艺扩展应用到铁合金生产上，在上海铁合金厂采用顶底双吹氧气转炉冶炼中、低碳铬铁获得成功。以氧代电，取得了很大的经济效益，又为顶底双吹氧气转炉炼钢的工艺试验打下了良好的基础。这项研究成果荣获 1982 年上海市重大科研成果一等奖。

周志宏为宝钢建设也做出了重要贡献。他担任宝山钢铁厂副首席顾问的 10 年间，应用他丰富的学识和经验，为宝山钢铁厂的建设做出了令人难以忘怀的贡献。1985 年 10 月，已 89 岁的周志宏亲赴宝山钢铁厂为高炉开工点火，感到无限欣慰和自豪。在他 92 岁寿辰时，他说，为宝钢第一座高炉点火是他一生中最快乐的事情。

这位在我国最早从事金属结构研究并在学术界享有盛名的冶金学家从没有把自己的眼光盯在个人已有的成就上，而是放眼于国家的需要。他看到我国炼钢工业技术落后，迫切需要引进新技术、新思想，就把自己的研究方向转向了这一新的领域。他的一生和我国现代冶金工业分不开，他的晚年更是和我国炼钢事业紧密相连。这位不知疲倦的科学家，年届九秩时还积极为上海老钢铁企业面临的废钢与生铁短缺问题出谋划策，开展直接还原法的研究，在他的直接指导下进行的自还原性矿块的成型、还原研究以及热模拟竖炉中的冶炼试验于 1989 年通过了上海市科学技术委员会的专家鉴定。这是他一生中最后完成的一项课题，充分体现了他的进取精神。

周志宏执教近 50 年，为培养冶金和机械方面人才做出了贡献。他主张教学民主，注重理论联系实际，重视实践性教学环节，坚持以身作则，言传身教。他培养和造就的人才中，有学部委员、省市级领导干部、高等学校校长、研究所所长、总工程师和高级工程师，他们正在祖国的四个现代化建设和国际学术活动中发挥重要的作用。

周志宏热爱年轻一代，关心他们的成长。为鼓励从事冶金和材料科学而勤奋学习、成绩优异的学生和研究生，周志宏于 1987 年捐出他多年积蓄 2 万元，设立“周志宏奖学金”基金，每年颁发一次。

周志宏是全国人民代表大会第二、三届代表，全国政协第五届委员，中国金属学会第一、二、三届理事，1986 年当选为荣誉委员，上海市金属学会理事长，中国机械工程学会热处理学会理事长。

周志宏一生中为我国钢铁冶金研究和人才培养做出了重大贡献。他在 90 岁寿辰时说：“我追求的是实现祖国社会主义现代化。对此我始终满怀信心和希望。我认为物质生活是有限的，而我们需要的精神世界则是无限的。它随着我们在学术和事业上的进取和生活上的改善而日益充实和丰富。年轻的同志，难道人生不应该是这样吗?”这是周志宏在人生道路上走过了 94 个春秋后留下来的宝贵的精神财富。

参 考 文 献

[1] 王令福. 炼钢厂设计原理 [M]. 北京：冶金工业出版社，2009.
[2] 王令福. 炼钢设备及车间设计 [M]. 北京：冶金工业出版社，2007.
[3] 王庆春. 冶金通用机械与冶炼设备 [M]. 北京：冶金工业出版社，2004.
[4] 沈才芳，孙社成，陈建斌. 电弧炉炼钢工艺与设备 [M]. 北京：冶金工业出版社，2001.
[5] 李中祥. 炼钢电弧炉设备与高效益运行 [M]. 北京：冶金工业出版社，2000.
[6] 谷士强. 冶金机械安装工程手册 [M]. 北京：冶金工业出版社，1998.
[7] 蔺文友. 冶金机械安装基础知识问答 [M]. 北京：冶金工业出版社，1997.
[8] 郑沛然. 炼钢设备及车间设计 [M]. 北京：冶金工业出版社，1996.
[9] 张昌富，叶伯英. 冶炼机械 [M]. 北京：冶金工业出版社，1991.